"十二五"普通高等教育本科国家级规划教材
普通高等学校计算机教育"十三五"规划教材

C# 程序设计
及应用教程

（第 4 版）

C# PROGRAMMING AND
APPLICATIONS
(4th edition)

马骏 ◆ 主编

U0277363

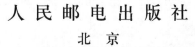

人民邮电出版社
北 京

图书在版编目（CIP）数据

C#程序设计及应用教程 / 马骏主编. -- 4版. -- 北
京：人民邮电出版社，2020.8
普通高等学校计算机教育"十三五"规划教材
ISBN 978-7-115-53133-9

Ⅰ. ①C… Ⅱ. ①马… Ⅲ. ①C语言－程序设计－高等
学校－教材 Ⅳ. ①TP312.8

中国版本图书馆CIP数据核字(2019)第288167号

内 容 提 要

本书主要介绍 C#语言程序设计和 WPF 应用开发技术。全书共 12 章，前 6 章介绍 C#语言和
WPF 开发的基础知识，包括开发环境概述、控制台和 WPF 编程基础、基本数据类型和流程控制
语句、面向对象编程基础、面向对象高级编程、数据流与文本文件读写等；后 6 章介绍 WPF 应用
开发技术，包括 LINQ 与数据库操作、界面布局与控件、样式与动画、数据绑定和数据验证、二
维图形图像处理、三维图形设计与呈现。附录 A 中给出了本书的所有习题和上机练习，附录 B 给
出了综合设计选题及要求。

本书提供配套的 PPT 课件，所有例题、习题、上机练习，以及综合设计的参考源程序，同时
还提供了课程教学大纲和实验大纲供教师参考。读者可到人邮教育社区（http://www.ryjiaoyu.com）
下载。

本书可作为高等院校计算机及相关专业的教材，也可作为初、中级程序员的参考用书。

◆ 主 编 马 骏
　　责任编辑 邹文波
　　责任印制 王 郁 陈 犇

◆ 人民邮电出版社出版发行　　北京市丰台区成寿寺路 11 号
　　邮编 100164　电子邮件 315@ptpress.com.cn
　　网址 https://www.ptpress.com.cn
　　固安县铭成印刷有限公司印刷

◆ 开本：787×1092　1/16
　　印张：26.5　　　　　　　　2020 年 8 月第 4 版
　　字数：702 千字　　　　　　2024 年 12 月河北第 6 次印刷

定价：69.80 元

读者服务热线：(010)81055256　印装质量热线：(010)81055316
反盗版热线：(010)81055315
广告经营许可证：京东市监广登字 20170147 号

第4版前言

C#语言是一种完全面向对象的高级程序设计语言。

本书第2版在2012年年底被教育部评选为"十二五"普通高等教育本科国家级规划教材。2014年1月编者对本书内容做了更新和优化，出版了第3版。本书第3版以高度的实用性和通俗易懂的讲解，受到普遍欢迎。

鉴于目前全国高校都在精简学时的现实情况，以及近些年的课堂教学使用情况和学生的建议，编者在第3版的基础上重新组织本书第4版。第4版在沿袭第3版特色的基础上，对内容做了进一步的精选、优化和完善。

第4版对书中的例子再次进行了大量的改进，除了将所有例子连贯起来之外，还明确了书中的"扩展内容"和课下自学的内容，使其更实用，更便于教师在有限的学时内高效率地引导学生学习。

第4版不再像传统方式那样在每章的后面给出习题让学生做纸质的作业，而是全部改为通过"上机练"来加强对技能的掌握，避免了学生"自己调试成功后还要再抄一遍到作业本上"的烦恼，真正体现"以学会为目的"的思想。另外，通过不同的解决方案和项目命名规定，教师还能从学生提交的源代码中看出哪些学生有新想法、新思路，没掌握编程技术的学生是抄袭别人的还是自己做的，而且抄袭的是谁的都能一目了然，从而让"因材施教"更具有针对性。

本书第4版不再以"篇"来划分内容，主要是因为虽然以"篇"来划分内容的方式使得各章比较系统，知识点的介绍也比较集中，但是很多学生感觉在"按编程思路循序渐进"的理解上有一定难度，所以我们采纳了学生的建议，并进行了几年的课堂教学尝试，发现改进后学生的学习效果确实不错。根据学生建议，第4版内容主要做了两大改进，一是本书的所有例子能连起来构成一个完整的项目，让学生明白"这些技术是如何关联在一起的"；二是将部分最基本的内容前置，主要思想是：对于常用的技术，先说"最基本"的用法，并让学生通过上机练习，达到对技术"有感觉"的目的，然后在后面的章节中系统介绍完整的内容，达到对技术"逐步熟悉"的目的。

本书内容从逻辑上大体分为以下三部分。

第1部分（第1章～第6章）主要介绍C#基本编程技术。这一部分以控制台应用程序为主，每个例子同时提供WPF应用程序的实现。这样做的目的是让学生通过相同功能的分别实现，理解不同应用程序编程模型的区别以及它们之间的联系，这也是大部分刚接触编程的学生们最困惑，也是最想通过大量例子去仔细体会和弄明白的地方。

第1章是本书的概述，主要介绍C#语言的开发环境、项目和解决方案、C#代码编写基础，以及本书所有例子的组织形式等。

第2章和第3章主要介绍控制台应用和WPF应用的基础知识，以及C#的基本数据类型和流程控制语句，这些内容是理解和学习后续章节内容的基础，要求学生必须掌握。

第4章和第5章主要介绍C#面向对象编程的基础知识和高级技术。其中第4

章介绍类和结构的定义等面向对象编程基础知识，第 5 章主要介绍继承、接口等面向对象高级编程技术。

第 6 章主要介绍目录与文件管理、数据流和文本文件读写的相关方法。

第 2 部分（第 7 章～第 10 章）系统介绍 WPF 编程技术。这一部分调整了第 3 版各章的顺序，对内容进行了适当的简化和提炼，目的是便于教师控制总学时，给综合设计留出足够的训练时间。

第 7 章和第 8 章主要介绍 LINQ 技术、ADO.NET Entity FrameWork 等数据库访问技术，以及 WPF 界面布局和各种控件的基本用法。

第 9 章和第 10 章介绍 WPF 中资源与样式控制的方法、使用 WPF 实现动画的基本方法和 WPF 中数据绑定与数据验证的方法。

第 3 部分（第 11 章～第 12 章）主要介绍 WPF 高级编程技术。将其单独拿出来作为一部分，目的是让各高校可以根据自身情况决定是否讲解这一部分的内容，以及如果讲解的话，可灵活控制讲解的深度和广度。比如一本院校可以讲解得多一些，二本院校可以略讲，三本院校可以不讲这一部分的内容。

第 11 章和第 12 章介绍二维图形图像处理和三维图形设计与可视化的相关技术。

附录 A 的习题和上机练习基本上属于"验证性实验"。这些练习都是在各章例子的基础上，做了一些功能的改进，难度不高，要求每个学生都要"独立"完成，而不是几人共同合作去完成。

附录 B 为综合设计（第 3 版为综合实验）。这是建议学生以小组（小团队）为单位，合作分工共同来实现的完整项目。题目自选，同时明确了哪些是"规定动作"，哪些是"自选动作"。"规定动作"重点要求项目的完整性，"自选动作"要求有一定的创新性。

各高校在教学过程中，可以根据专业课程体系和学期总学时数，选取本书的全部或部分内容讲解，建议各章学时分配如下。

54 学时				72 学时			
第 1 章	4 学时	第 9 章	4 学时	第 1 章	4 学时	第 9 章	6 学时
第 2 章	4 学时	第 10 章	4 学时	第 2 章	4 学时	第 10 章	6 学时
第 3 章	6 学时	第 11 章	4 学时	第 3 章	8 学时	第 11 章	6 学时
第 4 章	6 学时	第 12 章	2 学时	第 4 章	6 学时	第 12 章	4 学时
第 5 章	6 学时			第 5 章	6 学时		
第 6 章	2 学时			第 6 章	4 学时		
第 7 章	6 学时			第 7 章	8 学时		
第 8 章	6 学时			第 8 章	10 学时		

本书由马骏担任主编并对全书进行了规划、统稿和定稿，侯彦娥、王强、程庆、张宇波、张坤、李春忠担任副主编。马骏、侯彦娥、王强、韩道军、于俊洋、赵辉、黄亚博、党兰学、李铁柱、程庆、张宇波、张坤、李春忠分别参与了本书的编写、校对、源程序调试和 PPT 制作等工作。

本书提供的配套教学资源可到人邮教育社区（http://www.ryjiaoyu.com）下载。

由于编者水平有限，书中难免存在疏漏之处，敬请批评指正。

编　者
2020 年 5 月

目　录

第1章 概述

C#（读作"C Sharp"）是.NET 平台的首选编程语言，Visual Studio IDE 集成开发环境是基于.NET 平台的强大的集成开发工具。在学习具体的编程技术之前，必须理解并掌握如何创建解决方案和管理多个项目，以及如何将本书所有例子通过主菜单关联在一起，这是首先需要掌握的内容。

1.1 C#语言和 VS 2017 开发环境

本节主要介绍 VS 2017 开发环境的安装和配置，为后面的学习做准备。

1.1.1 C#语言和.NET 框架

本节我们简单了解 C#语言的发展过程和".NET 框架"的含义，熟悉本书使用的开发工具，并自己动手安装和配置 VS 2017 开发环境。

1. C#语言简介

C#是微软公司推出的一种完全面向对象的高级程序设计语言，是专门为快速编写基于 Microsoft .NET Framework（简称.NET 框架，适用于 Windows 系列操作系统）以及编写基于 Windows、Linux、MAC 等平台的 Microsoft .NET Framework Core（简称.NET Core）运行的各种应用程序而设计的，也是.NET 平台的首选程序设计语言。

C#在保持 C++语言风格的同时，极大地简化了开发应用程序的复杂性，同时综合了 VB（Visual Basic）的简单性和 C++的高运行效率，以其强大的操作能力、优雅的语法风格、创新的语言特性和便捷的对面向组件编程的支持，凭借多方面的创新，让程序员快速实现应用程序的开发。

（1）C#语言的发展过程

C#语言的发展主要经历了以下阶段。

2000 年，C#语言诞生。

2003 年，微软公司发布 C#语言规范 1.2（简称 C#1.2），VS 2003 默认使用的是 C#1.2。

2005 年，微软公司发布 C#语言规范 2.0（简称 C#2.0），VS 2005 默认使用的是 C#2.0。

2007 年，微软公司发布 C#语言规范 3.0（简称 C#3.0），VS 2008 默认使用的是 C#3.0。

2010 年，微软公司发布 C#语言规范 4.0（简称 C#4.0），VS 2010 默认使用的是 C#4.0。

2015 年，微软公司发布 C#语言规范 5.0（简称 C#5.0），VS 2015 默认使用的是 C#5.0。

2017 年，微软公司发布 C#语言规范 6.0（简称 C#6.0），VS 2017 默认使用的是 C#6.0。

（2）C#语言的特点

C#语言主要有以下特点。

（1）语法简洁。C#用最简单、最常见的形式进行类型描述，语法简洁、优雅。

（2）精心的面向对象设计。C#语言一开始就是完全按照面向对象的思想来设计的，没有C++因版本升级所引起的冗余负担。因此，它具有面向对象所应有的所有特性。除此之外，C#还为面向组件的开发提供了方便的实现技术。

（3）与 Web 开发紧密结合。用 C#语言编写基于云环境的 Web 应用程序时，对于复杂的云环境或网络模型，编程更像是对 C#本地对象进行操作，从而简化了大规模、深层次的分布式开发。用 C#语言构建的 Web 组件能够方便地用作 Web 服务（Web Service），并可以通过互联网被各种编程语言所调用。

（4）可靠的安全性与错误处理。语言的安全性与错误处理能力是衡量一种语言是否优秀的重要依据。C#语言可以消除许多软件开发中的常见错误，并提供了完整的安全开发模型。例如，提供了完善的边界与溢出检查等。另外，自动垃圾回收机制也极大地减轻了开发人员对内存管理的负担。

（5）可靠的版本控制技术。C#语言内置了版本控制功能，在发布或安装应用程序时不会出现与其他软件冲突等情况。同时，智能客户端技术使客户端软件的下载和升级变得非常简单。利用C#语言和 Visual Studio IDE 开发工具，开发人员只需要关注软件功能的开发，而软件部署以及升级后的更新和维护可由系统自动实现。

（6）可靠的灵活性和兼容性。灵活性是指用 C#语言编写的组件可以与 C++、Java 等其他语言编写的组件进行交互；兼容性是指 C#语言也可以与 COM、DCOM 以及不同操作系统版本的底层API 进行交互。

2. Microsoft .NET Framework

Microsoft .NET Framework 是生成、运行.NET 应用程序和服务的统称。

（1）.NET 的特点

"一种框架、多种语言"是.NET 平台的最大特色。

概括来说，可将.NET 分为两大组成部分，一是 CLR（Common Language Runtime，公共语言运行库），二是组件库。其中，前者提供运行.NET 应用程序所需要的核心服务；后者提供与 CLR紧密集成的可重用的组件，为开发基于.NET 的各类应用程序提供支持。

在 VS 2017 开发环境下，开发人员除了可以使用 C#、C++、VB、F#以及用于云和 Web 开发的 HTML、CSS、JavaScript、TypeScript 之外，还可以使用 Python、R 语言等来开发各种类型的应用程序。

（2）多平台支持

C#是.NET 的首选编程语言，用 C#语言开发的程序可在 Windows、Linux、Mac、Android、iOS等多种操作系统平台上运行。

.NET 由至少 6000 个以上的组件组成。这些"组件库"提供了企业级桌面应用开发，Web 应用开发，移动应用开发，大数据与云计算，2D、3D 游戏开发，人工智能（AI）应用开发，虚拟现实（VR）和增强现实（AR）应用开发等所需要的各种功能。

1.1.2　VS 2017 开发环境

Visual Studio 集成开发环境（Visual Studio IDE）是各种类型的应用程序开发版本的总称。这些版本的具体实现都是按发布的"年份"来命名的，例如，Visual Studio 2010（简称 VS 2010）、Visual Studio 2015（简称 VS 2015）、Visual Studio 2017（简称 VS 2017）等。

1．Visual Studio IDE 和 Visual Studio Code 简介

Visual Studio IDE 是微软公司推出的基于.NET 的可视化集成开发工具，这是一种将各种架构和功能高度集成在一起的"重量级"开发工具。

Visual Studio IDE 分为 Windows 版和 MAC 版，前者用于在微软公司的 Windows 系列操作系统上安装和开发；后者用于在苹果公司的 macOS 系列操作系统上安装和开发。

C#的可视化编程模型（简称 Visual C#）是内置在 Visual Studio IDE 中的编程模型，由于 C#语言的首选开发环境是 Visual Studio IDE 系列开发工具，所以不论 VS 2017 开发环境是否使用 C#语言，都会默认安装它，这是不可选的。除了 C#语言之外，其他编程语言（如 Visual C++）都是可选择安装的。

Visual Studio Code 开发工具（简称 VSCode）是微软公司推出的一种免费和开源的"轻量级"开发工具，可安装在 Windows、MAC、Linux 等操作系统平台上，支持 JavaScript、TypeScript、C#、C++、Java、Python、PHP 等几十种编程语言。这些编程语言在 VSCode 开发环境下都是可选安装的，必须安装相应的插件后才能使用。另外，由于 Visual Studio Code 开发工具提供的编程模型没有 Visual Studio IDE 的集成度高，因此大部分还需要开发人员手动安装并配置相应的环境后才能正常使用。

总之，Visual Studio IDE 开发工具的优点是编程模型集成度高，开发和发布应用程序都很容易；缺点是开发环境安装容量大。Visual Studio Code 开发工具的优点是轻量、免费且开源，扩展容易，开发环境安装容量小；缺点是编程模型集成度低，调试和发布应用程序时，环境配置相对比较复杂。

2．下载和运行 VS 2017 安装程序

VS 2017 分为社区版（Community Edition，免费，适用于个人学习和开发）、专业版（Professional Edition，收费，适用于中小型团队开发）和企业版（Enterprise Edition，收费，适用于大型团队开发）。

本书源程序使用的开发环境是 VS 2017 简体中文企业版（Visual Studio Enterprise 2017）。基本软硬件要求如下。

- 操作系统：Windows 7 及更高版本。建议使用 Windows 10 或者 Windows 7。
- 内存：最少 2GB。建议 4GB 或者 8GB。
- 硬盘：要确保 C 盘至少有 100GB 以上的可用存储空间。
- 网络：安装时必须能连接互联网。

（1）如何下载安装程序

在微软中文官网上下载 VS 2017 简体中文企业版安装程序（约 1MB），然后直接运行安装即可。这是最简单方便的安装办法，也是微软官网建议的首选安装方式。

（2）如何升级和重新选择安装模块

VS 2017 安装完毕后，在操作系统的开始菜单中会自动添加一个名为 Visual Studio Installer 的菜单项，运行它就会自动升级。Visual Studio Installer 升级完成后的启动界面如图 1-1 所示。升级后，在启动界面中单击【修改】按钮，可以重新勾选或者取消勾选相应的工作负载。

3．【工作负载】选项卡下的安装选项

VS 2017 简体中文企业版包含了很多安装选项。这些选项都分别归类到不同的选项卡下，包括工作负载、单个组件、语言包、安装位置。

图 1-1　Visual Studio Installer 启动后的初始界面

下面简单介绍【工作负载】选项卡下的安装选项以及建议选择的模块。

（1）Windows

在【工作负载】选项卡下，Windows 开发包含了 3 个模块，每个模块又包含了多个模板。其中，【.NET 桌面开发】是本书要求必须安装的选项，如图 1-2 所示。除此之外，其他模块都是可选的。

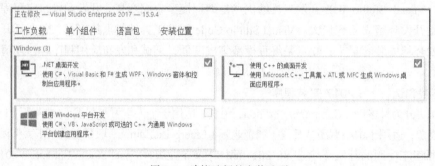

图 1-2　建议选择的安装选项

（2）Web 和云

在【工作负载】选项卡下，【Web 和云】分类共包含了 7 个可选模块，如图 1-3 所示。

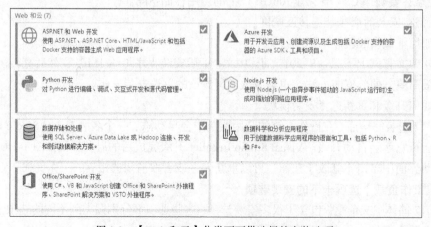

图 1-3　【Web 和云】分类下可供选择的安装选项

（3）移动与游戏

在【工作负载】选项卡下，【移动与游戏】分类共包含了 5 个可选模块，如图 1-4 所示。

图 1-4　【移动与游戏】分类下可供选择的安装选项

（4）其他工具集

在【工作负载】选项卡下，【其他工具集】分类共包含了 3 个可选模块，如图 1-5 所示。

图 1-5　【其他工具集】分类下可供选择的安装选项

4.【单个组件】和【语言包】选项卡下的安装选项

GitHub 提供基于云的一站式存储和服务，是一个面向开源及私有软件项目的托管平台。它可以帮助开发人员存储和管理代码，以及跟踪和控制对代码的更改。

GitHub 是优秀开源代码的集结地，全世界最优秀的开源代码都能在 GitHub 上找到。

为了能在 VS 2017 下直接调试和运行来自 GitHub 的各种开源代码，以及能在 VS 2017 下直接编辑 3D 模型，建议选择【单个组件】选项卡下的以下选项。

（1）.NET Framework 4.7.2 SDK。

（2）.NET Framework 4.7.2 目标包。

（3）图像和 3D 模型编辑器。

（4）如果希望在中文版和英文版之间自由切换，安装 VS 2017 简体中文企业版之后，还需要选择【语言包】选项卡下的【英语】语言包。

除了以上要求之外，【单个组件】和【语言包】选项卡下的其他选项不需要更改。

5. 填入序列号

安装后运行 VS 2017，填入合法的序列号，然后退出 VS 2017。

完成以上介绍的这些安装步骤后，就可以无任何限制地使用 VS 2017 了，而且还可以随时通过 Visual Studio Installer 方便地升级，以及添加、卸载各种负载组件。

6. VS 2017 选项设置

启动 VS 2017 后，可根据需要更改如图 1-6 所示的选项设置。

图 1-6　【单个组件】和【语言包】选项卡下的安装选项

（1）修改 XAML 的 UI 调试选项设置

这一步是可选的。

利用 VS 2017 调试运行 WPF（Windows Presentation Foundation，Windows 呈现基础）应用程序时，在 WPF 窗口的上方会默认显示【运行时工具】，这是为了方便深层次的 XAML 调试而提供的工具。但是，由于本书的 XAML 代码一般都比较简单，并不需要使用这种高级调试功能，所以可将其关闭，以避免影响 WPF 窗口的观感。如果在实际开发过程中需要这种高级调试功能，也可以重新选择此选项。

具体关闭办法为：运行 VS 2017→【菜单】→【工具】→【选项】→展开左侧的【调试】选项卡→【常规】，然后找到【启用 XAML 的 UI 调试工具】，不选择该选项下方的【在应用程序中显示运行时工具】选项，如图 1-7 所示。

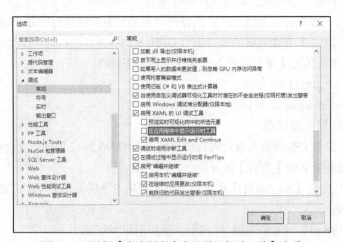

图 1-7　不选择【在应用程序中显示运行时工具】选项

修改完毕后，单击【确定】按钮。

（2）修改语言选项设置

这一步是可选的。

VS 2017 安装完毕后，默认会自动选择与操作系统相匹配的语言，例如，在中文操作系统下安装 VS 2017 简体中文企业版时默认使用【中文（简体）】，安装后一般不需要修改此选项，但对于留学生或者开发时的特殊需要，可以通过修改语言选项选择开发时所使用的语言。

具体修改办法为：运行 VS 2017→【菜单】→【工具】→【选项】→展开窗口左侧的【环境】选项卡→【区域设置】，然后展开窗口右侧的【语言】下拉列表框，选择合适的语言即可，比如【English】或【中文（简体）】，如图 1-8 所示。

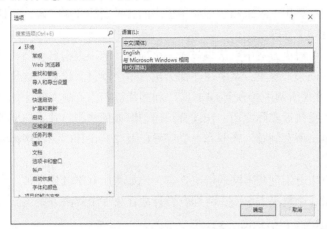

图 1-8   区域设置提供的语言选项

修改完毕后，单击【确定】按钮，关闭 VS 2017。这样一来，以后每次再启动 VS 2017 时，就会自动使用所选的语言。

1.1.3   在 VS 2017 下能开发哪些类型的应用

简单来说，利用 VS 2017 集成开发环境，可轻松开发各种类型的应用程序。下面列出的只是一些典型的应用。

（1）企业级桌面应用开发（WPF、C#）。

（2）TCP/UDP/HTTP 等协议类网络应用开发（WPF、WCF、C#）。

（3）三维设计与可视化应用开发（WPF、C#）。

（4）跨平台移动应用开发（Xamarin.Forms、WPF、C#）。

（5）跨平台 Web 应用开发（ASP .NET Core、JavaScript、HTML、CSS、C#）。

（6）虚拟现实与 2D、3D 游戏开发（Unity、C#）。

（7）云计算与大数据应用开发（Python）。

（8）人工智能应用开发（Python）。

本书涉及的仅是这些高级应用开发的基础知识。当我们掌握了这些基础知识后，再学习相关的高级应用开发就比较容易了。

1.2   项目和解决方案

本节我们主要学习如何创建包含本书所有例题、习题和上机练习以及综合设计的解决方案。希望读者能通过这些步骤，理解在同一个解决方案中是如何管理、调试、运行多个项目的。

1.2.1　基本概念

VS 2017 安装完毕后，就可以用它开发各种类型的 C#应用程序了。但是，在学习具体的代码编写技术之前，我们首先需要掌握如何创建和管理项目，这是顺利完成 C#应用程序编程的前提。

C#源程序是通过【解决方案资源管理器】中的"项目（Project）"来组织的。或者说，通过【解决方案资源管理器】，可将各种不同类型的项目（程序集）集成到一起，使其成为一个完整的应用程序。

项目也叫工程，主要用于组织和管理应用程序的各种资源和源代码，包括代码文件、图片文件、样式文件、音视频文件等。

新建项目时，一个解决方案中默认只包含一个项目，解决方案名和项目名默认相同。但是在实际的应用开发中，同一个解决方案中往往都会包含多个项目。比如，这些项目最终会生成一个 exe 文件，以及 exe 文件所调用的多个 DLL 文件和图片等其他资源文件等。

为了让本书例子更接近实际应用，让读者快速理解如何将各自独立的例子或功能组合成一个完整的应用程序，本书所有例题、作业和上机练习以及综合设计的源程序都将全部保存在同一个解决方案中。

当然，读者也可以分别创建不同的解决方案，比如将所有例题放在第 1 个解决方案中，将习题和上机练习放在第 2 个解决方案中，将综合设计放在第 3 个解决方案中。

1.2.2　新建项目和解决方案

本小节我们学习如何创建解决方案和控制台应用程序项目，并在控制台应用程序中输出字符串 "Hello World ConsoleApp"。

1. 新建 ExampleConsoleApp 项目和 V4B1Source 解决方案

运行 VS 2017，单击起始页中的【创建新项目】，在弹出的窗口中展开【Visual C#】选项卡，单击【Windows 桌面】，再单击选项卡右侧的【控制台应用（.NET Framework）】，然后分别将窗口下方的【名称】改为 "ExampleConsoleApp"，将【位置】改为 "D:\ls" 或 "C:\ls"，将【解决方案名称】改为 "V4B1Source"，如图 1-9 所示。

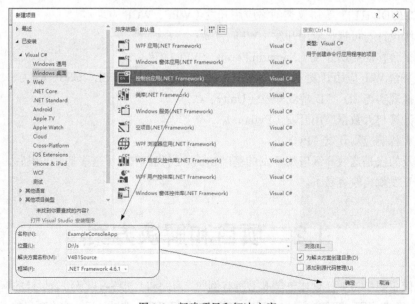

图 1-9　新建项目和解决方案

单击【确定】按钮，完成项目的创建。

此时，在 VS 2017 开发环境下观察【解决方案资源管理器】，可看到有一个名为 V4B1Source 的解决方案，其中包含了一个名为 ExampleConsoleApp 的控制台应用程序项目。

2. 修改 Program.cs 显示 "Hello World ConsoleApp"

双击 ExampleConsoleApp 项目下的 Program.cs，打开该文件，将其改为下面的内容：

```
using System;
namespace ConsoleApp
{
    class Program
    {
        static void Main(string[] args)
        {
            Console.WriteLine("Hello World ConsoleApp");
            Console.ReadKey();
        }
    }
}
```

Main 方法是控制台应用程序的入口，为了在调试环境下能直接观察输出的结果，一般在 Main 方法执行结束之前添加下面的语句：

```
Console.ReadKey();
```

该语句的含义是读取从键盘输入的一个字符，由于我们并不关心输入的是什么字符，所以并没有处理它返回的结果。

通过这条语句，可以避免屏幕一闪就消失的情况。

3. 调试运行项目

按<F5>键调试运行，即可看到如图 1-10 所示的运行效果。

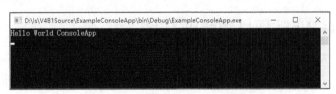

图 1-10　控制台应用程序的运行效果

按 Enter 键或者其他任何一个字符键，返回到 VS 2017 开发环境。

1.2.3　添加 ExampleWpfApp 项目到解决方案

这一小节我们介绍如何在 V4B1Source 解决方案中添加 WPF 应用程序项目，并在 WPF 应用程序中显示字符串 "Hello World WpfApp"。

1. 添加 ExampleWpfApp 项目

在 VS 2017 开发环境下，使用鼠标右击【解决方案资源管理器】下的解决方案名 "V4B1Source"，在弹出的快捷窗口中单击【添加】→【新建项目】，在弹出的新窗口中选择【WPF 应用（.NET Framework）】，修改项目名称为 ExampleWpfApp，单击【确定】按钮。

2. 修改 MainWindow.xaml 显示 "Hello World WpfApp"

将 ExampleWpfApp 项目的 MainWindow.xaml 文件改为下面的内容：

```
<Window x:Class="ExampleWpfApp.MainWindow"
        xmlns="http://schemas.microsoft.com/winfx/2006/xaml/presentation"
```

```
        xmlns:x="http://schemas.microsoft.com/winfx/2006/xaml"
        xmlns:d="http://schemas.microsoft.com/expression/blend/2008"
        xmlns:mc="http://schemas.openxmlformats.org/markup-compatibility/2006"
        xmlns:local="clr-namespace:ExampleWpfApp"
        mc:Ignorable="d"
        Title="MainWindow" Height="450" Width="800">
    <Grid Background="AliceBlue">
        <TextBlock Text="Hello World WpfApp" FontSize="30"
                HorizontalAlignment="Center" VerticalAlignment="Center"/>
    </Grid>
</Window>
```

3. 设置 ExampleWpfApp 为默认启动的项目

如果一个解决方案中包含多个项目，按<F5>键调试运行时默认启动的是项目名称被标记为"粗体"状态的项目。

当希望调试运行某个项目时，需要先将其设为启动项目，然后才能看到希望的结果。比如，要调试运行 ExampleWpfApp 项目，只需要使用鼠标右击【解决方案资源管理器】中的项目名"ExampleWpfApp"，在弹出的快捷菜单中单击【设为启动项目】。这样一来，ExampleWpfApp 就是默认启动的项目了。

4. 调试运行

将 ExampleWpfApp 设置为默认启动的项目，然后按<F5>键调试运行，即可看到图 1-11 所示的效果。

图 1-11　WPF 应用程序的运行效果

5. 如何重新打开解决方案

V4B1Source 解决方案创建完毕后，我们会发现在 V4B1Source 文件夹下包含了一个名为 V4B1Source.sln 的文件，当希望再次编辑或调试解决方案中的项目时，只需要双击这个文件，就会重新打开该解决方案。

1.2.4　添加 Wpfz 项目到解决方案

前面我们说过，".NET 框架"本身已经包含了数千个类，这些类都以各种"库"的形式分别保存在扩展名为.dll 的不同文件中，并通过安装程序安装到本机上供开发人员引用。但是，由于实际项目千差万别，框架本身提供的库再多，仍然无法完全满足各种开发需求，因此还需要我们自己去创建新的自定义库。

".NET 框架"提供的各种库设计模型使用都非常方便，如【类库】、【WPF 用户控件库】、【WPF 自定义控件库】等。其中，【类库】主要用于创建无界面的业务逻辑功能，【WPF 用户控件库】和【WPF 自定义控件库】除了可以提供与【类库】相同的功能外，还提供了对界面设计的支撑。

界面设计有时也叫 UI（User Interface，用户接口）设计。

1. 添加 Wpfz 项目

为了不让示例项目变得过于复杂，本书仅以名为 Wpfz 的【WPF 自定义控件库】为例来演示 DLL 文件的设计方法。Wpfz 项目除了演示本书要求掌握的一些基本用法外，还演示了本书未要求掌握的一些典型的 WPF 高级开发技术，以方便读者课后自学。

在 VS 2017 开发环境下，使用鼠标右击【解决方案资源管理器】中的解决方案名"V4B1Source"，在弹出的快捷窗口中单击【添加】→【新建项目】，在弹出的窗口中选择【WPF 自定义控件库（.NET Framework）】，并修改项目名称为"Wpfz"，单击【确定】按钮。

在 V4B1Source 解决方案中添加【WPF 自定义控件库】项目后，默认包含了一个文件名为

CustomControl1.xaml 的文件，初学者可通过它理解自定义控件的基本构造。但是使用这种无意义的名称并不是一个好习惯，因为我们无法从这个名称中看出它实现的是什么功能。在实际项目中，应该始终使用有意义的名称，并通过项目中的文件夹或命名空间对业务逻辑功能进行分类。

2. 重新生成项目

使用鼠标右击【解决方案资源管理器】下的 Wpfz 项目名，在弹出的快捷菜单中选择【重新生成】，此时在该项目的 bin/Debug 文件夹下就生成了 Wpfz.dll 文件。

1.2.5　添加其他项目到解决方案

为了方便读者学习和参考，附录 A（习题与上机练习）和附录 B（综合设计）的参考源程序也一并放到 V4B1Source 解决方案中。

1. 添加附录 A 相关的项目

附录 A 的参考源程序都在 V4B1Source 解决方案下以"FuLuA"为前缀的项目中，包括 FuLuAConsoleApp 项目和 FuLuAWpfApp 项目。这些项目的创建方法与前面介绍的步骤相似，此处不再重复。

2. 添加附录 B 相关的项目

附录 B 的参考源程序全部在 FuLuBWpfApp 项目中。项目的创建方法与前面介绍的步骤相似，此处不再重复。

1.2.6　源程序备份

解决方案创建完毕后，V4B1Source 文件夹包含的所有子文件夹和文件就是我们通常所说的"源程序"。在本章以及后面章节的介绍中，我们会逐步丰富此源程序的内容。

利用某种压缩软件，将 V4B1Source 文件夹压缩到一个名为 V4B1Source.rar 的文件中，该压缩文件就是源程序的完整备份。

这里需要说明一点，绝不能仅备份 V4B1Source 文件夹下的某一个文件夹，更不能仅仅备份其中的某一部分文件，因为这些都不是"源程序"的完整备份，所以解压后无法再次成功打开解决方案和项目。

1.3　应用程序主菜单设计

本节简单介绍如何通过主菜单将本书所有例子的功能关联在一起。

1.3.1　控制台应用程序项目的主菜单设计

在控制台应用程序中，C#代码主要用于逻辑实现，以及通过控制台窗口与用户交互。学习和理解 C#基本概念时，使用控制台应用程序可以让我们重点关注程序的执行逻辑，而不被其他的代码干扰。

为了将本章要介绍的控制台应用程序的例子关联在一起成为一个完整的项目，这一节我们先简单解释如何设计主菜单。至于例子中的代码含义以后再逐步学习，这里只需要关注如何组织和调用菜单项即可。

1. 修改 Program.cs 文件

双击 ExampleConsoleApp 项目下的 Program.cs 文件，将代码改为下面的内容：

```csharp
using System;
using System.Collections.Generic;
using System.Reflection;
namespace ExampleConsoleApp
{
    class Program
    {
        static void Main(string[] args)
        {
            if (args.Length == 0) ShowMenu();
            else ExecExample(args[0]);
        }
        private static void ShowMenu()
        {
            List<string> menu = new List<string>
            {
                "0：退出", "1：第 1 章", "2：第 2 章", "3：第 3 章",
            };
            while (true)
            {
                int n = ShowSubMenu(menu, "ExampleConsoleApp 主菜单");
                if (n == -1) continue;
                switch (n)
                {
                    case 0: return;
                    case 1: ExecExample("ExampleConsoleApp.Ch01.Ch01Main"); break;
                    case 2: ExecExample("ExampleConsoleApp.Ch02.Ch02Main"); break;
                    case 3: ExecExample("ExampleConsoleApp.Ch03.Ch03Main"); break;
                }
            }
        }
        private static void ExecExample(string typeName)
        {
            ShowInfo($"{typeName}\n\n");
            if (Type.GetType(typeName) == null)
            {
                ShowWarn("获取类型失败，请检查传递的参数是否正确！");
            }
            else
            {
                Assembly assembly = Assembly.GetExecutingAssembly();
                assembly.CreateInstance(typeName);
            }
            WaitKey();
        }
        public static void ShowInfo(string info)
        {
            Console.ForegroundColor = ConsoleColor.Yellow;
            Console.Write(info);
            Console.ForegroundColor = ConsoleColor.White;
        }
        public static void ShowWarn(string info)
```

```csharp
        {
            Console.ForegroundColor = ConsoleColor.Red;
            Console.WriteLine("警告: " + info);
            Console.ForegroundColor = ConsoleColor.White;
        }
        public static void WaitKey()
        {
            Console.ForegroundColor = ConsoleColor.Yellow;
            Console.Write("\n 按任意键继续...");
            Console.ReadKey();
            Console.ForegroundColor = ConsoleColor.White;
        }
        /// <summary>返回选择的菜单序号 (-1 表示有错)。</summary>
        public static int ShowSubMenu(List<string> menu, string title)
        {
            Console.Clear();   //清屏
            ShowInfo($"{title}\n\n");
            for (int i = 0; i < menu.Count; i++)
            {
                Console.WriteLine(menu[i]);
            }
            ShowInfo("\n 请选择要执行的功能 (输入序号并回车) : ");
            string s = Console.ReadLine();
            Console.WriteLine();
            if (int.TryParse(s, out int n) == false)
            {
                ShowWarn("请输入序号, 不要输入其他符号。");
                WaitKey();
                return -1;
            }
            if (n == 0) return n;
            if (n >= menu.Count || n < 1)
            {
                ShowWarn("无此例子, 请检查输入的序号是否正确! ");
                WaitKey();
                return -1;
            }
            Console.Clear();
            ShowInfo(menu[n].Substring(menu[n].IndexOf(': ') + 1) + "\n\n");
            return n;
        }
    }
}
```

至此, 细心的读者可能已经明白如何通过控制台应用程序 Main 方法中的主菜单来控制和调用该项目中不同的模块功能了。这里暂不考虑代码的实现细节, 随着学习的逐步深入, 我们自然会明白这些代码的含义。

2. 调试运行

鼠标右击【解决方案资源管理器】中的项目名 "ExampleConsoleApp", 在弹出的快捷菜单中单击【设为启动项目】, 默认启动 ExampleConsoleApp。

按<F5>键调试运行, 就会弹出图 1-12 所示的窗口。

输入数字 0 会立即退出应用程序。

图 1-12　ExampleConsoleApp 的主菜单界面

此时如果输入数字序号 1、2 或 3，就会弹出一个窗口，用红色字体显示警告信息。比如输入数字 1，弹出的窗口如图 1-13 所示。这是因为我们还没有实现这些例子，后面我们再介绍如何实现这些例子。

图 1-13　警告信息 1

如果输入 0、1、2、3 之外的数字字符或非数字字符，比如输入 abc 并按回车键，也会显示一条警告信息，如图 1-14 所示。

图 1-14　警告信息 2

按任意键警告信息行消失，此时可继续尝试输入其他字符。

3. 添加第 1 章的主菜单和示例

下面介绍创建第 1 章主菜单和示例的步骤。

使用鼠标右击 ExampleConsoleApp 项目，在弹出的快捷菜单中选择【添加】→【新建文件夹】，并将文件夹命名为 Ch01，然后使用鼠标右击该文件夹，在弹出的快捷菜单中选择【添加】→【类】，分别添加下面的文件。

（1）E01HelloWorld.cs

```csharp
using System;
namespace ExampleConsoleApp.Ch01
{
    class E01HelloWorld
    {
        public E01HelloWorld()
        {
            Console.WriteLine("Hello World Console App");
        }
    }
}
```

（2）Ch01Main.cs

```csharp
using System.Collections.Generic;
namespace ExampleConsoleApp.Ch01
{
    class Ch01Main
    {
        public Ch01Main()
        {
            ExecMenu();
        }
        private void ExecMenu()
        {
            List<string> menu = new List<string>
            {
                "0: 返回",
                "1: 例1-1 Hello World",
            };
            while (true)
            {
                int n = Program.ShowSubMenu(menu, "第1章主菜单");
                if (n == -1) continue;
                switch (n)
                {
                    case 0: return;
                    case 1: new E01HelloWorld(); break;
                }
                Program.WaitKey();
            }
        }
    }
}
```

4．再次调试运行

按<F5>键调试运行，输入"1"，即可看到如图 1-15 所示的效果。

（a）第 1 章主菜单　　　　　　　（b）【例 1-1】的运行效果

图 1-15　第 1 章控制台应用程序的主菜单和示例

　　本书第 2 章和第 3 章控制台应用程序的例子都是以这种方式来设计的，即每章都有一个主菜单来调用对应章中的例子。由于每个例子的设计以及将其添加到主菜单中的方法都很相似，所以在后面的章节中我们不再重复介绍这些步骤。

1.3.2　WPF 应用程序项目的主菜单设计

　　本节简单介绍如何在 WPF 应用程序中设计主菜单，让其包含本书所有例题的菜单项。随着学习的深入，我们会逐步理解这些代码的含义，这里仅要求会模仿即可。

1. 在 Wpfz 项目中添加自定义控件和主题

在 Wpfz 项目中添加自定义控件和主题的实现代码主要是为了方便读者在掌握相关章节基础知识后进一步自学。

该项目中除了有与前三章相关的示例代码外，还有其他高级开发的内容。限于篇幅，本书不准备解释这些其他代码的含义，提供源代码的目的只是让读者自学，以进一步提升自己的编程能力。

2. 在 ExampleWpfApp 项目中添加资源文件

在 ExampleWpfApp 项目中添加一个名为 Resources 的文件夹，然后将本项目使用的各种资源添加到该文件夹下，包括图片文件、音频文件、视频文件、资源字典等。

比如在该文件夹下添加一个名为 Images 的文件夹，然后选择一些图片文件，将其拖放到该文件夹下。添加其他资源的方法与此类似，这里不再详细介绍。

3. 添加主题引用

如果不在 WPF 应用程序中指定主题，则 WPF 会使用安装操作系统时默认选择的主题，此时相同的代码在不同操作系统下呈现的界面效果也不一定相同。比如在 Windows 7 操作系统上运行时呈现的是一种界面风格，在 Windows 10 操作系统上运行时呈现的则是另一种界面风格。

要使用被引用的主题，需要经过以下步骤。

（1）添加引用。使用鼠标右击项目的【引用】，在弹出的快捷菜单中选择【添加引用】命令，在弹出的窗口中选择要引用的主题（DLL 文件），如图 1-16（a）所示。

（2）使用鼠标单击引用的主题（DLL 文件），将其【复制本地】属性改为"True"，如图 1-16（b）所示。注意这一步不能省略，否则将无法在项目中找到对应的主题文件。

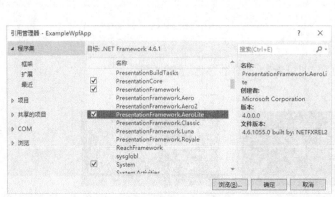
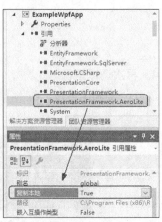

（a）添加引用的主题　　　　　　　　　　（b）修改引用的主题属性

图 1-16　添加主题引用

4. 修改 App.xaml 文件

App.xaml 是设置启动窗口以及设置主题和全局样式的地方。

双击 ExampleWpfApp 项目下的 App.xaml 文件，将其改为下面的内容：

```
<Application x:Class="ExampleWpfApp.App"
        xmlns="http://schemas.microsoft.com/winfx/2006/xaml/presentation"
        xmlns:x="http://schemas.microsoft.com/winfx/2006/xaml"
        xmlns:local="clr-namespace:ExampleWpfApp"
        StartupUri="MainWindow.xaml">
```

```
<Application.Resources>
    <ResourceDictionary>
        <ResourceDictionary.MergedDictionaries>
            <ResourceDictionary
Source="/PresentationFramework.AeroLite;component/Themes/AeroLite.NormalColor.xaml" />
            <ResourceDictionary Source="/Wpfz;component/Themes/Generic.xaml"/>
        </ResourceDictionary.MergedDictionaries>
    </ResourceDictionary>
</Application.Resources>
</Application>
```

在这段代码中，被合并的主题有两个，第 1 个为系统提供的主题，第 2 个为自定义主题。

5. 添加 Default.xaml 文件

使用鼠标右击项目名 ExampleWpfApp，在弹出的快捷菜单中依次选择【添加】→【页】，添加一个文件名为 Default.xaml 的页，具体代码请参看源程序。

默认页的用途只是为了演示当界面大小改变时如何让界面中的文字也自动缩放，即让界面自适应屏幕分辨率和大小。读者也可以根据需要将其修改为任何希望呈现的内容，比如在这个页面中显示软件的作者以及软件操作说明等信息。

6. 修改 MainWindow.xaml 文件及其代码隐藏类

MainWindow 是在 App.xaml 文件中设置的默认启动的窗口，完整代码请参看源程序。

该文件是系统主窗口，当需要添加新的示例时，只需要在 MainWindow.xaml 中添加对应的链接即可，而不需要再修改 MainWindow.xaml.cs 中的代码。

至此，我们完成了 WPF 应用程序主界面的设计。

7. 调试运行

使用鼠标右击项目名 ExampleWpfApp，在弹出的快捷菜单中单击【设为启动项目】，该项目就成为当前要启动运行的项目。

按<F5>键调试运行，刚开始启动时，窗口右侧默认显示一个白色的背景。

单击窗口左上方的【默认页】按钮可在窗口右侧显示一个逐个汉字（不含标点符号）依次旋转的动画窗口。拖动中间的红色条可调整左右界面布局的比例。

当窗口不是最大化时，运行效果如图 1-17 所示。如果单击界面右上角的按钮在最大化窗口和非最大化窗口之间切换状态，界面上方的图片高度和图片上方的文字以及界面右侧的动画文字都会自动调整到合适的大小。

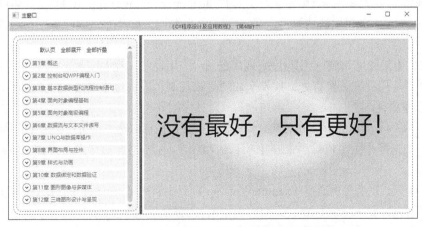

图 1-17　WPF 应用程序主窗口中默认页的运行效果

无论当前运行的是哪个例子，都可以随时单击左侧菜单项上面的【默认页】按钮显示动画页，也可以随时展开和折叠菜单项。

1.4　同一个解决方案中不同项目之间的交互

由于本节内容在后续的章节中都会使用到，所以在这里单独介绍，以避免后面重复。

1.4.1　在应用程序中调用自定义控件库

我们希望可复用的独立的业务逻辑功能和自定义的控件仅在 Wpfz.dll 文件中实现一次，而不是分别在不同的项目中重复编写相同的代码。要做到这一点，需要先确保控制台应用程序项目和 WPF 应用程序项目都已经引用了 Wpfz.dll 文件，然后才能调用它提供的功能。

在以后的学习中，我们将通过大量的例子，分别介绍如何在控制台应用程序项目和 WPF 应用程序项目中调用这个 DLL 文件，以便读者加深对【WPF 自定义控件库】项目的理解，并逐步掌握其设计方法和设计技巧。

1. 添加 DLL 引用

下面的操作只需要一次，不需要每个例子都重复此步骤。

（1）在 ExampleConsoleApp 项目中添加 DLL 引用

使用鼠标右击 ExampleConsoleApp 项目下的【引用】→【添加引用】，在弹出的窗口中选择窗口左侧的【项目】选项卡，在窗口右侧选择 Wpfz，单击【确定】按钮。

这样一来，以后就可以在 ExampleConsoleApp 项目中调用 Wpfz.dll 文件中提供的功能了。

（2）在 ExampleWpfApp 项目中添加 DLL 引用

使用鼠标右击 ExampleWpfApp 项目下的【引用】→【添加引用】，在弹出的窗口中选择窗口左侧的【项目】选项卡，在窗口右侧选择 Wpfz，单击【确定】按钮。

2. 设置项目依赖项

项目依赖项是指不同项目之间的依赖关系。

如果不同的项目存在依赖关系，那么当生成某个项目时，系统会确保首先成功生成被依赖的项目，然后再生成当前项目，这样才能反映被依赖的项目中最新更改的代码。

具体来说，设置项目依赖项是为了每次通过 ExampleWpfApp 项目的主菜单项去调用 ExampleConsoleApp 项目中的功能时，都能确保被调用的 ExampleConsoleApp 项目中的代码是最新的。

由于我们希望通过 WPF 应用程序来调用控制台应用程序，因此需要将 WPF 应用程序设置为依赖于控制台应用程序。换言之，如果未成功生成控制台应用程序项目，那么就不再继续生成 WPF 应用程序项目。

在图 1-18（a）所示的解决方案资源管理器中，使用鼠标右击 ExampleWpfApp 项目，在弹出的快捷菜单中选择【生成依赖项】→【项目依赖项】，在弹出的窗口中选择图 1-18（b）所示的项目名称。

经过此步骤，以后每次通过 ExampleWpfApp 项目去调用 ExampleConsoleApp 项目中的功能时，被调用的 ExampleConsoleApp 项目中的代码肯定都是最新的。

FuLuAWpfApp 项目依赖项的设置办法与此相似。

（a）V4B1Source 解决方案包含的所有项目　　　（b）设置 ExampleWpfApp 项目的依赖项

图 1-18　项目依赖项和解决方案

1.4.2　在 WPF 应用程序中调用控制台应用程序

要在 WPF 应用程序中调用控制台应用程序，必须满足下面的条件。

（1）设置了项目依赖项。

（2）添加了调用代码。

在控制台应用程序的 Main 方法中，只需要判断传递过来的参数，然后创建不同的实例实现对应的功能即可。

下面通过代码说明如何在 ExampleWpfApp 中调用 ExampleConsoleApp 中的功能。

1. 在 App.xaml.cs 文件中添加 ExecConsoleApp 方法

这一步的目的是在 WPF 应用程序项目中调用控制台应用程序中包含的例子。后面我们还会介绍具体调用办法，这里只需要先添加对应的代码即可。

展开 ExampleWpfApp 项目中的 App.xaml 文件，双击 App.xaml.cs 打开该文件，然后将其改为下面的内容：

```
using System.Windows;
namespace ExampleWpfApp
{
    public partial class App : Application
    {
        public static void ExecConsoleApp(string arg)
        {
            //获取 ExampleWpfApp.exe 文件的完整路径
            string path = System.Reflection.Assembly.GetExecutingAssembly().Location;
            //得到 ExampleConsoleApp.exe 的完整路径
            path = path.Replace(@"ExampleWpfApp\bin\Debug\ExampleWpfApp.exe",
                         @"ExampleConsoleApp\bin\Debug\ExampleConsoleApp.exe");
            System.Diagnostics.Process.Start(path, arg);
        }
    }
}
```

在静态的 ExecConsoleApp 方法中，首先利用反射得到 ExampleWpfApp.exe 文件的完整路径，然后再通过字符串替换得到 ExampleConsoleApp.exe 的完整路径，最后通过 Process 类调用 ExampleConsoleApp.exe 的 Main 方法并传递参数，即可调用 ExampleConsoleApp.exe 中对应的功能。

2. 添加 E01HelloWorldPage.xaml 文件

先添加一个名为 Ch01 的文件夹到 ExampleWpfApp 项目中，然后使用鼠标右击该文件夹，在弹出的快捷菜单中单击【添加】→【页】，将文件名改为"E01HelloWorldPage.xaml"，单击【添加】按钮，将其改为下面的内容：

```
<Page ......(略)>
    <TextBlock Text="【例1-1】Hello World ConsoleApp" Margin="10"/>
</Page>
```

3. 修改 E01HelloWorldPage.xaml.cs 文件

将 E01HelloWorldPage.xaml.cs 文件改为下面的内容：

```
using System.Windows.Controls;
namespace ExampleWpfApp.Ch01
{
    public partial class E01HelloWorldPage : Page
    {
        public E01HelloWorldPage()
        {
            InitializeComponent();
            Loaded += delegate
            {
                App.ExecConsoleApp("ExampleConsoleApp.Ch01.E01HelloWorld");
            };
        }
    }
}
```

4. 调试运行

按<F5>键调试运行，即可看到图 1-19 所示的运行效果。其中，左侧为 WPF 应用程序的主界面，右侧为单击【例 1-1】Hello World ConsoleApp 菜单项后弹出的控制台窗口。

图 1-19　在 ExampleWpfApp 应用程序中调用 ExampleConsoleApp

5. 添加其他两个例子的页面代码

【例 1-2】和【例 1-3】的添加方法与前面介绍的步骤相似，请读者自己模仿实现。

1.5　C#代码的组织和调试

通过前面的学习，相信读者应该已经对 C#应用程序开发有了一个基本的感性认识，并了解了控制台应用程序、WPF 应用程序以及 WPF 自定义控件库的基本编程技术。

本节我们介绍代码中涉及的更多基本概念，并学习如何调试源程序。

从前面的学习中，我们已经发现 C#源文件的扩展名为.cs，例如 Welcome.cs。一个 C#源文件中一般只包含一个类，但也可以包含多个类，文件名和类名可以相同，也可以不同。

无论是控制台应用程序还是 WPF 应用程序，按<F5>键运行时，默认都生成可执行的 EXE 文件。

（1）在调试环境下，编译后生成的 EXE 文件及其他文件资源默认保存在项目的 bin\debug 文件夹下。调试源程序时一般采用这种方式。

（2）在发布环境下，编译后生成的 EXE 文件及其他文件资源默认保存在项目的 bin\release 文件夹下。发布程序时一般采用这种方式。

1.5.1　命名空间和类

Visual Studio IDE 开发环境为开发人员提供了非常多的类，利用这些类可快速实现各种功能。为了避免冲突，方便管理，这些类分别被划分到不同的命名空间中。

1. 将类划分到不同的命名空间中

不同命名空间下类的划分方式有点类似于不同子目录下文件的划分方式，一是同一个项目中可包含多个命名空间，二是不同命名空间下的类名可以相同也可以不同。

调用命名空间下某个类提供的属性、方法和事件时，命名空间、类名之间都用点（.）分隔。例如，调用类中某个静态方法的一般语法如下：

命名空间.*命名空间*……*命名空间*.*类名称*.*静态方法名*（*参数*,……）；

若命名空间下的某个方法为实例方法，需要先创建类的实例，然后再通过实例名访问其中包含的方法，一般语法如下：

命名空间.*命名空间*……*命名空间*.*实例名称*.*方法名*（*参数*,……）；

以上语法中的下画线均表示其内容需要用实际的名称替换。例如：

```
System.Console.WriteLine("Hello World");
```

这条语句调用 System 命名空间下 Console 类的 WriteLine 方法，实现的功能是输出字符串 Hello World。

但是，这种每行语句都从命名空间开始依次输入一大串代码的写法太繁琐，为了提高输入代码的速度，还需要引入一个新的概念：using 关键字。

2. using 关键字

在 C#编程中，using 关键字有以下 3 种用法。

（1）作为引用指令

将 using 关键字作为引用指令来使用时，用途是导入某个命名空间中包含的类型。一般在程序的开头引用命名空间来简化代码编写形式。例如，对于下面的语句：

```
System.Console.WriteLine("Hello World");
```

如果在程序的开头加上：

```
using System;
```

则该语句就可以简写为：

```
Console.WriteLine("Hello World");
```

（2）作为别名指令

using 关键字还可以给一串命名空间定义一个简写的名称。例如：

```
using System.Windows;
```

可以表示为：

```
using win=System.Windows;
```

这样一来，下面的语句：

```
System.Windows.MessageBox.Show("hello");
```

就可以简写为：

```
win.MessageBox.Show("hello");
```

（3）作为语句

将 using 关键字作为一条语句使用的情况非常多，此时该语句的作用是定义一个用大括号包围的范围，当程序执行到此范围的末尾，就会立即释放在 using 语句的小括号内指定的对象，而不是让垃圾回收器去处理它。这是用 C#编写代码时立即释放占用大量内存空间资源（文本、图片、字库等）的最简单高效的方式。例如：

```
static void Main()
{
    using (StreamWriter w = File.CreateText("test.txt"))
    {
        w.WriteLine("Line one");
        w.WriteLine("Line two");
        w.WriteLine("Line three");
    }
}
```

这段代码中的 using 语句表示程序执行到它所包含的语句块末尾的"}"时，会立即释放 w 对象所占用的内存。

如果某个范围内有多个需要立即释放的对象，可以用嵌套的 using 语句来实现。

1.5.2　Main 方法

C#的每一个应用程序都有一个入口点，以便让系统知道该程序从哪里开始执行。为了让系统能找到入口点，入口方法名规定为 Main。注意：Main 的首字母要大写，而且 Main 方法后面的小括号不能省略。

1. 基本概念

Main 方法只能声明为 public static，这是 C#程序的规定。另外，每一个方法都要有一个返回值，对于没有返回值的方法，必须声明返回值类型为 void。

Mian 方法的返回值只能有两种类型，一种是 int，另一种是 void。

int 型的返回值用于表示应用程序终止时的状态码，当退出应用程序时，可利用它返回程序运行的状态（0 表示成功返回，非零值一般表示某个错误编号，错误编号所代表的含义也可以由程序员自己规定）。

当 Main 方法的返回值类型为 void 时，表示没有设置返回值，此时系统默认返回值为零。

2. 控制台应用程序

在控制台应用程序模板中，Main 方法默认保存在 Program.cs 文件内。

为了让开发人员容易找到程序入口点，控制台应用程序模板默认将 Main 方法保存在项目中 Program.cs 文件的 Program 类中。实际上，Main 方法可以放在任何一个类中，并没有限制只能保存在 Program.cs 文件中，但是在同一个项目中只能有一个 Main 方法。

3. WPF 应用程序

WPF 应用程序也是从 Main 方法开始执行的。创建一个 WPF 应用程序后，展开 App.xaml 下的 App.xaml.cs 文件中的 App 类，即可看到系统自动生成的 Main 方法。

这里需要强调一点，为了避免错误修改代码导致无法正确运行，强烈建议不要修改 WPF 应用程序默认自动生成的 Main 方法。正确的办法应该是通过修改 App.xaml 文件中 Application 元素的 StartupUri 特性来指定首先启动哪个窗口。

1.5.3　代码注释与代码的快速输入

本节我们简单介绍如何添加注释以及如何快速输入 C#代码。

1. 代码注释方式

在源代码中添加注释是优秀编程人员应该养成的好习惯。C#语言中添加注释的方法主要有以下几种形式。

（1）常规注释方式

单行注释：以“//”符号开始，任何位于“//”符号之后的本行文字都视为注释。

块注释：以“/*”开始，“*/”结束。任何介于这对符号之间的文字块都视为注释。

（2）XML 注释方式

“///”是一种 XML 注释方式。只要在用户自定义的类型，如类、接口、枚举等或者在其成员上方，或者命名空间的声明上方连续输入 3 个斜杠字符“/”，系统就会自动生成对应的 XML 注释标记。

添加 XML 注释的步骤举例如下。

① 首先定义一个类、方法、属性、字段或者其他类型。例如，在 Student.cs 文件中定义一个 PrintInfo 方法。

② 在类、方法、属性、字段或者其他类型声明的上面输入 3 个斜杠符号，此时开发环境就会自动添加对应的 XML 注释标记。例如，在 PrintInfo 方法的上面输入 3 个斜杠符号后，就会得到下面的 XML 注释代码：

```
/// <summary>
///
/// </summary>
public void PrintInfo()
{
    Console.WriteLine("姓名：{0},年龄：{1}", studentName, age);
}
```

③ 添加注释。例如，在<summary>和</summary>之间添加该方法的功能描述。

这样一来，以后调用该方法时，就可以在输入方法名和参数的过程中直接看到用 XML 注释的智能提示。

（3）#region 注释方式

用鼠标拖放的方法一次性选中某个范围内的多行代码，然后用鼠标右击选择“外侧代码”，再选中“#region”选项，系统就会用该预处理指令将鼠标拖放选择的代码包围起来（“#”前缀表示该代码段是一条预处理指令），此时就可以给这段被包围的代码添加注释，而且被包围的代码还可以折叠和展开。例如：

```
#region 程序入口
static void Main(string[] args)
{
    Welcome welcome = new Welcome();
    StudentInfo studentInfo = new StudentInfo();
    studentInfo.PrintInfo();
```

```
        Console.ReadKey();
    }
    #endregion
```

#region 预处理指令一般用于给程序段添加逻辑功能注释，让某一部分代码实现的逻辑功能看起来更清晰。其他预处理指令的功能和用法请读者参考相关资料，本书不再介绍。

2. 如何快速输入 C#代码段

编写 C#代码时，系统提供了很多可直接插入的代码段，利用这些代码段可加快 C#代码输入的速度。例如，输入 for 3 个字母后，连续按两次<Tab>键，系统就会自动插入以下的代码：

```
for (int i = 0; i < length; i++)
{

}
```

此时可继续按<Tab>键跳转到代码段的某个位置修改对应的内容，按回车键完成修改。

除了前面介绍的方法外，也可以在要插入代码段的位置处，用鼠标右击选择"外侧代码"的办法插入代码段。

3. 编辑器中代码的格式化

编辑某个扩展名为.cs 或者扩展名为.xaml 的文件时，在输入或者粘贴代码的过程中，有时候代码格式可能会很乱，那么，如何让这些代码按规范化的格式显示呢？答案是：在 VS 2017 编辑器中，删除"最后一个"右大括号"}"（针对.cs 文件）或者"最后一个"右箭头号">"（针对.xaml 文件），然后重新输入这个符号，系统就会重新编排整个文件中代码的格式，用起来非常方便。

1.5.4　C#代码命名约定

C#代码命名约定对字段、变量、类、方法和属性等均规定了统一的命名方式，遵循这些约定可让代码清晰、规范、可读性强。主要内容如下。

1. Pascal 命名法

类名、方法名和属性名全部使用 Pascal 命名法，即所有单词连写，每个单词的第 1 个字母大写，其他字母小写。例如：HelloWorld、GetData 等。

2. Camel 命名法

变量名、对象名以及方法的参数名全部使用 Camel 命名法，即所有单词连写，但是第 1 个单词全部小写，其他每个单词的第 1 个字母大写。例如：userName、userAge 等。

3. 前缀命名法

如果是私有字段，为了和具有相同名字的属性名区分，私有的字段名也可以用下画线"_"开头，例如，属性名为 Age，则私有字段名可以为 age 或者_age。

4. 控件命名法

关于控件对象的命名，有两种常用的命名形式，一种是"有意义的名称+控件名"，如 nameButton、ageButton 等；另一种是"控件名+有意义的名称"，如 buttonName、buttonAge 等，或者用缩写 btnName、btnAge 来表示。

这两种命名形式各有优缺点，C#代码编写规范并没有对其进行统一的约定，在实际项目中，到底采用哪种命名形式，一般由项目研发团队统一约定即可。

1.5.5　通过断点调试 C#程序

断点是调试程序时使用的一种特殊标识。如果在某条语句前设置断点，则当程序执行到这条语句时会自动中断程序运行，进入调试状态（注意此时还没执行该语句）。断点的设置方法与使用的调试工具有关。

利用断点查找程序运行的逻辑错误，是调试程序常用的手段之一。

1．设置和取消断点

设置和取消断点的方法有下面几种。

方法 1：用鼠标单击某代码行左边的灰色区域。单击一次设置断点，再次单击取消断点。

方法 2：用鼠标右键单击某代码行，从弹出的快捷菜单中选择【断点】→【插入断点】或者【删除断点】命令。

方法 3：用鼠标单击某代码行，直接按〈F9〉键设置或取消断点。

断点设置成功后，在对应代码行的左边会显示一个红色的实心圆标志，同时该行代码也会突出显示。

断点可以有一个，也可以有多个。

2．如何利用断点调试程序

设置断点后，即可运行程序。程序执行到断点所在的行，就会中断运行。但是需要注意，此时断点所在的行还没有执行。

当程序中断后，如果将鼠标光标放在变量或实例名的上面，调试器就会自动显示执行到断点时该变量的值或实例信息。

观察以后，可以按〈F5〉键继续执行到下一个断点。

如果大范围调试仍然未找到错误之处，也可以在调试器执行到断点处停止后，按〈F11〉键逐条语句执行，按一次执行一条语句。

还有一种调试的方法，即按〈F10〉键"逐个过程"执行，它和"逐条语句"执行的区别是系统把一个过程（例如类、方法等）当作一条语句进行调试，而不再转入到过程内部。

3．如何调试不同的项目

调试 V4B1Examples 解决方案中不同项目的主要步骤如下。

（1）将要调试的项目（ConsoleApp 或 WpfApp）设为启动项目。

（2）在要调试的项目中设置一个或多个断点。

（3）按<F5>键调试运行。如果设置了多个断点，每按一次<F5>键，都会运行到下一个断点处。

总之，通过断点调试程序时，若要调试 ConsoleApp 项目，需要将 ConsoleApp 设为启动项目；若要调试 WpfApp 项目，需要将 WpfApp 设为启动项目。

1.6　各章习题和上机练习说明

要快速理解和掌握程序设计技术，关键是自己动手实践，仅靠看书或课上听教师讲解达不到举一反三的目的。所以不能像其他理论课那样按照传统的方法去学习本课程，而是应该在"练"中"学"，重点是通过输入代码的过程来加深对相关概念的理解。

为了让学生能充分利用上机时间，达到在"练"中"学"的目标，附录 A 提供了与本书配套的全部习题和上机练习。各高校可根据课程学时安排情况，要求学生全部完成或者部分完成相关的题目。

1.6.1　对每位学生的要求

本课程不需要学生写纸质的作业和实验报告，但对上机调试的习题和上机练习有要求。

习题和上机练习的完成情况是衡量每个学生平时学习效果的重要依据，要求每个学生学完对应章节后，都要独立完成附录 A 的习题和上机练习。另外，所有习题和上机练习均要求在同一个解决方案中完成。

教师可根据实际情况统一规定学生提交的解决方案和项目的命名格式。

1. 基本流程

学生提交习题和上机练习源程序时，一般要经过以下的主要过程。

（1）按照命名规定创建解决方案（不同学生的解决方案名不相同）。

（2）添加对应的项目（不同学生的项目名不相同）。

（3）在对应的 WPF 应用程序项目中编写主菜单，通过主菜单运行所有习题和上机练习。

（4）分别在对应的项目中完成各章的习题和上机练习。

2. 解决方案的命名规定

每人整个学期的所有习题和上机练习都在同一个解决方案中完成，解决方案按教师规定的格式命名。

如果学生在机房的位置是固定的，而且机房内所有计算机都统一按顺序进行了编号，那么可按下面的规定来命名：

假如张三的学号为"12345"，姓名首字母缩写为"zs"，上机位置为第 1 排，计算机的位置编号为"001"，则张三的解决方案名为 A01001zs12345.sln。

3. 项目命名规定

解决方案中的项目也要按教师统一规定的格式来命名。比如张三的 WPF 应用程序项目可命名为"A01001WpfApp"，控制台应用程序项目可命名为"A01001ConsoleApp"。

4. 源程序提交

每学期要求提交源程序的次数由教师统一规定。

学生按要求提交习题和上机练习时，先将源程序压缩到一个扩展名为.rar 的文件中，压缩文件名与解决方案名相同，然后将压缩文件发给本小组组长。

1.6.2　对组长和课代表的要求

课代表负责学生分组以及搜集各组提交的成果。

1. 组长职责

教师要求提交源程序时，各小组组长将源程序以组为单位压缩到一个扩展名为.rar 的文件中，压缩文件名用"Z+组号"的格式来命名。例如，Z01.rar 包含了第 1 组所有成员的全部源程序。

2. 课代表职责

开学初对学生分组。每组推荐一个组长，组长全部坐到该小组第 1 个位置。

建议按学生位置所在的排分组。例如，每 5～8 人为一个小组，最后一组少于 5 人时既可以合并到其他小组中，也可以单独作为一组。

也可以由课代表按另一种方式统一分组，但不论采用哪种分组方式，一旦小组确定后，学期中间一般不准再自行调整分组。

每次提交源程序时，先将各组提交的文件保存到一个文件夹下，文件夹按年级班级和次数序号命名，比如"18-1 班第 1 次"，然后将其发给教师（不压缩文件夹）。

1.6.3　对教师的要求

教师要将各组每次提交的电子版全部完整地保存下来，期末统一刻录到光盘中存档。该存档记录将作为教师给学生平时做作业和进行上机练习打分的依据。

教师在学生完成作业和上机练习的过程中，可随时抽查完成情况，比如让学生当面介绍和演示某个已经练习过的练习题调试和运行的情况，查看学生提交的成果是否真实。

第 2 章
控制台和 WPF 编程入门

作为本书后续章节的基础，本章我们先分别通过控制台应用程序和 WPF 应用程序学习 C#最基本的编程方法，为后续章节的深入学习做准备。

2.1　控制台应用程序入门

控制台（Console）是一个操作系统级别的命令行窗口。用户可在命令行窗口输入文本字符串，在显示器上把文本逐行显示出来。

控制台应用程序的优点是它占用的内存资源极少，特别适用于长时间运行以及对界面要求不高的场合。

不论是哪种编程语言，控制台应用程序都是最基本的应用程序开发模型。

2.1.1　控制台输出与输入

用 C#编程时，控制台相关的操作都用 System 命名空间下的 Console 类来实现。

1．控制台输出

默认情况下，System.Console 类提供的 Write 方法和 WriteLine 方法自动将各种类型的数据转换为字符串发送到标准输出流。默认情况下，标准输出流是命令行窗口。

例如：

```
Console.Write("Hello World!");
Console.WriteLine("你好");
```

Write 方法与 WriteLine 方法的区别是：前者在当前光标位置直接输出结果；后者输出结果后，还会自动输出一个回车换行符，即将光标自动转到下一行。

如果希望清除控制台窗口中显示的内容，可以用下面的语句来实现：

```
Console.Clear();
```

2．控制台输入

System.Console 类提供了一个 ReadLine 方法，该方法从标准输入流依次读取字符，并将其立即显示在控制台窗口中，而且在用户按下回车键之前一直等待输入下一个字符，直到用户按下回车键为止。

下面的代码演示了 ReadLine 方法的简单用法：

```
string s = Console.ReadLine();
if (s == "abc")
```

```
{
    Console.WriteLine("OK");
}
```

除了 ReadLine 方法之外，还可以用 ReadKey 方法读取用户按下的单个字符或功能键，并将其显示在控制台窗口中。ReadKey 方法返回一个 ConsoleKeyInfo 类型的对象，该对象描述用户按下的是哪个键。例如：

```
ConsoleKeyInfo c;
do
{
    c = Console.ReadKey( );
}
while (c.Key != ConsoleKey.Escape);
```

这段代码的功能是循环接收用户按下的键，直到用户按下〈Esc〉键为止。

3. 示例

下面通过例子介绍控制台输入/输出的具体实现步骤，希望读者通过这些步骤，理解 C#代码的基本编写方法，以及项目源程序中各种文件的分类和组织办法。

【例 2-1】 从键盘输入两个数，计算并输出这两个数的和。

设计步骤如下。

（1）添加 Ch02 文件夹

添加 Ch02 文件夹到 ExampleConsoleApp 项目中。其中，Ch 表示 Chapter 的缩写。

使用鼠标右击【解决方案资源管理器】中的 ExampleConsoleApp 项目名，在弹出的快捷菜单中，依次单击【添加】→【新建文件夹】，将该文件夹的名称改为 Ch02。

（2）添加 E01Add.cs 文件

使用鼠标右击 Ch02 文件夹，在弹出的快捷菜单中依次单击【添加】→【类】，在接下来弹出的窗口中，将文件名改为 E01Add.cs，单击【添加】按钮。

此时就会在 Ch02 文件夹下添加一个名为 E01Add.cs 的文件，将其改为下面的内容：

```
using System;
namespace ExampleConsoleApp.Ch02
{
    class E01Add
    {
        public E01Add()
        {
            Console.Write("请输入两个数（空格分隔）: ");
            string s = Console.ReadLine();
            string[] sArray = s.Split(' ');
            string r = $"两个数的和为: {int.Parse(sArray[0]) + int.Parse(sArray[1])}";
            Console.WriteLine(r);
        }
    }
}
```

（3）添加 Ch02Main.cs 文件

使用鼠标右击 Ch02 文件夹，在弹出的快捷菜单中依次单击【添加】→【类】，在弹出的窗口中，将文件名改为 Ch02Main.cs，单击【添加】按钮，然后将该文件改为下面的内容：

```
using System;
using System.Collections.Generic;
namespace ExampleConsoleApp.Ch02
```

```
    {
        class Ch02Main
        {
            public Ch02Main()
            {
                ExecMenu();
            }
            private void ExecMenu()
            {
                List<string> menu = new List<string>
                {
                    "0: 返回",
                    "1: 例 2-1 求两个数的和。",
                    "2: 例 2-2 求 n 个数的和。",
                    "3: 例 2-3 数据的格式化输出。",
                };
                while (true)
                {
                    int n = Program.ShowSubMenu(menu, "第 2 章主菜单");
                    if (n == -1) continue;
                    switch (n)
                    {
                        case 0: return;
                        case 1: new E01Add(); break;
                        //case 2: new E02Sum(); break;
                        //case 3: new E03DataOutput(); break;
                    }
                    Program.WaitKey();
                }
            }
        }
    }
```

在这段代码的 switch 语句块中，包含了创建该例子对象的方法。

（4）观察 Program.cs 文件中的 Main 方法

观察 ExampleConsoleApp 项目中的 Program.cs 文件，可看出在 ShowMenu 方法的 switch 语句块中已经包含了创建 Ch02Main 对象的方法，因此可以直接运行并观察该例子的运行效果。

（5）运行

将 ExampleConsoleApp 设为启动项目，然后按<F5>键调试运行。此时会先弹出项目主菜单窗口，在主菜单窗口中，输入数字 2 并按回车键转入第 2 章主菜单，单击该例子的序号并按回车键，然后输入两个数，如图 2-1 所示。

图 2-1　【例 2-1】的运行效果

按提示依次退出，结束程序运行。

（6）思考

该例子的功能虽然简单，但是却能让我们快速熟悉 C#的基本编程思想。然而，这个例子并不完善，请读者思考该例子有什么不足之处？例如，输入的不是两个数字，会出现什么结果？

下面再举一个例子，说明如何解决该例子的不足，让编写的代码更为完善。

【例 2-2】 从键盘输入 n 个数，计算并输出这 n 个数的和，并演示如何在控制台应用程序中调用 DLL 文件。

（1）Wpfz/Ch02/LibDemo.cs

在 Wpfz 项目中添加一个名 Ch02 的文件夹，然后用添加"类"的办法在该文件夹下添加一个名为 LibDemo.cs 的文件，将其改为下面的内容：

```
namespace Wpfz.Ch02
{
    public class LibDemo
    {
        public static int Sum(params int[] a)
        {
            int sum = 0;
            for (int i = 0; i < a.Length; i++)
            {
                sum += a[i];
            }
            return sum;
        }
    }
}
```

（2）E02Sum.cs

在 ExampleConsoleApp 项目的 Ch02 文件夹下添加一个文件名为 E02Sum.cs 的类，将其改为下面的内容：

```
using System;
namespace ExampleConsoleApp.Ch02
{
    class E02Sum
    {
        public E02Sum()
        {
            int[] a = GetInputData();
            if (a.Length == 1) return;
            //实现方式 1——直接计算
            int sum = 0;
            for (int i = 0; i < a.Length; i++)
            {
                sum += a[i];
            }
            Console.WriteLine("方式 1（直接计算）：\t{0}={1}", string.Join("+", a), sum);
            //实现方式 2——调用 DLL 实现
            Console.WriteLine("方式 2（调用 DLL 实现）：\t{0}={1}",
                string.Join("+", a), Wpfz.Ch02.LibDemo.Sum(a));
        }
        private int[] GetInputData()
        {
```

```
        Console.Write("请输入用空格分隔的 n 个数（例如 12 15 24）: ");
        string s = Console.ReadLine();
        if (s.Length < 2)
        {
            Program.ShowWarn("输入的数太少，求和无意义。");
        }
        string[] a = s.Split(' '); //将空格分隔的字符串转化为 int 型数组
        int[] b = new int[a.Length];
        for (int i = 0; i < a.Length; i++)
        {
            if (int.TryParse(a[i], out int n)) b[i] = n;
        }
        return b;
    }
    }
}
```

由于我们已经在 ExampleConsoleApp 项目中添加了对 Wpfz.dll 文件的引用，所以可直接调用库中 LibDemo 类中静态的 Sum 方法。

另外，该例子也调用了前面例子中已有的代码，这样可简化代码的编写工作量。

（3）Ch02Main.cs

修改 ExampleConsoleApp 项目中的 Ch02Main.cs 文件，去掉 switch 语句块中与调用该例子相关的代码注释。修改后对应的代码如下：

```
case 2: new E02Sum(); break;
```

这一步做了两件事，一是创建 E02Sum 类的实例；二是调用其构造函数从键盘接收 n 个数，并输出这 n 个数的和。

（4）运行

按<F5>键调试运行，验证运行结果是否正确。

例如，输入"11 12 13 14 15"，按回车键，就会得到如图 2-2 所示的结果。

图 2-2　【例 2-2】的运行效果

2.1.2　数据的格式化表示与基本用法

无论是控制台应用程序、WPF 应用程序，还是其他类型的应用程序，都可以利用 string.Format 方法将数据转换为字符串，并按规定的格式化表示形式定义输出的格式。

1. 格式化表示的一般形式

使用格式化表示时，用"{"和"}"将格式与其他输出字符区分开。一般形式为：

{*N* [, *M*][: *格式码*]}

格式中的中括号表示其内容为可选项。

假如参数序列为 x、y、z，格式中的含义如下。

- N：指定参数序列中的输出序号。例如，{0}表示 x，{1}表示 y，{2}表示 z。

- M：指定参数输出的最小长度，如果参数的长度小于 M，就用空格填充；如果大于等于 M，则按实际长度输出；如果 M 为负，则左对齐；如果 M 为正，则右对齐；如果未指定 M，默认为零。例如，{1, 5}表示将参数 y 的值转换为字符串后按 5 位右对齐输出。

- 格式码：为可选的格式化代码字符串。举例说明，如果 y 的值为 20，则{1:00000}的输出结果为 00020，其含义是将参数 y 按 5 位数字输出，不够 5 位时左边补零，超过 5 位时按 y 的实际位数输出。

表 2-1 列出了常用的格式码及其用法示例。

表 2-1　　　　　　　　　　　　　　　常用格式码

格式符	含　　义	示　　例	
C	将数字按照金额形式输出	Console.WriteLine("{0:C}",10); Console.WriteLine("{0:C}",10.5);	// ￥10.00 // ￥10.50
D 或 d	输出十进制整数。D 后的数字表示输出位数，不够指定的位数时，左边补 0	Console.WriteLine("{0:D}",10); Console.WriteLine("{0:D5}",10);	//10 //00010
F 或 f	小数点后固定位数（四舍五入），F 后面不指定位数时，默认为两位	Console.WriteLine("{0:F}",10); Console.WriteLine("{0:F4}",10.56736); Console.WriteLine("{0:F2}",12345.6789); Console.WriteLine("{0:F3}",123.45);	//10.00 //10.5674 //12345.68 //123.450
N 或 n	整数部分每三位用逗号分隔；小数点后固定位数（四舍五入），N 后面不指定位数时，默认为两位	Console.WriteLine("{0:n4}",12345.6789);	//2345.6789
P 或 p	以百分比形式输出，整数部分每三位用逗号分隔；小数点后固定位数（四舍五入），P 后面不指定位数时，默认为两位	Console.WriteLine("{0:p}",0.126);	//12.60%
X 或 x	按十六进制格式输出。X 后的数字表示输出位数，不够指定的位数时，前面补 0	Console.WriteLine("{0:X}",10); Console.WriteLine("{0:X4}",10);	//A //000A
0	0 占位符，如果数字位数不够指定的占位符位数，则左边补 0；如果数字位数超过指定的占位符位数，则按照实际位数原样输出。如果小数部分的位数超出指定的占位符位数，则多余的部分四舍五入	Console.WriteLine("{0:00000}", 123); Console.WriteLine("{0:000}", 12345); Console.WriteLine("{0:0000}", 123.64); Console.WriteLine("{0:00.00}", 123.6484);	//000123 //12345 //0124 //123.65
#	#占位符。对整数部分，去掉数字左边的无效 0；对小数部分，按照四舍五入原则处理后，再去掉右边的无效 0。如果这个数就是 0，而又不想让它显示的时候，#占位符很有用	Console.WriteLine("{0:####}", 123); Console.WriteLine("{0:####}", 123.64); Console.WriteLine("{0:####.###}", 123.64); Console.WriteLine("{0:####.##}", 123.648);	//123 //124 //123.64 //123.65

在格式化表示形式中，有以下两个特殊的用法。

- 如果恰好在格式中也要使用大括号，可以用连续的两个大括号表示一个大括号，例如"{{、}}"。

- 如果希望格式中的字符或字符串包含与格式符相同的字符，但是又希望让其原样显示时，可以用单引号将其括起来。

2. 利用 string.Format 方法得到格式化后的字符串

利用 string.Format 方法可以将某种类型的数据按照希望的格式转换为对应的字符串，该方法既可以在控制台应用程序中使用，也可以在其他应用程序中使用。例如：

```
int i = 123;
string s1 = string.Format("{0:d6}", i);        //d表示十进制，6表示不够6位左边补零
Console.WriteLine(s1);   //结果为000123
double j = 123.45;
//下面的{0,-7}表示第0个参数左对齐，占7位，不够7位右边补空格
//{1,7}表示第1个参数右对齐，占7位，不够7位左边补空格
string s2 = string.Format("i:{0,-7}, j:{1,7}", i, j);
Console.WriteLine(s2);   //结果为i:123,j:123.45
string s3 = string.Format("{0:###,###.00}", i);
Console.WriteLine(s3);    //结果为123.00
int num = 0;
string s4 = string.Format("{0:###}", num);
Console.WriteLine(s4);   //结果输出长度为0的空字符串
```

3. 利用"$"字符串表示法得到格式化后的字符串

"$"字符串表示法是从C# 6.0开始增加的一种格式化字符串的简洁表示形式，这种方式比使用string.Format更直观易理解。例如，前面的代码也可以用下面的语句来实现：

```
int i = 123;
string s1 = $"{i:d6}";           //d表示十进制，6表示不够6位左边补零
Console.WriteLine(s1);           //结果为000123
double j = 123.45;
//下面的{0,-7}表示第0个参数左对齐，占7位，不够7位右边补空格
//{1,7}表示第1个参数右对齐，占7位，不够7位左边补空格
string s2 = $"i:{i,-7}, j:{j,7}";
Console.WriteLine(s2);           //结果为i:123,j: 123.45
string s3 = $"{i:###,###.00}";
Console.WriteLine(s3);           //结果为123.00
int num = 0;
string s4 = $"{num:###}";
Console.WriteLine(s4);           //结果为输出长度为0的空字符串
```

4. 利用ToString方法得到格式化后的字符串

如果是一个变量，也可以使用ToString方法来实现。例如：

```
int n1 = 12;
string s1 = n1.ToString("X4"); //X格式表示用十六进制输出。结果为000C
string s2 = n1.ToString("d5"); //结果为00012
```

5. 在控制台应用程序中输出格式化后的数据

在控制台应用程序的Console.Write方法和Console.WriteLine方法的参数中，都可以先将某一个或多个数据转换为指定格式的字符串，然后再输出这个字符串。常用形式为

Console.WriteLine("*格式化表示*", *参数序列*);
Console.Write("*格式化表示*", *参数序列*);

带下画线的斜体字表示需要用具体内容替换。

例如：

```
int x=10, y=20, z=30;
Console.WriteLine("{0}+{1}+{2}={3}", x, y, z, x+y+z);  //输出10+20+30=60
Console.WriteLine("{3}={1}+{2}+{0}", x, y, z, x+y+z);  //输出60=20+30+10
```

一般用下面的形式输出格式化数据：

```
int x = 10, y = 20, z = 30;
Console.WriteLine("{0}+{1}+{2}={3}", x, y, z, x+y+z);     //输出10+20+30=60
```

还可以使用 "$" 字符串表示法来简化格式化输出的编写形式。例如，下面的两种形式输出结果完全相同：

```
int x = 20, y = 30, z = 10;
Console.WriteLine("{3}={1}+{2}+{0}", x, y, z, x+y+z);      //输出 60=20+30+10
Console.WriteLine($"{x+y+z}={y}+{z}+{x}");                 //输出 60=20+30+10
```

开发人员可根据个人偏好任选其中的一种方式，也可以混合使用这两种方式。

6. 示例

下面通过例子说明如何在控制台应用程序中输出格式化后的数据。

【例 2-3】 演示如何将数据转换为格式化表示的字符串。

（1）E03DataOutput.cs

在 ExampleConsoleApp 项目的 Ch02 文件夹下添加一个文件名为 E03DataOutput.cs 的类，然后将其改为下面的内容：

```
using System;
namespace ExampleConsoleApp.Ch02
{
    class E03DataOutput
    {
        public E03DataOutput()
        {
            int a = 1, b = 2, c = 3;
            Console.WriteLine("用法 1: a={0},b={1},c={2}", a, b, c);
            Console.WriteLine("用法 2: b={1},c={2},a={0}", a, b, c);
            Console.WriteLine($"用法 3: a={a},b={b},c={c}");
            Console.WriteLine($"用法 4: {a}+{b}+{c}={a + b + c}");
            int a1 = 123, a2 = -123;
            double d1 = 1234.56, d2 = -1234.56;
            Console.WriteLine($"a1{a1},a2={a2},d1={d1},d2={d2}");
            var s1 = string.Format("用法 5: a1={0:d5},a2={1:d5},d1={2:f2},d2={3:f2}",
                    a1, a2, d1, d2);
            var s2 = $"用法 6: a1={a1:d5},a2={a2:d5},d1={d1:f2},d2={d2:f2}";
            Console.WriteLine(s1);
            Console.WriteLine(s2);
        }
    }
}
```

（2）Ch02/Ch02Main.cs

修改 ExampleConsoleApp 项目中的 Ch02Main.cs 文件，去掉 switch 语句块中与调用该例子相关的代码注释。修改后对应的代码如下：

```
case 3: new E03DataOutput(); break;
```

（3）运行

按<F5>键调试运行，结果如图 2-3 所示。

图 2-3 【例 2-3】的运行效果

读者也可以在此基础上，继续修改并验证其他格式化表示的运行结果。

2.1.3　在 WPF 中调用控制台应用程序中的对应例子

由于第 1 章我们已经介绍了如何在 ExampleWpfApp 项目中调用 ExampleConsoleApp 中的代码，所以这里不再重复介绍，仅以调用【例 1-1】为例说明在 WPF 应用程序中调用控制台应用程序示例的基本设计步骤。

1. E01AddPage.xaml

在 ExampleWpfApp 项目中新建一个名为 Ch02 的文件夹，然后在该文件夹下添加一个文件名为 E01AddPage.xaml 的页，将其改为下面的内容：

```
<Page x:Class="ExampleWpfApp.Ch02.E01AddPage"
    xmlns="http://schemas.microsoft.com/winfx/2006/xaml/presentation"
    xmlns:x="http://schemas.microsoft.com/winfx/2006/xaml"
    xmlns:mc="http://schemas.openxmlformats.org/markup-compatibility/2006"
    xmlns:d="http://schemas.microsoft.com/expression/blend/2008"
    xmlns:local="clr-namespace:ExampleWpfApp.Ch02"
    mc:Ignorable="d"
    d:DesignHeight="450" d:DesignWidth="800"
    Title="E01HelloWorldPage">
    <TextBlock Text="例2-1 [Console]求两个数的和" Margin="10"/>
</Page>
```

2. E01AddPage.xaml.cs

将 E01AddPage.xaml.cs 文件的代码改为下面的内容：

```
using System.Windows.Controls;
namespace ExampleWpfApp.Ch02
{
    public partial class E01AddPage : Page
    {
        public E01AddPage()
        {
            InitializeComponent();
            Loaded += delegate
            {
                App.ExecConsoleApp("ExampleConsoleApp.Ch02.E01Add");
            };
        }
    }
}
```

在这段代码中，通过调用 App.xaml.cs 文件中定义的静态方法（ExecConsoleApp）启动控制台应用程序进程。由于在 App.xaml.cs 文件中定义的 ExecConsoleApp 方法中，已经将要调用的实例名（ExampleConsoleApp.Ch02.E01Add）作为参数传递给控制台应用程序 Program.cs 中的 Main 方法，因此在弹出的控制台应用程序窗口中，即可显示通过 Program.cs 中的 Main 方法创建的对应实例。

3. 运行

通过【设为启动项目】的办法，将 ExampleWpfApp 设置为当前启动的项目，然后按<F5>键调试运行，即可看到图 2-4 所示的效果。

为了避免频繁地通过【设为启动项目】的办法在 WPF 应用程序项目和控制台应用程序项目之间来回切换，从 2.2 节开始一直到本书结束，将全部通过 WPF 应用程序项目来运行所有控制台应用程序和 WPF 应用程序的例子，即 ExampleWpfApp 始终为当前启动的项目。

（a）WPF 应用程序主菜单　　　　（b）单击【例 2-1】后弹出的控制台窗口

图 2-4　在 WPF 应用程序中调用控制台应用程序

2.2　WPF 应用程序入门

WPF 是微软公司推出的基于 DirectX 和 GPU 加速来实现的图形界面显示技术，是 .NET 框架的一部分。

本节我们主要学习 WPF 应用程序的入门知识。

2.2.1　基本概念

控制台应用程序具有占用资源少的优点，但是其界面输出默认都是在命令行方式下以文本字符串的形式逐行显示的，无法用它编写丰富的图形用户界面。

WPF 是一个可创建企业级桌面客户端应用程序的框架，是 .NET 框架的子集。WPF 编程模型一般用于 C/S（Client/Server）模式的桌面应用，比如 QQ（PC 版）、飞信（PC 版）、微信（PC 版）、360 安全卫士（PC 版）等，都属于 C/S 模式的应用程序。

用 WPF 编写的桌面应用程序能带给用户非常震撼的视觉感受。

本书介绍的内容是编写 C/S 客户端应用程序的基础，对 C/S 高级应用感兴趣的读者，可阅读编者编写的《C# 网络应用编程》一书。

1. 应用程序入口

WPF 应用程序的入口也是 Main 方法，但是系统自动生成的该方法默认是隐藏的，这样做是为了避免开发人员直接修改它。

另一种设置启动界面的方式是让开发人员通过 App.xaml 设置首次启动的窗口。

2. XAML 标记和代码隐藏

WPF 使用 XAML（可扩展应用程序标记语言）为应用程序提供所见即所得的声明性编程模型，使用 C# 语言编写后台逻辑代码。用 XAML 编写的代码可能有界面（比如窗口、页），也可能没有界面（比如资源字典）。

简言之，XAML 主要用于设计界面，C# 主要用于逻辑实现。

无论是窗口还是页，都是通过将"标记"和"代码隐藏"相关联来实现的，前者用于实现界面的"外观"，后者用于实现与界面相关联的"行为"。

（1）XAML 标记

XAML 是一种基于 XML（可扩展标记语言）且遵循 XML 结构规则的声明性标记语言。XAML

文件是具有.xaml扩展名的XML文件，文件编码默认使用UTF-8。

声明XAML命名空间的目的是解决共享XAML标记和C#代码的问题。也就是说，在XAML中声明的对象也可以用C#代码来访问，在C#代码中创建的对象也可以通过XAML树来解析。

XAML标记是通过XAML语法来声明的。在XAML编辑器中，开发人员可直接编辑XAML，编辑器会自动提供智能提示、自动格式设置、语法突出显示和标记导航等功能。

XAML的每个元素均通过"特性（Attribute）"来声明它具有的特征，如Window元素的Title特性指定窗口的标题栏文本。

运行应用程序时，WPF会自动将标记中定义的元素和特性转换为WPF类的"实例（Instance）和属性（Property）"。例如，Window元素被转换为Window类的实例，该类的Title属性是XAML中声明的Title特性。

（2）代码隐藏

应用程序的主要行为是实现响应用户交互的功能，包括处理事件（例如，单击菜单、工具栏或按钮）以及调用业务逻辑和数据访问逻辑。在WPF中，通过与XAML标记相关联的C#代码来实现此行为。这种用C#实现的代码称为代码隐藏。

3. 根元素和XAML命名空间

一个XAML文件只能有一个根元素。

创建一个WPF应用程序后，从MainWindow.xaml的XAML代码中可以看出，根元素包含了特性x:Class、xmlns和xmlns:x。

（1）xmlns和xmlns:x

xmlns是XML namespace的简写，该特性声明XAML默认的命名空间，目的是在该文件中使用XAML标记时，不需要再对每个对象元素都用前缀来指定该对象属于哪个命名空间。另外，由于xmlns适用于根元素的所有子代元素，所以只有在每个XAML文件的根元素上才需要声明xmlns特性，其他元素不需要xmlns特性声明。

根元素的xmlns:x用于XAML命名空间映射，目的是为了声明可被其他XAML和C#代码引用的对象。

（2）x:Class

在XAML中，我们会发现有一个x:Class特性，该特性用于将XAML标记与C#代码隐藏类相关联。

在WPF应用程序中，Window元素、Page元素和Application元素都必须包含x:Class声明，否则无法在代码隐藏文件中用C#控制XAML文件中的对象元素。

在代码隐藏类中，构造函数默认调用InitializeComponent方法将标记中定义的UI界面与代码隐藏类合并在一起。当我们创建窗口或者页时，通过XAML中的x:Class和代码隐藏中的InitializeComponent方法的组合，可确保无论开发人员在何时创建窗口或页都会得到正确的初始化。

这里需要特别提醒一点，一定不要修改InitializeComponent方法内部的实现代码，也不能删除构造函数中调用InitializeComponent方法的语句，否则系统将无法正确初始化界面。

4. XAML基本语法

WPF应用程序的XAML语法与Web应用程序使用的HTML（超文本标记语言）的语法非常相似，即都是利用元素、特性（Attribute）和属性（Property）来描述元素对象的各种要素。

下面我们学习XAML的常用语法。需要说明的是，这些语法并没有涵盖XAML规范中定义的所有语法，但对于入门来说，掌握这些常用语法后，就已经能满足大多数应用场合了。

（1）对象元素语法

对象也叫类的实例，在 XAML 中用对象元素来描述。例如：

```
<Button Name="OkButton" Content="确定"/>
```

这行 XAML 代码用于声明 Button 类的一个新实例，Name 特性用于指定 Button 实例的名称，声明该特性的目的是为了在代码隐藏文件中引用该实例。Content 特性用于指定在按钮上显示的内容。

用对象元素语法来创建对象是 XAML 最常用的语法形式。

下面是 XAML 最基本的语法形式。其中，第 1 种方式既有开始标记又有结束标记，第 2 种方式是自封闭的构造形式。

<对象名 特性名1="值1" 特性名2="值2" ……>……</对象名>

<对象名 特性名1="值1" 特性名2="值2" ……/>

例如：

```
<StackPanel>
   <Button>确定</Button>
   <Button Content="取消"/>
</StackPanel>
```

XAML 使用对象名来声明类的实例，这些实例元素称为对象元素。上面这段 XAML 代码声明了 3 个对象元素（1 个 StackPanel，2 个 Button）。在系统内部，StackPanel 和 Button 各自映射到对应的类，这些类都是 WPF 程序集的一部分。

当开发人员声明 XAML 元素时，系统就会自动调用一条 XAML 处理指令来创建对应的类的实例，并自动为每个实例调用其基类的默认构造函数来完成创建过程。

XAML 中的对象元素名称、特性名称以及属性名称都区分大小写。

（2）特性语法

在 XAML 中，大多数情况下都是用特性（Attribute）来描述对象的属性（Property），特性名和特性值之间用赋值号（=）分隔，特性的值始终用包含在引号中的字符串来指定，默认用双引号，也可以用单引号。原则是"值"两边的引号必须匹配，要么都是双引号，要么都是单引号。

以下标记创建一个具有红色文本和蓝色背景的按钮，Content 特性用于指定在按钮上显示的文本：

```
<Button Background="Blue" Foreground="Red" Content="按钮1"/>
```

特性语法还可用于描述事件成员，而不是仅限于属性成员。在这种情况下，特性的名称为事件的名称，特性的值是事件处理程序的名称。例如，下面的 Button 标记指定 Click 事件的处理程序的名称为 Button_Click：

```
<Button Click="Button_Click" >Click Me!</Button>
```

这里需要说明一点，上面列举的代码是最基本的 XAML 构造形式，并没有涵盖 XAML 规范中定义的所有语法，但对于入门来说，掌握这些基本语法后，就已经能开发 WPF 应用程序了。

（3）XAML 中的空白字符处理

XAML 中的空白字符包括空格、换行符和制表符。默认情况下，XAML 处理器会将所有空白字符自动转换为空格。另外，处理 XAML 时连续的多个空格将被替换为一个空格。如果希望保留文本字符串中的所有空格，可以在该元素的开始标记内添加 xml:space="preserve"特性。例如：

```
<TextBlock xml:space="preserve" Text="Hello   how are you" />
```

注意在窗口或页面的根元素中指定该特性会严重降低 XAML 处理的性能，所以一定不要在根元素中声明这个特性。

2.2.2 WPF 窗口和 WPF 页

WPF 应用程序有两种常见的界面呈现技术，一种称为"WPF 窗口"，简称"窗口"；另一种称为"WPF 页"，简称"页（Page）"。

由于 WPF 提供的图形界面呈现技术都是矢量形式的，因此可以对窗口和页进行任意级别的缩放，而且画面的质量不会有任何的损耗。

1. 窗口

窗口是从 Window 类继承的类。具有活动窗口的应用程序称为活动应用程序，有时也叫前台程序。对于非活动应用程序来说，由于用户看不到活动窗口，所以也叫后台程序。

WPF 窗口由非工作区和工作区两部分构成。非工作区主要包括图标、标题、系统菜单、按钮（最小化、最大化、还原、关闭）和边框。工作区是指 WPF 窗口内部除了非工作区以外的其他区域，一般用 WPF 布局控件来构造。

创建 WPF 应用程序后，在【解决方案资源管理器】中用鼠标右击项目名，选择【添加】→【窗口】，系统就会自动创建一个继承自 Window 的新窗口。

（1）Show 方法

如果使用 C#代码打开某个窗口，首先应创建该窗口的实例，然后调用该实例的方法将其显示出来。例如，在项目中添加名为 MyWindow.xaml 的窗口后，就可以在代码隐藏文件中（如MainWindow.xaml.cs 的按钮单击事件中）用下面的代码将其显示出来：

```
MyWindow myWindow = new MyWindow();
myWindow.Show();
```

或者用以下代码显示：

```
MyWindow myWindow = new MyWindow();
myWindow.ShowDialog();
```

调用 Show 方法将窗口显示出来后，会立即执行该方法后面的语句，而不是等待该窗口关闭，因此，打开的窗口不会阻止用户与应用程序中的其他窗口交互。这种类型的窗口称为"无模式"窗口。

（2）ShowDialog 方法

如果使用 ShowDialog 方法来显示窗口，该方法将窗口显示出来以后，在该窗口关闭之前，应用程序中的所有其他窗口都会被禁用，并且仅在该窗口关闭后，才继续执行 ShowDialog 方法后面的代码。这种类型的窗口称为"模式"窗口。

（3）SourceInitialized 事件

当调用 Show 方法或者 ShowDialog 方法将窗口显示出来之前，窗口会首先执行初始化工作。初始化窗口时将引发窗口的 SourceInitialized 事件，在该事件处理程序中可以显示其他的窗口，初始化完毕后该窗口才会显示出来。

（4）Hide 方法

对于"无模式"窗口，调用 Hide 方法即可将其隐藏起来。例如，隐藏当前打开的窗口可以用下面的语句：

```
this.Hide();
```

要在某个窗口的代码中隐藏其他的"无模式"窗口，可以调用实例的 Hide 方法，例如：

```
myWindow.Hide();
```

由于隐藏"无模式"窗口后，其实例仍然存在，因此还可以重新调用 Show 方法再次将其显示出来。

（5）Close 方法

在 C#代码中，直接调用 Close 方法即可关闭当前打开的窗口。例如：

```
this.Close();
```

如果关闭其他窗口，需要通过实例名指定关闭那个窗口。例如：

```
myWindow.Close();
```

（6）Closing 事件

当窗口关闭时，它会引发两个事件：Closing 事件和 Closed 事件。

Closing 事件在窗口关闭之前引发，可以利用该事件阻止窗口关闭。例如，当窗口内包含了已修改的数据，此时可以在 Closing 事件处理程序中询问用户，是继续关闭窗口而不保存数据，还是取消窗口关闭。如果用户选择取消关闭，将事件处理程序的 CancelEventArgs 参数的属性设置为 true，即可阻止窗口关闭；如果未处理 Closing 事件，或者虽然已处理该事件但未取消关闭，则窗口将真正关闭。

在窗口真正关闭之前，会引发 Closed 事件，在 Closed 事件中无法阻止窗口关闭。

2. 页

在 WPF 应用程序中，也可以用 WPF 页设计界面，并通过 Window、Frame 或 Navigation-Window 来承载 WPF 页。如果通过 Frame 或者 NavigationWindow 来承载 WPF 页，还可以实现导航功能。

（1）常用属性

Page 类的常用属性如下。

- WindowTitle：设置导航窗口的标题。
- WindowWidth 和 WindowHeight：设置导航窗口的宽度和高度。
- ShowsNavigationUI：false 表示不显示导航条，true 表示显示导航条。
- NavigationService 属性：获取该页的宿主窗口中管理导航服务的对象，利用该对象可实现前进、后退、清除导航记录等操作。

（2）利用 NavigationWindow 承载页

在 WPF 应用程序中，利用 C#代码将 NavigationWindow 窗口的 Content 属性设置为页的实例来承载 WPF 页，即将 NavigationWindow 作为页的宿主窗口。采用这种方式时，可以在页中设置导航窗口（NavigationWindow）的标题以及窗口大小。也可以在 C#代码中使用 NavigationService 类提供的静态方法实现导航功能。例如：

```
Window w = new System.Windows.Navigation.NavigationWindow();
w.Content = new PageExamples.Page1();
w.Show();
```

（3）利用 Frame 承载页

在 Frame 元素中将 Source 属性设置为导航到的页是使用最方便的页导航方式，也是项目中最常用的导航方式。在这种方式下，既可以用 XAML 加载页并实现导航，也可以用 C#代码来实现。其宿主窗口既可以是 Window，也可以是 NavigationWindow。或者说，在 WPF 窗口中以及 WPF 页中，都可以使用 Frame 元素。例如以下代码。

XAML：

```
<Frame Name="frame1" NavigationUIVisibility="Visible"
       Source="Page1.xaml" Background="#FFF9F4D4" />
```

C#：

```
frame1.Source = new Uri("Page1.xaml", UriKind.Relative);
```

3．XAML 界面设计

无论是 WPF 窗口还是 WPF 页，XAML 的界面设计思路都相同。

（1）设计模式和拆分模式

设计 WPF 界面时（窗口、页），设计器默认采用拆分模式，即同时显示【设计】视图和对应的 XAML 编辑器。在拆分模式下，【设计】视图中的任何变化都会立即反映到 XAML 编辑器中，XAML 编辑器中的任何变化也会自动反映到【设计】视图中。

在【设计】视图中，按住<Ctrl>键可同时用鼠标滚轮缩放界面大小，按住空格键可同时用鼠标拖放调整界面在【设计】视图中的位置。

（2）通过【属性】窗口设置控件的属性和事件

在【属性】窗口中，可直观地设置控件的属性或者事件。如果看不到【属性】窗口，可通过主菜单【视图】下的【属性窗口】菜单项将其显示出来。

在【属性】窗口的顶部，WPF 提供了若干选项。窗口的左上角有一个图标，表示当前所选中的元素；名称框用于更改或设置当前所选元素的名称；单击【事件】按钮（闪电符号）可查看控件的事件列表。

2.2.3　WPF 控件模型及其样式控制

本节我们简单介绍 WPF 最常用的控件和样式控制的基本用法，这些内容在后面的章节中还会深入介绍，这里只需要掌握最基本的概念和用法即可。

从使用的角度来看，WPF 控件的模型与 Web 标准的 CSS 盒模型非常相似，样式控制的设计思路也与 CSS 样式控制的实现办法相似。

1．WPF 控件模型

WPF 控件有两个共同的基本模型，分别称为控件模型和内容模型。其中，控件模型的示意图如图 2-5 所示。

从图 2-5 中可以看出，每个 WPF 控件都由 4 个区域组成，这 4 个区域从里向外分别如下。

● Content：内容。控件的内容区域可以是文本、图像或其他元素。

● Padding：内边距。即边框和内容之间的矩形环区域。

● Border：边框。即内边距和外边距之间的黑色矩形环区域。

● Margin：外边距。指边框和图 2-5 中虚线包围的矩形环区域，表示该控件和其他控件之间的距离。

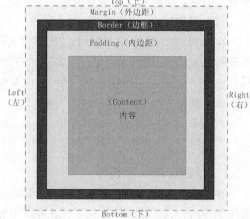

图 2-5　WPF 的控件模型

在 WPF 控件中，这 4 个区域分别用对应的属性来表示，但只有部分控件公开了 Padding 属性和边框属性。

2．控件共有的基本属性

在 WPF 应用程序中，"控件"是适用于 WPF 这一类别的概括术语，这些控件类托管在窗口或页中，除了具有用户界面外，还实现了对应的行为，比如属性、方法、事件等。

在后面的章节中，我们将逐步学习各种 WPF 控件及其用法，作为入门，这里只需要掌握基本用法即可。

（1）Name 和 x:Name

在 WPF 应用程序中，可以用 Name 特性指定元素对象的名称，以便在代码隐藏类中能通过 C#代码找到该 XAML 元素。例如：

```
<Button Name="btnOK" Content="确定" />
<Button Name="btnCancel" Content="取消" />
```

那么，在代码隐藏类中，就可以通过 btnOK 引用在 XAML 文件中的【确定】按钮，通过 btnCancel 引用 XAML 文件中的【取消】按钮。

如果既希望在 C#代码中能引用指定的元素对象，又希望在 XAML 代码中也能引用该元素对象，可通过 x:Name 特性来声明这个元素。例如：

```
<Button x:Name="ButtonOK" Content="确定" />
<Button x:Name="ButtonCancel" Content="取消" />
```

简单来说，如果仅仅在代码隐藏类中通过 C#代码引用某个 XAML 元素，用 Name 特性来声明这个元素即可；如果希望既能在 C#代码中引用又能在其他 XAML 元素中引用某个元素，就用 x:Name 特性来声明该元素。

（2）Margin

控件的 Margin 属性和 Padding 属性是使用较多的两个属性，深刻理解这两个属性的含义，对界面设计和布局非常重要。

Margin 用于描述某元素所占用的矩形区域与其容器元素的矩形区域之间的距离，也叫外边距。利用该属性可以精确地控制元素在其容器中的相对位置。

这里顺便提一下，在 Web 应用程序中用 CSS 定位 HTML 元素时，也是使用的 Margin 属性。实际上，对于开发人员来说，XAML 布局以及样式控制的很多设计思路和用法都和 CSS 的实现思路非常相似，区别仅是其内部实现不同而已。

在 XAML 中，一般用特性语法来描述 Margin 属性。常用有两种形式，一种是用一个值来描述，例如，下面的代码表示按钮周边 4 个方向的外边距都是 10。

XAML：

```
<Button Name="Button1" Margin="10">按钮 1</Button>
```

C#：

```
Button1.Margin = new Thickness(10);
Button1.Content = "按钮 1";
```

另一种是按照"左、上、右、下"的顺序，用 4 个值分别描述 4 个方向的外边距。例如，下面的代码表示 Button2 按钮的左、上、右、下的外边距分别是 0、10、0、10。

XAML：

```
<Button Name="Button2" Margin="0,10,0,10">按钮 2</Button>
```

C#：

```
Button2.Margin = new Thickness(0,10,0,10);
```

也可以先在 XAML 中选择某个元素，然后在【属性】窗口中分别设置这 4 个值。

（3）Padding

控件的 Padding 属性用于控制元素内部与其子元素或文本之间的间距，其用法和 Margin 属性的用法相似。例如以下代码。

XAML：

```
<Border Background="LightBlue" BorderBrush="Black" BorderThickness="2"
        CornerRadius="45" Padding="25">
</Border>
```

C#：

```
myBorder = new Border();
{
    Background = Brushes.LightBlue,
    BorderBrush = Brushes.Black,
    BorderThickness = new Thickness(2),
    CornerRadius = new CornerRadius(45),
    Padding = new Thickness(25)
};
```

这段代码中的 Padding 表示 Border 的 4 个方向的内边距都是 25。当然也可以像 Margin 属性那样，按照"左、上、右、下"的顺序，用 4 个值分别描述 4 个方向的内边距。

（4）HorizontalAlignment

除了控件的 Margin 属性和 Padding 属性外，要灵活地控制控件元素的位置，我们还需要掌握另外两个常用的属性：HorizontalAlignment 属性和 VerticalAlignment 属性。

HorizontalAlignment 属性声明元素相对于其父元素的水平对齐方式，下面是该属性可能的取值。

① Left、Center、Right：子元素在其父元素内的对齐方式。其中，Left 为左对齐，Center 为中心对齐，Right 为右对齐

② Stretch（默认）：拉伸子元素至其父元素的已分配空间。如果声明了 Width 或 Height 属性，则 Width 或 Height 优先，此时 Stretch 不起作用。

下面的代码演示如何将 HorizontalAlignment 属性应用于 Button 元素：

```
<Page……>
    <Border Background="LightBlue" BorderBrush="Black" BorderThickness="2"
            Padding="15">
    <StackPanel Background="White" HorizontalAlignment="Center"
            VerticalAlignment="Top">
        <TextBlock Margin="5,0,5,0" FontSize="18"
                HorizontalAlignment="Center">水平对齐属性示例</TextBlock>
        <Button HorizontalAlignment="Left">按钮 1(Left)</Button>
        <Button HorizontalAlignment="Right">按钮 2(Right)</Button>
        <Button HorizontalAlignment="Center">按钮 3(Center)</Button>
        <Button HorizontalAlignment="Stretch">按钮 4(Stretch)</Button>
    </StackPanel>
    </Border>
</Page>
```

（5）VerticalAlignment

控件的 VerticalAlignment 属性描述元素相对于其父元素的垂直对齐方式。可选值分别为 Top（顶端对齐）、Center（中心对齐）、Bottom（底端对齐）和 Stretch（默认，垂直拉伸）。

下面的代码演示了如何将 VerticalAlignment 属性应用于 Button 元素：

```
<Border Background="LightBlue" BorderBrush="Black" BorderThickness="2" Padding="15">
    <Grid Background="White" ShowGridLines="True">
        <Grid.RowDefinitions>
            <RowDefinition Height="25"/>
```

```
        <RowDefinition Height="50"/>
        <RowDefinition Height="50"/>
        <RowDefinition Height="50"/>
        <RowDefinition Height="50"/>
    </Grid.RowDefinitions>
        <TextBlock Grid.Row="0" Grid.Column="0" FontSize="18"
            HorizontalAlignment="Center">垂直对齐示例</TextBlock>
        <Button Grid.Row="1" Grid.Column="0"
            VerticalAlignment="Top">按钮 1(Top)</Button>
        <Button Grid.Row="2" Grid.Column="0"
            VerticalAlignment="Bottom">按钮 2(Bottom)</Button>
        <Button Grid.Row="3" Grid.Column="0"
            VerticalAlignment="Center">按钮 3(Center)</Button>
        <Button Grid.Row="4" Grid.Column="0"
            VerticalAlignment="Stretch">按钮 4(Stretch)</Button>
    </Grid>
</Border>
```

3. 控件资源和样式控制

WPF 提供了一个强样式模型，其中最基本的是 Style 元素。

（1）Style 元素

利用 Style 元素可以很方便地一次性控制界面（窗口或页）中包含的多个元素呈现的效果，样式的控制范围由元素树中所定义的资源（Resources）的位置来决定。比如在 Page 元素内定义的样式仅在 Page 元素包含的范围内有效，在 StackPanel 元素内定义的样式仅在 StackPanel 元素包含的范围内有效等。

（2）基本用法

后续我们还会在相关的章节中学习各种资源及其样式控制的方法，本章仅需要了解最基本的用法即可。

下面的代码在 StackPanel 范围内定义了一个 Style：

```
<StackPanel>
    <StackPanel.Resources>
        <Style TargetType="TextBlock">
            <Setter Property="HorizontalAlignment" Value="Center"/>
            <Setter Property="Margin" Value="10"/>
            <Setter Property="FontSize" Value="14"/>
            <Setter Property="Foreground" Value="red"/>
        </Style>
    </StackPanel.Resources>
    ......
</StackPanel>
```

由于是在 StackPanel 元素内声明了 TextBlock 的默认样式，因此该 StackPanel 中所有的 TextBlock 元素默认都将应用这种样式。

2.2.4　WPF 基本控件

WPF 提供了很多控件，以后我们还会在单独的章节中学习这些控件，这里仅介绍最基本的控件。

1. StackPanel 和 WrapPanel

这两个控件主要用于将其子元素按纵向或者横向依次排列。

StackPanel 和 WrapPanel 的常用属性都是 Orientation 属性，用于控制排列的方向。可选值为

Vertical（纵向排列）和 Horizontal（横向排列）。

StackPanel 默认纵向排列且子元素超出边界时不再显示，WrapPanel 默认横向排列且子元素超出边界时自动转到下一行显示。

2．GroupBox

GroupBox 包含一个标题和一个内容项，标题和内容都可以是任何类型。

常用属性如下。

- Header：获取或设置分组框的标题。
- Content：获取或设置分组框的内容。

例如：

```
<GroupBox Header="这是标题" FontSize="16"
          Padding="10" BorderBrush="Blue" BorderThickness="3">
    <TextBlock FontSize="50" FontFamily="华文彩云" Text="Hello World!"/>
</GroupBox>
```

3．Border

Border 用于在某个元素周围绘制边框，或者为某元素提供背景。Border 的子元素只能有一个，但这个子元素内可以包含多个元素。

常用属性如下。

- CornerRadius：获取或设置边框的圆角半径。
- BorderBrush：获取或设置边框的画笔。
- BorderThickness：获取或设置边框的粗细。常用两种表示形式，一种是用一个值表示（如 BorderThickness="5"），另一种是按左、上、右、下的顺序表示（如 BorderThickness="15,5,15,5"）。
- Padding：获取或设置 Border 与其包含的子对象之间的距离。

例如：

```
<Border BorderBrush="Red" BorderThickness="12"
        CornerRadius="24" Background="Yellow">
    <TextBlock Text="加边框的文本" FontSize="54" Foreground="Blue"
               HorizontalAlignment="Center" VerticalAlignment="Center" />
</Border>
```

4．文本显示（TextBlock、Label）

TextBlock 和 Label 都可以显示文本。前者只能显示文本；后者除了可以显示文本外，还可以呈现其他任何内容。

（1）TextBlock

TextBlock 主要用于显示纯文本信息。一般通过 TextBlock 元素显示文字或图形符号，这些文字或图形符号都保存在指定的字库或者图形字符库中。

常用属性有以下几种。

- Text：获取或设置要显示的文本（文字或图形字符）。
- FontFamily：获取或设置文本使用的字库名称。
- FontSize：获取或设置文本的字体大小。
- Foreground：获取或设置文本的颜色。

对于文本字符串来说，最简单的办法就是用 TextBlock 元素来声明它，例如：

```
<TextBlock FontSize="50" FontFamily="华文彩云" Text="Hello World!"/>
```

如果希望显示图形字符，只需要修改使用的字体库即可，例如：

```
<TextBlock Name="textBlock1" FontSize="40"
        FontFamily="Wingdings" Text="&#x004A;&#x004B;&#x004C;" />
```

在 C#代码中，也可以通过转义符用 Unicode 编码直接指定这些图形字符。例如：

```
textBlock1.Text += "\n\u004A\u004B\u004C";
```

（2）Label

Label 是一个可包含任意内容的对象。下面的代码演示了如何利用它显示文本。

XAML：

```
<Label Name="ageLabel" >年龄: </Label>
```

C#：

```
Label ageLabel = new Label();
ageLabel.Content = "年龄: ";
```

5. 按钮（Button、RepeatButton）

按钮（Button）是最基本的 WPF 控件之一，一般利用它响应用户的单击行为。它除了可以显示一般的文字之外，还可以显示图像，或者同时显示图像和文字。

RepeatButton 和 Button 类似，但 RepeatButton 从按下按钮到释放按钮的时间段内会自动重复引发其 Click 事件，利用 Delay 属性可指定事件的开始时间，利用 Interval 属性可控制重复的间隔时间。

6. 示例

下面通过例子说明具体用法。

【例 2-4】演示窗口、页、文本和图形字符的基本用法，运行效果如图 2-6 所示。其中，左侧为单击该例子后看到的界面，右侧为单击【弹出窗口】后看到的效果。

图 2-6　【例 2-4】的运行效果

主要设计步骤如下。

（1）E04_Window.xaml

在 Ch02 文件夹下添加一个文件名为 E04_Window.xaml 的窗口，将其改为下面的内容：

```
<Window x:Class="ExampleWpfApp.Ch02.E04_Window"
        xmlns="http://schemas.microsoft.com/winfx/2006/xaml/presentation"
        xmlns:x="http://schemas.microsoft.com/winfx/2006/xaml"
        xmlns:d="http://schemas.microsoft.com/expression/blend/2008"
        xmlns:mc="http://schemas.openxmlformats.org/markup-compatibility/2006"
        xmlns:local="clr-namespace:ExampleWpfApp.Ch02"
        mc:Ignorable="d"
        Title="E04Window" Height="200" Width="400">
    <Grid Background="LightGoldenrodYellow">
        <StackPanel HorizontalAlignment="Center" VerticalAlignment="Center">
```

```
            <TextBlock FontSize="50" FontFamily="华文彩云" Text="Hello World!"/>
            <TextBlock Name="textBlock1" FontSize="40" HorizontalAlignment="Center"
                    FontFamily="Wingdings" Text="&#x004A;&#x004B;&#x004C;" />
        </StackPanel>
    </Grid>
</Window>
```

（2）E04Page.xaml

在 Ch02 文件夹下添加一个文件名为 E04Page.xaml 的页，将其改为下面的内容：

```
<Page x:Class="ExampleWpfApp.Ch02.E04Page"
    xmlns="http://schemas.microsoft.com/winfx/2006/xaml/presentation"
    xmlns:x="http://schemas.microsoft.com/winfx/2006/xaml"
    xmlns:mc="http://schemas.openxmlformats.org/markup-compatibility/2006"
    xmlns:d="http://schemas.microsoft.com/expression/blend/2008"
    xmlns:local="clr-namespace:ExampleWpfApp.Ch02"
    mc:Ignorable="d"
    d:DesignHeight="450" d:DesignWidth="800"
    Title="E04Page">
    <Grid Background="Azure">
        <StackPanel HorizontalAlignment="Center" VerticalAlignment="Center">
            <TextBlock Text="【例2-4】Page、Window、TextBlock基本用法。" Margin="0 10"/>
            <GroupBox Header="文本与图形字符" FontSize="16"
                    Padding="10" BorderBrush="Blue" BorderThickness="3">
                <StackPanel HorizontalAlignment="Center" VerticalAlignment="Center">
                    <TextBlock FontSize="50" FontFamily="华文彩云" Text="Hello World!"/>
                    <TextBlock Name="textBlock1" FontSize="40" HorizontalAlignment=
"Center"
                        FontFamily="Wingdings" Text="&#x004A;&#x004B;&#x004C;" />
                    <TextBlock Name="txt" HorizontalAlignment="Center"
                        FontFamily="Wingdings" FontSize="80" Foreground="Red"/>
                </StackPanel>
            </GroupBox>
            <Button Name="btnWindow" Margin="0 20">弹出窗口</Button>
        </StackPanel>
    </Grid>
</Page>
```

（3）E04Page.xaml.cs

打开 E04Page.xaml.cs 文件，将其改为下面的内容：

```
using System.Windows;
using System.Windows.Controls;
namespace ExampleWpfApp.Ch02
{
    public partial class E04Page : Page
    {
        public E04Page()
        {
        InitializeComponent();
        //Wingdings 图形字符（Unicode 十六进制编码，004A：笑脸，004B:无表情，004C：哭脸）
        txt.Text = "\u004A\u004B\u004C";
        btnWindow.Click += delegate
        {
            var w = new E04_Window
            {
```

```
            WindowStartupLocation = WindowStartupLocation.CenterScreen
        };
        w.ShowDialog();
    };
  }
 }
}
```

2.2.5　在 WPF 应用程序中弹出消息框

System.Windows.MessageBox 是一个可立即弹出的特殊窗口，一般利用它显示重要信息以引起用户的注意，只有用户关闭了弹出的消息框窗口，才会继续执行其下面的语句。

1. 基本用法

MessageBox 返回 Nullable<bool>类型的对象，该对象是可以为 null 的 bool 型。通过该类提供的静态的 Show 方法可弹出对话窗口，开发人员可根据返回的结果决定下一步如何处理。Show 方法包含以下参数：消息（Message）、标题（Title）、按钮（可选项包括 OK、OK 和 Cancel、Yes 和 No、Yes 和 No 和 Cancel）、图标（可选项包括 Error、Information、Question、Warning）。

下面的代码演示了 MessageBox 的典型用法。

常用形式 1：

```
MessageBox.Show("消息内容");
```

常用形式 2：

```
MessageBox.Show("消息内容", "标题", MessageBoxButton.OK, MessageBoxImage.Error);
```

常用形式 3：

```
var result= MessageBox.Show("是否退出应用程序? ", "提示",
    MessageBoxButton.YesNo, MessageBoxImage.Question);
if (result == MessageBoxResult.Yes)
{
    Application.Current.Shutdown( );  //结束应用程序
}
```

图 2-7 为这 3 种形式的消息框弹出效果。

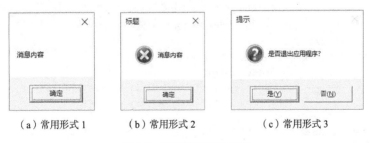

　　（a）常用形式 1　　　　（b）常用形式 2　　　　（c）常用形式 3

图 2-7　消息框的弹出效果

2. 示例

下面通过例子说明消息框的基本用法。另外，该例子同时演示了样式控制以及关闭整个应用程序的办法。

【例 2-5】 演示消息框的基本用法，运行结果如图 2-8 所示。

（1）E05MessageBoxPage.xaml

在 Ch02 文件夹下添加名为 E05MessageBoxPage.xaml 的页，将其改为下面的内容：

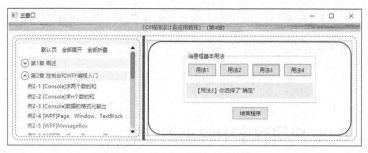

图 2-8　【例 2-5】的运行效果

```xml
<Page x:Class="ExampleWpfApp.Ch02.E05MessageBoxPage"
    xmlns="http://schemas.microsoft.com/winfx/2006/xaml/presentation"
    xmlns:x="http://schemas.microsoft.com/winfx/2006/xaml"
    xmlns:mc="http://schemas.openxmlformats.org/markup-compatibility/2006"
    xmlns:d="http://schemas.microsoft.com/expression/blend/2008"
    xmlns:local="clr-namespace:ExampleWpfApp.Ch02"
    mc:Ignorable="d"
    d:DesignHeight="450" d:DesignWidth="800"
    Title="E05MessageBoxPage">
  <Page.Resources>
    <Style TargetType="Button">
        <Setter Property="HorizontalAlignment" Value="Center"/>
        <Setter Property="Margin" Value="5 10"/>
        <Setter Property="Padding" Value="15 5"/>
    </Style>
  </Page.Resources>
  <Border BorderBrush="Blue" BorderThickness="2"
        CornerRadius="30" Padding="10">
    <StackPanel HorizontalAlignment="Center" VerticalAlignment="Center">
        <GroupBox Header="消息框基本用法">
            <StackPanel>
                <StackPanel Orientation="Horizontal">
                    <Button Name="btn1">用法 1</Button>
                    <Button Name="btn2">用法 2</Button>
                    <Button Name="btn3">用法 3</Button>
                    <Button Name="btn4">用法 4</Button>
                </StackPanel>
                <TextBlock Name="txtResult"
                        Text="result"
                        Foreground="Blue" Background="Bisque"
                        Padding="20 10" Margin="0 5"/>
            </StackPanel>
        </GroupBox>
        <Button Name="btn5">结束程序</Button>
    </StackPanel>
  </Border>
</Page>
```

（2）E05MessageBoxPage.xaml.cs

将 E05MessageBoxPage.xaml.cs 改为下面的内容：

```csharp
using System.Windows;
using System.Windows.Controls;
namespace ExampleWpfApp.Ch02
```

```
{
    public partial class E05MessageBoxPage : Page
    {
        public E05MessageBoxPage()
        {
            InitializeComponent();
            InitOthers();
        }
        private void InitOthers()
        {
            //单击【用法 1】按钮引发的事件
            btn1.Click += delegate
            {
                txtResult.Text = "";
                MessageBox.Show("OK");
            };
            //单击【用法 2】按钮引发的事件
            btn2.Click += (s, e) =>
            {
                txtResult.Text = "";
                MessageBox.Show("OK", "Hello", MessageBoxButton.OK,
                                MessageBoxImage.Information);
            };
            //单击【用法 3】按钮引发的事件
            btn3.Click += (s, e) =>
            {
                var r = MessageBox.Show("是否保存数据？", "提示",
                        MessageBoxButton.OKCancel, MessageBoxImage.Information);
                if (r == MessageBoxResult.OK)
                {
                    txtResult.Text = "【用法 3】你选择了“确定”";
                }
                else
                {
                    txtResult.Text = "【用法 3】你选择了“取消”";
                }
            };
            //单击【用法 4】按钮引发的事件
            btn4.Click += (s, e) =>
            {
                var r = MessageBox.Show("保存数据吗？", "提示", MessageBoxButton.YesNoCancel,
MessageBoxImage.Information);
                if (r == MessageBoxResult.Yes)
                {
                    txtResult.Text = "【用法 4】你选择了“是”";
                }
                else if (r == MessageBoxResult.No)
                {
                    txtResult.Text = "【用法 4】你选择了“否”";
                }
                else
                {
                    txtResult.Text = "【用法 4】你选择了“取消”";
```

```
        }
    };
    //单击【结束程序】按钮引发的事件
    btn5.Click += (s, e) =>
    {
        txtResult.Text = "";
        var r = MessageBox.Show("退出应用程序吗？", "提示",
            MessageBoxButton.OKCancel, MessageBoxImage.Information);
        if (r == MessageBoxResult.OK)
        {
            Application.Current.Shutdown();
        }
    };
    }
  }
}
```

2.2.6 文本和密码输入

文本框（TextBox）和密码输入框（PasswordBox）都用于从键盘输入文本信息。前者用于明文输入，后者用于密码输入。

1. TextBox

TextBox 主要用于让用户输入或编辑纯文本字符串。该控件的常用属性如下。

- Text：表示显示的文本。
- MaxLength：限制用户输入的字符数。
- TextWrapping：控制是否自动转到下一行，当其值为 Wrap 时，该控件可自动扩展以容纳多行文本。
- BorderBrush：边框颜色。
- BorderThickness：边框宽度，如果不希望该控件显示边框，将其设置为 0 即可。

例如：

```
<TextBox Name="ageTextBox" MaxLength="5" Width="60" BorderBrush="#FF5ECD3D"
        BorderThickness="2" TextWrapping="Wrap" Text="多行文本" />
```

TextBox 控件的常用事件是 TextChanged 事件。

2. PasswordBox

PasswordBox 主要用于让用户输入或编辑密码字符串。该控件的常用属性如下。

- PasswordChar 属性：掩码。即不论输入什么字符，显示的都是用它指定的字符。
- Password 属性：输入的密码字符串。

除了这两个属性之外，其他用法与 TextBox 的用法相同。例如：

```
<PasswordBox Password="abc" PasswordChar="*"/>
```

PasswordBox 控件的常用事件是 PasswordChanged 事件，即当密码字符串改变时发生。

3. 示例

下面通过例子演示 TextBox 和 PasswordBox 的基本用法，更多用法在以后的章节中还会逐步介绍。

【例 2-6】 演示文本框和密码框的基本用法，运行效果如图 2-9 所示。

主要设计步骤如下。

（1）E06.xaml

在 Ch02 文件夹下添加一个名为 E06.xaml 的页，将其改为下面的内容：

图 2-9　【例 2-6】的运行效果

```xml
<Page x:Class="ExampleWpfApp.Ch02.E06"
    xmlns="http://schemas.microsoft.com/winfx/2006/xaml/presentation"
    xmlns:x="http://schemas.microsoft.com/winfx/2006/xaml"
    xmlns:mc="http://schemas.openxmlformats.org/markup-compatibility/2006"
    xmlns:d="http://schemas.microsoft.com/expression/blend/2008"
    xmlns:local="clr-namespace:ExampleWpfApp.Ch02"
    mc:Ignorable="d"
    d:DesignHeight="450" d:DesignWidth="800"
    Title="E06">
    <Page.Resources>
        <Style TargetType="TextBox">
            <Setter Property="HorizontalContentAlignment" Value="Center"/>
            <Setter Property="VerticalContentAlignment" Value="Center"/>
            <Setter Property="Width" Value="60"/>
            <Setter Property="Height" Value="28"/>
        </Style>
        <Style TargetType="Label">
            <Setter Property="VerticalAlignment" Value="Center"/>
            <Setter Property="VerticalContentAlignment" Value="Center"/>
            <Setter Property="Height" Value="28"/>
        </Style>
        <Style TargetType="Button">
            <Setter Property="Margin" Value="10 5"/>
            <Setter Property="Padding" Value="10 5"></Setter>
        </Style>
    </Page.Resources>
    <Grid Width="450" Height="260" Background="AliceBlue">
        <Grid.RowDefinitions>
            <RowDefinition Height="Auto"/>
            <RowDefinition />
            <RowDefinition />
        </Grid.RowDefinitions>
        <TextBlock HorizontalAlignment="Center"
                VerticalAlignment="Center"
                Margin="0 20" Text="【例2-6】TextBox、PasswordBox基本用法。"/>
        <GroupBox  Grid.Row="1" Header="文本框与密码框" Margin="10 0">
            <WrapPanel HorizontalAlignment="Center" VerticalAlignment="Center">
                <Label>请输入密码：</Label>
                <Grid>
                    <PasswordBox Name="pwd" VerticalContentAlignment="Center"
                            Width="100"/>
```

```
                <TextBox Name="pwd1" VerticalAlignment="Center"
                        HorizontalContentAlignment="Left"
                        Visibility="Collapsed" Width="100"/>
            </Grid>
            <CheckBox Name="checkBoxShowPwd1" Margin="20 0 0 0"
                    Content="显示密码" VerticalAlignment="Center"/>
        </WrapPanel>
    </GroupBox>
    <GroupBox Grid.Row="2" Header="计算两个数的和" Margin="10">
        <WrapPanel HorizontalAlignment="Center" VerticalAlignment="Center">
            <TextBox Name="txt1">2</TextBox>
            <Label Content="+"/>
            <TextBox Name="txt2">15</TextBox>
            <Label Content="="/>
            <Label Name="result" Background="LightGreen" MinWidth="40"
                    HorizontalContentAlignment="Center"/>
            <Button Name="btnOK" Content="计算" Margin="20 5 0 5" />
            <Button Name="btnClear" Content="清除结果" />
        </WrapPanel>
    </GroupBox>
</Grid>
</Page>
```

（2）E06.xaml.cs

打开 E06.xaml.cs 文件，将其改为下面的内容：

```csharp
using System.Windows;
using System.Windows.Controls;
namespace ExampleWpfApp.Ch02
{
    public partial class E06 : Page
    {
        public E06()
        {
            InitializeComponent();
            checkBoxShowPwd1.Click += delegate
            {
                if (checkBoxShowPwd1.IsChecked == true)
                {
                    pwd.Visibility = Visibility.Collapsed;
                    pwd1.Visibility = Visibility.Visible;
                }
                else
                {
                    pwd.Visibility = Visibility.Visible;
                    pwd1.Visibility = Visibility.Collapsed;
                }
            };
            pwd.PasswordChanged += (s, e) =>
            {
                if (checkBoxShowPwd1.IsChecked == false)
                {
                    pwd1.Text = pwd.Password;
                }
            };
            pwd1.TextChanged += (s, e) =>
```

```
            {
                if (checkBoxShowPwd1.IsChecked == true)
                {
                    pwd.Password = pwd1.Text;
                }
            };
            pwd.Password = "12345";
            btnOK.Click += delegate
            {
                if (!int.TryParse(txt1.Text, out int t1)
                    || !int.TryParse(txt2.Text, out int t2))
                {
                    result.Content = "输入有错无法计算";
                    return;
                }
                result.Content = t1 + t2;
            };
            btnClear.Click += (s, e) => { result.Content = ""; };
        }
    }
}
```

（3）运行

按<F5>键调试运行，运行效果图 2-9 所示。如果选择【显示密码】复选框，则输入的密码将在密码框的位置处以明文显示。

2.2.7　在 WPF 应用程序中调用 DLL 文件

本节我们学习如何在 WPF 应用程序中调用 Wpfz.dll 文件，以加深对此概念的理解。

实际上，在 WPF 应用程序中调用 DLL 文件的方法与在控制台应用程序中调用 DLL 文件的方法类似，区别仅是在哪里编写调用代码。

【例 2-7】　设计一个 WPF 页，从键盘接收 n 个数，在单独的库中计算并返回这 n 个数的和。运行效果如图 2-10 所示。

图 2-10　【例 2-7】的运行效果

（1）E07SumLibPage.xaml

Ch02/E07SumLibPage.xaml 页的内容如下：

```
<Page x:Class="ExampleWpfApp.Ch02.E07SumLibPage"
    xmlns="http://schemas.microsoft.com/winfx/2006/xaml/presentation"
    xmlns:x="http://schemas.microsoft.com/winfx/2006/xaml"
    xmlns:mc="http://schemas.openxmlformats.org/markup-compatibility/2006"
    xmlns:d="http://schemas.microsoft.com/expression/blend/2008"
    xmlns:local="clr-namespace:ExampleWpfApp.Ch02"
```

```
        xmlns:z="wpfz"
        mc:Ignorable="d"
        d:DesignHeight="450" d:DesignWidth="800"
        Title="E07SumLibPage">
    <Page.Resources>
        <Style TargetType="WrapPanel">
            <Setter Property="HorizontalAlignment" Value="Center"></Setter>
            <Setter Property="VerticalAlignment" Value="Center"></Setter>
        </Style>
        <Style TargetType="Button">
            <Setter Property="Margin" Value="10 5"/>
            <Setter Property="Padding" Value="10 5"></Setter>
        </Style>
    </Page.Resources>
    <Grid Height="160" Width="400" Background="AliceBlue">
        <Grid.RowDefinitions>
            <RowDefinition Height="Auto"/>
            <RowDefinition/>
            <RowDefinition Height="Auto"/>
        </Grid.RowDefinitions>
        <TextBlock  Grid.Row="0" HorizontalAlignment="Center"
                VerticalAlignment="Center"
                Text="【例 2-7】调用 DLL 求 n 个数的和。"/>
        <StackPanel Grid.Row="1" VerticalAlignment="Center">
            <WrapPanel>
                <Label>请输入 n 个数（空格分隔）:</Label>
                <TextBox Name="txt1"
                        VerticalContentAlignment="Center"
                        Width="100">12 23 15</TextBox>
            </WrapPanel>
            <WrapPanel Margin="0 10 0 0">
                <Label Content="结果: "/>
                <Label Name="result" Background="LightGreen" MinWidth="200"/>
            </WrapPanel>
        </StackPanel>
        <WrapPanel Grid.Row="2">
            <Button Name="btnOK" Content="计算" />
            <Button Name="btnClear" Content="清除结果" />
        </WrapPanel>
    </Grid>
</Page>
```

（2）E07SumLibPage.xaml.cs

Ch02/E07SumLibPage.xaml.cs 文件的内容如下:

```
using System.Windows;
using System.Windows.Controls;
namespace ExampleWpfApp.Ch02
{
    public partial class E07SumLibPage : Page
    {
        public E07SumLibPage()
        {
            InitializeComponent();
            btnOK.Click += delegate
            {
```

```
        string[] a = txt1.Text.Split(' ');
        int len = a.Length;
        if (len < 2) MessageBox.Show("输入的数不能少于 2 个", "警告");
        int[] b = new int[len];
        for (int i = 0; i < len; i++)
        {
            if (int.TryParse(a[i], out int n))
            {
                b[i] = n;
            }
            else
            {
                result.Content = "输入有错";
                return;
            }
        }
        int x = Wpfz.Ch02.LibDemo.Sum(b);
        result.Content = $"{string.Join(" + ", b)} = {x}";
    };
    btnClear.Click += delegate
    {
        result.Content = "";
    };
}
```

按<F5>键调试运行观察效果。

2.2.8　WPF 中的颜色表示

根据三基色原理，我们知道任何一种颜色都是通过对红（R）、绿（G）、蓝（B）3 个颜色通道的变化和它们之间的叠加来得到的。另外，通过 Alpha 通道还可以控制颜色的透明度。

WPF 在 System.Windows.dll 文件中包含的 System.Windows.Media 命名空间下提供了 Brushes 类、Colors 类和 Color 结构，这几种形式都可以用来表示颜色。

1. 颜色通道的 XAML 表示形式

用 XAML 表示颜色时，可直接用字符串来声明。一般形式为"#rrggbb"或者"#aarrggbb"，其中"#"表示十六进制，a 表示透明度，r 表示红色通道，g 表示绿色通道，b 表示蓝色通道。也可以使用"#rgb"或者"#argb"的简写形式，例如，"#00F"或者"#F00F"。

下面的 XAML 代码设置按钮的前景色、背景色、边框颜色及宽度：

```
<Button Name="btn1" Content="确定" Background="#FFC6ECA7" Foreground="#FFE00B0B"
        BorderBrush="#FFFFC154" BorderThickness="5" Height="90" />
```

2. 常用颜色格式

XAML 和 C#都可以使用 sRGB、ScRGB、HLS 以及 HSB 格式表示颜色，XAML 默认使用 sRGB。在【属性】窗口中，单击 R、G、B 之一，还可以选择其他颜色格式。

（1）sRGB 格式

这种格式用 4 个字节表示一个像素的颜色。4 个字节分别表示 A（Alpha，即透明度）、R（红色通道）、G（绿色通道）和 B（蓝色通道）。由于 A、R、G、B 都占 1 个字节，所以取值范围均为十六进制的 00～FF，或者十进制的 0～255。Alpha 分量用于指定颜色的透明度，0 表示完全透明（没有亮度），255 表示完全不透明（最大亮度）。同样，R 分量的值为 0 表示颜色中没有红色，为 255 表示颜色中包含最大红色分量。

通过【属性】窗口选择并修改各分量值以后，系统会自动将其转换为 sRGB 格式，然后用 XAML 将其描述出来。例如：

Foreground="#80FF0000"

其中，A、R、G、B 各占 1 个字节（#表示十六进制）；

Foreground="#FF8000"

其中，R、G、B 各占 1 个字节（A 默认为 FF）。

（2）ScRGB 格式

ScRGB 格式也是用 4 个字节表示一个像素的颜色（A、R、G、B 各占 1 个字节）。4 个字节分别表示 A（Alpha，即透明度）、R（红色通道）、G（绿色通道）和 B（蓝色通道）。其取值范围均用 0%～100%的百分比来表示；Alpha 分量的最小值 0 表示完全透明（0%，没有亮度），最大值 1.0 表示完全不透明（100%，最大亮度）；同样，R 分量的最小值 0 表示颜色中没有红色，最大值 1.0 表示颜色中包含最大红色分量。例如：

Foreground="sc# 1.0 0.5 0.5 0.5"

其中，A、R、G、B 分别用百分比表示（0.0～1.0）；

Foreground="sc# 0.5 0.5 0.5"

其中，R、G、B 分别用百分比表示（A 默认为 1.0）。

（3）HLS 格式和 HSB 格式

这两种格式分别用不透明度（Alpha）、色调（Hue）、饱和度（Saturation）和亮度（Lightness）来表示颜色。其中，色调表示颜色在颜色盘上的角度，取值范围为 0～360。例如，0 和 360 表示红色（360 和 0 在表盘上是同一个位置），120 表示绿色，240 表示蓝色。不透明度、饱和度和亮度都采用百分比的形式来表示（取值范围为 0.0～1.0，分别表示 0%～100%的百分比）。

3. 命名颜色

为了方便使用，WPF 还提供了一组命名颜色。下面的 XAML 代码演示了如何用 Background 设置按钮的背景色：

```
<Button Name="btn" Background="AliceBlue" Width="60" Height="30" Content="取消"/>
```

下面通过例子演示如何将 WPF 提供的所有命名颜色全部显示出来。

【例 2-8】 显示 WPF 提供的所有命名颜色，运行效果如图 2-11 所示。

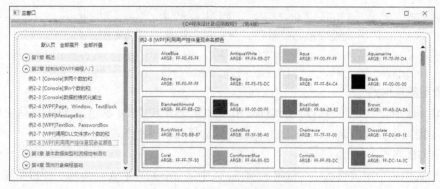

图 2-11 【例 2-8】的运行效果

该例子使用了后续章节中将要介绍的内容，这里不再列出源代码，读者只需要通过这个例子直观地看出有哪些可用的命名颜色即可。

第3章
基本数据类型和流程控制语句

本章我们主要通过控制台应用程序和 WPF 应用程序学习 C#数据类型和流程控制语句的基本用法，这些基本用法在其他类型的应用程序中同样适用。

为了让读者能达到举一反三的目的，本章的所有例子都先在 Wpfz.dll 文件中封装基本的处理功能，再分别通过控制台应用程序和 WPF 应用程序来调用它。

3.1 数据类型和运算符

数据类型、运算符和表达式是构成 C#代码的基础。

本节我们主要学习 C#数据类型的划分以及常用的运算符和表达式。

3.1.1 C#的类型系统

在 C#的类型系统中，除了内置的数据类型外，还允许开发人员用类型声明（Type Declaration）来创建自定义的类型，包括类类型（简称类）、结构类型（简称结构）、接口类型（简称接口）、枚举类型（简称枚举）、数组类型（简称数组）和委托类型（简称委托）等。

1. 类型划分

无论是 C#内置的类型还是开发人员自定义的类型，这些类型从大的方面来看可分为两大类，一类是值类型，另一类是引用类型，如表 3-1 所示。

表 3-1　　　　　　　　　　　　　　C#类型系统的划分

类　　别		说　　明
值类型	简单类型	有符号整型（1 字节、2 字节、4 字节、8 字节）：sbyte、short、int、long 无符号整型（1 字节、2 字节、4 字节、8 字节）：byte、ushort、uint、ulong Unicode 字符：char IEEE 浮点型（4 字节、8 字节）：float、double 高精度小数型：decimal 布尔型：bool

类 别		说 明
值类型	枚举	用 enum E {...}的形式声明
	结构	用 struct S {...}的形式声明
	可空类型	具有 null 值的值类型的扩展，例如，int? i=null;　//int?表示可以为 null 的 int 型
引用类型	类	所有类型的基类：object Unicode 字符串：string 用 class C {...}的形式声明
	接口	用 interface I {...}的形式声明
	数组	一维和多维数组，例如，int[ ]和 int[,]
	委托	用 delegate int D(...)的形式声明

C#的可空类型是指可以为 null 的值类型，int?是泛型 System.Nullable<int>的简写形式，比如当处理数据库中未赋值的数据时，就可以用这种类型来表示。

2. 值类型和引用类型的区别

值类型和引用类型的区别在于，值类型变量直接在"栈（Stack）"中保存该变量的值；引用类型的变量在栈中保存的仅是该对象的引用地址，而它的实际值则保存在由垃圾回收器负责管理的"堆（Heap）"中。

当把一个值类型的变量赋给另一个值类型的变量时，会在栈中保存两个完全相同的值；而把一个引用变量赋给另一个引用变量时，在栈中的两个值虽然相同，但是由于这两个值都是堆中对象的引用地址，所以实际上引用的是同一个对象。

对于值类型，由于每个变量都有自己的值，因此对一个变量的操作不会影响到其他变量；对于引用类型的变量，对一个变量的数据进行操作就是对堆中的数据进行操作，如果两个引用类型的变量引用同一个对象，对一个变量的操作同样也会影响另一个变量。

表 3-2 所示为值类型和引用类型的区别。

表 3-2　　　　　　　　　　　　　　　　值类型和引用类型的区别

特 性	值 类 型	引 用 类 型
变量中保存的内容	实际数据	指向实际数据的引用指针
内存空间配置	栈	受管制的堆（Managed Heap）
内存需求	较少	较多
执行效率	较快	较慢
内存释放时间点	超出变量的作用域时	由垃圾回收机制负责回收

在 C#语言中，不论是值类型还是引用类型，其最终基类都是 Object 类（首字母小写的 object 仅是 Object 类的别名）。例如，所有值类型都是从 System.ValueType 派生的，而 System.ValueType 是从 System.Object 派生的，所以所有值类型的最终基类都是 System 命名空间下的 Object 类。

3.1.2　常量与变量

常量名和变量名都必须以字母或者下画线开头，后跟字母或数字的组合。

1. 常量

对于多个地方都需要使用的固定不变的数据（常数），一般用常量来表示。这样可以让程序容易阅读和理解，修改常量的值也比较方便。

C#用 const 关键字声明常量。例如：

```
const double pi = 3.14;
```

编译器编译这条语句时，会把所有声明为 const 的常量全部替换为实际的常数。

2. 变量

变量用来表示其值可以被更改的数据。比如一个数值、一个字符串值或者一个类的实例。变量存储的值可能会发生更改，但变量名则保持不变。

下面的例子说明了如何声明变量：

```
int a = 100;          //声明一个 int 型变量 a，并赋初值为 100
```

或者：

```
int a;                //声明一个 int 型变量 a
a = 100;              //为 int 型变量 a 赋值为 100
```

也可以用一条语句完成多个变量的声明和初始化，各个变量之间用逗号分隔。例如：

```
int a = 100, b, c = 200,d;    //声明 int 型变量 a、b、c、d，并将 a 赋值 100，c 赋值 200
```

3. 隐式类型的局部变量

在语句块内用 var 声明的变量称为隐式类型的局部变量，这种类型称为匿名类型。

C#是一种强类型的程序设计语言，所有变量必须明确指明其数据类型。但是，对于局部变量而言，除了显式声明其数据类型外，还可以用 var 关键字来声明它，这是因为 C#语言规定局部变量必须赋初值，所以用 var 声明的变量实际上仍然是一种强类型的数据，只是它的实际数据类型由编译器通过为其赋的初值来自动推断而已。

当开发人员记不清楚某局部变量应该属于哪种数据类型时，用 var 来声明它特别方便。例如：

```
var key = Console.ReadKey();
```

这条语句用于获取用户按下的某个字符键或功能键，并将结果赋值给 key，它和下面的语句是等价的：

```
ConsoleKeyInfo key = Console.ReadKey();
```

还可以利用匿名类型将一组具有初值的只读属性封装到单个对象中，而无须先显式定义一个类再创建该类的实例。例如：

```
var v = new { ID = "0001 ", Name="张三" };
Console.WriteLine("学号: {0}, 姓名: {1}", v.ID, v.Name);
```

匿名类型的局部变量也可以用在 LINQ 与 Lambda 表达式中，例如，下面的代码输出数组中所有成绩大于 80 的值：

```
int[ ] scores = new int[ ] { 97, 92, 81, 60 };
var q = scores.Where((score) => score > 80);
Console.WriteLine($"成绩大于 80 的有{q.Count()}个");
```

后面的章节我们还会学习 LINQ 与 Lambda 表达式，这里只需要重点关注 var 的基本用法即可。

注意，由于匿名类型的局部变量仍然属于强类型，所以以类级别的"字段"不能使用 var 来声明。另外，用 var 声明的局部变量不能赋初值为 null，这是因为编译器无法推断 null 属于哪种具体的类型。

4. 示例

下面通过例子说明常量、变量以及隐式类型的局部变量的基本用法。

【例 3-1】 演示 const 以及 var 的基本用法。运行效果如图 3-1 所示。其中，左侧为 WPF 应用程序的运行效果，右侧为单击【用 Console 实现】按钮后弹出的控制台应用程序的运行效果。

图 3-1　【例 3-1】的运行效果

相关代码如下。

（1）Wpfz/Ch03/Ch03UC.xaml 及其代码隐藏类

Wpfz/Ch03/Ch03UC.xaml：

```
<UserControl x:Class="Wpfz.Ch03.Ch03UC"
        ......
        d:DesignHeight="450" d:DesignWidth="800">
    <Border BorderBrush="DarkSalmon" BorderThickness="1" CornerRadius="15"
        VerticalAlignment="Top" Margin="10" Padding="10">
        <StackPanel>
            <TextBlock x:Name="tip"
                x:FieldModifier="private" Text="示例标题" LineHeight="20"/>
            <WrapPanel>
                <WrapPanel.Resources>
                    <Style TargetType="Button">
                        <Setter Property="Padding" Value="10 2"/>
                        <Setter Property="Margin" Value="0 5 15 5"/>
                    </Style>
                </WrapPanel.Resources>
                <Button x:Name="BtnConsole"
                    x:FieldModifier="public" Content="用 Console 实现" />
                <Button x:Name="BtnWpf"
                    x:FieldModifier="public" Content="[显示/隐藏]WPF 实现" />
            </WrapPanel>
            <Border x:Name="Border1" Margin="0 5" Padding="5"
                BorderBrush="Black" BorderThickness="1">
                <TextBlock x:Name="Result" x:FieldModifier="public"
                    Background="Bisque" LineHeight="20"/>
            </Border>
        </StackPanel>
    </Border>
</UserControl>
```

Wpfz/Ch03/Ch03UC.xaml.cs：

```
using System.Windows;
using System.Windows.Controls;
namespace Wpfz.Ch03
{
    public partial class Ch03UC : UserControl
    {
        public string Title { get => tip.Text; set => tip.Text = value; }
        public Ch03UC()
        {
```

```
            InitializeComponent();
            Border1.Visibility = Visibility.Collapsed;
            BtnWpf.Click += delegate
            {
                if (Border1.Visibility == Visibility.Collapsed)
                {
                    Border1.Visibility = Visibility.Visible;
                }
                else
                {
                    Border1.Visibility = Visibility.Collapsed;
                }
            };
        }
    }
}
```

（2）Wpfz/Ch03/C01.cs

```
using System.Linq;
namespace Wpfz.Ch03
{
    public class C01
    {
        const double pi = 3.14;   //常量
        readonly int n = 15;      //变量
        public string Result { get; set; } = string.Empty;
        public C01()
        {
            var v = new { ID = "0001 ", Name = "张三" };
            Result += $"pi={pi}, n={n}, 学号：{v.ID}, 姓名：{v.Name}\n";
            int[] scores = { 97, 92, 81, 60 };
            //方式1——用 LINQ 实现
            var q = from t in scores where t > 80 select t;
            //方式2——用 Lambda 表达式实现
            //var q = scores.Where((score) => score > 80);
            Result += $"成绩大于 80 的有{q.Count()}个";
        }
    }
}
```

（3）ExampleWpfApp/Ch03/E01.xaml 及其代码隐藏类

ExampleWpfApp/Ch03/E01.xaml：

```
<Page x:Class="ExampleWpfApp.Ch03.E01"
    ......
    xmlns:z="clr-namespace:Wpfz.Ch03;assembly=Wpfz"
    ......>
    <Border BorderBrush="Blue" BorderThickness="1">
        <z:Ch03UC Name="uc1" Title="【例 3-1】常量和变量" />
    </Border>
</Page>
```

ExampleWpfApp/Ch03/E01.xaml.cs：

```
using System.Windows.Controls;
namespace ExampleWpfApp.Ch03
{
```

```
public partial class E01 : Page
{
    public E01()
    {
        InitializeComponent();
        uc1.BtnConsole.Click += delegate
        {
            App.ExecConsoleApp("ExampleConsoleApp.Ch03.E01");
        };
        uc1.BtnWpf.Click += delegate
        {
            var c = new Wpfz.Ch03.C01();
            uc1.Result.Text = c.Result;
        };
    }
}
```

（4）ExampleConsoleApp/Ch03/E01.cs

```
using System;
namespace ExampleConsoleApp.Ch03
{
    class E01
    {
        public E01()
        {
            var c = new Wpfz.Ch03.C01();
            Console.WriteLine(c.Result);
        }
    }
}
```

5. 本章后续例子的截图说明

由于控制台应用程序的运行结果与 WPF 应用程序的运行结果相同，所以后面的例子不再截取控制台应用程序的运行界面，仅截取 WPF 应用程序的界面运行效果。

3.1.3　运算符与表达式

表达式由操作数和运算符构成。

1. 运算符

按操作数的个数来分，C#语言提供了三大类运算符。

一元运算符：指带有一个操作数（x）的运算符，如 x++。

二元运算符：指带有两个操作数（x，y）的运算符，如 x + y。

三元运算符：指带有三个操作数（x，y，z）的运算符。如 a = (x == true) ? y : z;语句的含义是如果 x 为 true 则 a 为 y，否则 a 为 z。

表 3-3 列出了 C#提供的常用运算符及其说明。

表 3-3　　　　　　　　　　　　　　常用运算符

运算符类型	说　　明
点运算符	指定类型或命名空间的成员，如 "System.Console.WriteLine("hello");"
圆括号运算符()	有 3 个用途：（1）指定表达式运算顺序；（2）用于显示转换；（3）用于方法或委托，即将参数放在括号内

运算符类型	说　明

方括号运算符[ ]	（1）用于数组和索引。例如：
	
	``
	int[ ] a;
	a = new int[100];
	a[0] = a[1] = 1;
	for (int i = 2; i < 100; ++i)
	{
	    a[i] = a[i - 1] + a[i - 2];
	}
	``
	（2）用于特性（Attribute）声明。例如：
	
	``
	[Conditional("DEBUG")]
	void TraceMethod( ) {}
	``
	（3）用于指针（仅适用于非托管模式）。例如：
	
	``
	unsafe void M( )
	{ int[ ] nums = {0,1,2,3,4,5};
	    fixed (int* p = nums)
	    {
	        p[0] = p[1] = 1;
	        for(int i=2; i<100; ++i) p[i] = p[i-1] + p[i-2];
	    }
	}
	``

new 运算符	（1）用于创建对象和调用构造函数，如 Class1 obj　= new Class1( ); （2）用于创建匿名类型的实例
递增/递减运算符	"++" 运算符将变量的值加 1，如 x++、++x; "––" 运算符将变量的值减 1，如 x––、––x
赋值运算符	=、+=、–=、*=、/=、%=、<<=、>>=、&=、^=、|= 例如：x += y 相当于 x = x + y; 　　　x <<= y 相当于 x = x <<y
算术运算符	加（+）、减（–）、乘（*）、除（/）、求余数（%），如 x % y
关系运算符	大于（>）、小于（<）、等于（==）、不等于（!=）、小于等于（<=）、大于等于（>=）。 例如：if(x>=y)x++;if(x==y)x++;if(x!=y)x--
条件运算符	&&：条件 "与"，如 x && y 的含义是仅当 x 为 true 时计算 y; ||：条件 "或"，如 x || y 的含义是仅当 x 为 false 时计算 y; ?::条件赋值，如 int x =（条件）? 条件成立时 x 的值 : 条件不成立时 x 的值; ??：如果类不为空值时返回它自身，如果为空值则返回之后的操作。例如："int j = i ?? 0;" 的含义是如果 i 不为 null，则 j 为 i，否则 j 为 0
逻辑运算符 （按位操作运算符）	逻辑与（&）、逻辑或（|）、逻辑非（!）、逻辑异或（^）、按位求反（～）、逻辑左移（<<）、逻辑右移（>>）。 如 x << y 含义是将 x 向左移动 y 位
typeof 运算符	获取类型的 System.Type 对象，例如："System.Type type = typeof(int);"

is 运算符	检查对象是否与给定类型兼容，x is T 含义为，如果 x 为 T 类型，则返回 true; 否则返回 false。
	例如：
	
	``
	static void Test(object o)
	{
	  if (o is Class1) a = (Class1)o;
	}
	``

续表

运算符类型	说　明
as 运算符	x as T 含义为，返回类型为 T 的 x，如果 x 不是 T，则返回 null。例如： Class1 c = new Class1( ); Base b = c as Base; if (b != null){……}

当一个表达式包含多个运算符时，表达式的值由各运算符的优先级来决定。如果搞不清楚运算符的运算优先级，编程时最好通过小括号"( )"来明确指定它，以确保运算的顺序正确无误，也使代码看起来一目了然。

2. 表达式

表达式是指可以计算且结果为单个值、对象、方法或命名空间的代码片段。

构造表达式时，需要使用运算符；而运算符对应的操作数可以是单个数据（常量或变量），也可以是表达式，甚至是某一方法调用；并且，该方法调用的参数又可以是其他的方法调用（只要满足类型匹配即可），因此表达式从形式上看，既可以非常简单，也可以非常复杂。

例如，x+y 是最简单的表达式，它既可以表示两个值类型的数据相加，又可以表示两个字符串连接；而(x+y>z) && (x>y)则是稍微复杂的表达式，其含义是：如果 x 加 y 大于 z 并且 x 大于 y，则结果为 true，否则结果为 false。

C#语言的表达式与 C、C++的表达式用法都非常相似，这里不再过多介绍。

3.2　简单类型

简单类型包括整型、浮点型、布尔型、字符型、枚举以及可空类型，这些都是系统内置的值类型。

3.2.1　整型

在计算机组成原理或其他相关课程中，我们学习过定点数的概念。在 C#语言中，这些定点整数统称为整型。根据变量在内存中所存储的位数不同，C#语言提供了 8 种整数类型，分别表示 8 位、16 位、32 位和 64 位有符号和无符号的整数值。其表示形式及取值范围如表 3-4 所示。

表 3-4　　　　　　　　　　　整数类型表示形式及其取值范围

类型	说　明	取　值　范　围	类型指定符
sbyte	1 字节有符号整数（8 位）	$-2^7 \sim +(2^7-1)$，即$-128 \sim +127$	
byte	1 字节无符号整数（8 位）	$0 \sim (2^8-1)$，即 $0 \sim 255$	
short	2 字节有符号整数（16 位）	$-2^{15} \sim +(2^{15}-1)$，即$-32\,768 \sim +32\,767$	
ushort	2 字节无符号整数（16 位）	$0 \sim (2^{16}-1)$，即 $0 \sim 65\,535$	
int	4 字节有符号整数（32 位）	$-2^{31} \sim +(2^{31}-1)$ 即$-2\,147\,483\,648 \sim +2\,147\,483\,647$	如果是十六进制数需要加 0x 前缀
uint	4 字节无符号整数（32 位）	$0 \sim (2^{32}-1)$，即 $0 \sim 4\,294\,967\,295$	后缀：U 或 u
long	8 字节有符号整数（64 位）	$-2^{63} \sim +(2^{63}-1)$，即$-9\,223\,372\,036\,854\,775\,808 \sim$ $+9\,223\,372\,036\,854\,775\,807$	后缀：L 或 l
ulong	8 字节无符号整数（64 位）	$0 \sim (2^{64}-1)$，即 $0 \sim 18\,446\,744\,073\,709\,551\,615$	后缀：UL 或 ul

类型指定符用于赋值为常数的情况，指定符放在常数的后面，大小写均可。如果在给变量赋常数值时没有使用类型指定符，则默认先将 int 类型的数值隐式转换为该类型，再进行赋值。例如：

```
long  y = 1234;    //int 类型的值 1234 隐式转换为 long 类型
```

由于后缀为小写字母的"l"容易和数字"1"混淆，所以 uint、long、ulong 类型的常量指定符一般都用大写字母来表示。例如：

```
long  x1 = 1234L;
```

给整型变量赋值时，可分别采用十进制、十六进制或二进制的常数。

如果是十进制常数，直接写出即可。例如：

```
int x2 = 1234;    //声明一个整型变量，并为其赋值为十进制的数据 1234
```

如果是十六进制常数，必须加前缀"0x"。例如：

```
long x3 = 0x1a;    //声明一个长整型变量，并为其赋值为十六进制的数据 1A，即十进制的 26
```

如果是二进制常数，必须加前缀"0b"。例如：

```
int x4 = 0b1001;    //声明一个整型变量，并为其赋值为二进制的数据 1001，即十进制的 9
```

3.2.2　浮点型

C#语言中的浮点类型有 float、double 和 decimal，它们均属于值类型，如表 3-5 所示。

表 3-5　　　　　　　　　　　　　　　　浮点型表示形式

类型表示	说　明	精　度	取　值　范　围	类型指定符
float	4 字节 IEEE 单精度浮点数	7	$1.5 \times 10^{-45} \sim 2.4 \times 10^{38}$	F 或 f
double	8 字节 IEEE 双精度浮点数	15～16	$5.0 \times 10^{-324} \sim 1.7 \times 10^{308}$	D 或 d
decimal	16 字节高精度浮点数	28～29	$1.0 \times 10^{-28} \sim 7.9 \times 10^{28}$	M 或 m

在计算机组成原理或其他相关课程中，我们也学习过浮点数的概念，并学习过 IEEE 754 标准及其存储格式。C#语言提供了 3 种类型的浮点数，分别用 float、double 和 decimal 来表示 4 字节单精度、8 字节双精度和 16 字节高精度，这些数据都是采用 IEEE 754 标准规定的格式来存储的。

例如，可以使用下面的形式给浮点型变量赋值：

```
double y = 2.7;        //y 的值为 2.7，不加后缀默认为 double 型，也可以加后缀 D 来明确表示
double z = 2.7E+23;    //z 的值为 2.7×10²³，这是一种科学表示法
float x = 2.3f;        //x 的值为 2.3，由于不加后缀，默认为 double 型，所以此处加 f 后缀
```

对于浮点型常数来说，不加后缀默认为 double 类型，也可以加后缀"D"或"d"来明确表示这是 double 类型，例如，15d、1.5d、1e10d 和 122.456D 等都是 double 类型。

有一点需要注意，浮点数的小数点后紧跟的必须是十进制数字。例如，1.3F 表示该数为 float 类型的常数，但 1.F 不是，因为 F 不是十进制数字。

小数型（decimal）是一种特殊的浮点型数据，这种数据类型的特点是精度高，但它表示的数值范围并不大。从计算机内部结构来讲，就是它的尾数部分位数多，而阶码部分的位数并不多。这种数据类型特别适用于航空航天、金融、国际银行财务结算等需要高精度数值计算的领域。这种类型的常量需要添加后缀"M"或"m"，例如：

```
decimal myMoney = 300.5M;
decimal y = 999999999999999999999999999M;
decimal x = 122.123456789123456789M;
```

3.2.3　布尔型

在 C#语言中，布尔型（Boolean）用 bool 来表示。

bool 类型只有两种可能：true 或 false。例如：

```
bool myBool = false;
bool b = (i>0 && i<10);
```

在 C#语言中，条件表达式的运算结果必须是 bool 类型的值，不能是其他类型的值，而不是像 C++等其他编程语言那样也可以用整数零表示 false，用非零表示 true。

例如，下面的 C#代码是错误的：

```
int i = 5, j = 6;
if(i) j += 10;    //错误，因为 i 不是 bool 类型
if(j = 15) j += 10;  //错误，因为 j=15 结果不是 bool 类型
```

正确的代码应该是：

```
int i = 5, j = 6;
if(i != 0) j += 10;
if(j == 15) j += 10;
```

3.2.4　字符型

字符（char）型属于值类型，用 char 表示它是单个 Unicode 编码的字符。一个 Unicode 编码字符的标准长度为 2 字节。

字符型常数必须用单引号引起来，例如：

```
char c1 = 'A';
```

1. 用转义符表示特殊字符

对于一些特殊字符，需要用转义符来表示。表 3-6 所示为常用的转义符。

表 3-6　　　　　　　　　　常用的转义符

转　义　符	说　明	十六进制表示
\'	单引号	0x0027
\"	双引号	0x0022
\\	反斜杠	0x005C
\0	空字符	0x0000
\a	发出一声响铃	0x0007
\b	退格	0x0008
\r	回车	0x000D
\n	换行	0x000A

除了表中列出的这些特殊字符外，其他无法通过键盘直接输入的图形符号等特殊字符也可以用转义符来表示。例如，下面的代码用十六进制的转义符前缀（"\x"）或 Unicode 表示法前缀（"\u"）来表示字符型常数：

```
char c2 = '\x0041';    //字母 "A" 的十六进制表示
char c3 = '\u0041';    //字母 "A" 的 Unicode 编码表示
```

2. XAML 中特殊字符的表示法

在 XAML 表示法中，不能直接用转义符来表示，这是因为 "\" 有另外的含义，所以 XAML

中的特殊字符必须用专门的前缀和后缀来包围。比如，下面的 XAML 代码输出一个 Wingdings 字体的笑脸字符：

```
<TextBlock FontFamily="Wingdings" FontSize="40" HorizontalAlignment="Center"
           Name="txtChar" Text="&#x004A;" />
```

其中，"004A" 是 Wingdings 字体的笑脸字符编码，前缀 "&#x" 表示该字符为十六进制，后缀 ";" 表示这是单个字符。

如果希望显示哭脸符号，将 "004A" 改为 "004C" 即可。

如果在代码隐藏中用 C#代码来写，则直接用 Unicode 编码的转义符表示即可。例如：

```
txtChar.Text += '\u004A';
```

3.2.5　枚举类型

枚举类型表示一组同一类型的常量，简称枚举（enum）。

枚举的用途是为一组在逻辑上有关联的值一次性提供便于记忆的符号，从而使代码的含义更清晰，也易于维护。

例如，下面的代码定义一个称为 MyColor 的枚举类型：

```
public enum MyColor{ Red, Green, Blue}
```

这行代码的含义是：定义一个类型名为 MyColor、基础类型是 int 的枚举类型。它包含 3 个字符串常量：Red、Green、Blue，这 3 个字符串常量的索引都是 int 类型（默认从 0 开始编号），分别为 0、1、2。

上面这行代码也可以写为：

```
public enum MyColors{ Red=0, Green=1, Blue=2}
```

定义枚举类型时，所有常量值必须是同一种基础类型。基础类型只能是 8 种 "整型" 类型之一，如果不指定基础类型，默认为 int 类型。

如果希望基础类型不是 int 类型，定义时必须用冒号指定是哪种基础类型。例如：

```
public enum Number:byte{x1=3, x2=5};
```

该枚举类型定义了两个常量：x1、x2，两个常量都是 byte 类型，常量值分别为 3、5。

也可以在定义时只指定首个常量的值，此时后面的常量值会自动递增 1。例如：

```
public enum MyColors{ Red=1, Green, Blue}    // Red: 1,Green: 2,Blue: 3
public enum Number:byte{x1 = 254,x2};        //x1:254,x2:255
```

注意下面的写法是错误的：

```
enum Number:byte{x1 = 255,x2};
```

这是因为 x1 的值为 255，x2 递增 1 后应该是 256，而 byte 类型的值范围是 0～255，所以这条语句会产生编译错误。

一般不需要指明基础类型，也不需要指明各个常量的值。默认情况下，系统使用 int 型作为基础类型，且第一个元素的值为 0，其后每一个元素的值依次递增 1。例如：

```
public enum Days {Sun,Mon,Tue };            //Sun:0,Mon:1,Tue:2
```

这条语句定义了一个类型名为 Days 的枚举类型。

枚举类型定义完成后，就可以像声明其他类型一样声明枚举类型的变量，并采用 "枚举类型名.常量名" 的形式使用每个枚举值。例如：

```
MyColor color= MyColor.Red;
```

也可以通过显式转换将枚举字符串转换为整型值，反之亦然。例如：

```
int i = (int)Days.Tue;    //相当于 int i = 2;
```

```
Days day = (Days)2;          // 相当于 Days day = Days.Tue;
```

使用枚举的好处是可以利用.NET框架提供的enum类型的一些静态方法，对枚举类型进行各种操作。例如，当我们希望将枚举定义中的所有成员的名称全部显示出来供用户选择时，可以用enum类型提供的静态GetNames方法来实现。

下面通过例子说明枚举的基本用法。

【例3-2】 定义一个MyColor枚举类型，然后声明MyColor类型的变量，通过该变量使用枚举值。再通过enum类型提供的静态GetNames方法将MyColor的所有枚举值全部显示出来。

该例子的运行效果如图3-2所示。

图3-2　【例3-2】的运行效果

相关代码如下。

（1）Wpfz/Ch03/C02enum.cs

```csharp
namespace Wpfz.Ch03
{
    public class C02enum
    {
        /// <summary>枚举用法示例</summary>
        /// <param name="myColor">MyColor 枚举</param>
        /// <returns>用于输出结果的字符串</returns>
        public string GetResult(MyColor myColor)
        {
            //获取枚举值
            var s = $"{myColor.ToString()}\n";
            //获取枚举类型中定义的所有符号名称
            string[] colorNames = System.Enum.GetNames(typeof(MyColor));
            //获取所有枚举成员
            s += $"{string.Join(",", colorNames)}\n";
            return s;
        }
    }
    /// <summary>自定义颜色</summary>
    public enum MyColor
    {
        /// <summary>黑色</summary>
        Black,
        /// <summary>白色</summary>
        White,
        /// <summary>蓝色</summary>
        Blue
    };
}
```

　　输入枚举类型的值时有一个小技巧：先输入 this.StartPosition =，然后按空格键，它就会自动弹出可选项，选择合适的选项，回车即可。

　　该例子为 MyColor 枚举添加了 XML 注释，目的是为了在其他类中调用 MyColor 时能看到智能提示。实际上，类、接口、委托、枚举、字段、方法、属性等都可以按这种方式来添加 XML 注释。

　　XML 注释是在程序中输入代码时能看到智能提示的主要手段，在实际的项目中，要养成添加 XML 注释的好习惯。为了节省篇幅，本书以后不再对每个例子都添加 XML 注释，但这绝不意味着 XML 注释不重要。

（2）ExampleWpfApp/Ch03/E02enum.xaml 及其代码隐藏类

ExampleWpfApp/Ch03/E02enum.xaml：

```xml
<Page x:Class="ExampleWpfApp.Ch03.E02enum"
    ......
    xmlns:z="clr-namespace:Wpfz.Ch03;assembly=Wpfz"
    ......
    Title="E02enum">
    <z:Ch03UC Name="uc1" Title="【例3-2】枚举"/>
</Page>
```

ExampleWpfApp/Ch03/E02enum.xaml.cs：

```csharp
using Wpfz.Ch03;
using System.Windows.Controls;
namespace ExampleWpfApp.Ch03
{
    public partial class E02enum : Page
    {
        public E02enum()
        {
            InitializeComponent();
            uc1.BtnConsole.Click += delegate
            {
                App.ExecConsoleApp("ExampleConsoleApp.Ch03.E02enum");
            };
            uc1.BtnWpf.Click += delegate
            {
                MyColor myColor = MyColor.Black;
                var c = new C02enum();
                uc1.Result.Text = c.GetResult(myColor);
            };
        }
    }
}
```

（3）ExampleConsoleApp/Ch02/E02enum.cs

```csharp
using System;
using Wpfz.Ch03;
namespace ExampleConsoleApp.Ch03
{
    class E02enum
    {
        public E02enum()
        {
            MyColor myColor = MyColor.Black;
```

```
            var c = new C02enum();
            Console.WriteLine(c.GetResult(myColor));
        }
    }
}
```

3.2.6　可空类型

可空类型表示可以为 null 的值类型。例如，int?读作"可以为 null 的 Int32 类型"，就是说可以将其赋值为任一个 32 位整数值，也可以将其赋值为 null。

下面是可空类型的示例：

```
int? age = 0;
int? n = null;
double? d = 4.108;
bool? isFlag = false;
```

在处理数据库中的数据时，可以为 null 的值类型特别有用。例如，数据库中的布尔型字段可以存储值 true 或 false，但是如果该字段未定义，则用 null 来表示。

3.3　字　符　串

在 C#语言中，字符串是引用类型，是由一个或多个 Unicode 字符构成的一组字符序列。

C#中定义了一个引用类型的 String（第 1 个字母大写）或者 string（第 1 个字母小写），用 string 声明字符串变量时，和使用 String 声明字符串变量效果完全相同。

利用 string（或者 String）类型，可以方便地实现字符串的定义、复制、连接等各种操作。

3.3.1　字符串的创建与表示形式

string 类型的常量用双引号引起来。下面代码演示了 string 类型常量的基本用法：

```
string str1 = "ABCD";
string str2 = mystr1;
int i = 3;
string str3 = str1 + str2;
string str4 = str1 + i;
```

创建字符串的方法有多种，最常用的一种是直接将字符串常量赋给字符串变量，例如：

```
string s1 = "this is a string.";
```

另一种常用的操作是通过构造函数创建字符串类型的对象。下面的语句通过将字符 a 重复 4 次来创建一个新字符串：

```
string s2 = new string('a',4);   //结果为 aaaa
```

也可以直接利用格式化输出得到希望的字符串格式。例如：

```
string s = string.Format("{0, 30}", ' ');      //s 为 30 个空格的字符串
string s1 = string.Format("{0, -20}", "abc");   //s1 为左对齐长度为 20 的字符串
```

和 char 类型一样，字符串也可以包含转义符。例如，下面表示法中的两个连续的反斜杠看起来很不直观：

```
string filePath = "C:\\CSharp\\MyFile.cs";
```

为了使表达更清晰，C#规定：如果在字符串常量的前面加上"@"符号，则字符串内的所有

内容均不再进行转义，例如：

```
string filePath = @"C:\CSharp\MyFile.cs";
```

这种表示方法和带有转义的表示方法效果相同。

需要注意的是，string 是 Unicode 字符串，即每个英文字母占两个字节，每个汉字也是两个字节。也就是说，计算字符串长度时，每个英文字母的长度为 1，每个汉字的长度也是 1。例如：

```
string str = "ab 张三 cde";
Console.WriteLine(str.Length);        //输出结果: 7
```

3.3.2　字符串的常用操作方法

任何一个应用程序，几乎都离不开对字符串的操作，掌握常用的字符串操作方法，是 C#程序设计的基本要求。

字符串的常用操作有字符串比较、查找、插入、删除、替换、求子串、移除首尾字符、合并与拆分字符串以及字符串的大小写转换等。

1. 字符串比较

要精确比较两个字符串的大小，可以用 string.Compare(string s1,string s2)，它返回 3 种可能的结果：

如果 s1 大于 s2，结果为 1；

如果 s1 等于 s2，结果为 0；

如果 s1 小于 s2，结果为-1。

例如：

```
string s1 = "this is a string.";
string s2 = s1;
string s3 = new string('a',4);
Console.WriteLine(string.Compare(s1,s2));    //结果为 0
Console.WriteLine(string.Compare(s1,s3));    //结果为 1
Console.WriteLine(string.Compare(s3,s1));    //结果为-1
```

另外，string.Compare(string s1,string s2,bool ignoreCase)在比较两个字符串大小时还可以决定是否区分大小写。

如果仅仅比较两个字符串是否相等，最好直接使用两个等号或者用 Equals 方法来比较。例如：

```
Console.WriteLine(s1 == s2);                    //结果为 True
Console.WriteLine(s1.Equals(s2));               //结果为 True
```

这里有一点需要说明，对于引用类型的对象来说，"=="是指比较两个变量是否引用同一个对象，要比较两个对象的值是否完全相同，应该使用 Equals 方法。但是对于字符串来说，"=="和 Equals 都是指比较两个对象的值是否完全相同。之所以这样规定，主要是因为字符串的使用场合比较多，用"=="比较方便。

2. 字符串查找

除了可以直接用 string[index]得到字符串中第 index 个位置的单个字符外（index 从零开始编号），还可以使用下面的方法在字符串中查找指定的子字符串。

（1）Contains 方法

Contains 方法用于查找字符串 s 中是否包含指定的子字符串。例如：

```
string s = "123abc123abc123";
if(s.Contains("abc")) Console.WriteLine("s 中包含 abc");
```

（2）StartsWith 方法和 EndsWith 方法

StartsWith 方法和 EndsWith 方法用于从字符串的首或尾开始查找指定的子字符串，并返回布尔值（true 或 false）。例如：

```
string s = "this is a string";
Console.WriteLine(s.StartsWith("abc")); //结果为 False
Console.WriteLine(s.StartsWith("this")); //结果为 True
Console.WriteLine(s.EndsWith("abc"));  //结果为 False
Console.WriteLine(s.EndsWith("ing"));  //结果为 True
```

输出结果中的 True、False 是布尔值 true、false 转换为字符串的输出形式。

（3）IndexOf 方法

IndexOf 方法有多种重载的形式，其中最常用的是求某个子字符串 c 在字符串 s 中首次出现的从零开始索引的位置，如果 s 中不存在 c，则返回-1。例如：

```
string s = "123abc123abc123", c="bc1";
int n = s.IndexOf("bc1"); //x 的结果为 4
```

（4）IndexOfAny 方法

如果要查找某个字符串中是否包含多个不同的字符之一，可以用 IndexOfAny 方法来查找。该方法返回 Unicode 字符数组 c 中的任意字符在字符串 s 中第 1 个匹配项的从零开始索引的位置，如果未找到其中的任何一个字符，则返回-1。例如：

```
string s = "123abc123abc123";
char[ ] c = { 'a', 'b', '5', '8' };
int x = s.IndexOfAny(c); //x 结果为 3
```

这段代码的含义为：在 s 中查找包含字符（'a'、'b'、'5'、'8'）之中的任何一个字符，并返回首次找到的位置。

3. 获取字符串中的单个字符或子字符串

如果要得到字符串中的某个字符，直接用中括号指明字符在字符串中的索引序号即可，例如：

```
string s = "some text";
//求字符串 s 的第 2 个字符，结果为 m（第 0 个为 s，第 1 个为 o）
char c = s[2];
```

如果希望得到一个字符串中从某个位置开始的子字符串，可以用 Substring 方法。例如：

```
string s = "abc123";
//从第 2 个字符 c 开始（第 0 个为 a，第 1 个为 b）取到字符串末尾，结果为"c123"
string s1 = s.Substring(2);
//从第 2 个字符 c 开始（第 0 个为 a，第 1 个为 b）取 3 个字符，结果为"c12"
string s2 = s.Substring(2, 3);
```

4. 字符串的插入、删除与替换

也可以在一个字符串中插入、删除、替换某个子字符串。例如：

```
string s = "abcdabcd";
string s1 = s.Insert(2, "12");      //结果为"ab12cdabcd"
string s2 = s.Remove(2);            //结果为"ab"
string s3 = s.Remove(2,1);          //结果为"abdabcd"
string s4 = s.Replace('b','h');     //结果为"ahcdahcd"
string s5 = s.Replace("ab","");     //结果为"cdcd"
```

5. 移除首尾字符

利用 TrimStart 方法可以移除字符串首部的一个或多个字符，从而得到一个新字符串；利用

TrimEnd 方法可以移除字符串尾部的一个或多个字符；利用 Trim 方法可以同时移除字符串首部和尾部的一个或多个字符。

这 3 种方法中，如果不指定要移除的字符，则默认移除空格。例如：

```
string s1 = "  this is a book";
string s2 = "that is a pen     ";
string s3 = "  is a pen        ";
Console.WriteLine(s1.TrimStart());          //移除首部空格
Console.WriteLine(s2.TrimEnd());            //移除尾部空格
Console.WriteLine(s2.Trim());               //移除首部和尾部空格
string str1 = "Hello World!";
string str2 = "北京北奥运会京北京";
char[] c1 = { 'r', 'o', 'W', 'l', 'd', '!', ' ' };
char[] c2 = { '北', '京' };
string newStr1 = str1.TrimEnd(c1); //移除 str1 尾部在字符数组 c 中包含的所有字符（结果为"He"）
string newStr2 = str2.Trim(c2);  //结果为"奥运会"
```

6. 字符串中字母的大小写转换

将字符串的所有英文字母转换为大写可以用 ToUpper 方法，将字符串的所有英文字母转换为小写可以用 ToLower 方法。例如：

```
string s1 = "This is a string";
string s2 = s1.ToUpper( );  //s2 结果为 THIS IS A STRING
string s3 = Console.ReadLine( );
if (s2.ToLower( ) == "yes")
{
    Console.WriteLine("OK");
}
```

3.3.3　StringBuilder 类

通过前面的学习，我们已经知道 string 类型表示的是一系列不可变的字符。例如，在 s 变量的后面连接另一个字符串：

```
string s = "abcd";
s += " and 1234 "; //结果为"abcd and 1234"
```

对于用"+"号连接的字符串来说，其实际操作并不是在原来的字符串 s 后面直接附加上第 2 个字符串，而是返回一个新的字符串，即重新为新字符串分配内存空间。显然，如果这种操作次数非常多，对内存的消耗是非常大的。因此，字符串连接要考虑以下两种情况：如果字符串连接次数不多（例如 10 次以内），使用"+"号直接连接比较方便；如果有大量的字符串连接操作，应该使用 System.Text 命名空间下的 StringBuilder 类，这样可以提高系统的运行性能。例如：

```
StringBuilder sb = new StringBuilder( );
sb.Append("s1");
sb.AppendLine("s2");
Console.WriteLine(sb.ToString());
```

这段代码的输出结果如下：

```
s1s2
```

下面通过例子说明字符串常用操作方法以及 StringBuilder 类的具体用法。

【例 3-3】 演示 string 和 StringBuilder 类的基本用法。运行效果如图 3-3 所示。

图 3-3　【例 3-3】的运行效果

相关代码如下。

（1）Wpfz/Ch03/C03string.cs

```
using System.Text;
namespace Wpfz.Ch03
{
    public class C03string
    {
        private StringBuilder sb = new StringBuilder();
        public C03string()
        {
            string s = "123abc123abc中国ing";
            char[] c = { 'a', 'b', '5', '8' };
            sb.AppendLine($"字符串s为：{s}");
            sb.AppendLine($"s中是否包含abc：{s.Contains("abc")}");
            sb.AppendLine($"{s.StartsWith("abc")}, {s.EndsWith("ing")}");
            sb.AppendLine($"{s.IndexOf("c1")}, {s.IndexOfAny(c)}");
            sb.AppendLine($"{s.Substring(2)}, {s.Substring(2, 3)}");
            sb.AppendLine(s.Insert(2, "中国"));
            sb.AppendLine(s.Remove(13));
            sb.AppendLine(s.ToUpper());
        }
        public string GetResult()
        {
            return sb.ToString();
        }
    }
}
```

（2）ExampleWpfApp/Ch03/E03string.xaml 及其代码隐藏类

见源程序，这里不再粘贴源代码。

（3）ExampleConsoleApp/Ch03/E03string.cs

```
using System;
namespace ExampleConsoleApp.Ch03
{
    class E03string
    {
        public E03string()
        {
```

```
            var c = new Wpfz.Ch03.C03string();
            Console.WriteLine(c.GetResult());
        }
    }
}
```

3.4　数　　组

C#中的数组一般用于存储同一种类型的数据。或者说，在 C#中，数组表示相同类型的对象的集合。

3.4.1　基本概念

数组是引用类型而不是值类型。声明数组类型是通过在某个类型名后加一对方括号来构造的。表 3-7 所示为常用数组的语法声明格式。

表 3-7　　　　　　　　　　　　常用数组的语法声明格式

数　组　类　型	语　　　法	示　　例
一维数组	数据类型[ ] 数组名;	int[ ] myArray;
二维数组	数据类型[,] 数组名;	int[,] myArray;
三维数组	数据类型[,,] 数组名;	int[,,] myArray;
交错数组	数据类型[ ][ ] 数组名;	int[ ][ ] myArray;

数组的秩（Rank）是指数组的维数，如一维数组秩为 1，二维数组秩为 2。多维数组指维数大于 1 的数组，其中最常用的是二维数组，例如用二维数组描述具有相同行和列的规则表格。除此之外，还可以用交错数组描述具有不同列数的不规则表格。

数组长度是指数组中所有元素的个数。例如：

```
int[] a = new int[10];    //定义有 10 个元素的数组，分别为 a[0]、a[1]……a[9]
int[,] b = new int[3, 5]; //数组长度为 3×5=15，其中第 0 维长度为 3，第 1 维长度为 5
```

在 C#中，数组的最大容量默认为 20GB。换言之，只要内存足够大，绝大部分情况都可以利用数组在内存中对数据直接进行处理。

从.NET 4.5 框架开始，在 64 位平台上（例如 Windows 7 64 位）还可以一次性加载大于 20GB的数组。例如，在 WPF 应用程序中，通过在 App.xaml 中配置<gcAllowVeryLargeObjects>元素即可达到这个目的。

3.4.2　一维数组的声明和引用

一维数组的下标默认从 0 开始索引。假如数组 a 有 30 个元素，则 a 的下标范围为 0~29。对一维数组的常用操作有求值以及统计运算等，另外还有排序、查找以及将一个数组复制到另一个数组中。

在程序中，可以通过在中括号内指定下标来访问某个数组元素。例如：

```
int[] a = new int[30];
a[0] = 23;     // 为 a 数组中的第一个元素赋值 23
a[29] = 67;    // 为 a 数组中的最后一个元素赋值 67
```

在一维数组操作中，常用的一个属性是 Length，它表示数组的长度。例如：

```
int arrayLength = a.Length;
```

声明一维数组时，既可以一开始就指定数组元素的个数，也可以一开始不指定元素个数，而是在使用数组元素前动态地指定元素个数。

不论采用哪种方式，一旦元素个数确定，数组的长度就确定了。例如：

```
int[] a1 = new int[30];  //a1 共有 30 个元素，分别为 a1[0]～a1[29]
int number = 10;
string[] a2 new String[number];  // a2 共有 number 个元素
```

也可以在声明语句中直接用简化形式为各元素赋初值，例如：

```
string[] a = {"first","second","third"};
```

或者写为：

```
string[] a = new string[]{"first","second","third"};
```

但是要注意，不带 new 运算符的简化形式只能用在声明语句中，比较下面的写法：

```
string[] a1 = { "first", "second", "third" };  //正确
string[] a2 = new string[] { "first", "second", "third" };  //正确
string[] a3;
a3 = { "first", "second", "third" };  //错误
string[] a4;
a4 = new string[] { "first", "second", "third" };  //正确
```

语句中的 new 运算符用于创建数组并将数组元素初始化为它们的默认值。例如，int 类型的数组每个元素初始值默认为 0，bool 类型的数组每个元素默认初始值为 false 等。如果数组是引用类型，则实例化该类型时，数组中的每个元素默认为 null。

3.4.3　一维数组的统计运算及数组和字符串之间的转换

在实际应用中，我们可能需要对数组中的所有元素求平均值、求和、求最大数以及求最小数等，这些可以利用数组的 Average 方法、Sum 方法、Max 方法和 Min 方法来实现。

对于字符串数组，可以直接利用 string 的静态 Join 方法和静态 Split 方法实现字符串和字符串数组之间的转换。

Join 方法用于在数组的每个元素之间串联指定的分隔符，从而产生单个串联的字符串。它相当于将多个字符串插入分隔符后合并在一起。语法为：

```
public static string Join( string separator, string[] value )
```

Split 方法用于将字符串按照指定的一个或多个字符进行分离，从而得到一个字符串数组。常用语法为：

```
public string[] Split( params char[] separator )
```

这种语法形式中，分隔的字符参数个数可以是一个，也可以是多个。如果分隔符是多个字符，各字符之间用逗号分开。当有多个参数时，表示只要找到其中任何一个分隔符，就将其分离。例如：

```
string[] sArray1 = { "123", "456", "abc" };
string s1 = string.Join(",", sArray1);    //结果为"123,456,abc"
string[] sArray2 = s1.Split(',');         //sArray2 得到的结果与 sArray1 相同
string s2 = "abc 12;34,56";
string[] sArray3 = s2.Split(',', ';', ' ');  //分隔符为逗号、分号、空格
Console.WriteLine(string.Join(Environment.NewLine,sArray3));
```

这段代码的输出结果如下：

```
abc
12
```

```
34
56
```

下面通过具体例子说明相关的用法。

【例 3-4】 演示如何统计数组中的元素以及如何实现数组和字符串之间的转换。运行效果如图 3-4 所示。

图 3-4　【例 3-4】的运行效果

相关代码如下。

（1）Wpfz/Ch03/C04Array1.cs

```csharp
using System.Linq;
using System.Text;
namespace Wpfz.Ch03
{
    public class C04Array1
    {
        public string ArrayDemo1(int[] a)
        {
            StringBuilder sb = new StringBuilder();
            sb.AppendLine(string.Format("初始值: {0}", string.Join(",", a)));
            sb.AppendLine(string.Format("平均值: {0}", a.Average()));
            sb.AppendLine(string.Format("和: {0}", a.Sum()));
            sb.AppendLine(string.Format("最大值: {0}", a.Max()));
            sb.AppendLine(string.Format("最小值: {0}", a.Min()));
            return sb.ToString();
        }
    }
}
```

（2）ExampleWpfApp/Ch03/E04Array1.xaml 及其代码隐藏类

见源程序，这里不再粘贴源代码。

（3）ExampleConsoleApp/Ch03/E04Array1.cs

```csharp
using System;
namespace ExampleConsoleApp.Ch03
{
    class E04Array1
    {
        public E04Array1()
        {
            var c = new Wpfz.Ch03.C04Array1();
            int[] a = { 10, 20, 4, 8 };
```

```
        Console.WriteLine(c.ArrayDemo1(a));
      }
    }
  }
```

3.4.4 一维数组的复制、排序与查找

Array 是所有数组类型的抽象基类。对数组进行处理时，可以使用 Array 类提供的静态方法，例如，对元素进行排序、反转、查找等。常用有以下几种。

- Copy 方法：将一个数组中的全部或部分元素复制到另一个数组中。
- Sort 方法：使用快速排序算法，将一维数组中的元素按照升序排列。
- Reverse 方法：反转一维数组中的元素。

另外，还可以使用该类提供的 Contains 方法和 IndexOf 方法查找指定的元素。

【例 3-5】 演示一维数组复制和排序的基本用法。运行效果如图 3-5 所示。

图 3-5　【例 3-5】的运行效果

相关代码如下。

（1）Wpfz/Ch03/C05Array2.cs

```
using System;
namespace Wpfz.Ch03
{
    public class C05Array2
    {
        /// <summary>对整型数组排序并返回结果</summary>
        public string ArrayDemo2(int[] a)
        {
            int[] b = new int[a.Length];
            //将数组 a 的值全部复制到数组 b 中
            Array.Copy(a, b, a.Length);
            var s = $"原始整数数组: {string.Join(",", a)}\n";
            //反转数组 a 的值, 结果仍保存到 a 中
            Array.Reverse(a);
            s += $"反转后的值: {string.Join(",", a)}\n";
            //将数组 b 升序排序, 排序结果仍保存到 b 中
            Array.Sort(b);
            s += $"升序排序后的值: {string.Join(",", b)}\n";
            //反转排序后的值, 得到降序结果仍保存到 b 中
            Array.Reverse(b);
            s += $"降序排序后的值: {string.Join(",", b)}\n";
```

```
        return s;
    }
    /// <summary>对字符串数组排序</summary>
    public string ArrayDemo2(string[] a)
    {
        var s = $"原始数组：{string.Join(",", a)}\n";
        Array.Sort(a);
        s += $"升序排序后的值：{string.Join(",", a)}\n";
        return s;
    }
}
```

（2）ExampleWpfApp/Ch03/E05Array2.xaml 及其代码隐藏类

见源程序，这里不再粘贴源代码。

（3）ExampleConsoleApp/Ch03/E05Array2.cs

```
using System;
namespace ExampleConsoleApp.Ch03
{
    class E05Array2
    {
        public E05Array2()
        {
            var c = new Wpfz.Ch03.C05Array2();
            int[] a = { 23, 64, 15, 72, 36 };
            Console.WriteLine(c.ArrayDemo2(a));
            string[] b = { "Java", "C#", "C++", "VB.NET" };
            Console.WriteLine(c.ArrayDemo2(b));
        }
    }
}
```

3.4.5　二维数组

下面的 3 条语句作用相同，都是创建一个 3 行 2 列的二维数组：

```
int[,] n1 = new int[3, 2] { {1, 2}, {3, 4}, {5, 6} };
int[,] n2 = new int[,] { {1, 2}, {3, 4}, {5, 6} };
int[,] n3 = { {1, 2}, {3, 4}, {5, 6} };
```

引用二维数组的元素时，也是使用中括号，如 n1[2,1]的值为 6。

【例 3-6】 演示二维数组的声明与初始化，并分别输出数组的秩、数组长度以及数组中的每个元素的值。运行效果如图 3-6 所示。

图 3-6 【例 3-6】的运行效果

相关代码如下。

（1）Wpfz/Ch03/C06Array3.cs

```
namespace Wpfz.Ch03
{
    /// <summary>例 3-6 二维数组</summary>
    public class C06Array3
    {
        public string GetArray()
        {
            string s = "";
            int[,] b = new int[3, 5] {
                {11,12,13,14,15 },
                {21,22,23,24,25 },
                {31,32,33,34,35 }
            };
            s += "b 的值为：\n";
            // b.GetLength(0)指获取取第 0 维的长度
            for (int i = 0; i < b.GetLength(0); i++)
            {
                // b.GetLength(1)指获取取第 1 维的长度
                for (int j = 0; j < b.GetLength(1); j++)
                {
                    s += string.Format("{0} ", b[i, j]);
                }
                s += "\n";
            }
            s += string.Format("b 的秩为{0}\n", b.Rank);        //结果为 2
            s += string.Format("b 的长度为{0}\n", b.Length);    //结果为 15
            return s;
        }
    }
}
```

（2）ExampleWpfApp/Ch03/E06Array3.xaml 及其代码隐藏类

见源程序，这里不再粘贴源代码。

（3）ExampleConsoleApp/Ch03/E06Array3.cs

```
using System;
namespace ExampleConsoleApp.Ch03
{
    class E06Array3
    {
        public E06Array3()
        {
            var c = new Wpfz.Ch03.C06Array3();
            Console.WriteLine(c.GetArray());
        }
    }
}
```

3.4.6　交错数组

交错数组相当于一维数组的每一个元素又是一个数组，也可以把交错数组称为"数组的数组"。下面是交错数组的一种定义形式：

```
int[][] n1 = new int[][]
{
    new int[] {2,4,6},
    new int[] {1,3,5,7,9}
};
```

这条语句也可以用下面的形式来定义：

```
int[][] n1 = {
    new int[] {2,4,6},
    new int[] {1,3,5,7,9}
};
```

交错数组的每一个元素既可以是一维数组，也可以是多维数组。例如，下面的语句中每个元素又是一个二维数组：

```
int[][,] n4 = new int[3][,]
{
    new int[,] { {1,3}, {5,7} },
    new int[,] { {0,2}, {4,6}, {8,10} },
    new int[,] { {11,22}, {99,88}, {0,9} }
};
```

【例 3-7】 演示交错数组的基本用法。运行效果如图 3-7 所示。

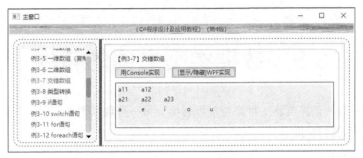

图 3-7　【例 3-7】的运行效果

相关代码如下。

（1）Wpfz/Ch03/C07Array4.cs

```
namespace Wpfz.Ch03
{
    public class C07Array4
    {
        public string PrintArray(string[][] a)
        {
            string s = "";
            for (int i = 0; i < a.Length; i++)
            {
                for (int j = 0; j < a[i].Length; j++)
                {
                    s += $"{a[i][j]}\t";
                }
                s += "\n";
            }
            return s;
        }
    }
}
```

（2）ExampleWpfApp/Ch03/E07Array4.xaml 及其代码隐藏类

见源程序，这里不再粘贴源代码。

（3）ExampleConsoleApp/Ch03/E07Array4.cs

```
using System;
namespace ExampleConsoleApp.Ch03
{
    class E07Array4
    {
        public E07Array4()
        {
            string[][] a =
{
                new string[] { "a11", "a12" },
                new string[] { "a21", "a22", "a23" },
                new string[] { "a", "e", "i", "o", "u" }
            };
            var c = new Wpfz.Ch03.C07Array4();
            Console.WriteLine(c.PrintArray(a));
        }
    }
}
```

3.5　数据类型之间的转换

实际应用中有时我们需要将一种数据类型转换为另一种数据类型，以便完成某些操作。本节我们学习一些常用的转换办法。

3.5.1　基本概念

从值类型和引用类型两大分类来说，可将类型转换分为 3 种情况：值类型与值类型之间的转换、引用类型与引用类型之间的转换、值类型与引用类型之间的转换。

1. 值类型与值类型之间的转换

如果一种值类型转换为另一种值类型，或者一种引用类型转换为另一种引用类型，比较常见的转换方式是：隐式转换与显式转换。

（1）隐式转换

隐式转换就是系统默认的、不需要加以声明就可以进行的转换，如从 int 类型转换到 long 类型：

```
int k = 1;
long i = 2;
i = k;          //隐式转换
```

对于不同值类型之间的转换，如果是从低精度、小范围的数据类型转换为高精度、大范围的数据类型，可以使用隐式转换。这种转换一般没有问题，这是因为大范围类型的变量具有足够的空间存放小范围类型的数据。

（2）显式转换

显式转换又称强制转换。显式转换需要用小括号指定被转换后的类型。例如：

```
long k = 5000L;
int i = (int)k;
```

所有的隐式转换也都可以采用显式转换的形式来表示。例如：

```
int i = 10;
long j = (long)i;
```

将大范围类型的数据转换为小范围类型的数据时，必须特别谨慎，因为此时可能有丢失数据的危险。例如：

```
long r = 123456789012L;
int i1 = (int)r;
```

执行上述语句之后，虽然语法不会出错，但是得到的 i 值并不正确，这是因为 long 型变量 r 的值比 int 型所能表示的最大值还要大，从而会引起数据丢失。

显式转换一般用于"不关心"是否丢失数据的情况。如果希望类型转换时还要检查是否丢失数据，可使用下面的两种办法之一：一是利用 checked 运算符来实现类型转换，二是利用 Convert 类来实现类型转换。

（3）利用 checked 运算符进行溢出检查

checked 运算符用于判断类型的安全性，一般用它来判断某个数值是否在变量所表示类型范围内。例如：

```
long r = 30000000000L;
int i2 = checked((int)r);
```

使用 checked 运算符后，当转换出现溢出（丢失数据）时，系统就会抛出一个异常。

（4）利用 Convert 类实现类型转换

Convert 类提供了很多静态的方法，利用它能进行各种基本类型之间的转换。例如：

```
long r = 30000000000L;
int i3 = Convert.ToInt32(r);
```

采用这种办法时，当转换出现溢出或者转换失败时，系统都会抛出异常。

2. 引用类型与引用类型之间的转换

如果希望将一种引用类型转换为另一种引用类型，除了隐式转换与显式转换外，还可以用 as 运算符强制实现类型转换，用 is 运算符判断某个引用类型是否兼容另一个引用类型。

（1）隐式转换和显式转换

将一种引用类型转换为另一种引用类型时，隐式转换与显式转换的用法与值类型与值类型之间的转换用法相似，但是只有相互兼容的引用类型之间才能进行转换，否则会引发异常。

比如，假定 Class2 类继承自 Class1 类，则这两个类是兼容的，因此可以进行转换：

```
Class1 c1 = new Class1();
Class2 c2 = new Class2();
c2 = c1;           //隐式转换
c1= (Class1)c2;  //显式转换
```

（2）as 运算符

as 运算符用于将一种引用类型强制转换为另一种引用类型。如果转换成功，则返回转换后的类型；如果转换失败，则返回 null。例如：

```
Class1 c1 = new Class1();
Class2 c2 = new Class2();
var c3 = c2 as Class1;
var c4 = c1 as Class2;
```

（3）is 运算符

is 运算符判断两个类型的兼容性，如果兼容返回 true，否则返回 false。例如：

```
Class1 c1 = new Class1();
```

```
Class2 c2 = new Class2();
bool b1 = c1 is Class1;     //true
bool b2 = c2 is Class1;     //false
```

从 VS 2017 开始，还可以用模式匹配法来使用 is 运算符，例如：

```
if (c is Class1 c3)
{
    var c4 = c3.ToString();
}
```

它等价于：

```
var c3 = c as Class1;
if(c3 != null)
{
    var c4 = c3.ToString();
}
```

3. 值类型与引用类型之间的转换

值类型和引用类型之间的转换是靠装箱（Boxing）和拆箱（Unboxing）来实现的。

C#的类型系统是统一的，因此任何类型的值都可以按对象来处理。这意味着值类型可以"按需"将其转换为对象。由于这种统一性，使用 Object 类型的通用库（如.NET 框架中的集合类）既可以用于引用类型，又可以用于值类型。

（1）Object 类

System 命名空间下有一个 Object 类，该类是所有类型的基类。C#语言中的类型都直接或间接地从 Object 类继承，因此，可以将 Object 类型的对象显式转换为任何一种对象。

但是，值类型如何与 Object 类型之间转换呢？举个例子，在程序中可以直接这样写：

```
string s = (10).ToString( );
```

数字 10 只是一个在堆栈上的 4 字节的值，怎么调用它上面的方法呢？实际上，C#语言是通过装箱操作来实现的，即先把 10 转换为 Object 类型，然后再调用 Object 类型的 ToString 方法来实现转换功能。

（2）装箱

装箱操作是将值类型隐式地转换为 Object 类型。装箱一个数值会为其分配一个对象实例，并把该数值复制到新对象中。例如：

```
int i = 123;
object o = i;  //装箱
```

这条装箱语句执行的结果是在堆栈中创建了一个对象 o，该对象引用了堆上 int 型的数值，而该数值是赋给变量 i 的数值的备份。

（3）拆箱

拆箱操作是指显式地把 Object 类型转换为值类型。拆箱操作包括以下两个步骤。

① 检查对象实例，确认它是否包装了值类型的数。

② 把实例中的值复制到值类型的变量中。

下面的语句演示了装箱和拆箱操作。

```
int i = 123;                //值类型
object box = i;             //装箱操作
int j = (int)box;           //拆箱操作
```

可以看出，拆箱是装箱的逆过程。但必须注意的是，装箱和拆箱必须遵循类型兼容的原则，比如整型是值类型，字符串是引用类型，由于这两种类型并不兼容，所以不能采用装箱和拆箱的办法进行转换，此时需要用特殊的办法来实现，如 int.Parse 方法、double.Parse 方法等。

3.5.2　几种特殊的类型转换方法

实际项目中经常需要将字符串或者字符转换为其他类型，或者反之。本节我们系统介绍几种特殊的转换办法，也是要求必须熟练掌握的内容。

将其他类型转换为字符串类型比较简单，直接通过 ToString 方法或者 String.Format 方法或者用 "$" 运算符来实现即可。

本小节我们主要学习如何将字符串转换为其他类型，以及如何实现 char 类型和 int 类型之间的转换。

1. 将 string 转换为 int、double 类型

要将 string 引用类型转换为 int、double 等值类型，最常见的办法是调用这些数值类型提供的 Parse 或者 TryParse 方法。例如：

```
string s1 = "12";
int n1 = int.Parse(s1);
string s2 = "12.3";
double n2 = double.Parse(s2);
if (int.TryParse(s1, out int n3)) {......}
if (double.TryParse(s1, out double n4)) {......}
```

2. string 与数组之间的转换

利用 string 类提供的静态.Join 方法可将数组转换为字符串，并可以指定转换时要插入的分隔字符串。例如：

```
int[] a = { 11, 12, 13 };
string str1 = string.Join(",", a);
```

利用数组变量的 Split 方法可将字符串转换为数组，参数指定将字符串转换为数组元素时使用的分隔符。例如：

```
string s = "21,22,23";
string[] b = s.Split(',');
```

3. char 与 int 之间的转换

char 与 int 之间的转换直接利用显式转换或者隐式转换来实现即可。例如：

```
char ch1 = 'A';
int x1 = ch1;            //隐式转换
int x2 = 49;
char ch2 = (char)x2;  //显式转换
```

4. 示例

【例 3-8】 演示数据类型之间的转换办法。

本例演示了显式转换、隐式转换、运算符（checked、as、is）、Convert 类以及字符串和数组之间的转换等基本用法。

该例的运行效果如图 3-8 所示。

相关代码如下。

（1）Wpfz/Ch03/C08TypeConvert.cs

```
using System;
namespace Wpfz.Ch03
{
    public class C08TypeConvert
```

图 3-8　【例 3-8】的运行效果

```csharp
{
    public string Result { get; set; } = string.Empty;
    public C08TypeConvert()
    {
        Result += "值类型之间的转换：\n";
        int i1 = 12345;
        long r1 = 123456789012L;
        Result += $"i1={i1}, r1={r1}\n";
        long r2 = i1;           //隐式转换
        int i2 = (int)r1;       //显式转换
        try
        {
            int i3 = Convert.ToInt32(r1); //利用Convert类实现转换
            Result += $"i3={i3}\n";
        }
        catch (Exception ex)
        {
            Result += ex.Message+"\n";
        }
        Result += "\n";

        Result += "引用类型之间的转换：\n";
        Class1 c1 = new Class1();
        Class2 c2 = new Class2();
        c1 = c2;                //隐式转换
        Result += $"c1是Class1吗:{((c1 is Class1) ? "是" : "否")}\n";
        Result += $"c1的类型是{c1.GetType()}\n";
        var c3 = (Class1)c2;    //显式转换
        Result += $"c3的类型是{c3.GetType()}\n";
        var c4 = c2 as Class1;
```

```
            var c5 = c1 as Class2;
            Result += $"c4={c4},c5={c5}\n";


            Result += "Parse、TryParse 方法：\n";
            string s1 = "12"; int n1 = int.Parse(s1);
            Result += $"s1={s1}, n1={n1}\t";
            string s2 = "12.3"; double n2 = double.Parse(s2);
            Result += $"s2={s2}, n2={n2}\n\n";
            if (int.TryParse(s1, out int n3)) Result += $"n3={n3}\t";
            if (double.TryParse(s1, out double n4)) Result += $"n4={n4}\n\n";

            Result += "Jion、Split 方法：\n";
            int[] a = { 11, 12, 13 };
            string str1 = string.Join(",", a);
            Result += $"a=[{str1}]\t";
            string s = "21,22,23";
            string[] b = s.Split(',');
            Result += $"b=[{s}]\n\n";

            Result += "char 与 int 之间的转换：\n";
            char ch1 = 'A';
            int x1 = ch1;  //隐式转换
            Result += $"ch1={ch1}\tx1={x1}\n";
            int x2 = 49;
            char ch2 = (char)x2;  //显式转换
            Result += $"x2={x2}\tch2={ch2}\n\n";
        }
    }
    public class Class1 { }
    public class Class2 : Class1 { }
}
```

（2）ExampleWpfApp/Ch03/E08convert.xaml 及其代码隐藏类

见源程序，这里不再粘贴源代码。

（3）ExampleConsoleApp/Ch03/E08convert.cs

```
using System;
namespace ExampleConsoleApp.Ch03
{
    class E08convert
    {
        public E08convert()
        {
            var c = new Wpfz.Ch03.C08TypeConvert();
            Console.WriteLine(c.Result);
        }
    }
}
```

3.6　流程控制语句

一个应用程序由很多语句组合而成。在 C# 提供的语句中，最基本的语句就是声明语句和表达式语句，声明语句用于声明局部变量和常量，表达式语句用于对表达式求值。例如：

```
static void Main()
{
    int a;                      //声明语句
    int b = 2, c = 3;           //声明语句
    const float pi = 2.14f;     //声明语句
    const int r = 25;           //声明语句
    a = b + c + 1;              //表达式语句
    double m = pi * r * r;      //表达式语句
}
```

除了最基本的语句之外，还有一些控制程序流程的语句，例如，分支语句、循环语句、异常处理语句等。

3.6.1 分支语句

当程序中需要进行两个或两个以上的选择时，可以使用分支语句判断所要执行的分支。C#语言提供了两种分支语句：if语句和switch语句。

1. if 语句

if 语句是最常用的条件语句，它的功能是根据布尔表达的值（true 或者 false）选择要执行的语句序列。注意 else 应和最近的 if 语句匹配。

一般形式为

```
if (条件表达式1)
{
    条件表达式1为true时执行的语句序列
}
else if (条件表达式2)
{
    条件表达式2为true时执行的语句序列
}
else if (条件表达式3)
{
    条件表达式3为true时执行的语句序列
}
......
else
{
    所有条件均为false时执行的语句序列
}
```

在上面的语法表示形式中，带下画线的斜体内容表示需要用实际内容替换。C#严谨的语法形式实际上是用正则表达式来表示的，非常复杂，为了容易理解，我们没有用它来表示。如果读者希望深入研究 C#语法，请参看微软公司的 MSDN 以及 ECMA 和 ISO 公布的 C#语言标准规范。

如果只有两个分支，可以直接用 if 和 else。例如：

```
string s1 = Console.ReadLine();
string s2 = Console.ReadLine();
if (s1.Length > s2.Length)
{
    Console.WriteLine("s1 的长度大于 s2 的长度");
```

```
}
else
{
    Console.WriteLine("s1 的长度不大于 s2 的长度");
}
```

也可以不包括 else 只使用 if 语句,例如:

```
string s1 = Console.ReadLine();
string s2 = Console.ReadLine();
if (s1.Length > s2.Length)
{
    Console.WriteLine("s1 的长度大于 s2 的长度");
}
```

如果块内只有一条语句,也可以省略大括号。

下面通过例子说明 if 语句的基本用法。

【例 3-9】 设有如下数学表达式,从键盘接收 x 的值,然后根据 x 的值计算 y 的值,并输出计算结果。

$$y = \begin{cases} -1 & x < 0 \\ 0 & x = 0 \\ +1 & x > 0 \end{cases}$$

该例子的运行效果如图 3-9 所示。

相关代码如下。

(1) Wpfz/Ch03/C09if.cs

```
namespace Wpfz.Ch03
{
    public class C09if
    {
        public int Calculate(int x)
        {
            if (x > 0) return 1;
            else if (x == 0) return 0;
            else return -1;
        }
    }
}
```

图 3-9 【例 3-9】的运行效果

(2) ExampleWpfApp/Ch03/E09if.xaml 及其代码隐藏类

见源程序,这里不再粘贴源代码。

(3) ExampleConsoleApp/Ch03/E09if.cs

```
using System;
namespace ExampleConsoleApp.Ch03
{
    class E09if
    {
        public E09if()
        {
            GetReslt();
        }
        public void GetReslt()
        {
            Console.Write("请输入 x 的值: ");
```

```
            string s = Console.ReadLine();
            if (int.TryParse(s, out int x) == false)
            {
                Console.WriteLine("请确保输入的数据是整数! 按任意键继续...");
                Console.ReadKey();
            }
            var c = new Wpfz.Ch03.C09if();
            Console.WriteLine($"结果为: {c.Calculate(x)}");
        }
    }
}
```

2. switch 语句

当一个条件具有多个分支时，虽然可以用 if 语句来实现，但程序的可读性差，这种情况下，可以使用 switch 语句来实现。

switch 语句中可包含许多 case 块，每个 case 标记后可以指定一个常量值。常量值是指 switch 中的条件表达式计算的结果，例如，字符串"张三"、字符'a'、整数 25 等。常用形式为

```
switch (条件表达式)
{
    case 常量1:
        语句序列1
        break;
    case 常量2:
        语句序列2
        break;
    ......
    default:
    {
        语句序列n
        break;
    }
}
```

例如：

```
static void Main(string[] args)
{
    int n = args.Length;
    switch (n)
    {
        case 0:
            Console.WriteLine("无参数");
            break;
        case 1:
            Console.WriteLine("有一个参数");
            break;
        default:
            Console.WriteLine("有{0}个参数", n);
            break;
    }
}
```

使用 switch 语句时，需要注意以下要点。

① 条件表达式和每个 case 后的常量值可以是 string、int、char、enum 或其他类型。

② 每个 case 的语句块可以用大括号括起来，也可以不用大括号。

③ 在一个 switch 语句中，不能有相同的 case 标记。

switch 语句的执行原则如下。

- 当条件表达式的值和某个 case 标记后的常量值相等时，如果 case 块中有语句，则它仅执行该 case 块中的语句，而不再对其他的情况进行判断；如果 case 块中没有语句，则会继续判断下一个 case 块。

- 当所有 case 标记后的常量值和 switch 参数中条件表达式的值都不相等时，才会检查是否有 default 标记，如果有该标记，则执行它所包含的语句块。或者说，即使将 default 放在所有 case 块的最前面，它也不会先执行。

下面通过例子说明 switch 语句的基本用法。

3. 示例

【例 3-10】 从键盘接收一个成绩，按优秀（90～100）、良好（70～89）、及格（60～69）、不及格（60 分以下）输出成绩等级。运行效果如图 3-10 所示。

图 3-10　【例 3-10】的运行效果

相关代码如下。

（1）Wpfz/Ch03/C10switch.cs

```
namespace Wpfz.Ch03
{
    public class C10switch
    {
        public string GetResult(int grade)
        {
            var result = "";
            if (grade < 0 || grade > 100)
            {
                result = "成绩不在 0～100 范围内";
            }
            else
            {
                switch (grade / 10)
                {
                    case 10:
                    case 9: result = "优秀"; break;
                    case 8:
                    case 7: result = "良好"; break;
                    case 6: result = "及格"; break;
```

```
                    default: result = "不及格"; break;
                }
            }
            return result;
        }
    }
}
```

（2）ExampleWpfApp/Ch03/E10switch.xaml 及其代码隐藏类

见源程序，这里不再粘贴源代码。

（3）ExampleConsoleApp/Ch03/E10switch.cs

```
using System;
namespace ExampleConsoleApp.Ch03
{
    class E10switch
    {
        public E10switch()
        {
            GetReslt();
        }
        public void GetReslt()
        {
            Console.Write("请输入成绩: ");
            string s = Console.ReadLine();
            if (int.TryParse(s, out int x) == false)
            {
                Console.WriteLine("请确保输入的数据是整数! 按任意键继续...");
                Console.ReadKey();
            }
            var c = new Wpfz.Ch03.C10switch();
            Console.WriteLine($"结果为: {c.GetResult(x)}");
        }
    }
}
```

3.6.2　循环语句

循环语句可以重复执行一个程序模块，C#语言提供的循环语句有 for 语句、while 语句、do 语句和 foreach 语句。

1. for 语句

for 语句的功能是以〈初始值〉作为循环的开始，当〈循环条件〉满足时进入循环体，开始执行〈语句序列〉，语句序列执行完毕返回〈循环控制〉，按照控制条件改变局部变量的值，并再次判断〈循环条件〉，决定是否执行下一次循环，以此类推，直到条件不满足为止。一般形式为

```
for ( 初始值 ; 循环条件 ; 循环控制 )
{
    语句序列
}
```

例如：

```
for (int i = 0; i < 10; i++)
{
    Console.WriteLine(i);
```

```
}
```

在初始值、循环条件以及循环控制中，还可以使用多个变量，例如：

```
for (int i = 0, j = 100; i < 10 || j>70; i++, j-=2)
{
    Console.WriteLine("i={0},j={1}", i, j);
}
```

【例 3-11】　用 for 语句编写程序，输出九九乘法表。运行效果如图 3-11 所示。

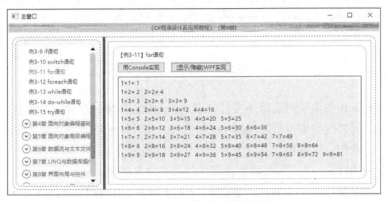

图 3-11　【例 3-11】的运行效果

相关代码如下。

（1）Wpfz/Ch03/C11for.cs

```
namespace Wpfz.Ch03
{
    public class C11for
    {
        public string GetResult()
        {
            string s = "";
            for (int i = 1; i <= 9; i++)
            {
                for (int j = 1; j <= i; j++)
                {
                    s += string.Format("{0}×{1}={2,2}{3,3}", j, i, i * j, ' ');
                }
                s += "\n";
            }
            return s;
        }
    }
}
```

（2）ExampleWpfApp/Ch03/E11for.xaml 及其代码隐藏类

见源程序，这里不再粘贴源代码。

（3）ExampleConsoleApp/Ch03/E11for.cs

```
using System;
namespace ExampleConsoleApp.Ch03
{
    class E11for
    {
        public E11for()
```

```
        {
            var c = new Wpfz.Ch03.C11for();
            Console.WriteLine(c.GetResult());
        }
    }
}
```

2. foreach 语句

foreach 语句特别适合对集合对象的存取。可以使用该语句逐个提取集合中的元素，并对集合中每个元素执行语句序列中的操作。foreach 语句的一般形式为：

foreach （*类型 标识符* in *表达式* ）
{
    语句序列
}

其中，类型和标识符用于声明循环变量，表达式为操作对象的集合。注意在循环体内不能改变循环变量的值。另外，类型也可以使用 var 来表示，此时其实际类型由编译器自行推断。

集合的例子有数组、泛型集合类以及用户自定义的集合类等。

【例 3-12】 使用 foreach 语句提取系统提供的所有命名颜色。

系统提供的命名颜色是一个 enum 型数据，enum 型为 System.Drawing.KnownColor，通过遍历该枚举中的所有枚举值，即可得到所有的命名颜色。

该例子的运行效果如图 3-12 所示。

图 3-12　【例 3-12】的运行效果

相关代码如下。

（1）Wpfz/Ch03/C12foreach.cs

```
namespace Wpfz.Ch03
{
    public class C12foreach
    {
        public string BaseUsage()
        {
            string[] a = new string[10];
            for (int i = 0; i < a.Length; i++)
            {
                a[i] = string.Format("{0,2}", i + 1);
            }
            string s = "";
            foreach (var v in a)
            {
                s += v + " ";
            }
```

```
            return s;
        }
    }
}
```

（2）ExampleWpfApp/Ch03/E12foreach.xaml 及其代码隐藏类

见源程序，这里不再粘贴源代码。

（3）ExamplsConsoleApp/Ch03/E12foreach.cs

```
using System;
namespace ExampleConsoleApp.Ch03
{
    class E12foreach
    {
        public E12foreach()
        {
            var c = new Wpfz.Ch03.C12foreach();
            Console.WriteLine(c.BaseUsage());
        }
    }
}
```

3. while 语句

while 语句用于循环次数不确定的场合。在条件为 true 的情况下，它会重复执行循环体内的语句序列，直到条件为 false 为止。一般形式为：

```
while (条件表达式)
{
    语句序列
}
```

显然，循环体内的程序可能会执行多次，也可能一次也不执行。

【例 3-13】 使用 while 语句计算并输出 1～20 以内所有能被 3 整除的自然数。运行效果如图 3-13 所示。

图 3-13 【例 3-13】的运行效果

相关代码如下。

（1）Wpfz/Ch03/C13while.cs

```
namespace Wpfz.Ch03
{
    public class C13while
    {
        public string GetResult()
        {
            int x = 1;
```

```
        string s = "";
        while (x <= 20)
        {
            if (x % 3 == 0) s += x.ToString() + " ";
            x++;
        }
        return s;
    }
  }
}
```

（2）ExampleWpfApp/Ch03/E13while.xaml 及其代码隐藏类

见源程序，这里不再粘贴源代码。

（3）ExampleConsoleApp/Ch03/E13while.cs

```
using System;
namespace ExampleConsoleApp.Ch03
{
    class E13while
    {
        public E13while()
        {
            var c = new Wpfz.Ch03.C13while();
            Console.WriteLine(c.GetResult());
        }
    }
}
```

4. do 语句

do 语句也是用来重复执行循环体内的程序，一般形式为：

```
do
{
    语句序列
}while (条件表达式);
```

与 while 语句不同的是，do 语句循环体内的程序至少会执行一次。每次执行后再判断条件是否为 true，如果为 true，则继续下一次循环。

【例 3-14】 用 do-while 语句求正整数 n 的阶乘，例如 4 的阶乘为 $4 \times 3 \times 2 \times 1 = 24$。运行效果如图 3-14 所示。

图 3-14　【例 3-14】的运行效果

相关代码如下。

（1）Wpfz/Ch03/C14do_while.cs

```
namespace Wpfz.Ch03
{
    public class C14do_while
```

```
    {
        const int n = 4;
        public string GetResult()
        {
            //求 n 的阶乘
            int x = n;
            double result = 1;
            do
            {
                result *= x--;  //即 result=result*x;x=x-1;
            } while (x > 1);
            return string.Format("{0}的阶乘为：{1}", n, result);
        }
    }
}
```

（2）ExampleWpfApp/Ch03/E14do_while.xaml 及其代码隐藏类

见源程序，这里不再粘贴代码。

（3）ExampleConsoleApp/Ch03/E14do_while.cs

```
using System;
namespace ExampleConsoleApp.Ch03
{
    class E14do_while
    {
        public E14do_while()
        {
            var c = new Wpfz.Ch03.C14do_while();
            Console.WriteLine(c.GetResult());
        }
    }
}
```

3.6.3　跳转语句

在条件和循环语句中，程序的执行都是按照条件的测试结果来进行的，但是在实际使用时，可能会使用跳转语句来配合条件测试和循环的执行。

在跳转语句中，常用的是 break、continue 和 return 语句。

1. break 语句

break 语句的功能是退出最近的封闭 switch、while、do、for 或 foreach 语句。

格式如下：

```
break;
```

例如：

```
static void Main()
{
    while (true) {
        string s = Console.ReadLine();
        if (s == null) break;
        Console.WriteLine(s);
    }
}
```

2. continue 语句

continue 语句的功能是不再执行 continue 语句后面循环块内剩余的语句，而是将控制直接传递给下一次循环，此语句可以用在 while、do、for 或 foreach 语句块的内部。

格式如下：

```
continue ;
```

例如：

```
static void Main(string[] args)
{
    for (int i = 0; i < args.Length; i++) {
        if (args[i].StartsWith("/")) continue;
        Console.WriteLine(args[i]);
    }
}
```

3. return 语句

return 语句的功能是将控制返回到出现 return 语句的函数成员的调用方。

格式如下：

```
return;
```

或：

```
return  表达式 ;
```

带表达式的 return 语句用于方法的返回类型不为 null 的情况。例如：

```
static int Add(int a, int b)
{
    return a + b;
}
static void Main() {
    Console.WriteLine(Add(1, 2));
    return;
}
```

4. goto 语句

goto 语句的功能是将控制转到由标识符指定的语句。

格式如下：

```
goto 标识符;
```

例如：

```
static void Main(string[] args) {
    int i = 0;
    goto check;
loop:
    Console.WriteLine(args[i++]);
check:
    if (i < args.Length) goto loop;
}
```

需要注意的是，虽然 goto 语句使用比较方便，但是容易引起逻辑上的混乱，因此除了以下两种情况外，其他情况下不要使用 goto 语句。

- 在 switch 语句中从一个 case 标记跳转到另一个 case 标记时。
- 从多重循环体的内部直接跳转到最外层的循环体外时。

下面的代码说明了如何利用 goto 语句从循环体内直接跳出到循环体的外部：

```
for (int i = 0; i < 100; i++)
```

```
{
    for (int j = 0; j < 100; j++)
    {
        if ((j+i)/7 == 0) goto Exit;
    }
}
Exit:
Console.WriteLine("The number k is {0}", k);
```

可见，在特殊情况下，使用 goto 语句还是很方便的。

3.6.4　异常处理语句

异常是指在程序运行过程中可能出现的不正常情况。异常处理是指程序员在程序中可以捕获到可能出现的错误并加以处理，如提示用户通信失败或者退出程序等。

从程序设计的角度来看，错误和异常的主要区别在于：错误指程序员可通过修改程序解决或避免的问题，如编译程序时出现的语法错误、运行程序时出现的逻辑错误等；异常是指程序员可捕获但无法通过程序加以避免的问题，如在网络通信程序中，可能会由于某个地方网线断开导致通信失败，但"网线断开"这个问题无法通过程序本身来避免，这就是一个异常。

在程序中进行异常处理是非常重要的，一般情况下，应尽可能考虑并处理可能出现的各种异常，如对数据库进行操作时可能出现的异常、对文件操作时可能出现的异常等。

C#提供的异常处理语句为 try 语句，try 语句又可以进一步分为 try-catch、try-finally、try-catch-finally 三种形式。

在 catch 块内，还可以使用 throw 语句将异常抛给调用它的程序。

1．try-catch 语句

C#语言提供了利用 try-catch 捕捉异常的方法。在 try 块中的任何语句产生异常,都会执行 catch 块中的语句来处理异常。常用形式为

```
try
{
    语句序列
}
catch
{
    异常处理语句序列
}
```

或者

```
try
{
    语句序列
}
catch (异常类型 标识符)
{
    异常处理语句序列
}
```

在程序运行正常的时候,执行 try 块内的程序。如果 try 块中出现了异常,程序就立即转到 catch 块中执行。

在 catch 块中可以通过指定异常类型和标识符来捕获特定类型的异常。也可以不指定异常类型和标识符,此时将捕获所有异常。

一个 try 语句中也可以包含多个 catch 块。如果有多个 catch 块，则每个 catch 块处理一个特定类型的异常。但是要注意，由于 Exception 是所有异常的基类，因此如果一个 try 语句中包含多个 catch 块，应该把处理其他异常的 catch 块放在上面，最后才是处理 Exception 异常的 catch 块，否则的话，处理其他异常的 catch 块就根本无法有执行的机会。

2. try-catch-finally 语句

如果 try 后有 finally 块，不论是否出现异常，也不论是否有 catch 块，finally 块总是会执行的，即使在 try 内使用跳转语句或 return 语句也不能避免 finally 块的执行。

一般在 finally 块中做释放资源的操作，如关闭打开的文件、关闭与数据库的连接等。

try-catch-finally 语句的常用形式为：

```
try
{
    语句序列
}
catch ( 异常类型 标识符 )
{
    异常处理
}
finally
{
    语句序列
}
```

3. throw 语句

有时候在方法中出现了异常，不一定要立即把它显示出来，而是想把这个异常抛出并让调用这个方法的程序进行捕捉和处理，这时可以使用 throw 语句。它的格式为：

```
throw [表达式];
```

可以使用 throw 语句抛出表达式的值。注意：表达式类型必须是 System.Exception 类型或从 System.Exception 继承的类型。

throw 也可以不带表达式，不带表达式的 throw 语句只能用在 catch 块中，在这种情况下，它重新抛出当前正在由 catch 块处理的异常。

【例 3-15】 演示 try-catch-finally 的基本用法。运行效果如图 3-15 所示。

图 3-15　【例 3-15】的运行效果

相关代码如下。

（1）Wpfz/Ch03/C15try_catch.cs

```
using System;
namespace ExampleConsoleApp.Ch03
```

```
    {
        public class E15try_catch
        {
            public E15try_catch()
            {
                var c = new Wpfz.Ch03.C15try_catch();
                Console.Write("请输入 x 和 y 的值(逗号分隔): ");
                try
                {
                    var s = Console.ReadLine().Split(',',', ');
                    Console.WriteLine(c.GetResult(s[0], s[1]));
                }
                catch
                {
                    Console.WriteLine("输入不符合要求。");
                }
            }
        }
    }
```

（2）ExampleWpfApp/Ch03/E15try_catch.xaml 及其代码隐藏类
见源程序，这里不再粘贴源代码。

（3）ExampleConsoleApp/Ch03/E15try_catch.cs

```
using System;
namespace ExampleConsoleApp.Ch03
{
    public class E15try_catch
    {
        public E15try_catch()
        {
            var c = new Wpfz.Ch03.C15try_catch();
            Console.Write("请输入 x 和 y 的值(逗号分隔): ");
            try
            {
                var s = Console.ReadLine().Split(',',', ');
                Console.WriteLine(c.GetResult(s[0], s[1]));
            }
            catch
            {
                Console.WriteLine("输入不符合要求。");
            }
        }
    }
}
```

　　从第 4 章开始一直到本书结束，我们不再用控制台应用程序演示这些基本概念和用法，而是
全部改为用 WPF 应用程序来实现，这样做的目的是让读者尽快熟悉如何开发实际的项目，但是
读者应该明白，无论本书后续章节采用的是哪种应用程序编程模型，C#语言的这些基本数据类型
和流程控制语句都是相同的，区别仅是不同编程模型的输入/输出方式不同而已。

第4章
面向对象编程基础

　　面向对象是指将所有需要处理的现实问题抽象为类（class），并通过类的实例（对象）去处理它。作为开发人员，应首先学会如何将要处理的业务抽取到类中，并通过类的成员去声明或定义业务逻辑，然后再通过对象来访问它，这是面向对象编程的基础。

4.1　类　和　对　象

　　在面向对象的技术中，一般用类类型（简称类）来描述某种事物的共同特征，用类的实例（称为对象）来创建具体的实体。例如，单位员工是一个类，则该单位的张三、李四、王五都是员工对象（员工类的实例）。

　　虽然.NET提供了数千个已经编写好的类供开发人员使用，但是由于现实中的业务逻辑千差万别，所以对于具体项目来说，仍然需要开发人员自定义类。

4.1.1　类的定义和成员组织

　　类是封装数据的基本单位。一般用类来定义对象具有的特征（字段、属性等）和可执行的操作（方法、事件等）。

　　属性、方法和事件是构成类的主要成员。其中，属性描述的是一种意图，即"做什么事"，方法描述的是"如何做"，事件描述的是"什么时候做"。一般通过属性访问对象具有的特征，通过方法处理对象的行为，通过事件引发对象的动作。

1. 自定义类

　　下面是自定义类的基本格式，中括号表示该部分可省略，下画线表示该部分需要用实际的内容替换，冒号表示继承：

```
[访问修饰符] [static] class 类名 [: 基类 [, 接口序列]]
{
    [类成员]
}
```

例如：

```
public class Person
{
    public string Id { get; set; }
    public string Name { get; set; }
}
```

```
public class Student : Person
{
    private int age;
    public int Grade { get; set; }
    public Student() { }
}
```

这段代码定义了一个 Person 类，一个继承自 Person 的 Student 类。public 是访问修饰符，age 是字段，Id、Name、Grade 都是属性，Student()是 Student 类的构造函数。

2. 类的成员

类的成员是指在类中声明的成员。类的成员包括：常量、字段、属性、索引、方法、事件、运算符、构造函数、析构函数、嵌套类。

3. 示例

希望读者通过这个例子，对如何解决以下问题有一个直观的感性认识，以便在后续的学习中通过该简单例子的具体代码实现，加深对面向对象编程基础的理解。

（1）如何声明类及其成员，并通过访问修饰符限定其访问范围。

（2）如何声明和继承父类。

（3）如何声明和重载构造函数。

（4）如何声明和实现接口。

（5）如何利用 new 关键字创建对象，以及如何明确指定调用的是哪个构造函数。

【例 4-1】　演示类的基本构造，运行效果如图 4-1 所示。

图 4-1　【例 4-1】的运行效果

相关代码如下。

（1）Ch04UC.xaml

在 ExampleWpfApp 中添加一个名为 Ch04 的文件夹，然后在该文件夹下添加一个名为 Ch04UC.xaml 的用户控件，将其改为下面的内容：

```
<UserControl x:Class="ExampleWpfApp.Ch04.Ch04UC"
            xmlns="http://schemas.microsoft.com/winfx/2006/xaml/presentation"
            xmlns:x="http://schemas.microsoft.com/winfx/2006/xaml"
            xmlns:mc="http://schemas.openxmlformats.org/markup-compatibility/2006"
            xmlns:d="http://schemas.microsoft.com/expression/blend/2008"
            xmlns:local="clr-namespace:ExampleWpfApp.Ch04"
            mc:Ignorable="d"
            d:DesignHeight="450" d:DesignWidth="800">
    <UserControl.Resources>
        <Style x:Key="Ch04LabelStyle" TargetType="Label">
            <Setter Property="BorderBrush" Value="Blue"/>
            <Setter Property="BorderThickness" Value="1"/>
            <Setter Property="Background" Value="Beige"/>
            <Setter Property="Margin" Value="5 10"/>
```

```
        <Setter Property="TextBlock.LineHeight" Value="20"/>
      </Style>
    </UserControl.Resources>
    <Label x:Name="Result" Style="{StaticResource Ch04LabelStyle}"/>
  </UserControl>
```

（2）E01.xaml

在 Ch04 文件夹下添加一个文件名为 E01.xaml 的页，将其改为下面的内容：

```
<Page x:Class="ExampleWpfApp.Ch04.E01"
    xmlns="http://schemas.microsoft.com/winfx/2006/xaml/presentation"
    xmlns:x="http://schemas.microsoft.com/winfx/2006/xaml"
    xmlns:mc="http://schemas.openxmlformats.org/markup-compatibility/2006"
    xmlns:d="http://schemas.microsoft.com/expression/blend/2008"
    xmlns:local="clr-namespace:ExampleWpfApp.Ch04"
    mc:Ignorable="d"
    d:DesignHeight="450" d:DesignWidth="800"
    Title="E01">
    <Page.Resources>
      <ResourceDictionary Source="/Ch04/Ch04Dictionary.xaml"/>
    </Page.Resources>
    <StackPanel>
      <TextBlock Text="【例 4-1】类的基本构造"/>
      <local:Ch04UC x:Name="uc"/>
    </StackPanel>
</Page>
```

（3）E01.xaml.cs

在 E01 的代码隐藏类（E01.xaml.cs）中定义一个名为 C01 的类，然后在 E01 的 Loaded 事件中创建 C01 对象，并通过页面中定义的名为 Result 的 Label 控件将结果显示出来。

```
using System;
using System.Windows.Controls;
namespace ExampleWpfApp.Ch04
{
    public partial class E01 : Page
    {
        public E01()
        {
            InitializeComponent();
            Loaded += delegate
            {
                var v1 = new C01();
                var s = $"{v1.Result}\n";
                var v2 = new C01("李四", new DateTime(1998, 10, 15));
                s += v2.Result;
                uc.Result.Content = s;
            };
        }
    }
    public class C01
    {
        //属性
        public string Result { get; private set; } = "";
        public string Name { get; } = "张三";
        public DateTime BirthDate { get; set; } = new DateTime(2000, 9, 13);
```

```
    //构造函数
    public C01()
    {
        AddToResult();
    }
    public C01(string name, DateTime birthDate)
    {
        Name = name;
        BirthDate = birthDate;
        AddToResult();
    }
    //方法
    private void AddToResult()
    {
        Result += $"姓名: {Name},出生日期: {BirthDate:yyyy-MM-dd}\n";
    }
    }
}
```

4.1.2　访问修饰符

类的访问修饰符用于控制类的访问权限，成员的访问修饰符用于控制类中成员的访问权限。类和类的成员都可以使用本节介绍的这些访问修饰符。

1．基本的访问修饰符

常用的访问修饰符包括：public、private、internal。

定义一个类时，如果省略类的访问修饰符，默认为 internal；如果省略类成员的访问修饰符，默认为 private。

（1）public

该关键字表示类的内部和外部代码都可以访问它。

（2）private

该关键字表示类的内部可访问，类的外部无法访问。

（3）internal

该关键字表示同一个程序集（同一个项目）中的代码都可以访问，程序集外的其他代码则无法访问。

2．用于类继承的访问修饰符

一个类可以有一个或多个子类，每个子类又可以有一个或多个子类。

（1）protected

该关键字表示类的内部或者从该类继承的子类可以访问。

（2）protected internal

该关键字表示从该类继承的子类或者从另一个程序集中继承的类都可以访问。

4.1.3　字段和局部变量

字段是指类的成员变量，可通过 this 关键字访问这些变量；局部变量是指在语句块内声明的临时变量，不能通过 this 关键字访问这些变量。

1. 字段

字段是"类级别"的变量，是在类的所有方法和事件中都可以访问的变量。字段的作用域仅局限于定义它的类的内部，而在类的外部则无法访问该变量。

程序中一般应仅将私有或受保护的变量声明为字段，类对外部公开的数据应通过方法、属性和索引器提供。

下面的代码说明了如何定义字段 age：

```
public class A
{
    private int age = 15;
}
```

2. 只读字段

只读字段（readonly）关键字用于声明可以在程序运行期间只能初始化"一次"的字段。初始化的方式有两种，一种是在声明语句中初始化该字段，另一种是在构造函数中初始化该字段。初始化以后，该字段的值就不能再更改。例如：

```
public class A
{
    readonly int a = 3;
    readonly string ID;
    public A ()
    {
        ID = "12345";
    }
}
```

如果在 readonly 关键字的左边加上 static，例如：

```
public static readonly int a=3;
```

则其作用就和用 const 关键字声明一个常量相似，区别是 readonly 常量在运行的时候才初始化，而 const 常量在编译的时候就将其替换为实际的值。另外，const 常量只能在声明中赋值，readonly 常量既可以在声明中赋值，也可以在构造函数中赋值。

3. 局部变量

局部变量是相对于字段来说的。可以将局部变量理解为"块"级别的变量，例如，在某个 while 语句块内定义的变量，其作用域仅局限于定义它的语句块内，而在语句块的外部则无法访问该变量。

对于字段来说，如果程序员没有编写初始化代码，系统会自动根据其类型将其初始化为默认值，如 int 类型的字段默认初始化为 0，但对于局部变量，系统不会为其自动初始化。

4.1.4 构造函数

构造函数是创建对象时自动调用的函数。一般在构造函数中做一些初始化工作，或者做一些仅需执行一次的特定操作。

构造函数没有返回类型，并且它的名称与其所属的类的名称相同。

C#支持两种构造函数：实例构造函数和静态构造函数。

1. 实例构造函数

在 C#语言中，每创建一个对象，都要通过 new 关键字指明要调用的是哪个构造函数。例如：

```
Child child = new Child();
```

这条语句的 Child()就是被调用的实例构造函数。

2. 默认构造函数和私有构造函数

每个类要求必须"至少"包含一个构造函数。如果代码中没有声明构造函数，则系统会自动为该类提供一个不带参数的构造函数，这种自动提供的构造函数称为默认构造函数。

提供默认构造函数的目的是为了保证能够在使用对象或静态类之前对类的成员进行初始化处理，即将字段成员初始化为下面的值。

- 对数值型，如 int、double 等，初始化为 0。
- 对 bool 类型，初始化为 false。
- 对引用类型，初始化为 null。

下面的代码没有声明构造函数：

```
class Message
{
    object sender;
    string text;
}
```

这段代码与下面的代码等效：

```
class Message
{
    object sender;
    string text;
    public Message(): base() {}
}
```

构造函数一般使用 public 修饰符，但也可以使用 private 创建私有构造函数。私有构造函数是一种特殊的构造函数，通常用在只包含静态成员的类中，用来阻止该类被实例化。

如果不指定构造函数的访问修饰符，默认是 private。但是，一般都显式地使用 private 修饰符来清楚地表明该类不能被实例化。

3. 重载构造函数

构造函数可以被重载（Overloading），但不能被继承。例如，在 C0301.cs 文件中，就定义了 3 个重载的构造函数。

4.1.5　析构函数和自动内存管理

析构函数是一种实现销毁对象的方式。在 C#语言中，不建议开发人员靠显式声明析构函数去回收内存中的对象。这是因为 C#的内存管理是系统自动实现的，它能确保在"合适的时候"自动销毁内存中不再使用的对象，而不是靠开发人员去管理。

在 C#编程中，如果程序员希望销毁内存中的一个或多个对象，强烈建议用 using 语句去实现，而不是靠析构函数或者 GC 类去实现。

1. 利用析构函数和 GC 类控制垃圾回收

析构函数不能带参数，也不能包含访问修饰符。

当采用显式声明析构函数这种办法去回收对象时，可通过 System.GC 类提供的静态方法"在一定程度上"控制垃圾回收器的行为。该类可用于向系统请求执行一次回收操作，让系统去自动调用析构函数。例如：

```
using System;
class A
{
    ~A()
```

```
        {
            Console.WriteLine("A 的析构函数");
        }
    }
class Test
{
    static void Main()
    {
        A a = new A();
        a = null;
        GC.Collect();
        GC.WaitForPendingFinalizers();
    }
}
```

这里需要再次提醒的是，由于 C#使用垃圾回收器自动实现内存管理，即自动决定何时释放和销毁内存中的对象，因此一般不需要开发人员显式声明析构函数，只有在某些特殊的高级开发中（例如，在使用指针的情况下）才需要这样做。

2. 利用 using 语句立即释放和销毁对象

在 C#编程中，using 语句提供了更好的立即自动释放和销毁对象的方法，这种高度智能的自动内存管理机制可确保销毁对象时不会出现内存泄漏的情况。换言之，如果某些对象使用后需要立即释放，强烈建议直接用 using 语句来实现，而不是通过 "在类中显式声明析构函数" 这种方式来实现。

下面的代码演示了 using 语句的基本用法：

```
using (var f1 = new System.Drawing.Font("宋体", 12.0f))
{
    //......
}
```

4.1.6   new 关键字和 this 关键字

new 关键字用于创建类的实例（对象），this 关键字用于访问当前对象包含的成员。

1. new 关键字

在 C#语言中，new 关键字有两个用途，一是用于创建对象，二是用于隐藏基类的成员。

（1）创建对象

定义一个类以后，就可以通过 new 关键字创建该类的实例了。例如：

```
Person p1 = new Person(){ Id = "001", Name = "张三" };
Person p2 = new Person(){ Id = "002", Name = "李四" };
```

这里的 p1、p2 两个变量都是 Person 对象。语句中的 new 表示创建对象，new 后面表示调用 Person 类不带参数的构造函数，同时初始化 Id 和 Name 属性。

创建一个类的实例时，实际上做了两个方面的工作，一是使用 new 关键字要求系统为该对象分配内存，二是指明调用的是哪个构造函数。

（2）对象初始化

使用 new 关键字时，还可以用一条语句同时实现创建对象和初始化属性，而无须显式调用构造函数，这种独特的构造形式称为对象初始化。

假设有下面的类：

```
class StudentInfo
{
```

```
    string Name{get;set;}
    int Grade{get;set;}
}
```

下面的语句演示了传统用法：

```
StudentInfo si = new StudentInfo();
si.Name = "张三"
si.Grade = 20;
```

对这段代码来说，如果用对象初始化来实现，只需要用一条语句即可：

```
StudentInfo si = new StudentInfo { Name="张三", Grade=20 };
```

（3）隐藏基类的成员

除了创建对象外，也可以在扩充类中通过 new 关键字隐藏基类的成员。介绍类的继承与多态性时，我们再学习它的具体用法。

2. this 关键字

在 C#语言中，this 关键字有多个用途，其中最常见的用途是表示所访问的成员为当前对象。除此之外，在某些特殊应用中，还可以利用 this 关键字来串联构造函数、声明索引、扩展类型等。

（1）访问对象

可通过 "this.实例名" 来访问当前对象，这是最基本也是最常见的用法。

编写代码时，如果目标是明确的，一般省略 this 关键字。如果目标有多个且名称相同（比如构造函数或方法中的参数名与字段或属性名相同），则通过 "this.字段名" 或 "this.属性名" 来明确指定所访问的目标是字段或属性，而不是参数名。

（2）串联构造函数

利用 this 关键字也可以串联执行构造函数，即可以在某个构造函数中调用另一个构造函数，并将本构造函数中的参数传递给另一个构造函数。

（3）作为参数来传递

利用 this 关键字，还可以将当前对象作为引用参数传递给另一个对象。一般通过构造函数或者方法来实现参数的传递。介绍方法及其参数传递时，我们再学习其具体用法。

（4）其他（高级用法）

除了上面介绍的常见用法外，在 C#语言中，还可以利用 this 关键字实现某些特殊的高级功能，比如声明索引、扩展类型等。由于这些高级用法涉及的代码较多，限于篇幅，本书不再详述。当读者有了一定的编程基础和编程经验后，再看相关的参考资料也不迟。

3. 示例

【例 4-2】 演示 this 关键字的基本用法，运行结果如图 4-2 所示。

图 4-2　【例 4-2】的运行效果

希望读者通过这个例子，理解并掌握以下基本技术：一是当参数名称与字段或属性名冲突时，如何通过 this 关键字明确所访问的目标；二是如何利用 this 关键字串联另一个构造函数。

（1）E02thisKey.xaml

```
<Page x:Class="ExampleWpfApp.Ch04.E02thisKey"
    ......
    xmlns:local="clr-namespace:ExampleWpfApp.Ch04"
    ......>
    <StackPanel>
        <TextBlock Text="【例4-2】this 关键字"/>
        <local:Ch04UC x:Name="uc"/>
    </StackPanel>
</Page>
```

（2）E02thisKey.xaml.cs

```
using System.Windows.Controls;
namespace ExampleWpfApp.Ch04
{
    public partial class E02thisKey : Page
    {
        public E02thisKey()
        {
            InitializeComponent();
            Loaded += delegate
            {
                var c = new C02("002", "李四");
                uc.Result.Content = c.Result;
            };
        }
        class C02
        {
            private readonly string id = "001";
            private readonly string name = "张三";
            public string Result { get; } = "";
            public C02()
            {
                Result += $"id={id}, name={name}\n";
            }
            public C02(string id, string name) : this()
            {
                this.id = id;
                this.name = name;
                Result += $"id={id}, name={name}\n";
            }
        }
    }
}
```

4.1.7　static 关键字

在 C#语言中，通过指定类名来调用静态成员，通过指定实例名来调用实例成员。

static 关键字表示该成员为静态成员。

1．基本概念

如果有些成员是所有对象共用的，此时可将这些成员定义为静态（static）的，当该类被装入内存时，系统就会专门开辟一部分区域保存这些静态成员。

static 关键字表示类或成员加载到内存中只有一份，而不是有多个实例。当垃圾回收器检测到不再使用该静态成员时，会自动释放其占用的内存。

　　static 可用于类、字段、方法、属性、运算符、事件和构造函数，但不能用于索引器、析构函数或者类以外的其他类型。

　　静态字段有两个常见的用法：一是记录已实例化对象的个数，二是存储必须在所有实例之间共享的值。

　　静态方法可以被重载但不能被重写，因为它们属于类，而不是属于类的实例。

　　C#不支持在方法范围内声明静态的局部变量。

　　用 static 声明的静态成员在外部只能通过类名称来引用，不能用实例名来引用。例如：

```
class Class1
{
    public static int x = 100;
    public static void Method1()
    {
        Console.WriteLine(x);
    }
}
class Program
{
    static void Main(string[] args)
    {
        Class1.x = 5;
        Class1.Method1();
    }
}
```

对于 Class1 来说，即使创建多个实例，该类中的静态字段在内存中也只有一份。

2. 静态构造函数

如果构造函数声明包含 static 修饰符，则为静态构造函数，否则为实例构造函数。

创建第 1 个实例或引用任何静态成员之前，CLR 都会自动调用静态构造函数。例如：

```
class SimpleClass
{
    static readonly long baseline;
    static SimpleClass()
    {
        baseline = DateTime.Now.Ticks;
    }
}
```

静态构造函数具有以下特点。

- 静态构造函数既没有访问修饰符，也没有参数。
- 在创建第 1 个实例或引用任何静态成员之前，CLR 会自动调用静态构造函数来初始化类。换言之，静态构造函数是在实例构造函数之前执行的。
- 程序员无法直接调用静态构造函数，也无法控制何时执行静态构造函数。
- 静态构造函数仅调用一次。如果静态构造函数引发异常，在程序运行所在的应用程序域的生存期内，类型将一直保持未初始化的状态。

静态构造函数的典型用途是：当类使用日志文件时，使用静态构造函数向日志文件中写入项。另外，静态构造函数在为非托管代码创建包装类时也很有用，此时该构造函数可以调用 LoadLibrary 方法。

3. 静态类中的 static 关键字

声明自定义类时如果加上 static 关键字，则该类就是静态类。

一般将成员声明为静态的，而不是将类声明为静态的。

如果将类声明为静态的，则该类的所有成员也必须都声明为静态的。

加载引用静态类的程序时，CLR 可以保证在程序中首次引用该类前自动加载该类，并初始化该类的字段以及调用其静态构造函数。在程序驻留的应用程序域的生存期内，静态类将一直保留在内存中。

静态类的主要特点如下。

- 仅包含静态成员。
- 无法实例化。这与在非静态类中定义私有构造函数可阻止类被实例化的机制相似。
- 是密封的，因此不能被继承。
- 不能包含实例构造函数，但可以包含静态构造函数。如果非静态类包含重要的需要进行初始化的静态成员，也应定义静态构造函数。

使用静态类的优点在于，编译器能确保不会出现创建该类实例的情况。比如单例（Singleton Instance）就可以通过静态类来实现。

4. 非静态类中 static 关键字

对于只对输入参数进行运算而不获取或设置任何内部实例字段的方法，可以用静态类作为这些方法的容器。例如，在.NET 框架类库中，静态类 System.Math 包含的方法只执行数学运算，不需要访问 Math 类实例中的数据。

5. 示例

下面的例子演示了当参数名称与字段或属性名冲突时，如何通过 this 关键字明确所访问的目标。

【例 4-3】 演示 static 关键字的基本用法，运行效果如图 4-3 所示。

图 4-3 【例 4-3】的运行效果

主要代码如下。

（1）E03staticKey.xaml

```
<Page ......>
    <StackPanel>
        <TextBlock Text="【例4-3】static关键字"/>
        <local:Ch04UC x:Name="uc" />
    </StackPanel>
</Page>
```

（2）E03staticKey.xaml.cs

```
using System.Windows.Controls;
namespace ExampleWpfApp.Ch04
{
    public partial class E03staticKey : Page
    {
        public E03staticKey()
        {
```

```
            InitializeComponent();
            Loaded += delegate
            {
                C03.Hello1();
                var c = new C03();
                c.Hello2();
                uc.Result.Content = C03.Result;
            };
        }
    }
    class C03
    {
        public static string Result { get; set; } = "";
        static C03()
        {
            Result += "静态构造函数\t";
        }
        public C03()
        {
            Result += "实例构造函数\t";
        }
        public static void Hello1()
        {
            Result += "静态方法\n";
        }
        public void Hello2()
        {
            Result += "实例方法\n";
        }
    }
}
```

4.2　方　　法

在结构化程序设计技术中，通常将一组完成特定功能的代码集合称为函数（Function）。在面向对象的程序设计技术中，除了构造函数比较特殊仍继续叫函数之外，其他情况下，一般都将这些单独实现的功能称为方法（Method）。

在面向对象编程中，属性是对类的内部字段进行读写的封装，主要用于对外声明某个类"能做什么"，方法主要用于声明在这个类中是"如何做"的，事件主要用于处理"什么时候做"，比如是单击某个按钮时还是在某个区域内移动鼠标时引发对应的事件等。

由于属性也可以被认为是方法的另一种实现手段，所以我们先学习方法的基本声明方式和用法，然后再学习如何通过属性对外公开"类"所能做的事。

4.2.1　方法声明

方法是类或结构的一种成员，是一组程序代码的集合。每个方法都有一个方法名，便于识别和让其他方法调用。

C#程序中定义的方法都必须放在某个类中。定义方法的一般形式为：

［*访问修饰符*］ *返回值类型* *方法名*(［*参数序列*］)
{
　　　［*语句序列*］
}

如果方法没有返回值，可将返回值类型声明为 void。

声明方法时，需要注意以下几点。

（1）方法名后面的小括号中可以有参数，也可以没有参数，但是不论是否有参数，方法名后面的小括号都是必需的。如果有多个参数，各参数之间用逗号分隔。

（2）可以用 return 语句结束某个方法的执行。程序遇到 return 语句后，会将执行流程交还给调用此方法的程序代码段。此外，还可以利用 return 语句返回一个值，注意，return 语句只能返回一个值。

（3）如果声明一个返回类型为 void 的方法，return 语句可以省略不写；如果声明一个非 void 返回类型的方法，则方法中必须至少有一个 return 语句。

4.2.2　方法中的参数传递

方法声明中的参数用于向方法传递值或变量引用。方法的参数从调用该方法时指定的实参获取实际值。有 4 类参数：值参数（Value Parameter）、引用参数（Reference Parameter）、输出参数（Output Parameter）和数组参数。

1. 值参数

值参数用于传递输入参数。一个值参数相当于一个局部变量，只是它的初始值来自为该形参传递的实参。

定义值参数的方式很简单，只要注明参数类型和参数名即可。当该方法被调用时，便会为每个值参数分配一个新的内存空间，然后将对应的表达式运算的值复制到该内存空间。另外，声明方法时，还可以指定参数的默认值，这样可以省略传递对应的实参。

在方法中更改值参数的值不会影响到这个方法之外的变量。

2. 引用参数（ref 关键字）

引用参数用于传递输入和输出参数。为引用参数传递的实参必须是变量，并且在方法执行期间，引用参数与实参变量表示同一存储位置。

引用参数使用 ref 修饰符声明。

与值参数不同，引用参数并没有再分配内存空间，实际上传递的是指向原变量的引用，即引用参数和原变量保存的是同一个地址。运行程序时，在方法中修改引用参数的值实际上就是修改被引用的变量的值。

当将值类型作为引用参数传递时，必须使用 ref 关键字。对于引用类型来说，可省略 ref 关键字。

3. 输出参数（out 关键字）

输出参数用于传递返回的参数，用 out 关键字声明。格式为：

out *参数类型* *参数名*

对于输出参数来说，调用方法时提供的实参的初始值并不重要，因此声明时也可以不赋初值。除此之外，输出参数的用法与引用参数的用法类似。

由于 return 语句一次只能返回一个结果，当一个方法返回的结果有多个时，仅用 return 就无法满足要求了。此时除了利用数组让其返回多个值之外，还可以用 out 关键字来实现。

4. 数组参数（params 关键字）

数组参数用于向方法传递可变数目的实参，用 params 关键字声明。例如，System.Console 类的 Write 和 WriteLine 方法使用的就是数组参数。它们的声明如下：

```
public class Console
{
    public static void Write(string fmt, params object[] args) {...}
    public static void WriteLine(string fmt, params object[] args) {...}
    ......
}
```

如果方法有多个参数，只有最后一个参数才可以用数组来声明，并且数组的类型必须是一维数组类型。

在调用具有数组参数的方法中，既可以传递参数数组类型的单个实参，也可以传递参数数组的元素类型的任意数目的实参。实际上，数组参数自动创建了一个数组实例，并用实参对其进行初始化。

例如：

```
Console.WriteLine("x={0} y={1} z={2}", x, y, z);
```

等价于以下语句：

```
string s = "x={0} y={1} z={2}";
object[] args = new object[3];
args[0] = x;
args[1] = y;
args[2] = z;
Console.WriteLine(s, args);
```

当需要传递的参数个数不确定时，如求多个数的平均值，由于没有规定数的个数，运行程序时，每次输入的值的个数即使不一样也同样可正确计算。

5. 方法重载

方法重载（Overloading）是指具有相同的方法名，但参数类型或参数个数不完全相同的多个方法可以同时出现在一个类中的技术。这种技术非常有用，在项目开发过程中，我们会发现很多方法都需要使用方法重载来实现。

下面的代码演示了方法重载的基本用法：

```
using System;
namespace MethodOverloadingExample
{
    class Program
    {
        public static int Add(int i, int j)
        {
            return i + j;
        }
        public static string Add(string s1, string s2)
        {
            return s1 + s2;
        }
        public static long Add(long x)
        {
            return x + 5;
        }
        static void Main( )
        {
            Console.WriteLine(Add(1, 2));
```

```
        Console.WriteLine(Add("1", "2"));
        Console.WriteLine(Add(10));
        //按回车键结束
        Console.ReadLine( );
    }
  }
}
```

在这段代码中，虽然有多个 Add 方法，但由于方法中参数的个数和类型不完全相同，所以调用时会自动找到最匹配的方法。

6. 示例

【例 4-4】 演示方法参数的基本用法，运行效果如图 4-4 所示。

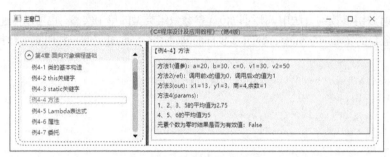

图 4-4　【例 4-4】的运行效果

主要代码如下。

（1）E04Method.xaml

```
<Page ......>
    <StackPanel>
        <TextBlock Text="【例 4-4】方法"/>
        <local:Ch04UC x:Name="uc" />
    </StackPanel>
</Page>
```

（2）E04Method.xaml.cs

```
using System.Linq;
using System.Windows.Controls;
namespace ExampleWpfApp.Ch04
{
    public partial class E04Method : Page
    {
        public E04Method()
        {
            InitializeComponent();
            Loaded += delegate
            {
                var c = new C04();
                uc.Result.Content = c.R;
            };
        }
    }
    class C04
    {
        public string R { get; } = string.Empty;
        public C04()
        {
```

```
        //方法 1——值参
        int a = 20, b = 30, c = 0;
        var v1 = Add(a);
        var v2 = Add(a, b);
        R += $"方法 1(值参): a={a}, b={b}, c={c}, v1={v1}, v2={v2}";
        //方法 2——ref
        int x = 0;
        R += $"\n 方法 2(ref): 调用前 x 的值为{x}, ";
        AddOne(ref x);
        R += $"调用后 x 的值为{x}";
        //方法 3——out
        int x1 = 13, y1 = 3;
        Div(x1, y1, out int r1, out int r2);
        R += $"\n 方法 3(out): x1={x1}, y1={y1}, 商={r1},余数={r2}";
        //方法 4——params
        string s1 = $"1、2、3、5 的平均值为{Average(1, 2, 3, 5)}";
        string s2 = $"4、5、6 的平均值为{Average(4, 5, 6)}";
        string s3 = $"元素个数为零时结果是否为有效值: {Average().HasValue}";
        R += $"\n 方法 4(params): \n{s1}\n{s2}\n{s3}";
    }
    /// <summary>方法(1)——值参</summary>
    public int Add(int x, int y = 10)
    {
        return x + y;
    }
    /// <summary>方法(2)——ref 关键字</summary>
    public void AddOne(ref int a)
    {
        a++;
    }
    /// <summary>方法(3)——out 关键字</summary>
    public void Div(int x, int y, out int result, out int remainder)
    {
        result = x / y;
        remainder = x % y;
    }
    /// <summary>方法(4)——params 关键字</summary>
    public double? Average(params int[] v)
    {
        if (v.Length == 0)
        {
            return null;
        }
        double total = 0;
        for (int i = 0; i < v.Length; i++) total += v[i];
        return total / v.Length;
    }
  }
}
```

4.2.3　匿名方法与 Lambda 表达式

Lambda 表达式是内置在 C#语言中的一种"用类似于表达式的语法来声明匿名函数或匿名方

法"的手段。由于其语法简洁直观，因此在 C#编程中得到了广泛的应用。

本节我们主要介绍 Lambda 表达式的基本概念和基本用法。

1. 基本语法

Lambda 表达式是一种特殊的表达式，特殊之处（也是创新之处）在于它采用类似于"常规表达式"的语法来描述函数或方法的声明和参数，而不需要显式声明函数或方法的名称。

Lambda 表达式的基本语法格式如下：

(输入参数列表)=>{表达式或语句块}

所有 Lambda 表达式都使用 Lambda 运算符（=>）来描述，该运算符读作"goes to"。其中，运算符左侧用于描述函数或方法的输入参数。输入参数可以是零个，也可以是多个。如果有多个输入参数，各参数之间用逗号分隔；如果输入参数只有一个，可省略小括号，其他情况都必须用小括号将其括起来。

运算符右侧用于描述函数或方法要执行的操作，其既可以是表达式，也可以是语句块。如果是表达式或者只有一条语句，可不加大括号，否则必须用大括号括起来。

2. 基本用法

根据输入参数的个数，有以下几种基本用法。

（1）无输入参数

此时需要用小括号指定有零个输入参数（返回 void 类型）。例如：

```
() => SomeMethod()
```

（2）有一个输入参数

如果仅有一个输入参数，左侧的小括号也可以省略。例如：

```
x => x * x
```

含义：输入参数是 x，表达式返回的结果为 x*x 的值。

（3）有多个输入参数

如果有多个输入参数，必须用小括号将这些输入参数括起来。例如：

```
(x, y) => x == y
```

含义：输入参数是 x 和 y，如果 x 等于 y，返回的结果为 true，否则为 false。

（4）显式声明输入参数的类型

当编译器无法推断输入参数的类型时，需要显式指定其类型。例如：

```
(int x, string s) => s.Length > x
```

含义：输入参数是 x 和 s，返回的结果为 bool 型。

3. 示例

C#语言内置的 Lambda 式实际上是通过委托来调用的，后面我们还会学习委托，这里仅关注 Lambda 表达式的基本用法即可。

【例 4-5】 演示 Lambda 表达式的基本用法，运行效果如图 4-5 所示。

图 4-5 【例 4-5】的运行效果

主要代码如下。

（1）E05Lambda.xaml

```
<Page ......>
    <StackPanel>
        <TextBlock Text="【例4-5】Lambda 表达式"/>
        <local:Ch04UC x:Name="uc" />
    </StackPanel>
</Page>
```

（2）E05Lambda.xaml.cs

```
using System.Windows.Controls;
namespace ExampleWpfApp.Ch04
{
    public partial class E05Lambda : Page
    {
        public E05Lambda()
        {
            InitializeComponent();
            Loaded += delegate
            {
                //Lambda 表达式一般用于仅有一条语句的情况
                string Demo1() => "hello";
                int Demo2(int x, int y) => x + y;
                string s = $"Demol: {Demo1()}\tDemo2: {Demo2(13, 14)}";
                //Demo3：如果是少量语句，可以用本地函数实现
                string Demo3()
                {
                    return "hello";
                };
                //Demo4：如果语句较多，可以用单独的方法实现
                int z = Demo4(13, 14);
                s += $"\nDemo3:{Demo3()}\tDemo4:{z}";
                uc.Result.Content = s;
            };
        }
        private int Demo4(int x,int y)
        {
            return x + y;
        }
    }
}
```

4.3　属性和事件

在 C#语言中，属性（Property）和事件（Event）的使用非常广泛，本节我们主要学习其基本概念和基本用法。

方法、属性和事件是类成员的基本构造形式。其中，属性描述的是一种意图，即"做什么事"，事件描述的是"什么时候做"，方法描述的是"如何做"。

4.3.1　属性声明

属性用于描述类所具有的特征，是一种对类的外部公开其内部字段的手段。

1. 属性和字段的联系与区别

属性和字段的区别如下。

（1）字段占存储空间，属性不占存储空间。

（2）属性只是对外公开字段，其功能类似于分别为字段提供一个读方法和一个写方法。即通过 get 访问器和 set 访问器指定读写字段的值时需要执行的语句。根据使用情况不同，可以只提供 get 访问器或者只提供 set 访问器，也可以两者都提供。

使用属性公开字段而不是用方法来实现的优点是：如果外部错误地使用属性，编译就不让通过，而方法却做不到这一点。

2. 常规属性声明

如果需要对外公开某些字段，并对字段的值进行验证，可以利用属性的 get 和 set 访问器来实现。例如：

```
class Student
{
    private int age;
    public int Age
    {
        get { return age; }
        set { if (value >= 0) age = value; }
    }
}
class Program
{
    static void Main(string[] args)
    {
        Student s = new Student();
        s.Age = 25;
        Console.WriteLine("年龄：{0}", s.Age);
        Console.ReadKey();
    }
}
```

get 访问器相当于一个具有属性类型返回值的无形参的方法。当在表达式中引用属性时，会自动调用该属性的 get 访问器以计算该属性的值。

set 访问器相当于具有一个名为 value 的参数并且没有返回类型的方法。当某个属性作为赋值的目标被引用时，会自动调用 set 访问器，并传入提供新值的实参。

不具有 set 访问器的属性称为只读属性。不具有 get 访问器的属性称为只写属性。同时具有这两个访问器的属性称为读写属性。

与字段和方法相似，C#同时支持实例属性和静态属性。静态属性使用 static 修饰符声明，而实例属性的声明不带 static 修饰符。

3. 自动实现的属性

自动实现的属性是指开发人员只需要声明属性，而与该属性对应的字段则由系统自动提供。

自动实现的属性最初限制必须同时声明 get 和 set 访问器，但后来的 C#版本取消了此限制。从 VS 2017（C# 6.0）开始，既可以同时声明 get 和 set 访问器，也可以仅声明 get 访问器或者仅声明 set 访问器。

如果希望声明只读属性，不能将 set 访问器声明为 public，但可以声明为 private 或者 protected；同样，如果希望声明只写属性，不能将 get 访问器声明为 public。

使用自动实现的属性可使属性声明变得更简单,因为这种方式不再需要声明对应的私有字段。
例如:

```
class Student
{
    public int Age{ get; private set; }
    public string Name { get; set; }
}
```

上面这段代码中,Age 是只读属性,而 Name 则是读写属性。

4. 属性初始化

C# 6.0 增加了一个新特性,利用该特性可直接初始化自动实现的属性。例如:

```
class ToDo
{
    public DateTime Due { get; set; } = DateTime.Now.AddDays(1);
    public DateTime Created { get; } = DateTime.Now;
    public string Description { get; }
    public ToDo (string description)
    {
        this.Description = description; //仅声明为 get 的属性还能 (且仅能) 在构造函数中赋值
    }
}
```

5. 示例

下面通过例子演示属性的基本用法。

【例 4-6】 演示属性的基本用法,运行效果如图 4-6 所示。

图 4-6 　【例 4-6】的运行效果

主要代码如下。

（1）E06Property.xaml

```
<Page ......>
    <StackPanel>
        <TextBlock LineHeight="30" FontSize="18" Text="【例 4-6】属性"/>
        <TextBlock TextWrapping="Wrap" LineHeight="25">
            请分别输入字母、负数、0~100 的数、大于 100 的数进行测试:<LineBreak />
        </TextBlock>
        <Border BorderBrush="Blue" BorderThickness="2"
                HorizontalAlignment="Left" Padding="20 20 20 5">
            <StackPanel>
                <StackPanel Orientation="Horizontal" HorizontalAlignment="Center">
                    <TextBlock Text="请输入成绩: " />
                    <TextBox Name="textBoxGrade" Width="60" Margin="10 0" />
            <TextBlock Name="errorTip" Margin="5 0" Foreground="Red" Text="输入有错! " />
                </StackPanel>
                <Button Name="btnOK" Content="确定" Padding="10 0" Width="100" Margin="15" />
```

```
            </StackPanel>
        </Border>
    </StackPanel>
</Page>
```

（2）E06Property.xaml.cs

```csharp
using System;
using System.Windows;
using System.Windows.Controls;
namespace ExampleWpfApp.Ch04
{
    public partial class E06Property : Page
    {
        public E06Property()
        {
            InitializeComponent();
            InitDemo();
        }
        private E06Student student;
        private void InitDemo()
        {
            Loaded += delegate {
                errorTip.Text = string.Empty;
                student = new E06Student
                {
                    Id = "001",
                    Name = "张三",
                    BirthDate = DateTime.Parse("1995-03-01"),
                    Grade = 80
                };
            };
            btnOK.Click += delegate
            {
                string s = $"学号：{student.Id}\n" +
                        $"姓名：{student.Name}\n" +
                        $"出生日期：{student.BirthDate}\n" +
                        $"成绩：{student.Grade}\n";
                MessageBox.Show(s);
            };
            textBoxGrade.TextChanged += delegate
            {
                btnOK.IsEnabled = false;
                try
                {
                    student.Grade = int.Parse(textBoxGrade.Text);
                    btnOK.IsEnabled = true;
                    errorTip.Text = string.Empty;
                }
                catch (Exception ex)
                {
                    errorTip.Text = ex.Message;
                }
            };
        }
    }
    class E06Student
    {
        #region 方式1：如果没有条件判断，直接用简写即可
```

```
public string Id { get; set; }
public DateTime BirthDate { get; set; }
public string Name { get; set; }

//解释：Name 属性和下面的代码是等价的
//private string _Name;
//public string Name
//{
//    get { return _Name; }
//    set { _Name = value; }
//}
#endregion

#region 方式 2：如果有条件判断，不要用简写
private int grade;
public int Grade
{
    get => grade;  //或者 get{return grade;}
    set
    {
        if (value < 0 || value > 100)
        {
            throw new Exception("成绩必须在 0～100");
        }
        else
        {
            grade = value;
        }
    }
}
#endregion
    }
}
```

4.3.2　委托

顾名思义，委托（Delegate）类似于某人让另一方去做某件事。例如，A 要发一个快件到目的地，实际上是"委托"某个快递公司来处理的，这里的快递公司就是被委托方，A 在快递公司填写的相关信息就是方法签名。

委托的最大特点是，任何类或对象中的方法都可以通过委托来调用，唯一的要求是必须先声明委托的名称以及它要调用的方法的参数和返回类型，即方法签名。

1. 定义委托

在 C#语言中，委托类型（Delegate Type）用于定义一个从 System.Delegate 类派生的类型，其功能与 C++语言中指向函数的指针功能类似，不同的是利用 C++语言的指针只能调用静态的方法，而 C#语言中的委托除了可以调用静态的方法之外，还可以调用实例的方法。另外，委托是完全面向对象的技术，不会像 C++指针那样，在编程时一不小心就会出现内存泄漏的情况。

从语法形式上来看，定义一个委托与定义一个方法的形式类似。但是，方法有方法体，而委托没有方法体，因为通过它执行的方法是在调用委托时才指定的。

定义委托的一般语法为：

[*访问修饰符*] delegate *返回类型 委托名*([*参数序列*])；

例如：

```
public delegate double MyDelegate(double x);
```

这行代码定义了一个名为 MyDelegate 的委托。编译器编译这行代码时，会自动为其生成一个继承自 System.Delegate 类的委托类型，该委托类型的名称为 MyDelegate，通过它调用方法时必须满足有一个 double 类型的输入参数，且返回的类型为 double 类型。

2. 通过委托调用方法

定义了委托类型后，就可以像创建类的实例那样来创建委托的实例。委托实例封装了一个调用列表，该列表包含一个或多个方法，每个方法都是一个可调用的实体。

通过委托的实例，可将方法作为实体赋值给这个实例变量，也可以将方法作为委托的参数来传递。下面的方法将 f 作为参数，f 为自定义的委托类型 MyFunction：

```
public static double[] Apply(double[] a, MyDelegate f)
{
    double[] result = new double[a.Length];
    for (int i = 0; i < a.Length; i++) result[i] = f(a[i]);
    return result;
}
```

假如有下面的静态方法：

```
public static double Square(double x) { return x * x; }
```

那么，就可以将静态的 Square 方法作为 MyDelegate 类型的参数传递给 Apply 方法：

```
double[] a = {0.0, 0.5, 1.0};
double[] squares = Apply(a, Square);
```

除了可以通过委托调用静态方法外，还可以通过委托调用实例方法。例如：

```
class Multiplier
{
    double factor;
    public Multiplier(double factor) { this.factor = factor; }
    public double Multiply(double x) { return x * factor; }
}
```

下面的代码将 Multiply 方法作为 MyDelegate 类型的参数传递给 Apply 方法：

```
Multiplier m = new Multiplier(2.0);
double[] doubles = Apply(a, m.Multiply);
```

3. 使用匿名方法创建委托

也可以使用匿名方法创建委托，这是即时创建的"内联方法"。由于匿名方法可以查看外层方法的局部变量，因此，在这个例子中也可以直接写出实现的代码：

```
double[] doubles = D1.Apply(a, (double x) => x * 2.0);
```

在这条语句中，内联方法是用 Lambda 表达式来实现的。

4. 示例

下面通过例子说明委托的定义及其基本用法。

【例 4-7】演示委托的基本用法，运行效果如图 4-7 所示。

图 4-7　【例 4-7】的运行效果

主要代码如下。

（1）E07Delegate.xaml

```
<Page ......>
    <StackPanel>
        <TextBlock Text="【例4-7】委托"/>
        <local:Ch04UC x:Name="uc" />
    </StackPanel>
</Page>
```

（2）E07Delegate.xaml.cs

```
using System;
using System.Windows.Controls;
namespace ExampleWpfApp.Ch04
{
    public partial class E07Delegate : Page
    {
        public E07Delegate()
        {
            InitializeComponent();
            Loaded += delegate {
                var d1 = new DelegateDemo();
                uc.Result.Content = d1.R;
            };
        }
    }
    public class DelegateDemo
    {
        public string R { get; set; } = "";
        public DelegateDemo()
        {
            Demo1();   //基本用法
            Demo2();   //将委托作为参数传递给另一个方法(实际用途)
        }
        public void Demo1()
        {
            //用法1：调用类的静态方法
            MyDelegate m1 = MyClass.Method1;
            double r1 = m1(10);
            R += $"r1={r1:f2}";
            //用法2：调用类的实例方法
            var c = new MyClass();
            MyDelegate m2 = c.Method2;
            double r2 = m2(5);
            R += $", r2={r2:f2}\n";
        }
        public void Demo2()
        {
            MyClass c = new MyClass();
            double[] a = { 0.0, 0.5, 1.0 };

            //利用委托求数组a中每个元素的正弦值
            double[] r1 = c.Method3(a, Math.Sin);
            foreach (var v in r1)
```

```
        {

        }
        R += $"r1={string.Join(", ", r1)}\n";

        //利用委托求数组 a 中每个元素的余弦值
        double[] r2 = c.Method3(a, Math.Cos);
        R += $"r2={string.Join(", ", r2)}\n";
    }
}
public delegate double MyDelegate(double x);
public class MyClass
{
    public static double Method1(double x)
    {
        return x * 2;
    }
    public double Method2(double x)
    {
        return x * x;
    }
    public double[] Method3(double[] a, MyDelegate f)
    {
        double[] y = new double[a.Length];
        for (int i = 0; i < a.Length; i++)
        {
            y[i] = f(a[i]);
        }
        return y;
    }
}
```

4.3.3 事件

事件（Event）是一种使类或对象能够提供通知的成员，一般利用事件响应用户的鼠标或键盘操作，或者自动执行某个与事件关联的行为。要在应用程序中自定义和引发事件，必须提供一个事件处理程序，以便让与事件相关联的委托能自动调用它。

事件是靠委托来实现的。

1. 事件的声明和引发

事件在本质上是利用委托来实现的，因此声明事件前，需要先定义一个委托，然后就可以用 event 关键字声明事件。例如：

```
public delegate void MyEventHandler();
public event MyEventHandler Handler;
```

若要引发 Handler 事件，可以定义引发该事件时要调用的方法，例如：

```
public void OnHandler()
{
    Handler();
}
```

程序中可以通过"＋＝"和"－＝"运算符向事件添加委托来注册或取消对应的事件。例如：

```
myEvent.Handler += new MyEventHandler(myEvent.MyMethod);
myEvent.Handler -= new MyEventHandler(myEvent.MyMethod);
```

2. 具有标准签名的事件

在实际的应用开发中，绝大部分情况下使用的都是具有标准签名的事件。在具有标准签名的事件中，事件处理程序包含两个参数，第 1 个参数是 Object 类型，表示引发事件的对象；第 2 个参数是从 EventArgs 类型派生的类型，用于保存事件数据。

为了简化具有标准签名的事件的用法，.NET 框架为开发人员提供了以下委托：

```
public delegate void EventHandler(object sender, EventArgs e)
public delegate void EventHandler<TEventArgs>(Object sender, TEventArgs e)
```

EventHandler 委托用于不包含事件数据的事件，EventHandler<TEventArgs>委托用于包含事件数据的事件。如果没有事件数据，可将第 2 个参数设置为 EventArgs.Empty。否则，第 2 个参数是从 EventArgs 派生的类型，在该类型中，提供事件处理程序需要的数据。

下面通过例子说明如何定义事件以及如何自动引发事件。

【例 4-8】 演示事件的基本用法，运行效果如图 4-8 所示。

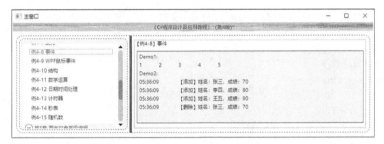

图 4-8 【例 4-8】的运行效果

主要代码如下。

（1）E08Event.xaml

```
<Page ......>
    <StackPanel>
        <TextBlock Text="【例 4-8】事件"/>
        <local:Ch04UC x:Name="uc" />
    </StackPanel>
</Page>
```

（2）E08Event.xaml.cs

```
using System;
using System.Collections.Generic;
using System.Windows.Controls;
namespace ExampleWpfApp.Ch04
{
    public partial class E08Event : Page
    {
        public E08Event()
        {
            InitializeComponent();
            Loaded += delegate
            {
                var d1 = new EventDemo1();
                var d2 = new EventDemo2();
                uc.Result.Content = $"Demo1:\n{d1.Result}\nDemo2:\n{d2.Result}";
            };
        }
```

```
    }
    /// <summary>
    /// 本例子仅为了解释概念，实际应用项目中一般不这样写
    /// </summary>
    public class EventDemo1
    {
        private int count;
        MyItem m = new MyItem();
        public string Result { get; set; }
        public EventDemo1()
        {
            m.Handler += ItemChanged; //注册事件
            for (int i = 0; i < 5; i++)
            {
                m.OnItemChanged();     //引发事件【Handler!=null,执行 ItemChanged】
            }
            m.Handler -= ItemChanged; //取消事件
        }

        //事件处理程序
        void ItemChanged()
        {
            count++;
            Result += $"{count}\t";
        }
        private class MyItem
        {
            public delegate void MyHandlerDelegate();
            public event MyHandlerDelegate Handler;
            public void OnItemChanged()
            {
                Handler?.Invoke();
            }
        }
    }
    /// <summary>
    /// 实际项目中自定义事件的用法示例，
    /// 一般在高级开发中才需要自定义事件（比如中间件或者组件开发），
    /// 如果是普通的应用项目，直接用控件提供的事件去实现就足以能满足需求了
    /// </summary>
    public class EventDemo2
    {
        readonly List<Student> students = new List<Student> {
            new Student { Name = "张三", Grade = 70 },
            new Student { Name = "李四", Grade = 80 },
            new Student { Name = "王五", Grade = 90 }
        };
        public string Result { get; set; } = "";
        public EventDemo2()
        {
            StudentHandler d = new StudentHandler();

            #region 用法 1
```

```
        d.Handler += delegate {
            Result += $"{DateTime.Now:HH:mm:ss}\t";
        };
        #endregion

        #region 用法 2
        d.Handler += (s, e) =>
        {
            Result += $"【{e.Option}】姓名: {e.Name}，成绩: {e.Grade}\n";
        };
        foreach (var v in students)
        {
            d.OnAdd(v);
        }
        d.OnRemove(students[0]);
        #endregion
    }
}
public class StudentHandler
{
    public event EventHandler<Student> Handler;
    public void OnAdd(Student args)
    {
        args.Option = HandlerOption.添加;
        Handler?.Invoke(this, args);
    }
    public void OnRemove(Student args)
    {
        args.Option = HandlerOption.删除;
        Handler?.Invoke(this, args);
    }
}
public enum HandlerOption { 添加, 删除 }
public class Student : EventArgs
{
    public HandlerOption Option { get; set; }
    public string Name { get; set; }
    public int Grade { get; set; }
}
}
```

4.4　WPF 应用程序中的属性和事件

在学习如何使用 WPF 应用程序的属性和事件之前，我们必须先熟悉一些基本概念，这些概念是开发 WPF 应用程序的基础，也是必须掌握的基本内容。如果不理解这些概念，在后续的学习和开发中就会有很多困惑。

4.4.1　WPF 中的控件属性

WPF 应用程序是一种基于"属性"的编程模型。大多数情况下，我们只需要通过属性告诉 WPF 控件去做什么事，以及通过注册事件告诉 WPF 控件什么时候做就行了，至于如何做则可以在事件处理程序中通过 C#代码来实现，或者将其中的实现代码抽取出来用单独的方法来实现。

1. CLR 属性

在 C#中，属性（Property）是类对外公开的字段，用 get 和 set 访问器实现，这些属性实际上是公共语言运行时属性，简称 CLR 属性。

除了 CLR 属性之外，我们还要掌握依赖项属性和附加属性的概念。

2. 依赖项属性

在 WPF 应用程序中，为了用 XAML 描述动态变化的属性值以及用 XAML 实现数据绑定，除了 CLR 属性之外，每个控件又用 DependencyProperty 类对 CLR 属性做了进一步的封装和扩展，这些与 CLR 属性对应的封装和扩展后的属性称为依赖项属性。

依赖项属性的用途是提供一种手段，让系统在 XAML 或者 C#代码中用其他来源的值自动计算依赖项属性的值。有了这种技术，开发人员就可以在样式、主题、数据绑定、动画、元数据重写、属性值继承以及 WPF 设计器集成等情况下，对每个界面元素都定义一个与其 CLR 属性对应的依赖项属性，然后用多种方式使用这个依赖项属性，从而达到灵活控制界面元素的目的。

例如，有一个 Name 属性为 button1 的按钮，在 XAML 中或者【属性】窗口中都可以直接设置 Width 依赖项属性的值：

```
<Button Name="button1" Width="100"/>
```

而在 C#代码中，一般情况下通过 CLR 属性获取或设置该依赖项属性的值（button1.Width）即可，此时系统会自动根据上下文处理与其对应的依赖项属性。但在动画等功能中，由于要确保它的基值（用 CLR 属性保存）不变，动画改变的只是与该 CLR 属性对应的依赖项属性，此时就必须通过 SetProperty 方法改变它的依赖项属性的值。动画结束后，再利用 CLR 属性还原基值（原始值）。

在本书的后续章节中，我们还会逐步学习依赖项属性的多种用法。这里只需读者记住下面的原则。

（1）控件的每个 CLR 属性都有与其对应的依赖项属性，反之亦然。

（2）在 XAML 以及【属性】窗口中，都是用依赖项属性来描述控件的某个属性，此时 WPF 会自动维护与该依赖项属性对应的 CLR 属性。

（3）在 C#代码中，绝大部分情况下开发人员都是使用 CLR 属性获取或修改控件的某个属性值，此时系统会自动处理与该 CLR 属性对应的依赖项属性。只有在实现动画等特殊功能时，才需要设置系统无法判断该如何处理的依赖项属性的相关信息。

正是因为这些原因，用 WPF 设计界面时，除了动画等特殊功能以外，我们一般没有必要时刻去关注它到底是依赖项属性还是 CLR 属性，只需要统统将其作为属性来处理即可。比如设置界面中某个控件的宽度时，在 XAML 中是利用 Width 属性来设置的，在 C#代码中仍然是利用 Width 属性来设置的。

3. 附加属性

除了依赖项属性之外，在 XAML 中还有一个功能，该功能可以让开发人员在某个子元素上指定其父元素的属性，以这种方式声明的属性称为附加属性。

定义附加属性的一般形式为：

父元素类型名.属性名

例如：

```
<DockPanel>
    <CheckBox DockPanel.Dock="Top">Hello</CheckBox>
</DockPanel>
```

这段代码中的 DockPanel.Dock 就是一个附加属性,这是因为 CheckBox 元素本身并没有 Dock 这个属性,它实际上是其父元素 DockPanel 的属性。但是在 CheckBox 元素内声明了这个附加属性后,WPF 分析器就可以确定该 CheckBox 相对于 DockPanel 的停靠方式。

附加属性和依赖项属性的最大不同是,依赖项属性声明的是元素自身的属性;而附加属性声明的是其父元素的属性,只是它将父元素的属性"附加"到这个元素上而已。

4.4.2 事件注册与处理

目前市场上流行的输入设备有 4 种,分别是键盘、鼠标、触笔和触摸设备。针对这 4 种输入设备,WPF 分别提供了 Keyboard 类、Mouse 类、Stylus 类和 Touch 类,WPF 内部自动将这些类以附加事件的形式提供并在 WPF 元素树上传播,同时在属性窗口中公开类中对应的事件。

一个 WPF 控件可以响应多个事件,设计 WPF 应用程序的很多工作就是为各个 WPF 控件编写事件处理代码,但一般来说只需要对必要的事件编写代码,没有编写事件处理程序代码的事件不会响应任何操作。

1. 在 XAML 中注册事件

在 XAML 中,声明事件的一般形式为:

事件名="事件处理程序名"

或者:

子元素类型名.事件名="事件处理程序名"

有两种在 XAML 中声明事件的方法,开发人员可根据情况选择其中的一种。

方法 1:通过事件列表附加事件。例如,选中某个 Button 元素,然后通过【属性】窗口找到 MouseDoubleClick 事件,双击其右边的输入框,就会自动生成对应的附加事件,XAML 代码示意如下:

```
<Button Name="btn1" Content="B1" MouseDoubleClick="btn1_MouseDoubleClick"/>
```

方法 2:在 XAML 中直接输入事件名称。此时智能提示会帮助完成事件选择,并会自动添加事件处理程序的代码段。

2. 在 C#代码中注册事件

在 C#代码中注册事件的办法和 C#程序设计基础中介绍的办法相同。例如,在构造函数中输入 "Button1.MouseDoubleClick +=" 以后,再按<Tab>键,就会自动添加事件处理程序的代码段:

```
public MainWindow()
{
    InitializeComponent();
    Button1.MouseDoubleClick += Button1_MouseDoubleClick;
}
void Button1_MouseDoubleClick(object sender, MouseButtonEventArgs e)
{
    //事件处理代码
}
```

3. 事件处理程序中的参数

所有 WPF 事件处理程序默认都提供两个参数。例如:

```
private void OkButton_Click(object sender, RoutedEventArgs e)
{
    //事件处理代码
}
```

这里的参数 sender 报告附加该事件的对象，参数 e 是数据源的相关数据。

在 WPF 应用程序中，绝大部分情况下都是用 e.Source 来判断事件源是谁。另外，如果是判断图形图像中重叠的部分，则应该用 e.OriginalSource 靠命中测试来判断（只命中不是 null 的对象）。

4. 事件使用要点

在 WPF 应用程序中用 XAML 注册事件时，需要注意以下要点。

（1）通过【属性】窗口直接设置某元素的事件，这种办法最方便，执行事件处理程序也最高效。

（2）如果具有相同类型的元素很多，而且这些元素都会引发某个相同的事件，此时可以在其父元素中声明附加事件，这种办法可以简化事件声明的次数。另外，为子元素附加事件声明时，一般都是使用冒泡路由事件（即【属性】窗口中不带 Preview 前缀的事件），只有在高级开发（合成控件或者编写自定义控件）时才可能会使用隧道路由事件（即【属性】窗口中带 Preview 前缀的事件），其他情况下很少使用隧道路由事件。

4.4.3 WPF 事件路由策略

WPF 应用程序中的所有事件全部都是用事件路由策略来实现的，因此我们必须理解事件路由策略的原理，这样才能在程序中正确地使用事件。

路由是指在嵌套的元素树中，从某个元素开始，按照某种顺序依次查找其他元素的过程。路由事件是指通过路由将事件传播到其他元素的过程。

WPF 中的事件路由使用以下三种策略之一：直接（Direct）、冒泡（Bubble）和隧道（Tunnel）。这种路由方式和 Web 标准中使用的路由策略相同。因此，理解了 WPF 的事件路由策略，同时也就明白了在 Web 应用程序中如何使用事件。

1. 直接

直接是指该事件只针对元素自身，而不会再对其他元素进行路由操作。

2. 冒泡

冒泡是指从事件源依次向父元素方向查找（即"向上"查找）。就像下面的水泡向上冒一样，直到查找到根元素为止。冒泡查找的目的是搜索父元素中是否包含针对该元素的附加事件声明。利用内部"冒泡"处理这个原理，就可以在某个父元素上一次性地为多个子元素注册同一个事件。举例说明如下。

XAML:

```
<Window ……>
    <Border BorderBrush="Gray" BorderThickness="1" Margin="154,233,201,109">
        <StackPanel Background="LightGray" Orientation="Horizontal"
            Button.Click="Button_Click" Margin="3,33,-3,65">
            <Button Name="YesButton" Content="是" Width="54" />
            <Button Name="NoButton" Content="否" Width="65"/>
            <Button Name="CancelButton" Content="取消" Width="64"/>
        </StackPanel>
    </Border>
</Window>
```

C#:

```
private void Button_Click(object sender, RoutedEventArgs e)
{
    FrameworkElement source = e.Source as FrameworkElement;
    switch (source.Name)
```

```
            {
                case "YesButton":
                    ......
                    break;
                case "NoButton":
                    ......
                    break;
                case "CancelButton":
                    ......
                    break;
            }
    }
```

在这个元素树中，StackPanel 元素的 Button.Click 指明了 Click 事件的事件源是其子元素的某个 Button，因此 YesButton、NoButton 和 CancelButton 都会引发 Click 事件，至于哪个引发，要看用户单击的是哪个按钮。

这段代码中冒泡的含义是：当用户单击按钮时，它先检查这个按钮有没有附加事件，如果有，则直接执行对应事件的处理程序，然后再向上查找其父元素（即冒泡），每当在父元素中找到一个针对按钮的附加事件声明，它就去执行与该附加事件对应的事件处理程序，找到多少个就执行多少次。

针对上面的代码，其内部冒泡查找的顺序为：根据用户单击的 Button（三者之一）先看该按钮本身是否有单击事件，如果有就执行相应的事件处理程序；然后向上查找其父元素（即冒泡），此时第 1 个找到的是 StackPanel，如果 StackPanel 注册了单击事件，就继续执行 StackPanel 注册的单击事件处理程序；接着再向上冒泡，当找到 Border，如果 Border 注册了单击事件，还会再次执行 Border 注册的事件处理程序；接着再向上冒泡，将会找到 Window，如果 Window 注册了单击事件，仍然会再次执行 Window 注册的事件处理程序。当冒泡到根元素 Window 时，冒泡过程结束。

Button.Click 是一个加了限定类型为"Button"的附加事件，意思是其子元素中只有 Button 类型才会引发 Click 事件，其他类型的子元素不会引发这个事件。

再看一段代码：

```
<StackPanel Background="LightGray" Orientation="Horizontal"
    Button.Click="Button_Click" Margin="3,33,-3,65">
    <Button Name="YesButton" Content="是" Width="54" Click="Button_Click"/>
    <Button Name="NoButton" Content="否" Width="65"/>
    <Button Name="CancelButton" Content="取消" Width="64"/>
</StackPanel>
```

在这段代码中，YesButton 有 Click 事件，StackPanel 中也有 Button.Click 事件，当用户单击该按钮时，它会引发两次事件，第 1 次是 YesButton 自身引发的 Click 事件，第 2 次是 StackPanel 引发的 Button.Click 事件。在实际的应用程序中，应该绝对避免这样做，因为这样做没有任何实际意义，而且也违背了"附加事件的用途是为了简化事件声明的次数"以及"对叠加的多个控件或图形都有机会响应某个事件"这些初衷。

在【属性】窗口中，凡是没有包含 Preview 前缀的事件都是冒泡路由事件，即都可以在父元素中用附加事件的办法来声明。

3. 隧道

在 WPF 应用程序中，还可以使用隧道路由，但 Silverlight 不支持隧道路由。实际上，在实际的 WPF 应用程序项目中，我们也很少使用隧道路由，本节只是简单介绍这个概念，读者对其有大概的了解即可。

隧道是指从根元素开始向子元素依次路由，直到查找到事件源为止。它与冒泡路由刚好是相反的过程。例如：

```
<Window ……>
    <Border BorderBrush="Gray" BorderThickness="1" Margin="154,233,201,109">
        <StackPanel Background="LightGray" Orientation="Horizontal"
            Button.PreviewMouseMove="Button_PreviewMouseMove"
            Margin="3,33,-3,65">
            <Button Name="YesButton" Content="是" Width="54" />
            <Button Name="NoButton" Content="否" Width="65"/>
            <Button Name="CancelButton" Content="取消" Width="64"/>
        </StackPanel>
    </Border>
</Window>
```

在【属性】窗口中，凡是包含"Preview"前缀的事件都是隧道路由事件，这是 WPF 的一种约定。给子元素添加隧道路由事件的办法也是在其父元素内用附加事件的形式声明，添加办法也与冒泡路由相似。

在 WPF 提供的输入事件中，"隧道"和"冒泡"大部分情况下都是成对出现的，WPF 内部先用 RaiseEvent 方法引发隧道事件并沿路由传播，然后引发冒泡事件并沿其路由传播。

4.4.4 鼠标事件

在 System.Windows.Input 命名空间下，WPF 为鼠标输入提供了一个专门的 Mouse 类，用于附加鼠标事件。

常用的鼠标事件有鼠标单击、双击，鼠标光标进入控件区域、悬停于控件区域、离开控件区域等。表 4-1 列出了常用的鼠标事件。

表 4-1　　　　　　　　　　　　　　常用的鼠标事件

事 件 名 称	事件引发条件
Click	单击鼠标时引发
MouseDown	当鼠标光标在元素上按下时引发，利用此事件可进一步判断按下的是哪个键
MouseUp	当释放鼠标按钮时引发
MouseMove	当鼠标光标在元素上移动时引发
MouseWheel	当滚动鼠标滚轮时引发
MouseEnter	当鼠标光标进入元素的几何范围时引发
MouseLeave	当鼠标光标离开元素的几何范围时引发

当鼠标光标经过一个元素的区域范围内时，MouseMove 会发生很多次，但是 MouseEnter 和 MouseLeave 只会发生一次，即分别在鼠标光标进入元素区域以及离开元素区域时发生。

【例 4-9】 演示鼠标事件的基本用法，运行效果如图 4-9 所示。

主要代码如下。

1. E09WpfEvent.xaml

```
<Page ......>
    <StackPanel HorizontalAlignment="Left" TextBlock.LineHeight="20">
        <TextBlock Text="【例 4-9】鼠标事件基本用法。"/>
```

```xml
<TextBlock Text="提示：请将鼠标光标进入、离开图片区域观察效果。"/>
<Border Width="200" Height="200" Margin="20"
        BorderBrush="Blue" BorderThickness="1">
    <Image Name="img" Source="/Resources/Images/apple.jpg"/>
</Border>
    </StackPanel>
</Page>
```

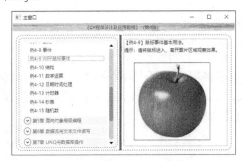
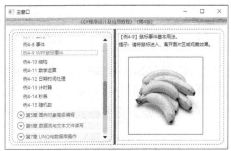

（a）鼠标不在图片区域内　　　　　　　　（b）鼠标在图片区域内

图 4-9　【例 4-9】的运行效果

2. E09WpfEvent.xaml.cs

```csharp
using System;
using System.Windows.Controls;
using System.Windows.Media.Imaging;
namespace ExampleWpfApp.Ch04
{
    public partial class E09WpfEvent : Page
    {
        public E09WpfEvent()
        {
            InitializeComponent();
            Uri[] uri = {
                new Uri("/Resources/Images/apple.jpg", UriKind.Relative),
                new Uri("/Resources/Images/bananas.jpg", UriKind.Relative),
            };
            img.MouseEnter += (s, e) =>
            {
                img.Source = new BitmapImage(uri[1]);
            };
            img.MouseLeave += (s, e) =>
            {
                img.Source = new BitmapImage(uri[0]);
            };
        }
    }
}
```

4.4.5　键盘事件

要使某个控件接受键盘事件，必须将该控件的 Focusable 属性设置为 true。

当操作系统报告发生键操作时，如果键盘焦点正处在元素上，则将发生键盘事件。

WPF 提供了基础的键盘类（System.Windows.Input.Keyboard 类），该类提供有关键盘状态的信息。Keyboard 的事件也是通过 UIElement 等 XAML 基元素类的事件向外提供。

常用的键盘事件如表 4-2 所示。

表 4-2   Keyboard 类中所移植的附加事件

传递的事件名	功能描述
KeyDown	当按下键时产生
KeyUp	当释放键时产生
GotKeyboardFocus	当元素获得输入焦点时产生
LostKeyboardFocus	当元素失去输入焦点时产生

为了使元素能够接收键盘输入，该元素必须可获得焦点。默认情况下，大多数 UIElement 派生对象都可获得焦点。但有些元素（如 StackPanel、Canvas 等）的 Focusable 属性默认值为 false，要使这些元素获得焦点，需要将其 Focusable 属性设置为 true。

4.4.6   手写笔和触控事件

Stylus 是一种因 Tablet PC 带动而流行的笔输入，在 WPF 中，所有与触笔相关的 API 都包含单词"Stylus"。由于触笔可充当鼠标，因此仅支持鼠标输入的应用程序仍可自动获取一定程度的触笔支持。通过这样的方式使用触笔时，将使应用程序有机会处理相应的触笔事件，然后处理对应的鼠标事件。此外，通过触笔设备抽象也可以使用较高级别的服务，例如，墨迹输入等。

触控是 Windows 7 及更高版本的操作系统可识别的一种用户输入类型。最常见的触控是通过将手指放在触控敏感型设备上来启动的，例如，触摸屏就是一种触控敏感型设备。

多点触控是指同时从多个点进行的触控，目前的触摸屏、智能手机等都是多点触控。WPF 中与触控相关的概念也都适用于多点触控。

在 WPF 应用程序中，可以同时接收来自多个触控的输入，并在发生触控时（如食指双击、手势移动、拇指和食指分开放大、拇指和食指并拢缩小等）引发相应的事件。

WPF 在发生触控时公开两种类型的事件：触控事件和操作事件。触控事件提供每个手指及其移动的原始数据，操作事件将输入解释为转换、扩展或旋转等操作。关于 WPF 手写笔和触控的更多内容请读者参考相关资料，此处不再过多介绍。

4.5   结   构

在 C#语言中，可将结构（Struct）看作是一种轻量型的类。

4.5.1   基本概念

结构是值类型，数据直接保存在栈中而不是保存在堆中，这是结构和类的主要区别。

结构也都默认隐式地从 Object 继承，但结构不能继承自其他结构。

有时之所以用结构来实现而不是用类来实现，是因为在某些情况下，使用结构可有效地提高系统运行的性能，例如，处理坐标系中的每一个"坐标点"或字典中的每一对"键/值"时，用结构来实现的运行效率要远比用类来实现高得多。

如果不考虑性能因素，那么所有用结构实现的功能都可以改为用类来实现。

4.5.2　结构的定义与成员组织

从形式上看，结构的构造与类的构造非常相似，区别仅是前者用 struct 关键字，后者用 class 关键字。除此之外，成员的声明都是相同的。

自定义结构的常用形式为：

[*访问修饰符*] [static] struct *结构名* [: *接口序列*]
{
　　[*结构成员*]
}

例如：

```
public struct MyPoint
{
    public int x, y;
    public MyPoint(int x, int y)
    {
        this.x = x;
        this.y = y;
    }
}
```

在上面的代码中，x、y 都是该结构的成员。

结构成员和类成员相同，包括字段、属性、构造函数、方法、事件、运算符、索引器、析构函数等。

结构和结构成员的访问修饰符只能是以下之一：public、private、internal。由于自定义的结构不能从其他结构继承，所以不能使用 protected 和 protected internal。

如果省略结构的访问修饰符，则该结构默认为 internal；如果省略结构成员的访问修饰符，则该成员默认为 private。

定义一个结构后，执行时系统只是在内存的某个临时位置保存该结构的定义。当声明结构类型的变量时，调用结构的构造函数也是使用 new 运算符，但它只是从临时位置将结构的定义复制一份到栈中，而不是在堆中分配内存。

下面的代码段产生的输出取决于 MyPoint 是类还是结构：

```
MyPoint a = new MyPoint(10, 10);
MyPoint b = a;
a.x = 20;
Console.WriteLine(b.x);
```

如果 MyPoint 是类，输出将是 20，因为 a 和 b 引用的是同一个对象；如果 MyPoint 是结构，输出将是 10，因为 a 对 b 的赋值创建了该值的一个副本，因此接下来对 a.x 的赋值不会影响 b 这一副本。

【例 4-10】　分别用类和结构定义具有 x、y 坐标的点，然后在主程序中各创建并初始化一个含有 3 个点的数组。运行效果如图 4-10 所示。

图 4-10　【例 4-10】的运行效果

主要代码如下。

（1）E10struct.xaml

```
<Page ......>
    <StackPanel>
        <TextBlock Text="【例 4-10】结构"/>
        <local:Ch04UC x:Name="uc" />
    </StackPanel>
</Page>
```

（2）E10struct.xaml.cs

```
using System.Windows.Controls;
namespace ExampleWpfApp.Ch04
{
    public partial class E10struct : Page
    {
        public E10struct()
        {
            InitializeComponent();
            var v = new StructDemo();
            uc.Result.Content = v.Result;
        }
    }
    public class StructDemo
    {
        private const int LEN = 3;
        private readonly string space = new string(' ', 2);
        public string Result { get; set; } = "";
        public StructDemo()
        {
            Demo1[] p1 = new Demo1[LEN];
            for (int i = 0; i < p1.Length; i++)
            {
                //必须创建对象
                p1[i] = new Demo1 { X = i, Y = i };
                Result += $"[{p1[i].X},{p1[i].Y}]{space}";
            }
            Result += "\n";

            Demo2[] p2 = new Demo2[LEN];
            for (int i = 0; i < p2.Length; i++)
            {
                //不需要创建对象
                p2[i].X = i + 10;
                p2[i].Y = i + 10;
                Result += $"[{p2[i].X},{p2[i].Y}]{space}";
            }
        }
    }
    public class Demo1
    {
        public int X { get; set; }
        public int Y { get; set; }
    }
    public struct Demo2
    {
```

```
        public int X { get; set; }
        public int Y { get; set; }
    }
}
```

这段代码中创建并初始化了含有 3 个点的数组。对于作为类实现的 Point1, 需要创建 4 个对象（数组声明需要一个对象, 它的 3 个元素每个都需要创建一个对象）, 而用 Point2 结构来实现, 则只需要创建一个对象。

如果数组的元素个数为 1024×768, 很明显, 用类和用结构在执行效率上差别是非常大的。

但是, 并不是在任何情况下用结构实现都比用类实现效率高, 例如, 对于对象变量的复制, 此时用类实现要比用结构实现占用的开销小得多, 因为复制结构实际上是将结构中的每个成员的值都复制一遍, 而复制对象引用仅仅需要对变量本身进行操作。

总之, 如果不考虑"程序执行效率"这个因素或者该因素影响不大, 那么所有用结构实现的构造都可以改为用类来实现。

4.6　常用类和结构的基本用法

Microsoft.NET 框架为开发人员提供了数千个已经编写好的库（DLL 文件）, 这些库大部分是用类来实现的, 少部分是用结构来实现的。开发人员可直接在项目中利用这些类或结构快速实现各种业务逻辑功能。

本节我们仅介绍几个常用的类和结构, 并通过例子说明其基本用法。

4.6.1　数学运算类

数学运算（Math）类定义了各种常用的数学运算, 该类位于 System 命名空间下, 其作用有两个, 一个是为三角函数、对数函数和其他通用数学函数提供常数, 如 PI 值等; 二是通过静态方法提供各种数学运算功能。

1. 基本用法

下面的代码演示了数学运算类的基本用法:

```
int x = -5;
double y = 45.0, a = 2.0, b = 5.0;
int r1 = Math.Abs(x);      //求绝对值
double r2 = Math.Sin(y);  //求指定角度的正弦值
double r3 = Math.Cos(y);  //求指定角度的余弦值
```

在后面的例子中, 我们还会见到更多的用法。

2. 舍入

对于浮点型数据（float、double、decimal）, 舍入（Round）可通过 System.Math.Round 方法来实现, 该方法默认采用国际标准（IEEE）规定的算法, 即【四舍六入五取偶】, 此算法也叫银行家算法, 所有符合国际结算标准的银行采用的都是这种算法。例如:

```
double x = 2.345;
double r1 = Math.Round(x, 2)  //取两位小数
```

【四舍五入】是中国人定义的取近似数的舍入办法, 在国内使用比较普遍, 但这个并不是国际标准。下面的代码演示了如何按四舍五入法求近似数:

```
double x = 2.345;
double r1 = Math.Round(x, 2 , MidpointRounding.AwayFromZero);
```

3. 取整

有 3 种获取整数的方式。一是利用 Math.Ceiling 方法得到大于或等于给定浮点数的最小整数，二是利用 Math.Floor 方法得到小于或等于给定浮点数的最大整数。例如：

```
double x = 1.3, y = 2.7;
double r1 = Math.Ceiling(x);
double r2 = Math.Floor(y);
```

除此之外，还可以利用 Round 方法取整，此时只需要将小数位数指定为零即可。

【例 4-11】 演示数学运算类的基本用法，运行效果如图 4-11 所示。

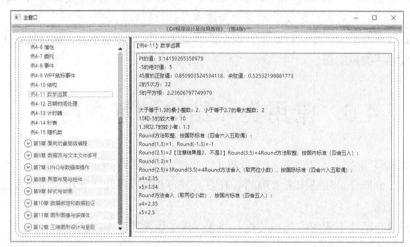

图 4-11　【例 4-11】的运行效果

（1）E11Math.xaml

```
<Page ......>
    <StackPanel>
        <TextBlock Text="【例 4-11】数学运算"/>
        <local:Ch04UC x:Name="uc" />
    </StackPanel>
</Page>
```

（2）E11Math.xaml.cs

```
using System;
using System.Windows.Controls;
namespace ExampleWpfApp.Ch04
{
    public partial class E11Math : Page
    {
        public E11Math()
        {
            InitializeComponent();
            var v = new MathDemo();
            uc.Result.Content = v.R;
        }
    }
    public class MathDemo
    {
        public string R { get; set; } = "";
```

```
public MathDemo()
{
    Demo1();
    Demo2();
    Demo3();
}
private void Demo1()
{
    int x = -5;
    double y = 45.0, a = 2.0, b = 5.0;
    int r1 = Math.Abs(x);       //求绝对值
    double r2 = Math.Sin(y);   //求指定角度的正弦值
    double r3 = Math.Cos(y);   //求指定角度的余弦值
    R += $"PI 的值：{Math.PI}\n" +
        $"-5 的绝对值：{r1}\n" +
        $"45 度的正弦值：{r2}，余弦值：{r3}\n" +
        $"{a}的{b}次方：{Math.Pow(a, b)}\n" +
        $"{b}的平方根：{Math.Sqrt(b)}\n\n";
}
private void Demo2()
{
    int i = 10, j = -5;
    double x = 1.3, y = 2.7;
    double r1 = Math.Ceiling(x);
    double r2 = Math.Floor(y);
    R += $"大于等于{x}的最小整数：{r1}，小于等于{y}的最大整数：{r2}\n" +
        $"{i}和{j}的较大者：{Math.Max(i, j)}\n" +
        $"{x}和{y}的较小者：{Math.Min(x, y)}\n";
}

private void Demo3()
{
    double x1 = 1.3, x2 = 2.5, x3 = 3.5;
    R += "Round 方法取整，按国际标准（四舍六入五取偶）：\n" +
        $"Round({x1})={Math.Round(x1)}, Round({-x1})={Math.Round(-x1)}\n" +
        $"Round({x2})={Math.Round(x2)}【注意结果是 2，不是 3】" +
        $"Round({x3})={Math.Round(x3)}" +
        "Round 方法取整，按国内标准（四舍五入）：\n" +
        $"Round({x1})={Math.Round(x1, 0, MidpointRounding.AwayFromZero)}\n" +
        $"Round({x2})={Math.Round(x2, 0, MidpointRounding.AwayFromZero)}" +
        $"Round({x3})={Math.Round(x3, 0, MidpointRounding.AwayFromZero)}";
    double x4 = 2.345, x5 = 3.345;
    R += "Round 方法舍入（取两位小数），按国际标准（四舍六入五取偶）：\n" +
        $"x4={Math.Round(x4, 2)}\n" +
        $"x5={Math.Round(x5, 2)}\n" +
        "Round 方法舍入（取两位小数），按国内标准（四舍五入）：\n" +
        $"x4={Math.Round(x4, 2, MidpointRounding.AwayFromZero)}\n" +
        $"x5={Math.Round(x2, 2, MidpointRounding.AwayFromZero)}\n";
}
    }
}
```

这里有一点需要注意，例子中演示了 Round 方法的转换原则，即该方法转换为整数时采用"四舍六入五取偶"的国际标准算法。在大型数据事务处理中，此转换原则有助于避免趋向较高值的系统偏差。

4.6.2　日期时间处理结构

为了对日期和时间进行快速处理，.NET 框架在 System 命名空间下提供了 DateTime 结构和 TimeSpan 结构。

1．基本概念

DateTime 表示范围在 0001 年 1 月 1 日午夜 12:00:00 到 9999 年 12 月 31 日晚上 11:59:59 之间的日期和时间，最小时间单位等于 100ns。

TimeSpan 表示一个时间间隔，其范围在 Int64.MinValue 到 Int64.MaxValue 之间。

对于日期和时间，有多种格式化字符串输出形式，表 4-3 所示为日期和时间格式的字符串形式及其格式化输出说明。

表 4-3　　　　　　　　　　　日期和时间格式的字符串形式及其说明

格式字符串	说　明
d	一位数或两位数的天数（1～31）
dd	两位数的天数（01～31）
ddd	3 个字符的星期几缩写。例如：周五、Fri
dddd	完整的星期几名称。例如：星期五、Friday
h	12 小时格式的一位数或两位数小时数（1～12）
hh	12 小时格式的两位数小时数（01～12）
H	24 小时格式的一位数或两位数小时数（0～23）
HH	24 小时格式的两位数小时数（00～23）
m	一位数或两位数分钟值（0～59）
mm	两位数分钟值（00～59）
M	一位数或两位数月份值（1～12）
MM	两位数月份值（01～12）
MMM	3 个字符的月份缩写。例如：八月、Aug
MMMM	完整的月份名。例如：八月、August
s	一位数或两位数秒数（0～59）
ss	两位数秒数（00～59）
fff	三位毫秒数
ffff	四位毫秒数
t	单字母 A.M.或者 P.M.的缩写（A.M.将显示为 A）
tt	两字母 A.M.或者 P.M.的缩写（A.M.将显示为 AM）
y	一位数的年份（0～99。例如：2001 显示为 1）
yy	年份的最后两位数（00～99。例如：2001 显示为 01）
yyyy	完整的年份
z	相对于 UTC 的小时偏移量，无前导零
zz	相对于 UTC 的小时偏移量，带有表示一位数值的前导零
zzz	相对于 UTC 的小时和分钟偏移量

例如：

```
DateTime dt=new DateTime(2009, 3, 25,12,30,40);
string s = string.Format("{0:yyyy年 MM月 dd日 HH:mm:ss dddd, MMMM}",dt);
Console.WriteLine(s);
```

运行输出结果：

2009 年 03 月 25 日 12:30:40 星期三, 三月

这里需要说明一点, 对于中文操作系统来说, 默认情况下星期几和月份均显示类似 "星期三" "三月" 的中文字符串形式。如果希望在中文操作系统下显示英文形式的月份和星期, 还需要使用 System.Globalization 命名空间下的 DateTimeFormatInfo 类, 例如：

```
DateTime dt = new DateTime(2009, 3, 25, 12, 30, 40);
System.Globalization.DateTimeFormatInfo dtInfo =
    new System.Globalization.CultureInfo("en-US", false).DateTimeFormat;
string s = string.Format(dtInfo,
    "{0:yyyy-MM-dd  HH:mm:ss  ddd(dddd), MMM(MMMM)}", dt);
Console.WriteLine(s);
```

运行输出结果：

2009-03-25 12:30:40 Wed(Wednesday), Mar(March)

2. 示例

【例 4-12】 演示 DateTime 结构和 TimeSpan 结构的基本用法, 结果如图 4-12 所示。

图 4-12　【例 4-12】的运行效果

主要代码如下。

（1）E12DateTime.xaml

```
<Page ......>
    <StackPanel>
        <TextBlock Text="【例 4-12】日期时间处理"/>
        <local:Ch04UC x:Name="uc" />
    </StackPanel>
</Page>
```

（2）E12DateTime.xaml.cs

```
using System;
using System.Windows.Controls;
namespace ExampleWpfApp.Ch04
{
    public partial class E12DateTime : Page
    {
        public E12DateTime()
        {
            InitializeComponent();
            Loaded += (s, e) =>
            {
                var v = new DateTimeDemo();
```

```
                    uc.Result.Content = v.R;
            };
        }
    }
    public class DateTimeDemo
    {
        public string R { get; set; }
        public DateTimeDemo()
        {
            //用法 1：创建实例
            DateTime dt1 = new DateTime(2013, 1, 30);
            R += $"dt1: {dt1.ToLongDateString()}\n";
            //用法 2：获取当前日期和时间
            DateTime dt2 = DateTime.Now;
            //用法 3：格式化输出（注意大小写）
            R += $"dt2: {dt2.ToString("yyyy-MM-dd")}\n" +
                $"{dt2.Year}年{dt2.Month}月{dt2.Hour}点{dt2.Minute}分\n";
            R += $"dt2: {dt2:yyyy-MM-dd HH:mm:ss}";
            //获取两个日期相隔的天数
            TimeSpan ts = dt1 - dt2;
            R += $"dt1 和 dt2 相隔{ts.Days}天";
        }
    }
}
```

4.6.3　计时器类

下面我们简单学习计时器类的基本用法。

1. DispatcherTimer 类

DispatcherTimer 类全称为 System.Windows.Threading.DispatcherTimer 类，是一个基于 WPF 的计时组件，利用它可在 WPF 客户端应用程序中按固定间隔周期性地引发 Tick 事件，然后通过处理这个事件来提供定时处理功能，例如，每隔 30ms 更新一次窗口或页的内容等。该类的常用属性、方法和事件如下。

- Interval 属性：获取或设置时间间隔。
- Tick 事件：每当到达指定的时间间隔后引发的事件。
- Start 方法：启动计时器。它和将 Enabled 属性设置为 true 的功能相同。
- Stop 方法：停止定时器。它和将 Enabled 属性设置为 false 的功能相同。

下面通过例子说明 DispatcherTimer 的具体用法。

【例 4-13】演示 DispatcherTimer 类的基本用法，运行效果如图 4-13 所示。

图 4-13　【例 4-13】的运行效果

主要代码如下。

（1）E13DispatcherTimer.xaml

```
<Page ......>
    <StackPanel>
        <TextBlock Text="【例 4-13】计时器"/>
        <local:Ch04UC x:Name="uc" />
    </StackPanel>
</Page>
```

（2）E13DispatcherTimer.xaml.cs

```
using System;
using System.Windows.Controls;
using System.Windows.Threading;
namespace ExampleWpfApp.Ch04
{
    public partial class E13DispatcherTimer : Page
    {
        public E13DispatcherTimer()
        {
            InitializeComponent();
            DispatcherTimer timer = new DispatcherTimer
            {
                Interval = TimeSpan.FromSeconds(1)
            };
            timer.Tick += (s, e) =>
            {
                uc.Result.Content = $"{DateTime.Now:yyyy-MM-dd dddd tt HH:mm:ss}";
            };
            timer.Start();
        }
    }
}
```

2. Timer 类

Timer 类全称为 System.Timers.Timer 类，用单独的线程独立运行，这是一种轻量级的定时组件，一般利用它在服务器端实现间隔时间较长的计时操作行为，例如，每隔 3 个月执行一次数据备份或数据迁移操作等。

注意，在 WPF 客户端应用程序中，一般用 System.Windows.Threading.DispatcherTimer 类实现计时操作行为，而不是用 System.Timer 来实现。

如果是为了学习 System.Timer 的用法，也可以在 WPF 客户端应用程序中用 System.Timer 来实现，但是当在 Timer 线程中实现与 UI 线程的交互时，必须通过 Invoke 或者 InvokeAsync 将操作发布到当前 UI 线程的 Dispatcher 对象上。

介绍秒表类的用法时，我们再一并演示 System.Timer 的基本用法。

4.6.4　秒表类

秒表类（System.Diagnostics.Stopwatch 类）提供了一组方法和属性，利用 Stopwatch 类的实例可以测量一段时间间隔的运行时间，也可以测量多段时间间隔的总运行时间。

Stopwatch 的常用属性和方法如下。

- Start 方法：开始或继续运行。
- Stop 方法：停止运行。
- Elapsed 属性、ElapsedMilliseconds 属性、ElapsedTicks 属性：检查运行时间。

默认情况下，Stopwatch 实例的运行时间值相当于所有测量的时间间隔的总和。每次调用 Start 时开始累计运行时间计数，每次调用 Stop 时结束当前时间间隔测量，并冻结累计运行时间值。使用 Reset 方法可以清除现有 Stopwatch 实例中的累计运行时间。

【例 4-14】 演示秒表类的基本用法，运行效果如图 4-14 所示。

图 4-14 【例 4-14】的运行效果

主要代码如下。

（1）E14Stopwatch.xaml

```xml
<Page ...... >
    <StackPanel>
        <TextBlock Text="【例 4-14】秒表" />
        <TextBlock Name="tip" Margin="0 10 0 0" />
        <TextBlock Name="result" Margin="0 10 0 0" Text="请耐心等待结果(本例预设 5 秒)..." />
    </StackPanel>
</Page>
```

（2）E14Stopwatch.xaml.cs

```csharp
using System;
using System.Windows.Controls;
namespace ExampleWpfApp.Ch04
{
    public partial class E14Stopwatch : Page
    {
        public E14Stopwatch()
        {
            InitializeComponent();
            System.Diagnostics.Stopwatch stopwatch = new System.Diagnostics.Stopwatch();
            System.Timers.Timer timer = new System.Timers.Timer(100);
            timer.Elapsed += (s, e) =>
            {
                DateTime dt = DateTime.FromBinary(stopwatch.Elapsed.Ticks);
                this.Dispatcher.InvokeAsync(() => {
                    tip.Text = $"{dt: HH : mm : ss : fff}";
                });
                var t = stopwatch.Elapsed.TotalMilliseconds;
                if (t > 5000)
                {
                    stopwatch.Stop();
                    timer.Stop();
                    this.Dispatcher.InvokeAsync(() => {
                        result.Text = $"共用时{Math.Round(t, 0)}毫秒";
                    });
                }
            };
            stopwatch.Start();
            timer.Start();
        }
    }
}
```

4.6.5　随机数类

随机数类（System.Random 类）用于生成随机数。默认情况下，System.Random 类的无参数构造函数使用系统时钟生成其种子值，但由于时钟的分辨率有限，频繁地创建不同的 Random 对象有可能创建出相同的随机数序列。为了避免这个问题，一般创建单个 Random 对象，然后利用对象提供的方法来生成随机数。

【例 4-15】 演示随机数类的基本用法。实现的功能是每隔 5 秒自动产生一次 1～40 之间（包括 1 和 40）的 5 个随机数，并将其显示出来。运行效果如图 4-15 所示。

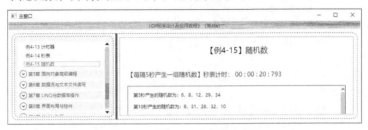

图 4-15　【例 4-15】的运行效果

主要代码如下。

（1）E15Random.xaml

```xml
<Page ...... >
    <StackPanel>
        <TextBlock Margin="20" Text="【例 4-15】随机数" FontSize="20"
                    HorizontalAlignment="Center"/>
        <StackPanel Orientation="Horizontal" Margin="20" TextBlock.FontSize="16"
                    TextBlock.Foreground="Blue">
            <TextBlock Text="【每隔 5 秒产生一组随机数】秒表计时: "/>
            <TextBlock Name="textBlock1"/>
        </StackPanel>
        <Border Height="300" Margin="20 0" BorderBrush="Blue" BorderThickness="1">
            <ScrollViewer CanContentScroll="True">
                <TextBlock Name="textBlock2" Margin="15" LineHeight="30"/>
            </ScrollViewer>
        </Border>
    </StackPanel>
</Page>
```

（2）E15Random.xaml.cs

```csharp
using System;
using System.Diagnostics;
using System.Windows.Controls;
using System.Windows.Threading;
namespace ExampleWpfApp.Ch04
{
    public partial class E15Random : Page
    {
        public E15Random()
        {
            InitializeComponent();
            Random r = new Random();
            int lastElapsed = 0;
            Stopwatch stopwatch = new Stopwatch();
```

```
DispatcherTimer timer = new DispatcherTimer
{
    Interval = TimeSpan.FromMilliseconds(50)
};
timer.Tick += (s, e) =>
{
    var x = DateTime.FromBinary(stopwatch.Elapsed.Ticks);
    textBlock1.Text = $"{x: HH : mm : ss : fff}";
    int t = (int)stopwatch.Elapsed.TotalSeconds;
    if (t % 5 == 0 && t != lastElapsed)
    {
        lastElapsed = t;
        string str = $"第{t}秒产生的随机数为: ";
        for (int i = 0; i < 5; i++)
        {
            str += r.Next(1, 41) + ", ";
        }
        textBlock2.Text += str.TrimEnd(', ') + "\n";
    }
};
stopwatch.Start();
timer.Start();
        }
    }
}
```

第5章
面向对象高级编程

在实际的项目开发中，业务处理逻辑错综复杂，为了能描述和处理各种情况，避免设计过程中的不一致性，还需要引入面向对象编程更多的概念和实现技术。

5.1　基　本　概　念

在面向对象编程技术中，仅有一些编程基础还不够，还需要深刻理解继承与多态性的本质及其含义，以及类的多种封装方式，这样才能编写出高质量的代码。

5.1.1　面向对象编程的原则

"封装、继承与多态性"是面向对象编程的三大基本原则。

1. 封装

封装是指将业务逻辑封装到一个单独的类或者结构中。封装时既可以像定义一个普通的类一样，也可以将类声明为抽象类、分部类、密封类、嵌套类、泛型类等。

2. 继承

继承是描述"类成员"及其层次关系的一种方式，类似于描述"家族成员"及其层次关系。换言之，某个类的成员可以在其子类系列中体现，也可以不体现。

（1）继承的用途

继承的用途是简化类的重复设计工作量，同时还能避免设计的不一致性。

在实际项目中，可将某个实现特定业务逻辑的功能封装到一个单独的类中。在介绍自定义类及其成员时，我们已经学习了其基本设计办法。但是，如果项目中有多个类，而且这些不同的类中包含大量重复的代码，在设计过程中分别修改这些代码可能会导致不一致性，此时就可以利用继承来解决此问题。

（2）单继承与多继承

单继承主要用于描述"父子关系"方式的相邻层次的继承特性。换言之，某个类只能有一个基类或父类，这和"孩子的亲生父亲是唯一的"道理相似；但是多个类可以继承自同一个父类，这和"多个孩子的父亲可能是同一个人"相似。当然，基类还可以有基类，这与"父亲还有父亲"的道理是一样的。总之，在C#语言中，类继承的层次关系与人类的一代一代繁衍而来的层次关系极为相似。

多继承主要用于描述"一个类所具有的多个特征"都是来自哪里（是谁实现的）。比如对一个人的"财富"特征来说，这些财富除了来自其亲生父亲外（单继承），还可能有多种其他来源（多继承），虽然这些来源本身也是用类来实现的，但是可通过接口公开出来，以便让其他类去继承。

（3）实现继承的方式

C#提供了两种实现继承的方式，一是通过类来实现，二是通过接口来实现。

除了通过类一代一代地依次继承下去之外，还可以通过接口实现本来并没有什么关系的类的继承，而且一个类还可以同时继承自多个接口。

3. 多态性

在C#中，多态性的定义是：同一个操作可分别作用于不同的对象，此时系统将对不同的对象类型进行不同的解释，最后产生不同的执行结果。

通俗地说，多态是指"类"在不同的情况下有多种不同的表现形态。这里所说的"类"是复数，其概念类似于"一个家族"，描述类及其成员的多种形态的方式与描述"家族成员"多种形态的概念有点相似。

比如，一个人对其自身来说是一种表现形态，但是对其"长辈"或者"子辈"来说，针对不同的对象，其表现的形态不同。

对于父类来说，当他向别人介绍说"这是我孩子"时，可能指的是他儿子，也可能指的是他孙子、重孙子，而且这个孩子可能是男的，也可能是女的，这是"多态"的一种表现形式。

对于子类来说，每个扩充类都可以根据需要，去重写基类的成员以提供不同的功能。这与某个孩子的特征针对其"父亲、爷爷、老祖宗"而言表现的形态也不一定相同。这是"多态"的另一种表现形式。

C#提供了两种呈现多态性的方式，一是通过类继承来呈现，二是通过接口继承来呈现。

（1）通过类继承呈现多态性

在C#语言中，对某个类来说，其基类（父类）是唯一的。但是，由于基类还可以有基类，所以可通过这种方式依次继承下去，从而表现出多种子代形态。

（2）通过接口继承呈现多态性

接口仅用于公开可提供的方法和属性等成员，以及每个方法需要接收和返回的参数类型，而这些成员的具体实现则可以通过不同的类分别去完成。或者说，多个类可以实现相同的接口。

虽然扩充类只能有一个基类，但由于基类或扩充类都可以继承多个接口，所以也可以通过接口来呈现类的不同形态。

5.1.2　基类与扩充类

实际项目中很少将业务逻辑全部都封装到同一个类中，大部分都是先将业务逻辑进行分类，然后通过继承机制在不同的类中分别实现。

1. 基本语法

在C#语言中，用冒号（":"）表示继承。其中被继承的类只能有一个，叫作基类或者父类；从基类继承的类称为扩充类，又叫子类或者派生类。

下面是自定义类的完整语法形式，其中中括号表示该部分可省略，下画线表示该部分需要用实际的内容替换，冒号表示继承；

```
[访问修饰符] [static] class 类名 [: 基类 [, 接口序列]]
{
    [类成员]
}
```

如果不指定基类，则基类默认为 Object 类。

如果有多个接口，各接口之间用逗号分隔。

如果既有基类又有接口，则必须把基类放在冒号后面的第 1 项，基类和接口之间用逗号分隔。

例如：

```
public class A
{
    public A() { Console.WriteLine("a"); }
}
public class B : A
{
    public B() { Console.WriteLine("b"); }
}
public class C : B
{
    public C() { Console.WriteLine("c"); }
}
```

这段代码中的 B 继承自 A，C 继承自 B，因此将 A 称为 B 的父类，将 B 称为 A 的子类。另外，B、C 都是 A 的扩充类或派生类（类似于"晚辈"）。

继承意味着一个类隐式地将它的基类的所有公开的成员（指访问修饰符声明为 public、protected 或者 protected internal 的成员）都作为自己的成员，而且扩充类还能够在继承基类的基础上继续添加新的成员。但是，基类的实例构造函数、静态构造函数和析构函数除外，这些都不会被继承。

针对上面定义的具有继承关系的 A、B 两个类来说，当创建 B 的实例时，该实例既可以属于 B 类型，也可以属于 A 类型。例如：

```
B b1 = new B();
A b2 = new B();
```

第 2 条语句中的 b2 实际上是将扩充类型隐式转换为基类型。这样一来，就可以在某个集合中只声明一种基类型，而集合中的多个元素则可以是不同的扩充类的实例。比如 Microsoft Office 的 Visio 绘图软件包含多种不同类型的图形，每种图形又包含多个不同的形状，这些图形的绘制就是利用继承来实现的。

2．示例

【例 5-1】 演示继承机制中类的封装基本用法，运行效果如图 5-1 所示。

图 5-1　【例 5-1】的运行效果

主要代码如下。

（1）Ch05UC.xaml

```
<UserControl x:Class="ExampleWpfApp.Ch05.Ch05UC"
        xmlns="http://schemas.microsoft.com/winfx/2006/xaml/presentation"
        xmlns:x="http://schemas.microsoft.com/winfx/2006/xaml"
        xmlns:mc="http://schemas.openxmlformats.org/markup-compatibility/2006"
```

```
        xmlns:d="http://schemas.microsoft.com/expression/blend/2008"
        mc:Ignorable="d"
        d:DesignHeight="450" d:DesignWidth="800">
    <DockPanel Margin="30 5">
        <TextBlock x:Name="tip" Text="运行结果: " Margin="5" DockPanel.Dock="Top"/>
        <Border BorderBrush="Blue" BorderThickness="2"
                Padding="20" CornerRadius="20" Background="FloralWhite">
            <TextBlock x:Name="Result" x:FieldModifier="public" LineHeight="20"/>
        </Border>
    </DockPanel>
</UserControl>
```

（2）E01InheritSimple.xaml

```
<Page x:Class="ExampleWpfApp.Ch05.E01InheritSimple"
    ......
    xmlns:local="clr-namespace:ExampleWpfApp.Ch05"
    ......
    Title="E01InheritSimple">
    <StackPanel>
        <TextBlock Text="【例5-1】封装-基本用法"/>
        <local:Ch05UC x:Name="uc"/>
    </StackPanel>
</Page>
```

（3）E01InheritSimple.xaml.cs

```
using System.Windows.Controls;
namespace ExampleWpfApp.Ch05
{
    public partial class E01InheritSimple : Page
    {
        public E01InheritSimple()
        {
            InitializeComponent();
            Loaded += delegate
            {
                var r = "";
                E01A a = new E01A(); r += a.M1();
                E01B b = new E01B(); r += b.M2();
                uc.Result.Text = r;
            };
        }
    }
    public class E01A
    {
        public string M1() { return $"A.M1\t"; }
    }
    public class E01B : E01A
    {
        public string M2() { return "A.M2\t"; }
    }
}
```

5.1.3 方法重写与隐藏

一般通过在扩充类中重写或隐藏基类的方法来呈现多态性。

1. 方法重写（virtual、override）

在实现继承的过程中，一般将公共的、相同的成员放在基类中，非公共的、不相同的成员放在扩充类中。

在方法声明中添加修饰符 virtual，表示此方法可以被扩充类中同名的方法重写。例如：

```
public virtual void MyMethod( )
{
    //......
}
```

这样一来，在扩充类中就可以使用修饰符 override 重写此方法了。例如：

```
public override void MyMethod( )
{
    //实现代码
}
```

C#规定，类中定义的方法默认都是非虚拟的，即不允许重写这些方法，但是当基类中的方法使用了 virtual 修饰符以后，该方法就变成了虚拟方法。

在扩充类中，既可以重写基类的虚拟方法，也可以不重写该方法。如果重写基类的虚拟方法，必须在扩充类中用 override 关键字声明。注意扩充类可能是子类，也可能是子类的子类等，无论是那一代的子类，重写时统统都用 override 来声明。

使用虚拟与重写时，需要注意下面几个方面。

（1）虚拟方法不能声明为静态（static）的。因为静态的方法是应用在类这一层次的，而面向对象的多态性只能通过对象进行操作，所以无法通过类名直接调用。

（2）virtual 不能和 private 一起使用。声明为 private 就无法在扩充类中重写了。

（3）重写方法的名称、参数个数、参数类型以及返回类型都必须和虚拟方法的一致。

在 C#语言中，类中所有的方法默认都是非虚拟的，调用类中的某个非虚拟方法时不会影响其他类，无论是调用基类的方法还是调用扩充类的方法都是如此。但是，虚拟方法却可能会因扩充类的重写而影响执行结果。也就是说，调用虚拟方法时，它会自动判断应该调用哪个类的实例方法。

例如，假设基类 A 中用 virtual 声明了一个虚拟方法 M1，而扩充类 B 使用 override 关键字重写了 M1 方法，则如果创建 B 的实例，执行时就会调用扩充类 B 中的方法；如果扩充类 B 中的 M1 方法没有使用 override 关键字，则调用的是基类 A 中的 M1 方法。

另外还要说明一点，如果类 B 继承自类 A，类 C 继承自类 B，A 中用 virtual 声明了一个方法 M1，而 B 中用 override 声明的方法 M1 再次被其扩充类 C 重写，则 B 中重写的方法 M1 仍然使用 override 修饰符（而不是 virtual），C 中的方法 M1 仍然用 override 重写 B 中的 M1 方法。

2. 方法隐藏（new）

如果希望在扩充类中显式隐藏基类中的同名方法，需要在扩充类中用 new 来声明。例如：

```
public class A
{
    public void MyMethod()
    {
        Console.WriteLine("a");
    }
}
public class B : A
{
    public new void MyMethod()
    {
        Console.WriteLine("b");
    }
}
```

与方法重写不同的是，无论基类中的某个方法是否有 virtual 修饰符，都可以在扩充类中通过 new 关键字去隐藏基类中的这个同名的方法。

3. 示例

【例 5-2】 演示 virtual、override、new 的基本用法，运行效果如图 5-2 所示。

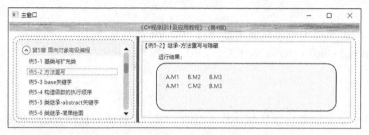

图 5-2 　【例 5-2】的运行效果

该例子的主要代码如下。

（1）E02override.xaml

```
<Page ......
    xmlns:local="clr-namespace:ExampleWpfApp.Ch05"
    ......>
    <StackPanel>
        <TextBlock Text="【例 5-2】继承-方法重写与隐藏"/>
        <local:Ch05UC x:Name="uc"/>
    </StackPanel>
</Page>
```

（2）E02override.xaml.cs

```
using System.Windows.Controls;
namespace ExampleWpfApp.Ch05
{
    public partial class E02override : Page
    {
        public E02override()
        {
            InitializeComponent();
            Loaded += delegate
            {
                string s = "";
                E02A a1 = new E02B(); a1.M1(); a1.M2(); a1.M3(); s += $"{a1.R}\n";
                E02A a2 = new E02C(); a2.M1(); a2.M2(); a2.M3(); s += $"{a2.R}\n";
                uc.Result.Text = s;
            };
        }
    }
    public abstract class E02A
    {
        public string R { get; set; } = "";
        public void M1() { R += "A.M1\t"; }
        public abstract void M2();
        public virtual void M3() { R += "A.M3\t"; }
    }
    public class E02B : E02A
    {
        public new void M1() { R += "B.M1\t"; }
```

```
    public override void M2() { R += "B.M2\t"; }
    public override void M3() { R += "B.M3\t"; }
}
public class E02C : E02B
{
    public new void M1() { R += "C.M1\t"; }
    public override void M2() { R += "C.M2\t"; }
    public new void M3() { R += "C.M3\t"; }
}
```

5.1.4　base 关键字

在 C#语言中，用 base 关键字表示基类的实例。

1. 利用 base 关键字调用其他构造函数

为了说明 base 关键字的用途，我们先看下面的例子：

```
using System;
class A
{
    private int age;
    public A(int age)
    {
        this.age = age;
    }
}
class B : A
{
    private int age;
    public B(int age)
    {
        this.age = age;
    }
}
class Program
{
    static void Main( )
    {
        B b = new B(10);
    }
}
```

按〈F5〉键编译并运行这个程序，系统会提示下列错误信息："A 方法没有 0 个参数的重载"。这是因为创建 B 的实例时，编译器会寻找其基类 A 中提供的无参数的构造函数，而 A 中并没有提供这个构造函数，所以无法通过编译。

要解决这个问题，只需要将 public B(int age)改为下面的代码：

```
public B(int age) : base(age)
```

其含义为：将 B 类的构造函数的参数 age 传递给 A 类的构造函数。

程序执行时，将首先调用 System.Object 的构造函数，然后调用 A 类中带参数的构造函数，由于 B 的构造函数已经将 age 传递给 A，所以 A 的构造函数就可以利用这个传递的参数进行初始化。

2. 利用 base 关键字调用基类中的方法

除了前面介绍的用法外，还可以在扩充类中通过 base 关键字直接调用其基类中的方法，例如：

```
class MyBaseClass
{
    public virtual int MyMethod()
    {
        return 5;
    }
}
class MyDerivedClass : MyBaseClass
{
    public override int MyMethod()
    {
        return base.MyMethod() * 4;
    }
}
```

3. 示例

【例5-3】 演示 base 关键字的基本用法，运行效果如图 5-3 所示。

图 5-3 　【例 5-3】的运行效果

主要代码如下。

（1）E03base.xaml

```xml
<Page ......>
    <StackPanel>
        <TextBlock Text="【例5-3】类继承-base 关键字"/>
        <WrapPanel>
            <local:Ch05UC x:Name="uc1"/>
            <local:Ch05UC x:Name="uc2"/>
            <local:Ch05UC x:Name="uc3"/>
        </WrapPanel>
    </StackPanel>
</Page>
```

（2）E03base.xaml.cs

```csharp
using System.Windows.Controls;
namespace ExampleWpfApp.Ch05
{
    public partial class E03base : Page
    {
        public E03base()
        {
            InitializeComponent();
            Loaded += delegate {
                string s = "";
                E03A v11 = new E03A(); v11.M1(); s += $"{v11.R}\n";
                E03A v12 = new E03A(12); v12.M1(); s += $"{v12.R}";
                uc1.tip.Text = "E03A";
                uc1.Result.Text = s;
                E03A v21 = new E03B(); v21.M1(); s = $"{v21.R}\n";
```

```
                E03A v22 = new E03B(22); v22.M1(); s += $"{v22.R}";
                uc2.tip.Text = "E03B";
                uc2.Result.Text = s;
                E03A v31 = new E03C(); v31.M1(); s = $"{v31.R}\n";
                E03A v32 = new E03C(32); v32.M1(); s += $"{v32.R}";
                uc3.tip.Text = "E03C";
                uc3.Result.Text = s;
            };
        }
    }
    public class E03A
    {
        public string R { get; set; } = "";
        public E03A() { R += "[A]"; }
        public E03A(int a)
        {
            R += $"[A({a})]";
        }
        public virtual string M1() { return "[A.M1()]"; }
    }
    public class E03B : E03A
    {
        public E03B() : base() { R += "[B]"; }
        public E03B(int a) : base(a)
        {
            R += $"[B({a})]";
        }
        public override string M1()
        {
            R += "[B.M1()]";
            return R + base.M1();
        }
    }
    public class E03C : E03B
    {
        public E03C()
        {
            R += "[C]";
        }
        public E03C(int a) : base(a)
        {
            R += $"[C({a})]";
        }
        public override string M1()
        {
            R += "[C.M1()]";
            return R + base.M1();
        }
    }
}
```

5.1.5　继承过程中构造函数的处理

扩充类可继承基类中声明为 public、protected 或者 protected internal 的成员。但是要注意，构造函数则排除在外，不会被继承下来。

为什么不继承基类的构造函数呢？这是因为构造函数的用途主要是对类的成员进行初始化，包括对私有成员的初始化。如果构造函数也能继承，由于扩充类中无法访问基类的私有成员，因此会导致创建扩充类的实例时无法对基类的私有成员进行初始化工作。

1. 基本概念

C#在内部按照下列顺序处理构造函数：从扩充类依次向上寻找其基类，直到找到最初的基类，然后开始执行最初的基类的构造函数，再依次向下执行扩充类的构造函数，直至执行完该扩充类的构造函数为止。

假定有 A、B、C、D 4 个类，其中 D 的基类为 C，C 的基类为 B，B 的基类为 A。那么，当创建 D 的实例时，则会首先执行 A 的构造函数，然后执行 B 的构造函数，接着执行 C 的构造函数，最后执行 D 的构造函数。

2. 示例

【例 5-4】 演示继承过程中构造函数的执行顺序，运行效果如图 5-4 所示。

图 5-4 【例 5-4】的运行效果

主要代码如下。

（1）E04construct.xaml

```
<Page ......>
    <StackPanel>
        <TextBlock Text="【例 5-4】继承过程中构造函数的处理。"/>
        <local:Ch05UC x:Name="uc"/>
    </StackPanel>
</Page>
```

（2）E04construct.xaml.cs

```
using System.Windows.Controls;
namespace ExampleWpfApp.Ch05
{
    public partial class E04construct : Page
    {
        public E04construct()
        {
            InitializeComponent();
            Loaded += delegate {
                string s = "";
                E04A v1 = new E04A(); s += $"{v1.R}\n";
                E04A v2 = new E04B(); s += $"{v2.R}\n";
                E04A v3 = new E04C(); s += $"{v3.R}";
                uc.Result.Text = s;
            };
        }
    }
}
```

```
public class E04A
{
    public string R { get; set; } = "";
    public E04A() { R += "1A"; }
}
public class E04B : E04A
{
    public E04B() { R += "2B"; }
}
public class E04C : E04B
{
    public E04C()
    {
        R += "3C";
    }
}
```

5.2　利用类实现继承

类的多态性是通过继承来呈现的，包括类继承和接口继承。

本节我们学习如何通过类实现继承。

5.2.1　抽象

抽象类一般用于具有紧密关系的类的继承中。

1. 基本概念

抽象（Abstract）关键字既可以用于类的声明，也可以用于类成员的声明。用 abstract 关键字声明类时，表示该类是一个抽象类，其含义是该类只能用做其他类的基类，无法直接实例化这个类；用 abstract 修饰符声明类成员时，表示该成员为抽象成员。

抽象成员只有声明部分而没有实现部分，其含义是这个成员（如方法）不在本类中实现，但必须在其子类中实现。

当从某个抽象类派生其非抽象类时，非抽象类必须实现抽象类中声明的所有抽象成员，否则就会引起编译错误。比如，A 是抽象类，B 是继承自 A 的非抽象类，此时必须在 B 中实现 A 中声明的所有抽象方法，而且在 B 中实现的这些方法必须和 A 中的抽象方法签名相同，即接收相同数目和类型的参数，而且具有同样的返回类型。

2. 示例

【例 5-5】　演示 abstract 关键字的基本设计方法，运行效果如图 5-5 所示。

图 5-5　【例 5-5】的运行效果

主要代码如下。

（1）E05abstract.xaml

```
<Page ......>
    <StackPanel>
        <TextBlock DockPanel.Dock="Top" Text="【例 5-5】类继承-abstract 关键字"/>
        <local:Ch05UC x:Name="uc"/>
    </StackPanel>
</Page>
```

（2）E05abstract.xaml.cs

```
using System.Windows.Controls;
using System.Windows.Media;
namespace ExampleWpfApp.Ch05
{
    public partial class E05abstract : Page
    {
        public E05abstract()
        {
            InitializeComponent();
            Loaded += delegate
            {
                E05A v = new E05B();
                v.Draw();
                uc.Result.Text = v.Result;
            };
        }
    }
    public abstract class E05A
    {
        public string Result { get; set; }
        protected Pen pen = new Pen(Brushes.Red, 1.0);
        public E05A()
        {
            Result = $"ARGB={pen.Brush}\n";
        }
        public abstract void Draw();
    }
    public class E05B : E05A
    {
        public override void Draw()
        {
            Result += "B.Draw";
        }
    }
}
```

5.2.2　利用类继承实现图形的绘制

本节我们通过绘制几何图形来说明类继承及其多态性呈现的基本用法。该例子提前使用了二维图形图像处理一章中介绍的内容。

【例 5-6】 演示如何通过类继承实现几何图形的绘制，运行效果如图 5-6 所示。

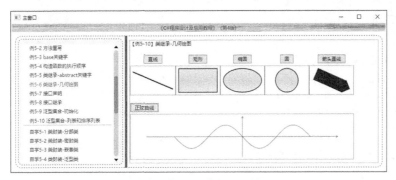

图 5-6　【例 5-6】的运行效果

下面解释该例子的层次结构和代码实现。

1. 类继承的层次结构

在这个例子中，先通过 E06_0_DrawObject 类将绘图公用的属性及方法声明出来，并利用 abstract 关键字要求其子类必须实现该类中仅有声明但没有实现的 Draw 方法；然后分别定义绘制基本图形的类，包括直线（E06_1_DrawLine 类）、矩形（E06_2_DrawRectangle 类）和椭圆（E06_3_DrawEllipse 类），这些类都继承自 E06_0_DrawObject 类；最后定义箭头直线（E06_4_DrawArrowLine 类）和正弦曲线（E06_5_DrawSin 类），让该类继承自 E06_1_DrawLine 类。

圆的绘制可以通过 E06_3_DrawEllipse 类来实现，不需要再单独定义它。

由于各子类都通过几何图形实现了对应的 Draw 方法，再通过 Image 控件将其显示出来，所以当创建这些类的实例时，只需要设置对应的属性，并调用它公开的 Draw 方法，即可呈现希望的绘制效果。

为了观察自定义类继承的层次结构，这里使用了 VS 2017 内置的代码图技术。图 5-7 是该例子对应的层次结构代码图，该图是编写实现代码后，在 VS 2017 开发环境下直接生成的，也可以从对象浏览器中将对应的类拖放到代码图中来创建新的代码图。

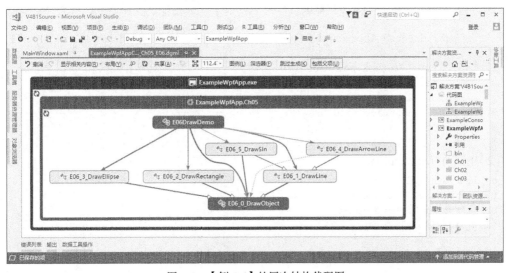

图 5-7　【例 5-6】的层次结构代码图

由于代码图的生成和编辑超出了本书介绍的范围，因此这里不再展开阐述，对此有兴趣的读者可自己参考相关资料。

2. 代码实现

主要代码如下。

（1）E06_0_DrawObjet.cs

```csharp
using System.Windows;
using System.Windows.Controls;
using System.Windows.Media;
namespace ExampleWpfApp.Ch05
{
    public abstract class E06_0_DrawObject
    {
        public E06_0_DrawObject(Image image)
        {
            gd.Pen = pen;
            gd.Brush = new LinearGradientBrush
            {
                MappingMode = BrushMappingMode.RelativeToBoundingBox,
                StartPoint = new Point(0.5, 0),
                EndPoint = new Point(0.5, 1),
                GradientStops = new GradientStopCollection {
                    new GradientStop(Colors.Yellow,0.0),
                    new GradientStop(Colors.GreenYellow,0.5),
                    new GradientStop(Colors.Yellow,1.0)
                }
            };
            Image = image;
        }
        protected Pen pen = new Pen(Brushes.Blue, 2.0);
        protected GeometryDrawing gd = new GeometryDrawing();
        public Image Image { get; }
        public Brush FillBrush
        {
            get { return gd.Brush; }
            set { gd.Brush = value; }
        }
        public Brush StrokeBrush
        {
            get { return pen.Brush; }
            set { pen.Brush = value; }
        }
        public abstract void Draw();
    }
}
```

（2）E06_1_DrawLine.cs

```csharp
using System.Windows;
using System.Windows.Controls;
using System.Windows.Media;
namespace ExampleWpfApp.Ch05
{
    public class E06_1_DrawLine : E06_0_DrawObject
    {
        public E06_1_DrawLine(Image image) : base(image)
        {
        }
        public Point StartPoint { get; set; }
```

```
        public Point EndPoint { get; set; }
        public double LineWidth
        {
            get { return pen.Thickness; }
            set { pen.Thickness = value; }
        }
        public override void Draw()
        {
            gd.Geometry = new LineGeometry
            {
                StartPoint = StartPoint,
                EndPoint = EndPoint
            };
            Image.Source = new DrawingImage(gd);
        }
    }
}
```

（3）E06_2_DrawRectangle.cs

```
using System.Windows;
using System.Windows.Controls;
using System.Windows.Media;
namespace ExampleWpfApp.Ch05
{
    public class E06_2_DrawRectangle : E06_0_DrawObject
    {
        public E06_2_DrawRectangle(Image image) : base(image)
        {
        }
        public Rect Rect { get; set; }
        public override void Draw()
        {
            RectangleGeometry geometry = new RectangleGeometry(Rect);
            gd.Geometry = geometry;
            Image.Source = new DrawingImage(gd);
        }
    }
}
```

（4）E06_3_DrawEllipse.cs

```
using System.Windows;
using System.Windows.Controls;
using System.Windows.Media;
namespace ExampleWpfApp.Ch05
{
    public class E06_3_DrawEllipse : E06_0_DrawObject
    {
        public E06_3_DrawEllipse(Image image) : base(image)
        {
        }
        public Point CenterPoint { get; set; }
        public double RadiusH { get; set; }
        public double RadiusV { get; set; }
        public override void Draw()
        {
            gd.Geometry = new EllipseGeometry
            {
```

```
                    Center = CenterPoint,
                    RadiusX = RadiusH,
                    RadiusY = RadiusV
                };
                Image.Source = new DrawingImage(gd);
            }
        }
    }
```

（5）E06_4_DrawArrowLine.cs

```
using System.Windows.Controls;
using System.Windows.Media;

namespace ExampleWpfApp.Ch05
{
    public class E06_4_DrawArrowLine : E06_1_DrawLine
    {
        public E06_4_DrawArrowLine(Image image) : base(image)
        {
        }
        public override void Draw()
        {
            pen.EndLineCap = PenLineCap.Triangle;
            base.Draw();
        }
    }
}
```

（6）E06_5_DrawSin.cs

```
using System;
using System.Windows;
using System.Windows.Controls;
using System.Windows.Media;
namespace ExampleWpfApp.Ch05
{
    public class E06_5_DrawSin : E06_1_DrawLine
    {
        public E06_5_DrawSin(Image image) : base(image)
        {
        }
        public override void Draw()
        {
            double w = Image.Width, h = Image.Height;
            int a = 60;
            PointCollection points = new PointCollection();
            PathGeometry pathGeometry = new PathGeometry();
            //横坐标
            pathGeometry.AddGeometry(Geometry.Parse(
                string.Format("M-{0},0 L{0},0 M{0},0 {1},5 M{0},0 L{1},-5",
                w + 5, w - 5)));
            //纵坐标
            double x = 100;
            pathGeometry.AddGeometry(Geometry.Parse(
                string.Format("M0,-{0} L0,{1} M0,-{1} L-5,-{2} M0,-{1} L5,-{2}",
                x, x + 5, x - 5)));
            //正弦曲线
```

```
                for (int i = -360; i <= 360; i++)
                {
                    Point p = new Point(i, a * Math.Sin(i * Math.PI / 180.0));
                    points.Add(p);
                }
                for (int i = 0; i < points.Count - 1; i++)
                {
                    LineGeometry line = new LineGeometry
                    {
                        StartPoint = points[i],
                        EndPoint = points[i + 1]
                    };
                    pathGeometry.AddGeometry(line);
                }
                gd.Geometry = pathGeometry;
                Image.Source = new DrawingImage(gd);
            }
        }
    }
```

（7）E06DrawDemo.xaml

```xml
<Page ......>
    <StackPanel>
        <StackPanel.Resources>
            <Style TargetType="Button">
                <Setter Property="HorizontalAlignment" Value="Center"/>
                <Setter Property="Margin" Value="0 20 0 5"/>
                <Setter Property="Padding" Value="10 2"/>
            </Style>
            <Style TargetType="Image">
                <Setter Property="Width" Value="100"/>
                <Setter Property="Height" Value="60"/>
                <Setter Property="Margin" Value="5"/>
            </Style>
            <Style TargetType="Border">
                <Setter Property="BorderBrush" Value="Chocolate"/>
                <Setter Property="BorderThickness" Value="1"/>
            </Style>
        </StackPanel.Resources>
        <TextBlock Text="【例5-10】类继承-几何绘图"/>
        <WrapPanel>
            <StackPanel>
                <Button Name="btnLine" Content="直线"/>
                <Border> <Image Name="image1"/></Border>
            </StackPanel>
            <StackPanel>
                <Button Name="btnRectangle" Content="矩形"/>
                <Border><Image Name="image2"/></Border>
            </StackPanel>
            <StackPanel>
                <Button Name="btnEllipse" Content="椭圆"/>
                <Border><Image Name="image3"/></Border>
            </StackPanel>
            <StackPanel>
                <Button Name="btnCircle" Content="圆"/>
```

```
                <Border><Image Name="image4"/></Border>
            </StackPanel>
            <StackPanel>
                <Button Name="btnArrowLine" Content="箭头直线"/>
                <Border><Image Name="image5"/></Border>
            </StackPanel>
        </WrapPanel>
        <StackPanel>
            <Button Name="btnSin" Content="正弦曲线" HorizontalAlignment="Left"/>
            <Border Width="560" HorizontalAlignment="Left">
                <Image Name="image6" Width="500" Height="100"/>
            </Border>
        </StackPanel>
    </StackPanel>
</Page>
```

（8）E06DrawDemo.xaml.cs

```csharp
using System;
using System.Windows;
using System.Windows.Controls;
using System.Windows.Media;
namespace ExampleWpfApp.Ch05
{
    public partial class E06DrawDemo : Page
    {
        public E06DrawDemo()
        {
            InitializeComponent();
            InitDraws();
        }
        private void InitDraws()
        {
            btnLine.Click += delegate
            {
                double w = image1.Width, h = image1.Height, a = 15.0;
                var line = new E06_1_DrawLine(image1)
                {
                    StartPoint = new Point(a, a),
                    EndPoint = new Point(w - a, h - a),
                    StrokeBrush = Brushes.Blue,
                    LineWidth = 2.0
                };
                line.Draw();
            };
            btnRectangle.Click += delegate
            {
                double w = image2.Width, h = image2.Height;
                var rectangle = new E06_2_DrawRectangle(image2)
                {
                    Rect = new Rect(0, 0, w, h)
                };
                rectangle.Draw();
            };
            btnEllipse.Click += delegate
            {
                double halfX = image3.Width / 2, halfY = image3.Height / 2;
```

```
                var ellipse = new E06_3_DrawEllipse(image3)
                {
                    CenterPoint = new Point(halfX, halfY),
                    RadiusH = halfX,
                    RadiusV = halfY
                };
                ellipse.Draw();
            };
            btnCircle.Click += delegate
            {
                double radius = Math.Min(image4.Width / 2, image4.Height / 2);
                var circle = new E06_3_DrawEllipse(image4)
                {
                    CenterPoint = new Point(radius, radius),
                    RadiusH = radius,
                    RadiusV = radius
                };
                circle.Draw();
            };
            btnArrowLine.Click += delegate
            {
                var a = 15.0;
                var v = new E06_4_DrawArrowLine(image5)
                {
                    StartPoint = new Point(a, a),
                    EndPoint = new Point(image5.Width - a, image5.Height - a),
                    StrokeBrush = Brushes.Blue,
                    LineWidth = 30.0
                };
                v.Draw();
            };
            btnSin.Click += delegate
            {
                var sin = new E06_5_DrawSin(image6)
                {
                    FillBrush=Brushes.Blue,
                    StrokeBrush = Brushes.Red
                };
                sin.Draw();
            };
        }
    }
}
```

5.3　利用接口实现继承

接口（Interface）表示调用者和设计者的一种约定。例如，设计者提供的某个方法用什么名字、需要哪些参数，以及每个参数的类型是什么等。当团队合作开发同一个项目时，事先定义好相互调用的接口可以极大地提高项目的开发效率。

5.3.1　接口的声明和实现

接口可以包含方法、属性、事件和索引器。接口只包含成员的声明部分，而没有实现部分，即接口本身并不提供成员的实现，而是在继承接口的类中去实现接口的成员。

1. 声明接口

在 C#语言中，使用 interface 关键字声明一个接口。语法为：

[*访问修饰符*] interface *接口名称*
{
    接口体
}

接口名称一般用大写字母"I"开头，这是一种默认约定，但不是强制性的。例如：

```
public interface Itest
{
    int sum();
}
```

接口中不能包含构造函数（因为无法构建不能被实例化的对象），也不能包含字段（因为字段隐含了类中某些内部的执行方式）。另外，接口体中的声明必须都是 public 的，所以不能再添加 public 修饰符。

2. 隐式实现接口

接口是通过类来实现的，实现接口的类必须严格按照接口的声明来实现接口提供的功能。有了接口，就可以在不影响已经公开的现有接口声明的情况下，在类中去修改接口的内部实现，从而使兼容性问题最小化。

若要实现接口中的成员，类中的对应成员也必须是公共的、非静态的，并且必须与接口成员具有相同的名称和签名。

类的属性和索引器可以为接口中定义的属性或索引器定义额外的访问器。例如，接口可以声明一个带有 get 访问器的属性，而实现该接口的类可以声明同时带有 get 访问器和 set 访问器的同一属性。但是，如果显式实现该属性，则其访问器也必须和接口中的声明完全匹配。

3. 显式实现接口

由于不同接口中的成员（方法、属性、事件或索引器）有可能会重名，因此，在一个类中实现接口中的成员时，可能会存在多义性的问题。为了解决此问题，可以显式实现接口中的成员，即用完全限定的接口成员名称作为标识符。

在方法调用、属性访问或索引器访问中，不能通过实例名访问"显式接口成员实现"的成员，即使用它的完全限定名也不行。换言之，"显式接口成员实现"的成员只能通过接口实例来访问，并且通过接口实例访问时，只能调用该接口成员的名称。

在显式接口成员实现中，包含访问修饰符会产生编译错误。包含 abstract、virtual、override 或 static 修饰符也会产生编译错误。

4. 示例

【例 5-7】 演示接口的声明与实现，结果如图 5-8 所示。

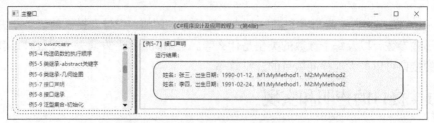

图 5-8 【例 5-7】的运行效果

主要代码如下。

（1）E07Interface.xaml

```
<Page ......>
    <StackPanel>
        <TextBlock Text="【例 5-7】接口声明"/>
        <local:Ch05UC x:Name="uc"/>
    </StackPanel>
</Page>
```

（2）E07Interface.xaml.cs

```
using System;
using System.Windows.Controls;
namespace ExampleWpfApp.Ch05
{
    public partial class E07Interface : Page
    {
        public E07Interface()
        {
            InitializeComponent();
            Loaded += delegate
            {
                string s = "";
                var v1 = new E07Demo1
                {
                    Name = "张三",
                    BirthDate = DateTime.Parse("1990-01-12")
                };
                s += $"姓名:{v1.Name}, 出生日期:{v1.BirthDate:yyyy-MM-dd}, " +
                    $"M1:{v1.MyMethod1()}, M2:{v1.MyMethod2()}\n";
                var v2 = new E07Demo2
                {
                    Name = "李四",
                    BirthDate = DateTime.Parse("1991-02-24")
                };
                var d1 = (IDemo1)v2;
                var d2 = (IDemo2)v2;
                s += $"姓名:{v2.Name}, 出生日期:{v2.BirthDate:yyyy-MM-dd}, " +
                    $"M1:{d1.MyMethod1()}, M2:{d2.MyMethod2()}";
                uc.Result.Text = s;
            };
        }
    }
    public class Person
    {
        public string Name { get; set; }
        public DateTime BirthDate { get; set; }
    }
    interface IDemo1 { string MyMethod1(); }
    interface IDemo2 { string MyMethod2(); }
    public class E07Demo1 : Person, IDemo1, IDemo2
    {
        #region 实现接口
        public string MyMethod1() { return "MyMethod1"; }
        public string MyMethod2() { return "MyMethod2"; }
        #endregion
    }
```

```
public class E07Demo2 : Person, IDemo1, IDemo2
{
    #region 显式实现接口
    string IDemo1.MyMethod1() { return "MyMethod1"; }
    string IDemo2.MyMethod2() { return "MyMethod2"; }
    #endregion
}
}
```

5.3.2 通过接口实现继承

类继承只允许单一继承，如果必须使用多重继承，可以通过接口来实现。

接口本质上是类需要如何响应用户操作的定义。接口仅用于公开类中用 public 声明的成员，以及每个成员需要接收和返回的参数类型，而这些成员的实现则通过类去完成。

同一个接口也可以在多个类中分别去实现，从而让这个接口针对不同的情况分别呈现不同的行为。

1. 接口和抽象类的区别

接口的作用在某种程度上和抽象类的作用相似，但它与抽象类不同的是，接口是完全抽象的成员集合。另外，类可以继承多个接口，但不能继承多个抽象类。

抽象类主要用于关系密切的对象，而接口最适合为不相关的类提供通用的功能。设计优良的接口往往很小而且相互独立，这样可减少产生性能问题的可能性。

使用接口还是抽象类，主要考虑以下几个方面。

（1）如果要创建不同版本的组件或实现通用的功能，则用抽象类来实现。

（2）如果创建的功能在大范围的完全不同的对象之间使用，则用接口来实现。

（3）设计小而简练的功能块一般用接口来实现，大的功能单元一般用抽象类来实现。

2. 基本用法

接口可以继承其他接口，语法为：

[访问修饰符] interface *接口名称* ： *[被继承的接口列表]*
{
　　接口体
}

也可以先在基类中实现多个接口，然后再通过类的继承来继承多个接口。在这种情况下，如果将该接口声明为扩充类的一部分，也可以在扩充类中通过 new 修饰符隐藏基类中实现的接口；如果没有将继承的接口声明为扩充类的一部分，接口的实现将全部由声明它的基类提供。

3. 示例

在这个例子中，除了演示接口继承的基本用法外，还同时演示了基类如何使用虚拟成员实现接口成员，然后让继承接口的扩充类通过重写虚拟成员来更改接口的行为。

【例 5-8】 演示如何利用接口实现多继承，结果如图 5-9 所示。

图 5-9 　【例 5-8】的运行效果

主要代码如下。

（1）E08InterfaceInherit.xaml

```xml
<Page ......>
    <DockPanel>
        <TextBlock DockPanel.Dock="Top" Text="【例5-8】接口继承"/>
        <GroupBox Header="执行结果" BorderBrush="Blue"
                  BorderThickness="1" Margin="20 0 20 20">
            <TextBlock Name="result" Background="Beige"/>
        </GroupBox>
    </DockPanel>
</Page>
```

（2）E08InterfaceInherit.xaml.cs

```csharp
using System;
using System.Windows.Controls;
namespace ExampleWpfApp.Ch05
{
    public partial class E08InterfaceInherit : Page
    {
        public E08InterfaceInherit()
        {
            InitializeComponent();
            Loaded += delegate {
                string s = "";
                var v1 = new InterfaceInheritDemo(DrawType.矩形);
                s += v1.Result;
                var v2 = new InterfaceInheritDemo(DrawType.曲线);
                s += v2.Result;
                result.Text = s;
            };
        }
        /// <summary>接口1</summary>
        interface IDrawDemo1
        {
            void DrawRectangle();
            void DrawEclipse();
        }
        /// <summary>接口2</summary>
        interface IDrawDemo2
        {
            void DrawSin();
            void DrawCos();
        }
        /// <summary>接口继承</summary>
        interface IDraw : IDrawDemo1, IDrawDemo2
        {
            void DrawCircle();
            void DrawCurve();
        }
        /// <summary>用单独的类实现接口，以方便复用</summary>
        public class InterfaceInheritDemo : IDraw
        {
```

```
        public string Result { get; set; }
        public InterfaceInheritDemo(DrawType drawType)
        {
            Result += $"绘图类型: {drawType}\n";
            switch (drawType)
            {
                case DrawType.矩形: DrawRectangle(); break;
                case DrawType.圆: DrawCircle(); break;
                case DrawType.椭圆: DrawEclipse(); break;
                case DrawType.曲线: DrawCurve(); break;
                case DrawType.正弦曲线: DrawSin(); break;
                case DrawType.余弦曲线: DrawCos(); break;
            }
        }
        #region 实现接口
        public void DrawRectangle() { Result += "绘制 Rectangle\n"; }
        public void DrawEclipse() { Result += "绘制 Eclipse\n"; }
        public void DrawSin() { Result += "绘制 Sin\n"; }
        public void DrawCos() { Result += "绘制 Cos\n"; }
        public void DrawCircle() { Result += "绘制 Circle\n"; }
        public void DrawCurve() { Result += "绘制 Curve\n"; }
        #endregion
    }
    /// <summary>用枚举声明 IDraw 接口提供的所有绘图类型</summary>
    public enum DrawType { 矩形, 圆, 椭圆, 曲线, 正弦曲线, 余弦曲线 }
}
```

5.4*　类的其他封装形式

类的封装方式有多种，前面我们已经学习了基本的封装方式，本节我们简单介绍类的其他封装方式。

5.4.1*　分部类

分部类（Partial Class）是指可在不同的文件中声明同一个类，此时每个文件中定义的成员都是该类的一部分。

1. partial 关键字

利用 partial 关键字可将一个类的定义分布在多个文件中，当编译器编译带有 partial 关键字的类时，会自动将这些文件合并在一起成为一个完整的类。

例如，可以将 MyClass 类的编写工作同时分配给 3 个人，每人负责写一个文件，文件名分别为 MyClassP1.cs、MyClassP2.cs、MyClassP3.cs，每个文件内都使用下面的形式来定义 MyClass 类：

```
public partial class MyClass
{
    //......
}
```

这样一来，就可以让多个人同时在一个类中分别实现自己的代码，而且还能相互看到其他文件中 MyClass 类定义的成员（属性、方法等）。

partial 关键字的另一个用途是隔离自动生成的代码和人工书写的代码，例如，我们已经熟悉的 "WPF 应用程序" 采用的就是这种办法。

另外，使用 partial 关键字时，基类和接口只需要在一个文件内声明即可，不需要每个文件都声明。如果每个文件都声明，必须保证这些声明完全一致。

2. 示例

【课下自学 5-1】 演示分部类的基本设计方法，运行效果如图 5-10 所示。

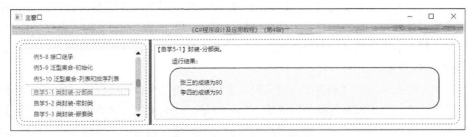

图 5-10　【课下自学 5-1】的运行效果

该例子仅供读者课下自学，完整代码请参看源程序。

5.4.2* 密封类

密封类（sealed 关键字）是指不能被其他类继承的类。其含义就是这个类就是最终（final）的实现，不能再被扩展。

1. sealed 关键字

在 C#语言中，用 sealed 关键字表示这个类是密封类。例如：

```
public sealed class A{......}
```

由于密封类不能被其他类继承，因此在运行时，系统就可以对加载到内存中的密封类进行优化处理，从而提高运行的性能。

sealed 关键字除了可表示类是密封的之外，也可以利用它防止基类中的方法被扩充类重写，带有 sealed 修饰符的方法称为密封方法。密封方法不能被扩充类中的方法继承，也不能被扩充类隐藏。

2. 示例

【课下自学 5-2】 演示密封类的基本设计方法，运行效果如图 5-11 所示。

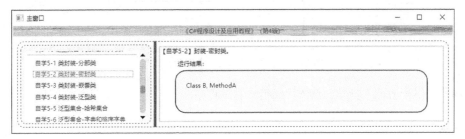

图 5-11　【课下自学 5-2】的运行效果

该例子仅供读者课下自学，完整代码请参看源程序。

5.4.3* 嵌套类

本节我们简单了解嵌套类的含义和基本用法。

1. 嵌套类的含义

嵌套类（Nested Class）是指在类中声明另一个类。由于可多层嵌套声明，所以将凡是具有这种层次关系的多个类统称为嵌套类。其中，外层的类叫外部类或外层类，嵌套在外部类中的类叫内部类（Inner Class）或内嵌类。

从外部调用的角度来看，又可以将嵌套类分为静态嵌套类与实例嵌套类。但是由于实例嵌套类的用途较广，为了避免文字绕口，所以我们平时所说的内部类在上下文不存在歧义的情况下一般指的都是实例嵌套类。这就和我们分别在早晨、中午、晚上说"吃过了吗？"这句话时，别人理解的时间一般不会出现歧义的道理相似。

2. 嵌套类的用途

嵌套类的主要用途是处理耦合度比较高的业务逻辑。当某个内部类仅与包含该类的外层类的关系比较紧密，并且该内部类与其他类关系不大的时候，此时采用嵌套类来实现比较合适。比如当某个类需要实现多个接口，为了避免接口名称相同的问题，也为了一眼就能看出这些接口都是在哪个类中实现的，此时就可以用嵌套类来实现。

在实际应用中，嵌套类大多采用两层，必须用多层嵌套来实现的情况并不多，所以我们一般所说的外部类实际上就是指两层嵌套的外层类（仅有一个），内部类实际上就是指两层嵌套的内层类（可以是一个或多个）。

3. 嵌套类的特点

嵌套类具有如下特点。

（1）对于内部类来说，如果省略访问修饰符，默认是 private。除了外部类以外，一般应尽量避免用 public 修饰符来声明内部类。

（2）内部类可以访问外部类的所有实例成员（包括私有成员）。一般通过构造函数将外部类的实例传递给内部类，然后通过该实例在内部类中访问外部类。

（3）外部类可以访问内部类中声明为 public 的成员，但无法访问内部类的私有成员。

4. 示例

【课下自学 5-3】 演示嵌套类的基本用法，运行效果如图 5-12 所示。

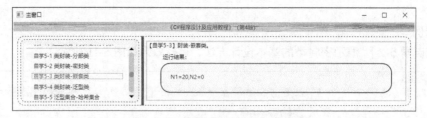

图 5-12 【课下自学 5-3】的运行效果

该例子仅供读者课下自学，具体代码请参看源程序。

5.4.4* 泛型类

通过在类名后添加用尖括号括起来的类型参数列表，来定义一组"通用化"的类型，用这种方式定义的类型称为泛型类型（Generic Class），简称泛型。

1. 基本概念

用"T"表示泛型或者用"T"作为前缀来表示泛型参数的类型是 C#的一种隐含约定。

自定义泛型时，尖括号内的类型参数可以只有一个（如 T），也可以有多个（如 T1、T2、T3 等）。

下面的代码演示了如何自定义仅有一个参数的泛型：

```
public class A<T>
{
    public T a;
}
```

如果有多个类型参数，各类型参数之间用逗号分隔。例如：

```
public class Pair<T1, T2>
{
    public T1 First;
    public T2 Second;
}
```

在这段代码中，Pair 类的类型参数为 T1 和 T2。

定义泛型类后，就可以通过传递类型实参来创建该泛型类的实例。例如：

```
Pair<int,string> pair = new Pair<int,string> { First = 1, Second = "two" };
int i = pair.First;
string s = pair.Second;
```

由于 T1、T2 可以代表任何类型，因此只需要定义一次泛型就能实现所有实际类型的调用。如果不使用泛型，就只能针对不同的类型分别编写对应的方法，代码既臃肿，又不易阅读，同时也增加了编译工作量。可以看出，泛型的优点是显而易见的。

2. 示例

【课下自学 5-4】 演示泛型类的基本用法，运行效果如图 5-13 所示。

图 5-13　【课下自学 5-4】的运行效果

该例子仅供读者课下自学，具体代码请参看源程序。

实际上，.NET 框架已经为程序员提供了很多泛型类，在项目开发中，直接使用这些泛型类就可以满足各种需求了，只有某些特殊的需求才需要程序员自己去定义新的泛型类。

5.5　集合与泛型集合

.NET 框架包含了很多泛型集合类，这些类都是通过泛型类来实现的。

5.5.1　基本概念

表现对象的多种形态时，仅用常规的类来描述还不够，因为无法用它有效解决像"集合"这种"多个类的实现代码相似，仅是类型不同"的情况。

为了解决此问题，减少代码冗余量，我们还需要引入泛型集合的概念。

1. 集合

集合是指一组组合在一起的性质类似的类型化对象。将紧密相关的数据组合到一个集合中，可以更有效地对其进行管理，如用 foreach 来处理一个集合的所有元素等。

对集合进行操作时，虽然也可以使用 System 命名空间下的 Array 类和 System.Collections 命名空间下的非泛型类来添加、移除和修改集合中的个别元素或某一范围内的元素，甚至可以将整个集合复制到另一个集合中，但是由于这种办法无法在编译代码前确定数据的类型，运行时需要频繁地靠装箱与拆箱进行数据类型转换，会导致运行效率降低，而且出现运行错误时，系统提示的信息也不精确，所以实际项目中一般用泛型集合类来实现对集合的操作。或者说，使用泛型集合能够使开发的项目运行效率高、出错少。

2. 泛型集合

泛型集合是一种强类型的集合，它能提供比非泛型集合好得多的类型安全性和性能。

.NET 框架内置了很多泛型集合类，这些泛型集合都定义在 System.Collections.Generic 命名空间下。其中常用的泛型集合类如表 5-1 所示。

表 5-1　　　　　　　　　　　　常见的泛型集合类及对应的非泛型集合类

泛型集合类	非泛型集合类	泛型集合用法举例
List<T>	ArrayList	List<string> dinosaurs = new List<string>( );
SortedList<TKey,TValue>	SortedList	SortedList<string, string> list = new SortedList<string, string>( ); list.Add ("txt", "notepad.exe"); list.TryGetValue("tif", out value));
Dictionary<TKey,Tvalue>	Hashtable	Dictionary<string, string> d = new Dictionary<string, string>( ); d.Add ("txt", "notepad.exe");
Queue<T>	Queue	Queue<string> q = new Queue<string>( ); q.Enqueue("one");

Stack<T>	Stack	Stack<string> s = new Stack<string>( );
		s.Push("one");
		s.Pop( );

这里再次强调一遍，在实际的项目开发中，绝大部分情况下都应该尽量使用泛型集合类，而不是使用早期版本提供的低效率的非泛型集合类。

3. 对象与集合初始化

C#提供了两种初始化单个对象或集合对象的方式，一是传统方式，二是简写形式。

如果创建的是一个泛型集合对象，还可以同时对集合中的每个元素初始化。例如：

```
string s="123";
List<int> list = new List<int>();
list.Add(1);
list.Add(int.Parse(s));
```

这段代码可以简化为下面的形式：

```
string s="123";
List list = new List { 1, int.Parse(s) };
```

指定一个或多个元素初始值设定项时，各个对象初始值设定项被分别括在大括号中，初始值之间用逗号分隔。编译器解析这行代码时，会自动调用 Add 方法为其添加每个初始值。

这种简化用法的前提是集合必须实现 IEnumerable 接口。

如果 Student 是一个来自数据库表的实体数据模型类，利用对象和集合初始化可一次性地添加多条记录。例如：

```
var students=new List<Student>()
{
    new Student {Name="张三", Age=20},
    new Student {Name="李四", Age=22},
    new Student {Name="王五", Age=21}
}
```

后面的章节中我们还会学习更多的用法，这里只需要知道用这种方式对创建对象并初始化非常有用即可。

【例 5-9】　演示扩展类型的基本用法，运行效果如图 5-14 所示。

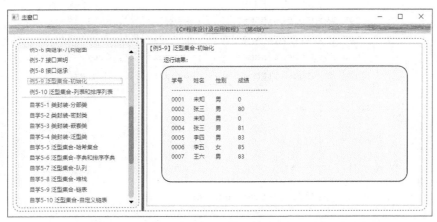

图 5-14　【例 5-9】的运行效果

主要代码如下。

（1）E09CollectionInit.xaml

```
<Page ......>
    <StackPanel>
        <TextBlock Text="【例 5-9】泛型集合-初始化"/>
        <local:Ch05UC x:Name="uc"/>
    </StackPanel>
</Page>
```

（2）E09CollectionInit.xaml.cs

```
using System.Collections.Generic;
using System.Windows.Controls;
namespace ExampleWpfApp.Ch05
{
    public partial class E09CollectionInit : Page
    {
        public E09CollectionInit()
        {
            InitializeComponent();
            Loaded += delegate { ShowDemo(); };
        }
        private string s = "";
        private void ShowDemo()
        {
```

```
        s = "学号\t 姓名\t 性别\t 成绩\n" + new string('-', 40) + "\n";
        // 用法 1：使用默认值
        E09Student s1 = new E09Student();
        AppendLine(s1);
        // 用法 2：初始化时同时对属性赋初值
        E09Student s2 = new E09Student { Name = "张三", Gender = '男', Score = 80 };
        AppendLine(s2);
        // 用法 3：初始化时同时对部分属性赋初值
        E09Student s3 = new E09Student { Gender = '男' };
        AppendLine(s3);
        // 用法 4：创建并初始化多条记录
        List<E09Student> students = new List<E09Student>
            {
                new E09Student{Name="张三", Gender='男', Score=81},
                new E09Student{Name="李四", Gender='男', Score=83},
                new E09Student{Name="李五", Gender='女', Score=85},
                new E09Student{Name="王六", Gender='男', Score=83}
            };
        foreach (var v in students)
        {
            AppendLine(v);
        }
        uc.Result.Text = s;
    }
    private void AppendLine(E09Student t)
    {
        s += $"{t.ID}\t{t.Name}\t{t.Gender}\t{t.Score}\n";
    }
}
public class E09Student
{
    private static int id = 1;
    public string ID
    {
        get { return (id++).ToString("d4"); }
    }
    public string Name { get; set; } = "未知";
    public char Gender { get; set; } = '男';
    public int Score { get; set; }
}
```

5.5.2 列表和排序列表

System.Collections.Generic.List<T>泛型类表示可通过索引访问的强类型对象列表，列表中可以有重复的元素。该泛型类提供了对列表进行搜索、排序和操作的方法。例如：

```
List<string> list1 = new List<string>();
List<int> list2 = new List<string>(10,20,30);
```

List<T>泛型列表提供了很多方法，常用的方法如下。

- Add 方法：将元素添加到列表中。
- Insert 方法：在列表中插入一个新元素。

- Contains 方法：测试该列表中是否存在某个元素。
- Remove 方法：从列表中移除带有指定键的元素。
- Clear 方法：移除列表中的所有元素。

如果是数字列表，还可以对其进行求和、求平均值以及求最大数、最小数等。例如：

```
List<int> list = new List<int>( );
list.AddRange(new int[ ] { 12, 8, 5, 20 });
Console.WriteLine(list.Sum( ));          //结果为45
Console.WriteLine(list.Average( ));      //结果为11.25
Console.WriteLine(list.Max( ));          //结果为20
Console.WriteLine(list.Min( ));          //结果为5
```

排序列表（SortedList<Key, KeyValue>）的用法和列表（List<T>）的用法相似，区别仅是排序列表是按键（Key）进行升序排序的结果。另外，根据键还可获取该键对应的值（KeyValue）。

【例 5-10】　演示列表和排序列表的基本用法，结果如图 5-15 所示。

图 5-15　【例 5-10】的运行效果

主要代码如下。

（1）E10ListSortedList.xaml

```
<Page ......>
    <StackPanel>
        <TextBlock Text="【例 5-10】泛型集合-列表"/>
        <WrapPanel VerticalAlignment="Top">
            <local:Ch05UC x:Name="uc1"/>
            <local:Ch05UC x:Name="uc2"/>
        </WrapPanel>
    </StackPanel>
</Page>
```

（2）E10ListSortedList.xaml.cs

```
using System.Collections.Generic;
using System.Windows.Controls;
namespace ExampleWpfApp.Ch05
{
    public partial class E10ListSortedList : Page
    {
        public E10ListSortedList()
        {
            InitializeComponent();
            var v1 = new ListDemo();
            uc1.tip.Text = "List<string>";
            uc1.Result.Text = v1.Result;
            var v2 = new SortedListDemo();
            uc2.tip.Text = "SortedList<string,int>";
            uc2.Result.Text += v2.Result;
```

```
        }
    }
    public class ListDemo
    {
        public string Result { get; set; } = "";
        public ListDemo()
        {
            //初始化
            List<string> list = new List<string> { "张三", "李四", "王五" };
            //插入
            list.Insert(0, "赵六");
            //添加（避免重复）
            if (list.Contains("胡七") == false) { list.Add("胡七"); }
            //遍历（方式1）
            foreach (var v in list) { Result += $"{v}\t"; }
            Result += "\n";
            //遍历（方式2）
            for (int i = 0; i < list.Count; i++)
            {
                Result += $"list[{i}]={list[i]}\t";
            }
        }
    }
    public class SortedListDemo
    {
        public string Result { get; set; } = "";
        public SortedListDemo()
        {
            //初始化
            var sl = new SortedList<string, int>
            {
                { "张三", 20 },
                { "李四", 21 },
                { "王五", 22 }
            };
            //遍历
            foreach (var v in sl)
            {
                Result += $"{v.Key}\t{v.Value}\n";
            }
        }
    }
}
```

5.5.3*　其他泛型集合类

本节我们简单了解其他泛型集合类的基本概念和用法。

1. 哈希表和哈希集合

哈希表（Hashtable 类）是.NET 框架早期版本提供的类，开发人员可通过调用 Hashtable 对象的 GetHashCode 方法为每个键生成对应的哈希值，但是该对象的运行效率并不高，这是因为 Hashtable 的元素实际上属于 Object 类型，在存储或检索值类型时都会发生装箱和拆箱操作，所以我们不再介绍 Hashtable 的用法。

哈希集合（HashSet）是一个无序集合，主要用于进行数学集合运算。数学上的集合（Set）是指由某一规则定义的不重复出现且无特定顺序的元素的组合。例如，集合 a 可以定义为包含"1 和 21 之间的所有奇数"，集合 b 可以定义为数字 1、3、5，等。

HashSet<T>泛型类比 HashSet 的运行效率更高，它提供了高性能的数学集合运算，一个 HashSet<T>对象的容量是指该对象可以容纳的元素个数。HashSet<T>对象的容量将随该对象中元素的添加而自动增大。

表 5-2 所示为 HashSet<T>运算及其等效的数学描述。

表 5-2　　　　　　　　　　　　HashSet<T>运算及其等效的数学描述

HashSet<T>运算	数学等效项	用 法 举 例（设哈希集合 h1 和 h2 初值分别为"a"、"b"、"c"和"c"、"d"、"e"）
UnionWith 方法	并集或 set 加法	h1.UnionWith(h2);　//h1 的结果为"a"、"b"、"c"、"d"、"e"
IntersectWith 方法	交集	h1.IntersectWith(h2); // h1 的结果为"c"
ExceptWith 方法	Set 减法	h1.ExceptWith(h2);　// h1 的结果为"a"、"b"
SymmetricExceptWith 方法	余集	h1.SymmetricExceptWith(h2); // h1 结果为"a"、"b"、"d"、"e"

除了上面列出的集合运算外，HashSet<T>泛型类还提供了一些方法，可用于确定两个集合是否相等、是否重叠，以及一个集合是另一个集合的子集还是超集等。除此之外，还可以对数字集合进行求和、求平均值以及求最大数和最小数。具体用法请读者自己尝试。

【课下自学 5-5】 演示哈希集合的基本用法，运行效果如图 5-16 所示。

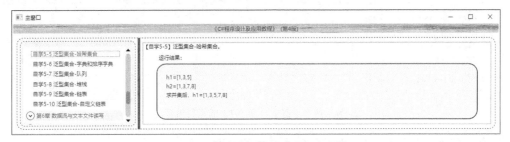

图 5-16　【课下自学 5-5】的运行效果

该例子仅供读者课下自学，具体代码请参看源程序。

2. 字典和排序字典

Dictionary<TKey, TValue>泛型类提供了一组"键/值"对，字典中的每项都由一个值及其相关联的键组成，通过键可检索值。当向字典中添加元素时，系统会根据需要自动增大容量。

一个字典中不能有重复的键。

Dictionary<TKey, TValue>提供的常用方法如下。

- Add 方法：将带有指定键和值的元素添加到字典中。
- TryGetValue 方法：获取与指定的键相关联的值。
- ContainsKey 方法：确定字典中是否包含指定的键。
- Remove 方法：从字典中移除带有指定键的元素。

排序字典（SortedDictionary<TKey, TValue>）的用法和字典的用法相似，区别仅是排序字典中保存的是按键（Tkey）进行升序排序后的结果。

【课下自学5-6】 演示字典和排序字典的基本用法，结果如图5-17所示。

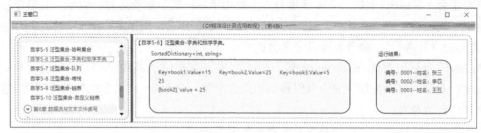

图5-17 【课下自学5-6】的运行效果

该例子仅供读者课下自学，具体代码请参看源程序。

3. 队列

Queue<T>泛型类表示对象的先进先出集合。队列在按接收顺序存储消息方面非常有用，存储在队列中的对象在一端插入，从另一端移除。

队列可以保存null值并且允许有重复的元素。

常用方法如下。

- Enqueue方法：将指定元素插入列尾。
- Dequeue方法：队列首元素出列。

【课下自学5-7】 演示队列的基本用法，运行效果如图5-18所示。

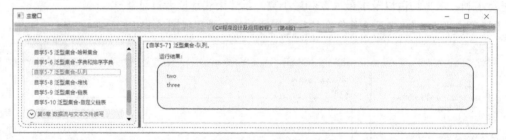

图5-18 【课下自学5-7】的运行效果

该例子仅供读者课下自学，具体代码请参看源程序。

4. 堆栈

Stack<T>泛型类表示同类型实例的大小可变的后进先出（LIFO）集合。

堆栈可以保存null值并且允许有重复值，常用方法如下。

- Push方法：将指定元素插入栈顶。
- Pop方法：弹出栈顶元素。

下面的代码说明了堆栈的基本用法：

```
Stack<string> numbers = new Stack<string>();
numbers.Push("one");
numbers.Push("two");
numbers.Push("three");
foreach (string number in numbers)
{
    Console.WriteLine(number);
}
numbers.Pop();
```

【课下自学 5-8】 演示堆栈的基本用法，结果如图 5-19 所示。

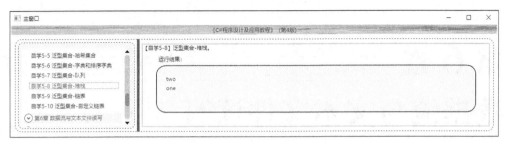

图 5-19　【课下自学 5-8】的运行效果

该例子仅供读者课下自学，具体代码请参看源程序。

5. 链表

LinkedList<T>为双向链表。LinkedList<T>对象中的每个节点都属于 LinkedListNode<T>类型。每个节点又指向其 Next 节点和 Previous 节点。

如果节点及其值是同时创建的，则包含引用类型的列表性能会更好。LinkedList<T>接受 null 引用作为引用类型的有效 Value 属性，并且允许重复值。

如果 LinkedList<T>为空，则 First 和 Last 属性为 null。

【课下自学 5-9】 演示双向链表的基本用法，结果如图 5-20 所示。

图 5-20　【课下自学 5-9】的运行效果

该例子仅供读者课下自学，具体代码请参看源程序。

5.5.4*　自定义泛型集合类

除了常用的泛型集合类之外，还可以自定义泛型集合类。

【课下自学 5-10】 演示自定义泛型集合的基本用法，结果如图 5-21 所示。

图 5-21　【课下自学 5-10】的运行效果

该例子仅供读者课下自学，具体代码请参看源程序。

第6章
数据流与文本文件读写

本章我们简单介绍与目录和文件管理相关的类，重点介绍文本文件读写的基本用法。

6.1　目录与文件管理

在 System.IO 命名空间下，.NET 框架提供了对目录和文件进行操作的类，利用这些类可方便地对目录和文件进行管理，包括创建、删除、复制、移动等操作。

6.1.1　System.Environment 类和 System.DriveInfo 类

.NET 框架包含了很多与当前操作系统环境相关的类，其中最常用的类主要有两个，一个是 System.Environment 类，该类除了提供当前环境和操作系统平台相关的信息外，还提供了获取本地逻辑驱动器和特殊文件夹的方法；另一个是 System.DriveInfo 类，该类提供了与本地驱动器相关的详细信息。

1. System.Environment 类

利用 System.Environment 类（简称 Environment 类）可检索与操作系统相关的信息，如命令行参数、退出代码、环境变量设置、调用堆栈的内容、自上次系统启动以来的时间，以及公共语言运行库的版本等。

表 6-1 所示为 Environment 类提供的常用静态属性和方法。

表 6-1　　　　　　　　　　　Environment 类提供的常用静态属性和方法

属性或方法	说　　明
CurrentDirectory 属性	获取或设置当前工作目录的完全限定路径，如"C:\""C:\mySubDirectory"
NewLine 属性	获取换行字符串。对于 Windows 平台即为"\r\n"，对于 UNIX 平台即为"\n"
OSVersion 属性	获取包含当前平台标识符和版本号的信息
ProcessorCount 属性	获取当前计算机上的处理器数
TickCount 属性	获取系统启动后经过的毫秒数
UserName 属性	获取当前已登录到 Windows 操作系统的人员的用户名
Version 属性	获取一个 Version 对象，该对象描述公共语言运行库的主版本、次版本、内部版本和修订号
GetEnvironmentVariables 方法	从当前进程检索所有环境变量名及其值

续表

属性或方法	说　　明
SetEnvironmentVariable 方法	创建、修改或删除当前进程中，或者为当前用户或本地计算机保留的 Windows 操作系统注册表项中存储的环境变量
GetLogicalDrives 方法	返回包含当前计算机中的逻辑驱动器名称的字符串数组
GetFolderPath 方法	获取指向由指定枚举标识的系统特殊文件夹的路径，枚举值由 Environment. SpecialFolder 来指定，常用特殊文件夹如下。 Desktop：逻辑桌面，而不是物理文件系统位置。 DesktopDirectory：用于物理上存储桌面上的文件对象的目录。 MyComputer：“我的电脑”文件夹。 MyDocuments：“我的文档”文件夹。 ProgramFiles：“Program files”目录

2．System.DriveInfo 类

System.DriveInfo 类（简称 DriveInfo 类）提供了比 System.Environment 类的 GetLogicalDrives 方法更为详细的信息。利用 DriveInfo 类可以确定当前可用的驱动器以及这些驱动器的类型，还可以通过查询来确定驱动器的容量和剩余空间。

下面的代码演示了 DriveInfo 类的基本用法。

```
DriveInfo[] allDrives = DriveInfo.GetDrives( );
foreach (DriveInfo d in allDrives)·
{
    Console.WriteLine("Drive {0}", d.Name);
    Console.WriteLine("文件类型: {0}", d.DriveType);
    if (d.IsReady == true)
    {
        Console.WriteLine("卷标: {0}", d.VolumeLabel);
        Console.WriteLine("文件系统: {0}", d.DriveFormat);
        Console.WriteLine("当前用户可用空间:{0} bytes", d.AvailableFreeSpace);
        Console.WriteLine("总可用空间:{0} bytes", d.TotalFreeSpace);
        Console.WriteLine("驱动器总容量:{0} bytes ", d.TotalSize);
    }
}
```

3．示例

【例 6-1】 演示 Environment 类和 DriveInfo 类的基本用法。

由于不同的计算机运行结果可能不同，所以这里不再列出运行效果截图。

主要代码如下。

（1）Ch06UC.xaml

```
<UserControl ...... >
    <DockPanel Margin="5 5 0 0">
        <TextBlock Text="运行结果: " Margin="5" DockPanel.Dock="Top"/>
        <Border BorderBrush="Blue" BorderThickness="1"
                Padding="15" Background="Beige">
            <TextBlock x:Name="Result" x:FieldModifier="public" LineHeight="20"/>
        </Border>
    </DockPanel>
</UserControl>
```

（2）E01Environment.xaml

```
<Page ......>
    <DockPanel>
        <TextBlock DockPanel.Dock="Top" Text="【例 6-1】Environment 类和 DriveInfo 类"/>
        <ScrollViewer>
            <local:Ch06UC x:Name="uc1"/>
        </ScrollViewer>
    </DockPanel>
</Page>
```

（3）E01Environment.xaml.cs

```csharp
using System;
using System.IO;
using System.Windows.Controls;
namespace ExampleWpfApp.Ch06
{
    public partial class E01Environment : Page
    {
        public E01Environment()
        {
            InitializeComponent();
            Loaded += delegate {
                EnvironmentDemo();
                DriveInfoDemo();
            };
        }
        private void EnvironmentDemo()
        {
            string[] drives = Environment.GetLogicalDrives();
            uc1.Result.Text = $"本机逻辑驱动器：{string.Join(", ", drives)}" +
                $"\n 操作系统版本：{Environment.OSVersion}" +
                $"\n 是否为 64 位系统：{Environment.Is64BitOperatingSystem}" +
                $"\n 计算机名：{Environment.MachineName}" +
                $"\n 处理器个数：{Environment.ProcessorCount}" +
                $"\n 系统启动后经过的秒数：{Environment.TickCount / 1000}" +
                $"\n 系统登录用户名：{Environment.UserName}";
        }
        private void DriveInfoDemo()
        {
            DriveInfo[] allDrives = DriveInfo.GetDrives();
            foreach (DriveInfo d in allDrives)
            {
                uc1.Result.Text += $"\n\n 驱动器 {d.Name}，类型：{d.DriveType}";
                double x = 1024.0;
                if (d.IsReady)
                {
                    var y = x * x * x;
                    uc1.Result.Text += $"，格式：{d.DriveFormat}" +
                        $"，总容量：{d.TotalSize / y:f2}GB" +
                        $"，空闲容量：{d.TotalFreeSpace / y:f2}GB";
                }
            }
        }
    }
}
```

6.1.2　System.IO.Path 类

System.IO.Path 类（简称 Path 类）用于对包含文件或目录路径信息的字符串进行处理。该类的大多数成员并不是用于与文件系统进行交互，也不验证路径字符串指定的文件是否存在，仅用于验证表示路径的字符串是否有效，如果字符串中包含无效字符，则引发 ArgumentException 异常。

表 6-2 所示为 Path 类提供的部分常用方法，这些方法都是静态方法。

表 6-2　　　　　　　　　　　　System.IO.Path 类提供的部分静态方法

方　　　法	说　　　明
GetDirectoryName	返回指定路径字符串的目录信息。如果路径由根目录组成，如 "c:\"，则返回 null
GetExtension	返回指定路径字符串的扩展名
GetFileName	返回指定路径字符串的文件名和扩展名
GetFileNameWithoutExtension	返回不具有扩展名的指定路径字符串的文件名
GetFullPath	返回指定路径字符串的绝对路径
GetRandomFileName	返回可用作文件夹名或文件名的加密的强随机字符串。该方法不创建文件，当文件系统的安全性非常重要时，应使用此方法而不是用 GetTempFileName 方法
GetTempFileName	创建磁盘上唯一命名的零字节的临时文件并返回该文件的完整路径。此方法创建带.tmp 文件扩展名的临时文件
GetTempPath	返回当前系统的临时文件夹的路径
HasExtension	确定路径是否包括文件扩展名

在对路径字符串进行处理的情况下，使用 Path 类比较方便。

6.1.3　目录管理

文件夹也叫目录。System.IO.Directory 类（简称 Directory 类）提供了一些静态方法，利用它可对本地磁盘的文件夹进行管理，包括复制、移动、重命名、创建和删除文件夹等，如表 6-3 所示。

表 6-3　　　　　　　　　　　　System.IO.Directory 类提供的静态方法

方　　　法	说　　　明
CreateDirectory	创建指定路径中的所有目录
Delete	删除指定的目录
Exists	确定给定路径是否引用磁盘上的现有目录
GetCreationTime	获取目录的创建日期和时间
GetCurrentDirectory	获取应用程序的当前工作目录
GetDirectories	获取指定目录中子目录的名称
GetFiles	返回指定目录中文件的名称
GetFileSystemEntries	返回指定目录中所有文件和子目录的名称
GetLastAccessTime	返回上次访问指定文件或目录的日期和时间
GetLastWriteTime	返回上次写入指定文件或目录的日期和时间
GetParent	检索指定路径的父目录，包括绝对路径和相对路径
Move	将文件或目录及其内容移到新位置

续表

方　　法	说　　明
SetCurrentDirectory	将应用程序的当前工作目录设置为指定的目录
SetLastAccessTime	设置上次访问指定文件或目录的日期和时间
SetLastWriteTime	设置上次写入目录的日期和时间

1．创建目录

Directory 类的 CreateDirectory 方法用于创建目录，参数 path 指定要创建的目录名。例如，下面的代码在 C 盘根目录下创建一个名为 test 的目录：

```
Directory.CreateDirectory(@"c:\test");
```

使用 CreateDirectory 方法创建多级子目录时，也可以直接指定路径，例如，下面的代码同时创建 test 目录和其下的 t1 一级子目录和 t2 二级子目录：

```
Directory.CreateDirectory(@"c:\test\t1\t2");
```

或者写为：

```
Directory.CreateDirectory("c:\\test\\t1\\t2");
```

2．删除目录

Directory 类的 Delete 方法用于删除指定的目录，常用的方法原型为：

```
public static void Delete(string path, bool recursive)
```

其中，参数 path 为要移除的目录的名称，path 参数不区分大小写，可以是相对于当前工作目录的相对路径，也可以是绝对路径，recursive 是一个布尔值，如果要移除 path 中的目录（包括所有子目录和文件），则为 true，否则为 false。

例如，下面的代码删除 C 盘根目录下的 test 目录及其所有子目录和文件：

```
Directory.Delete(@"c:\test", true);
```

3．移动目录

Directory 类的 Move 方法能够重命名或移动目录。方法原型为：

```
public static void Move(string sourceDirName, string destDirName)
```

其中，sourceDirName 为要移动的文件或目录的路径；destDirName 为新目标路径，如果 destDirName 已存在，则引发异常。例如，将"c:\mydir"移动到"c:\public"，如果"c:\public"已存在，则此方法就会引发 IOException 异常。

6.1.4　文件管理

文件是在各种介质上（可移动磁盘、硬盘和光盘等）永久存储的数据的有序集合，是数据读写操作的基本对象。一般情况下，文件按照树形目录进行组织，每个文件都有文件名、文件所在路径、创建时间、访问权限等属性。

利用 System.IO.File 类可对本地文件进行各种操作，包括判断文件是否存在，创建、复制、移动、删除、读写文件等。

1．判断文件是否存在

调用 System.IO.File 类的静态 Exists 方法可判断某个文件是否存在，该方法只有一个参数，用于指定文件及其所在的完整路径。例如：

```
string path1 = @"c:\temp\MyTest1.txt";
if (File.Exists(path1))
{
```

```
    Console.WriteLine("存在 {0} 文件", path1);
}
else
{
    Console.WriteLine("不存在 {0} 文件", path1);
}
```

2．复制文件

System.IO.File 类的 Copy 方法用于将现有文件复制到新文件。常用原型为：

```
public static void Copy (string sourceFileName, string destFileName, bool overwrite)
```

其中，参数 sourceFileName 为被复制的文件；destFileName 为目标文件的名称；overwrite 表示是否可以覆盖目标文件，如果可以覆盖目标文件则为 true，否则为 false。

例如：

```
string path1 = @"c:\temp\MyTest1.txt";
if (!File.Exists(path1))
{
    File.WriteAllText(path1, "OK");
}
string path2 = @"c:\temp\MyTest2.txt";
File.Copy(path1, path2, true);
```

在这段代码中，如果目标文件已存在，就直接覆盖。实际应用时，一般会先询问用户是否覆盖目标文件，然后再根据用户的选择决定是否覆盖目标文件。

3．删除文件

System.IO.File 类的 Delete 方法用于删除指定的文件。如果指定的文件不存在，则不进行任何操作，也不会产生异常。

方法原型为：

```
public static void Delete (string path)
```

其中，参数 path 为要删除的带完整路径的文件名称。

4．移动文件

System.IO.File 类的 Move 方法用于将指定文件移到新位置，并提供指定新文件名的选项。方法原型为：

```
public static void Move (string sourceFileName, string destFileName)
```

其中，参数 sourceFileName 为要移动的文件名称，destFileName 为文件的新路径。

5．判断某个路径是目录还是文件

下面的代码演示了如何判断 path 字符串包含的路径是目录还是文件：

```
if ((File.GetAttributes(path) & FileAttributes.Directory) == FileAttributes.Directory)
{
    Console.WriteLine("{0}是目录", path);
}
else
{
    Console.WriteLine("{0}是文件", path);
}
```

6.2　文本文件的读写

本节我们主要学习如何读写文本文件，包括创建文件、打开文件、保存文件、修改文件、追加文件内容等。

6.2.1　数据流与文件编码

在学习具体的文件操作之前，首先应熟悉数据流与文件编码的基本概念。

1.　数据流

数据流（Stream）是对串行传输数据的一种抽象表示，当希望通过网络逐字节串行传输数据，或者对文件逐字节进行读写操作时，需要将数据转化为数据流。

（1）数据流相关的类

System.IO 命名空间下的 Stream 类是所有数据流的基类。

数据流一般和某个外部数据源相关，数据源可以是硬盘上的文件、外部设备（如 I/O 卡的端口）、内存、网络套接字等。根据不同的数据源，可分别使用从 Stream 类派生的类对数据流进行操作，包括 FileStream 类、MemoryStream 类、NetworkStream 类、CryptoStream 类，以及用于文本读/写的 StreamReader 类和 StreamWriter 类，用于二进制读/写的 BinaryReader 类和 BinaryWriter 类等。

（2）对数据流的基本操作

对于本地数据流来说，其基本操作有 3 种：逐字节顺序写入（将数据从内存缓冲区传输到外部源）、逐字节顺序读取（将数据从外部源传输到内存缓冲区）和随机读/写（从某个位置开始逐字节顺序读/写）。

- 读取：从数据流中读取数据到变量中。
- 写入：把变量中的数据写入到数据流中。
- 定位：重新设置数据流的当前位置，以便对其进行随机读写。

2.　文件编码

文件是以某种形式保存在磁盘或光盘上的一系列数据，每个文件都有其逻辑上的保存格式，将文件的内容按某种格式保存称为对文件进行编码。

常见的文件编码方式有 ASCII 编码、Unicode 编码、UTF8 编码、国标码和 ANSI 编码。

（1）Unicode 编码

在 C#开发环境中，字符默认都是 Unicode 编码，即一个英文字符占两个字节，一个汉字也是两个字节。这种编码虽然能够表示大多数国家的文字，但由于它比 ASCII 占用大一倍的空间，而对能用 ASCII 字符集来表示的字符来说有些浪费。为了解决这个问题，又出现了一些中间格式的字符集，即 UTF（Universal Transformation Format，通用转换格式）。目前流行的 UTF 字符编码格式有 UTF-8、UTF-16 以及 UTF-32。

UTF-8 是 Unicode 的一种变长字符编码，一般用 1～4 个字节编码一个 Unicode 字符，即将一个 Unicode 字符编为 1～4 个字节组成的 UTF-8 格式。UTF-8 是字节顺序无关的，它的字节顺序在所有系统中都是一样的，因此，这种编码可以使排序变得很容易。

UTF-16 将每个码位表示为一个由 1～2 个 16 位整数组成的序列。

UTF-32 将每个码位表示为一个 32 位整数。

（2）国标码

我国的国家标准编码常用的有 GB2312 编码和 GB18030 编码，其中 GB2312 提供了 65 535 个汉字，GB18030 提供了 27 484 个汉字。

在 GB2312 编码中，汉字都是采用双字节编码。GB18030 是对 GB2312 的扩展，每个汉字的编码长度由 2 个字节变为由 1～4 个字节组成。

（3）ANSI

由于世界上不同的国家或地区可能有自己的字符编码标准，而且由于字符个数不同，这些编码标准无法相互转换。为了让操作系统根据不同的国家或地区自动选择对应的编码标准，操作系统将每个国家编码都给予一个编号，这种编码方式称为 ANSI 编码。例如，在简体中文操作系统下，ANSI 编码代表 GB2312 编码。

（4）System.Text.Encoding 类

在 System.Text 命名空间下有一个 Encoding 类，该类用于表示字符编码的类型。对文件进行操作时，常用的编码方式有以下几种。

* Encoding.Default：表示操作系统的当前 ANSI 编码。
* Encoding.Unicode：Unicode 编码。
* Encoding.UTF8：UTF8 编码。

在文件处理中，打开文件时指定的编码格式一定要和保存文件时所用的编码格式一致，否则看到的可能是一堆乱码。

6.2.2　利用 File 类读写文本文件

System.IO.File 类（简称 File 类）提供了一些静态的方法，使文本文件的读写变得非常简单。

1. OpenFileDialog 与 SaveFileDialog 对话框

WPF 在 PresentationFramework.dll 文件中的 Microsoft.Win32 命名空间下包含了两个针对文件操作的对话框，一个是打开文件对话框（OpenFileDialog），另一个是保存文件对话框（SaveFileDialog）。

（1）OpenFileDialog

Microsoft.Win32.OpenFileDialog 对话框用于让用户选择要打开文件的文件名，用户可以使用此对话框来指定一个或多个要打开的文件的文件名。表 6-4 所示为 OpenFileDialog 的常用属性。

表 6-4 OpenFileDialog 的常用属性

属 性 名	说　明
ShowReadOnly	确定是否在对话框中显示只读复选框
ReadOnlyChecked	指示是否选中只读复选框
FileName	获取或设置一个在文件对话框中选定的文件名。如果选定了多个文件名，则 FileName 包含第 1 个选定的文件名。如果未选定任何文件名，则此属性包含 Empty 而不是 null
FileNames	获取一个数组，其中包含与选定文件对应的文件名
Filter	获取或设置文件名筛选字符串。字符串的每项都由"提示信息|实际类型"组成。如果有多项，各项之间用分号分隔
InitialDirectory	获取或设置文件对话框显示的初始目录
Multiselect	获取或设置一个值，表示 OpenFileDialog 是否允许用户选择多个文件，默认为 false

调用 OpenFileDialog 的 ShowDialog 方法将打开此对话框，并提示用户选择要打开的文件。如果用户选择了文件，此时在对话框中单击【打开】按钮返回 true，单击【取消】按钮返回 false；如果用户未选择文件，此时在对话框中单击【打开】按钮返回 null，单击【取消】按钮返回 false。

（2）SaveFileDialog

Microsoft.Win32.SaveFileDialog 对话框用于提示用户选择文件的保存位置。调用 SaveFile

Dialog 的 ShowDialog 方法，将打开【另存为】对话框，如果用户选择了文件名，在对话框中单击【保存】按钮，则尝试保存该文件，保存成功返回 true。

2. System.IO.File 类

System.IO 命名空间下的 File 类提供了非常方便的读写文本文件的方法，很多情况下只需要一条语句即可完成本地文件的读写操作。

（1）新建文件（WriteAllText 方法、WriteAllLines 方法）

System.IO.File.WriteAllText 方法创建一个新文件，在其中写入指定的字符串，然后关闭文件。如果目标文件已存在，则覆盖该文件。

System.IO.File.WriteAllLines 方法创建一个新文件，在其中写入指定的字符串数组，然后关闭文件。如果目标文件已存在，则覆盖该文件。

例如：

```
string path = @"c:\temp\MyTest.txt";
if (File.Exists(path))
{
    File.Delete(path);
}
string[] appendText ={ "单位","姓名","成绩"};
File.WriteAllLines(path, appendText,Encoding.Default);
string[] readText = File.ReadAllLines(path,Encoding.Default);
Console.WriteLine(string.Join(Environment.NewLine, readText));
```

（2）打开文件（ReadAllText 方法、ReadAllLines 方法）

利用 File 类提供的静态 ReadAllText 方法可打开一个文件，读取文件的每一行，将每一行添加为字符串的一个元素，然后关闭文件。

对于 Windows 系列操作系统来说，一行就是后面跟有下列符号的字符序列：回车符"\r"、换行符"\n"或回车符后紧跟一个换行符，所产生的字符串不包含文件终止符。即使引发异常，该方法也能保证关闭文件句柄。常用原型为：

```
public static string ReadAllText(string path, Encoding encoding)
```

读取文件时，ReadAllText 方法能够根据现存的字节顺序标记来自动检测文件的编码。可检测到的编码格式有 UTF-8 和 UTF-32。但对于汉字编码（GB2312 或者 GB18030）来说，如果第 2 个参数不是 Encoding.Default，该方法可能无法自动检测出是哪种编码，因此，在对文本文件进行处理时，一般在代码中指定所用的编码。

File 类提供的静态 ReadAllLines 方法也是用来打开一个文本文件，但它将文件的所有行都读入到一个字符串数组中，然后关闭该文件。该方法与 ReadAllText 方法相似，还可以自动检测 UTF-8 和 UTF-32 编码的文件，若是这两种格式的文件，则不需要指定编码。

（3）追加文件（AppendAllText 方法）

利用 File 类提供的静态 AppendAllText 方法可以将指定的字符串追加到文件中，如果文件不存在则自动创建该文件，常用原型为：

```
public static void AppendAllText(string path, string contents, Encoding encoding)
```

此方法会打开指定的文件，使用指定的编码将字符串追加到文件末尾，然后关闭文件。即使引发异常，该方法也能保证关闭文件句柄。

下面的代码演示了 ReadAllText 方法和 AppendAllText 方法的用法：

```
string path = @"c:\temp\MyTest.txt";
if (File.Exists(path))
```

```
{
    File.Delete(path);
}
string appendText = "你好。" + Environment.NewLine;
File.AppendAllText(path, appendText,Encoding.Default);
string readText = File.ReadAllText(path,Encoding.Default);
Console.WriteLine(readText);
```

3. 示例

【例 6-2】 演示利用 File 类读写文本文件的基本用法，以及 OpenFileDialog 和 SaveFileDialog 对话框的基本用法，运行效果如图 6-1 所示。

图 6-1　【例 6-2】的运行效果

主要代码如下。

（1）E02File.xaml

```xml
<Page ...... >
    <StackPanel>
        <TextBlock Text="【例 6-2】利用 File 类读写文本文件。"/>
        <StackPanel Orientation="Horizontal">
            <TextBlock Text="文件名: " Margin="10 10 0 10"/>
            <TextBlock Name="txtFileName" Text="未选择" Margin="10"/>
        </StackPanel>
        <GroupBox Header="文件内容（可编辑）" Margin="10">
            <TextBox Name="txtResult" MinHeight="100" AcceptsReturn="True"
                    TextWrapping="WrapWithOverflow" Background="Beige" Margin="10"/>
        </GroupBox>
        <TextBlock Name="txtState" Text="操作状态" Background="Blue"
                Foreground="White" Margin="10"/>
        <WrapPanel>
            <Button Name="btnCreateDirectory" Content="创建文件夹" Margin="10"/>
            <Button Name="btnCreateFile" Content="创建文件" Margin="10"/>
            <Button Name="btnOpen" Content="打开文件" Margin="10"/>
            <Button Name="btnSave" Content="保存文件" Margin="10"/>
        </WrapPanel>
    </StackPanel>
</Page>
```

（2）E02File.xaml.cs

```csharp
using Microsoft.Win32;
using System;
```

```
using System.IO;
using System.Text;
using System.Windows.Controls;
namespace ExampleWpfApp.Ch06
{
    public partial class E02File : Page
    {
        public E02File()
        {
            InitializeComponent();
            InitDemo();
        }
        private void InitDemo()
        {
            string fileName = @"d:\ls\E0602.txt";
            txtFileName.Text = fileName;
            btnCreateDirectory.Click += delegate
            {
                var directoryName = System.IO.Path.GetDirectoryName(fileName);
                if (Directory.Exists(directoryName))
                {
                    txtState.Text = $"文件夹 {directoryName} 已存在，不能重复创建";
                    return;
                }
                try
                {
                    Directory.CreateDirectory(directoryName);
                    txtState.Text = $"创建 {directoryName} 成功";
                }
                catch (Exception ex)
                {
                    txtState.Text = $"创建 {directoryName} 失败：{ex.Message}";
                }
            };
            btnCreateFile.Click += delegate
            {
                if (File.Exists(fileName) == false)
                {
                    File.Delete(fileName);
                }
                string[] appendText = { "单位：某某学院", "姓名：张三", "成绩：90" };
                File.WriteAllLines(fileName, appendText, Encoding.Default);
                txtState.Text = $"创建 {fileName} 成功";
            };
            btnOpen.Click += (s, e) =>
            {
                var open = new OpenFileDialog
                {
                    InitialDirectory = System.IO.Path.GetDirectoryName(fileName),
                    Filter="文本文件（*.txt）|*.txt|所有文件（*.*）|*.*",
                    FileName = fileName
                };
                if (open.ShowDialog() == true)
                {
```

```
                fileName = open.FileName;
                txtFileName.Text = fileName;
                txtResult.Text = File.ReadAllText(fileName, Encoding.Default);
                txtState.Text = "文件已打开，请添加或者删除一些内容，然后保存。";
            }
        };
        btnSave.Click += (s, e) =>
        {
            var save = new SaveFileDialog
            {
                InitialDirectory = System.IO.Path.GetDirectoryName(fileName),
                FileName = fileName
            };
            if (save.ShowDialog() == true)
            {
                fileName = save.FileName;
                try
                {
                    File.WriteAllText(fileName, txtResult.Text, Encoding.Default);
                    txtResult.Text = "";
                    txtState.Text = "保存成功。";
                }
                catch (Exception ex)
                {
                    txtState.Text = $"保存失败：{ex.Message}";
                }
            }
        };
    }
  }
}
```

6.2.3　利用文件流读写文本文件

System.IO 命名空间下的 FileStream 类继承于 Stream 类，利用 FileStream 类可以对各种类型的文件进行读/写，如文本文件、可执行文件、图像文件、视频文件等。

1. 创建 FileStream 对象

常用的创建 FileStream 对象的方法有以下两种。

（1）利用构造函数创建 FileStream 对象

利用 FileStream 类的构造函数创建 FileStream 对象的语法为

```
FileStream(string path,FileMode mode,FileAccess access)
```

参数中的 path 指定文件路径，mode 指定文件操作方式，access 控制文件访问权限。

表 6-5 列出了 FileMode 枚举的可选值。

表 6-5　　　　　　　　　　　　　　FileMode 枚举的可选值

枚 举 成 员	说　　　明
CreateNew	指定操作系统应创建新文件。如果文件已存在，则将引发 IOException
Create	指定操作系统应创建新文件。如果文件已存在，它将被覆盖
Open	指定操作系统应打开现有文件。如果该文件不存在，则引发 FileNotFoundException

枚 举 成 员	说　　　明
OpenOrCreate	指定操作系统应打开文件（如果文件存在）；否则，应创建新文件
Truncate	指定操作系统应打开现有文件。文件一旦打开，就将被截断为零字节大小
Append	打开现有文件并查找到文件尾，或创建新文件。FileMode.Append 只能同 FileAccess.Write 一起使用

FileAccess 枚举的可选值有：Read（打开文件用于只读）、Write（打开文件用于只写）、ReadWrite（打开文件用于读和写）。

（2）利用 File 类创建 FileStream 对象

第 2 种办法是利用 System.IO 命名空间下的 File 类创建 FileStream 对象。如利用 OpenRead 方法创建仅读取的文件流，利用 OpenWrite 方法创建仅写入的文件流。下面的代码演示了如何以仅读取的方式打开 File1.txt 文件：

```
FileStream fs= File.OpenRead(@"D:\ls\File1.txt");
```

2. 读/写文件

得到 FileStream 对象后，即可以利用该对象的 Read 方法读取文件数据到字节数组中，利用 Write 方法将字节数组中的数据写入文件。

（1）Read 方法

FileStream 对象的 Read 方法用于将文件中的数据读到字节数组中，语法如下：

```
public override int Read(
    byte[] array,        //保存从文件流中实际读取的数据
    int offset,          // 向 array 数组中写入数据的起始位置，一般为 0
    int count            //希望从文件流中读取的字节数
)
```

该方法返回从 FileStream 中实际读取的字节数。

（2）Write 方法

FileStream 对象的 Write 方法用于将字节数组写入文件中，语法如下：

```
public override void Write(
    byte[] buffer,       //要写入到文件流中的数据
    int offset,          //从 buffer 中读取的起始位置
    int size             //写入到流中的字节数
)
```

下面通过例子说明 FileStream 类的基本用法。

【例 6-3】 演示利用 FileStream 类读写文本文件的基本用法，运行效果如图 6-2 所示。

图 6-2　【例 6-3】的运行效果

主要代码如下。

（1）E03FileStream.xaml

```xml
<Page ...... >
    <StackPanel>
        <TextBlock Text="【例 6-3】利用 FileStream 类读写文本文件。" Margin="10"/>
        <TextBlock Name="txtState" Text="操作状态" Background="AliceBlue" Margin="10 5"/>
        <local:Ch06UC x:Name="uc1"/>
    </StackPanel>
</Page>
```

（2）E03FileStream.xaml.cs

```csharp
using System.IO;
using System.Text;
using System.Windows.Controls;
namespace ExampleWpfApp.Ch06
{
    public partial class E03FileStream : Page
    {
        public E03FileStream()
        {
            InitializeComponent();
            Loaded += delegate {
                ShowDemo();
            };
        }
        private void ShowDemo()
        {
            string path = @"d:\ls\E0603.txt";
            txtState.Text = $"写入内容到 {path} 中。";
            using (FileStream fs = File.Open(path, FileMode.Create))
            {
                byte[] b = Encoding.UTF8.GetBytes("你好!\nThis is some text in the file.");
                fs.Write(b, 0, b.Length);
            }
            txtState.Text += $"\n 读取 {path} 的内容到文本框。";
            using (FileStream fs = File.Open(path, FileMode.Open))
            {
                byte[] b = new byte[1024];    //每次读取的缓存大小
                int len = 0;
                while ((len = fs.Read(b, 0, b.Length)) > 0)
                {
                    uc1.Result.Text = $"{Encoding.UTF8.GetString(b, 0, len)}\n";
                }
            }
        }
    }
}
```

第7章
LINQ 与数据库操作

在 WPF 应用程序中，利用.NET 框架提供的 ADO.NET 数据访问技术，可方便地对各种数据类型进行操作。

本章我们主要学习在 WPF 应用程序中访问 SQL Server 数据库的基本用法。

7.1 基 本 概 念

学习具体的数据库访问操作之前，需要先熟悉一些基本概念。

7.1.1 ADO.NET 简介

ADO.NET 是在 ActiveX 数据对象（ActiveX Data Objects，ADO）基础上重新设计的基于.NET 的数据访问模型，它提供了很多与数据库交互的类，是 n 层架构设计中的一部分。用 C#编写与数据库相关的应用程序，就是通过 ADO.NET 来实现的。

1. 数据访问技术及其发展

数据访问技术是指通过特定的应用程序编程接口（API），对数据库进行创建、检索、更新、删除等操作的技术。

数据访问技术主要经过了以下发展过程。

（1）ODBC

开放式数据互连（Open Database Connectivity，ODBC）访问方式的前提是，只要公司提供某个数据库的数据驱动程序，就可以在程序中对这个数据库进行操作。在早期的数据访问技术中，这种方式只能对结构化数据操作，对于非结构化数据无能为力。

（2）OLE DB

OLE DB 数据访问方式设计了一个抽象层，由抽象层负责对不同类型的数据提供统一的形式，程序与数据源打交道均经过抽象层，达到了对结构化、非结构化数据均能按统一的方式进行操作的目的。

（3）ADO

ADO 数据访问模型在 OLE DB 的基础上又重新设计了访问层，对高级语言编写的程序提供了统一的以"行"为操作目标的数据访问形式。

（4）ADO.NET

ADO.NET 数据访问模型重新整合了 OLE DB 和 ADO，并在此基础上构造了新的对象模型。该模型既提供了保持连接的数据访问形式，又提供了松耦合的、以数据集为操作目标的数据访问形式。

2. ADO.NET 数据提供程序

ADO.NET 是微软公司在.NET 平台下提出的新的数据访问模型。通俗些说，ADO.NET 就是设计了一系列中间层组件，开发人员利用这些组件就可以方便地对各种数据进行操作。

在 ADO.NET 中，可以使用多种基于.NET 框架的数据提供程序来访问数据源。

（1）SQL Server 数据提供程序

System.Data.SqlClient 命名空间下的类用于访问 SQL Server 数据库。

（2）Oracle 数据提供程序

System.Data.OracleClient 命名空间下的类用于访问 Oracle 数据库。

（3）OLE DB 数据提供程序

System.Data.OleDb 命名空间下的类用于访问通过 OLE DB 公开的数据源，例如，Access 数据库等。

（4）ODBC 数据提供程序

System.Data.Odbc 命名空间下的类用于访问 ODBC 公开的数据源，例如，MySQL 数据库等。

7.1.2　LINQ 简介

语言集成查询（Language Integrated Query，LINQ）是一组技术的统称。该技术将各种查询功能直接集成到 C#语言中，即是用 C#语法编写查询语句，而不是用针对特定数据库的 SQL 语法编写。

在 C#中，利用 LINQ 查询数据源就像用 C#使用类、方法、属性和事件一样，完全用 C#语法来构造。

本节我们主要学习 LINQ 的基本概念以及 LINQ 查询表达式的基本用法。

1. 基本概念

在传统的查询技术中，数据的查询都是用简单的字符串表示，没有编译时的类型检查，也没有编写代码时的智能提示（IntelliSense）；另外，程序员还必须针对数据库、XML 文档、Web Service 等各种数据源学习不同的查询语法，例如，使用 SQL Server 数据库必须学习 Transact-SQL 语法，使用 Oracle 数据库必须学习 Oracle 的 SQL 语法等。

而用 LINQ，程序员只需要掌握 C#的查询语法，即可开发各种数据应用程序。

（1）LINQ 的特点

LINQ 的主要思想是将各种查询功能直接集成到 C#语言中，不论是对象、XML 还是数据库，都可以用 LINQ 编写查询语句。换言之，利用 LINQ 查询数据源就像用 C#使用类、方法、属性和事件一样，完全用 C#语法来构造，而且还具有完全的类型检查和智能提示。

与一般意义上的 foreach 循环相比，LINQ 查询具有以下优势。

- 更简明、更易读，尤其在筛选多个条件时。
- 使用最少的应用程序代码即可提供强大的筛选、排序和分组功能。
- 无须修改或只需做很小的修改即可将它们移植到其他数据源。

总之，对数据执行的操作越复杂，就越能体会到 LINQ 的优势。

（2）学习 LINQ 时应重点掌握哪些关键技术

利用 LINQ 操作数据库的关键主要有两点，一个是 LINQ 查询表达式；另一个是对象关系模型设计器（ORM 设计器）。掌握了这两个关键技术，所有 LINQ 技术均可迎刃而解。

2．LINQ 与数据源

图 7-1 说明了 LINQ 可以查询的数据源以及 LINQ 技术包含哪些内容。

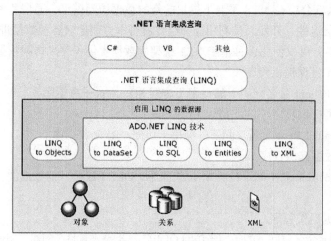

图 7-1　LINQ 与数据源

从图 7-1 中可以看出，可将 LINQ 分为三大类：LINQ to Objects、ADO.NET LINQ 技术以及 LINQ to XML。

（1）LINQ to Objects

LINQ to Objects 用于访问内存中的数据结构，利用它可查询任何可枚举的集合类型，例如 List<T>、Dictionary<TKey, TValue>等。

（2）LINQ to XML

XML 是一种应用非常广泛的格式化的文本数据表示。利用 C#提供的 LINQ to XML，可快速实现表达能力更强的功能，而且代码更为紧凑，从而可大幅提高应用程序开发的效率。

LINQ to XML 通过将查询结果用作 XElement 和 XAttribute 对象构造函数的参数，实现了一种功能强大的创建 XML 树的方法。利用这种方法，开发人员可以方便地将 XML 树从一种形式转换为另一种形式。

（3）ADO.NET LINQ 技术

ADO.NET LINQ 技术包括 LINQ to DataSet、LINQ to SQL、LINQ to Entities。其中，LINQ to SQL 仅针对 SQL Server 数据库进行操作，另外两种技术可对各种类型的数据库进行操作，例如 SQL Server、Oracle、DB2、MySQL、Access 等。

因此，LINQ to Entities 和 LINQ to DataSet 是我们本章学习的重点。

3．LINQ 查询的组成部分

所有 LINQ 查询操作都由以下 3 部分组成：获取数据源、创建查询、执行查询。

（1）获取数据源

数据源可以是数组、XML 文件、SQL 数据库、泛型集合等。

（2）创建查询

定义查询表达式，并将其保存到某个查询变量中。查询变量本身并不执行任何操作并且不返回任何数据，它只是存储某个时刻执行查询时为生成结果而必需的信息。

LINQ 查询表达式必须以 from 子句开头，并且必须以 select 或 group 子句结尾。

在第 1 个 from 子句和最后一个 select 或 group 子句之间，查询表达式可以包含一个或多个

where、orderby、join、let 甚至附加的 from 子句。还可以使用 into 关键字将 join 或 group 子句的结果作为附加查询子句的源数据。

（3）执行查询

创建查询类似于创建 SQL 语句，此时并没有去执行它。要执行查询，可采用下面的办法来处理。

执行 LINQ 查询时，一般利用 foreach 循环执行查询得到一个序列，这种方式称为"延迟执行"。例如：

```
int[] numbers = { 0, 1, 2, 3, 4, 5, 6 };
var q = from n in numbers
        where n % 2 == 0
        select n;
foreach (var v in q)
{
    Console.WriteLine("{0}", v);
}
```

对于聚合函数，如 Count、Max、Average、First，由于返回的只是一个值，所以这类查询在内部使用 foreach 循环实现，而开发人员只需要调用 LINQ 提供的对应方法即可，这种方式称为"立即执行"。例如：

```
int[] numbers = { 0, 1, 2, 3, 4, 5, 6 };
var q = from n in numbers
        where n % 2 == 0
        select n;
Console.WriteLine("{0}", q.Count());
```

还有一种特殊情况，就是直接调用 Distinct 方法得到不包含重复值的无序序列，这种方式也是立即执行的。例如：

```
int[] numbers = { 10, 11, 10, 11, 14, 14, 16 };
var q = (from n in numbers
        where n % 2 == 0
        select n).Distinct();
foreach (var v in q)
{
    Console.WriteLine(v);
}
```

也可以在创建查询时，调用 ToList<TSource>或 ToArray<TSource>方法强制立即执行查询。例如：

```
int[] numbers = { 0, 1, 2, 3, 4, 5, 6 };
var list = (from n in numbers
        where n % 2 == 0
        select n).ToList();
```

常用的 LINQ 子句主要有：from 子句、where 子句、orderby 子句、group 子句、select 子句以及 let 子句等。

7.1.3*　LINQ 基本用法示例

为了方便读者尽快熟悉 LINQ，这里先列出了一些基本用法示例。本节的这些例子均与数据库无关，代码也比较容易理解。当读者掌握了这些例子的实现思路，再进一步学习对其封装后的架构和模型就比较容易了。

由于教材篇幅和课程学时的限制，本书不再详细介绍本节例子的具体实现步骤，对本节内容有兴趣的读者可以课下自学相关的代码。

【课下自学 7-1】演示 LINQ to Objects 的基本用法，运行效果如图 7-2 所示。

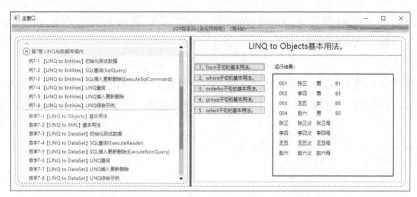

图 7-2　【课下自学 7-1】的运行效果

【课下自学 7-2】 演示 LINQ to XML 的基本用法，运行效果如图 7-3 所示。

图 7-3　【课下自学 7-2】的运行效果

7.1.4　SQL Server 简介

SQL Server 是微软公司研制的数据库。

1. SQL Server 的版本发展

SQL Server 的版本与 Visual Studio IDE 系列开发工具的版本命名方式类似，也是以"年"为单位来命名的，例如，SQL Server 2000、SQL Server 2012、SQL Server 2017 等。

SQL Server 2000 只支持中小型数据库，目前已很少有人使用该版本。

从 SQL Server 2005 开始，提供了对大型数据库的支持。

从 SQL Server 2012 开始，增加了对空间数据的完整支持。例如，在 SQL Server 2008 中只提供半球（而且还略小）的空间地理信息存储支持，而从 SQL Server 2012 开始则提供了对整个地球的空间信息存储的全面支持。

从 SQL Server 2017 开始，不但可将 SQL Server 部署在 Windows 系列操作系统上（SQL Server Windows 版），还可以将其部署在 Linux 系列操作系统上（SQL Server Linux 版）。

2. SQL Server 的版本分类

SQL Server 的版本按照从强到弱依次为企业版（Enterprise）、标准版（Standard）、Web 服务器版（Web）、快速开发版（Express），每个版本又分为 32 位和 64 位。

（1）企业版（收费）

企业版是功能最强的版本。该版本提供了全面的高端数据中心功能，性能极为快捷、虚拟化不受限制，还具有端到端的商业智能。利用该版本可为关键任务提供较高的服务级别，支持深层数据的访问。

该版本支持的数据库大小可达到 524 272 TB，每个文件的大小可达到 16TB。

（2）快速开发版（免费）

快速开发版是一个入门级的免费版本，是学习和构建桌面及小型服务器数据驱动应用程序的理想选择，也是独立软件供应商、开发人员和构建客户端应用程序人员的最佳选择。如果需要使用更高级的数据库功能，还可以将该版本无缝升级到其他更高端的 SQL Server 版本。

读者可根据自己部署的需要，分别下载并安装 SQL Server 2017 Express for Windows 或者 SQL Server 2017 Express for Linux。

7.1.5　LocalDB 与数据库连接字符串

SQL Server Express LocalDB（简称 LocalDB）是一种轻量级数据库，该版本具备所有可编程性功能，具有快速的零配置安装和必备组件要求较少的特点。但是只能安装到本机并仅供本机登录的用户访问（Windows 身份验证）。

1. VS 2017 默认安装的 LocalDB 版本

安装 VS 2017 时，系统会自动安装 SQL Server 2016 LocalDB v13.1（可通过 Windows 操作系统提供的 "程序和功能" 观察安装的具体版本），在 VS 2017 开发环境中可直接利用 LocalDB 创建和修改数据库文件，不需要再单独安装 SQL Server Express。

如果希望使用 SQL Server 2017 LocalDB，需要单独下载并运行 SQL Server 2017 Express 安装程序，SQL Server 2017 LocalDB 只是其中的一个选项。

2. 连接到 SQL Server 2016 LocalDB

SQL Server 2016 LocalDB 支持两种实例：自动实例和命名实例。

（1）自动实例

LocalDB 的自动实例是公共的，安装在计算机上的每个 LocalDB 版本都存在一个对应的自动实例。自动实例提供无缝的实例管理，无须创建实例就可以自动执行工作，这使得应用程序可以轻松地安装和迁移到另一台计算机。

LocalDB 自动实例的名称是单个 v 字符后跟 xx.x 格式的 LocalDB 发行版本号。

- v11.x 表示 SQL Server 2012 LocalDB。
- v12.x 表示 SQL Server 2014 LocalDB。
- v13.x 表示 SQL Server 2016 LocalDB，例如 VS 2017 默认安装的是 v13.1。
- v14.x 表示 SQL Server 2017 LocalDB。

如果希望将特定的数据库文件附加到 LocalDB 自动实例，例如，D:\Data\MyDB.mdf，则应该使用类似下面的字符串连接形式：

```
Server=(LocalDB)\v13.1; Integrated Security=true ;AttachDbFileName=D:\Data\MyDB.mdf
```

由于通过指定对应的版本号这种办法灵活性较差（与版本号耦合太紧密），所以本章例子未采用这种方式，而是通过将数据库文件附加到命名实例来实现的。

（2）命名实例

LocalDB 的命名实例是专用的，这些命名实例仅由负责创建和管理该实例的单个应用程序所拥有。LocalDB 命名实例提供了与其他实例隔离的功能，并通过减少与其他数据库用户的资源争用来提高性能。

在 WPF 应用程序中，LocalDB 命名实例是通过项目中的 App.config 文件隐式创建的，在 ExampleWpfApp 项目中根据 MyDb1.mdf 文件创建数据集（DataSet）或者实体数据模型（EDM）后，对应的数据库连接字符串会自动保存到 App.config 文件中。

LocalDB 命名实例名称默认规定为 MSSQLLocalDB，数据库连接字符串的服务器部分是 "(localdb)\MSSQLLocalDB"。由于这种命名方式不包含具体的版本号，所以通用性强。

SQL Server 数据库实例 ID 的命名规定是：MSSQL 前缀表示数据库引擎，MSRS 前缀表示报表服务（Reporting Services）。

如果希望将数据库文件附加到 LocalDB 命名实例，例如，D:\Data\MyDB.mdf，则应该使用类似于下面的字符串连接形式：

```
data source=(LocalDB)\MSSQLLocalDB;
 Integrated Security=true ;AttachDbFileName=D:\Data\MyDB.mdf
```

注意当尝试连接 LocalDB 实例时，系统通过 App.config 配置文件"首次"创建并启动 LocalDB 实例所用的时间可能会较长，从而将导致连接尝试失败并显示超时错误消息。当发生这种情况时，等待几秒钟以便让创建实例的过程自动完成，然后再次连接即可成功。

本章后面将要创建的保存在 ExampleWpfApp 项目根文件夹下的 MyDb1.mdf 数据库文件使用的就是 LocalDB 命名实例，在 WPF 项目中单击 MyDb1.mdf 文件，就会在【服务器资源管理器】中显示该文件的连接，使用鼠标右击它，选择【修改连接】，即可看到该文件的相关连接信息，如图 7-4 所示。单击【高级】按钮，可在弹出的新窗口中看到完整的数据库连接字符串。

图 7-4　MyDb1.mdf 的数据连接

3. 数据库连接字符串中各项的含义

在 WPF 应用程序项目中创建数据库后，数据库连接字符串默认保存到项目根文件夹下的 App.config 文件中。连接字符串的各项含义如下。

（1）Data Source

指定要连接的 SQL Server 实例的名称。例如，".\SQLEXPRESS"指本机 SQL Server Express 数据库服务器。

（2）AttachDbFilename

附加的数据库文件名。字符串中的"|DataDirectory|"指项目编译后的输出目录，默认为当前项目的"bin\Debug"文件夹。

（3）Integrated Security

是否使用 Windows 集成安全身份验证。True 表示使用当前的 Windows 账户进行身份验证，

False 表示连接时需要指定用户名和密码。

（4）Connect Timeout

默认的连接超时时间，单位为秒，默认值是 30。

（5）User Instance

是否创建单实例连接。True 表示只允许有单个实例连接到数据库文件。

7.1.6　DataGrid 控件

WPF 提供的 DataGrid 控件功能非常强大，利用它除了可以显示、编辑数据之外，还可以进行灵活的样式控制和数据校验处理。

本节我们先简单了解利用 DataGrid 控件能做什么事，以便对该控件有大概的印象。在后面的例子中，还会逐步学习具体用法。

1. DataGrid 默认功能

将 DataGrid 控件添加到 WPF 窗口或页面后，默认具有如下功能。

- 支持快速选择功能。单击 DataGrid 左上角的矩形块可以选择整个表，单击每行左边的矩形块可以选择整行。
- 将该控件绑定到数据源时，数据源列的名称自动作为该控件的列标题，而且上下移动滚动条时列标题位置固定不变。
- 支持列自动排序功能。用鼠标单击某个列标题，则对应的列就会自动按升序或降序排序（单击升序，再单击降序）。字母顺序区分大小写。
- 支持调整列宽功能。在标题区拖动列分隔符可调整显示的列宽。
- 支持自动调整大小功能。双击标题之间的列分隔符，该分隔符左边的列会自动按照单元格的内容展开或收缩。
- 在编辑模式中，用户可以更改单元格的值，并可按<Enter>键提交更改，或按<Esc>键将单元格恢复为其原始值。
- 如果用户滚动至网格的结尾，将会看到用于添加新记录的行。用户单击此行时，会添加使用默认值的新行，按<Esc>键时新行将消失。
- 支持编辑功能。双击单元格可直接编辑单元格内容。在编辑模式下，按<Enter>键提交更改，或者按<Esc>键将单元格恢复为更改前的值。

2. DataGrid 提供的列类型

DataGrid 通过 ItemsSource 属性来绑定数据。设置该属性后，DataGrid 控件将自动生成对应的列，生成列的类型取决于列中数据的类型。

DataGrid 默认提供的列类型有以下几种。

- DataGridTextColumn：string 型，默认用字符串显示该列的内容。
- DataGridCheckBoxColumn：bool 型，默认用 CheckBox 控件显示该列的内容。
- DataGridComboBoxColumn：enum 型，默认用 ComboBox 控件显示该列的内容。
- DataGridHyperlinkColumn：uri 型，默认用 Hyperlink 控件显示该列的内容。
- 自定义类型：用 DataGridTemplateColumn 自定义其他数据类型。

对于自定义类型来说，一般在资源字典中定义模板。下面的代码演示了如何分别定义显示模板和编辑模板。

```
<DataTemplate x:Key="PhotoTemplate">
```

```xml
    <Image Height="30" Source="{Binding Photo}" />
</DataTemplate>
<DataTemplate x:Key="EditingPhotoTemplate">
    ......
</DataTemplate>
```

下面的代码演示了如何在页的 DataGrid 中引用定义的模板。

```xml
<DataGrid Name="DG1" ItemsSource="{Binding}" AutoGenerateColumns="False" >
    <DataGrid.Columns>
        <DataGridTemplateColumn Header="照片"
            CellTemplate="{StaticResource PhotoTemplate}"
            CellEditingTemplate="{StaticResource EditingPhotoTemplate}" />
    </DataGrid.Columns>
</DataGrid>
```

DataGrid 的 AutoGenerateColumns 属性控制是否自动生成列，该属性默认为 true。用 XAML 描述绑定的列时，需要将该属性设置为 false。

3. 行控制

行控制包括每一行的样式以及显示控制。

（1）行的样式控制

用 DataGrid 的 RowStyle 属性以及 RowHeaderStyle 属性可控制行的样式。

（2）隔行显示背景色

为易于分辨不同的行，用户可能要求交替行有不同的背景色，设置 DataGrid 的 RowBackground 和 AlternatingRowBackground 属性即可隔行交替显示背景色。例如：

```xml
<DataGrid …… RowBackground="White" AlternatingRowBackground="#FFF3FDFC" ……>
```

（3）防止添加和删除行

默认情况下，用户可以直接删除 DataGrid 中的行，也可以在最末的空白行中直接添加新行内容。为了防止用户误操作，可禁止这些功能，让用户单击提供的按钮来实现添加、删除行功能。

设置 DataGrid 的 CanUserAddRows、CanUserDeleteRows 和 CanUserResizeRows 属性可防止用户添加、删除行以及修改行的大小。

例如，CanUserAddRows 属性默认为 true，即在 DataGrid 的底部显示一空白新行，用户可在该新行中直接输入信息。如果不希望显示空白行，将此属性设置为 false 即可。

4. 列控制

列控制包括列的样式以及列的显示控制。

（1）列标题控制

对于中文版的 SQL Server 数据库来说，定义表结构时，可以直接用中文的表字段名，这会简化很多代码设计工作。

如果数据库的表字段名为英文，又希望在 DataGrid 中显示中文标题，此时可以通过 DataGridViewColumn 对象的 HeaderText 属性来控制。

还有一种情况是，希望所有列标题都不显示。下面的代码示例可以实现这个功能：

```csharp
dataGrid1.ColumnHeadersVisible = false;
```

（2）防止调整列顺序以及防止对列排序

设置 DataGrid 的 CanUserReorderColumns 属性为 false 可防止用户用鼠标拖放修改列的显示顺序，设置 CanUserResizeColumns 可防止改变列大小，设置 CanUserSortColumns 属性可防止对列自动排序。这些属性默认都是 true。

（3）显示/隐藏指定的列

有时我们会希望仅显示部分列。例如，照片一列只对具有相应权限的用户才显示，对其他用户则隐藏该列，可以通过设置列的 Visible 属性来实现。例如：

```
dataGrid1.Columns["照片"].Visible = false;
```

（4）将某些列设为只读

有时我们会希望某些列是只读的，比如录入学生成绩时，不允许修改"学号"列，这可以通过设置列的 ReadOnly 属性来实现，例如：

```
dataGrid1.Columns["学号"].ReadOnly = true;
```

（5）更改列的显示顺序

使用 DataGrid 显示来自数据源的数据时，有时我们不想按数据源架构中的列顺序显示，这可以通过修改 DataGridColumn 类的 DisplayIndex 属性来实现。

（6）固定左边的某些列

如果一行的内容较多，用户查看数据时可能需要左右移动滚动条，同时需要频繁参考一列或若干列，这可以通过冻结控件中的某一列来实现。冻结某一列后，其左侧的所有列也被自动冻结。冻结的列保持不动，而其他所有列可以滚动。

例如，将 FrozenColumnCount 属性设置为 2，则最左侧的两列将被冻结。

```
<DataGrid …… FrozenColumnCount="2" ……>
```

（7）自动调整各列宽度

利用 DataGrid 的 AutoResizeColumns 方法可以自动调整整个列的宽度。

5. 单元格控制

DataGrid 的目标是创建一个完美的表格式数据处理系统，该系统要能足够灵活地应用不同级别的格式设置，而对非常大的表又要保持高效。从灵活性角度来看，最好的方法是允许程序员分别配置每个单元格，但是这种方法的效率可能很低。这是因为如果一个表包含数千行，那么表中就会有几万个单元格。假如每个单元格有不同的格式，那么维护单元格肯定会浪费很多内存，也会降低程序执行的性能。

为了解决此问题，DataGrid 通过 CellStyle 对象来实现多层模型。CellStyle 对象表示单元格的样式，包括颜色、字体、对齐方式、换行和数据格式等信息，这样一来，程序中只创建一个 CellStyle，就可以指定整个表的默认格式。

此外，还可以利用 CellStyle 指定行、列和各个单元格的默认格式。但是要注意，格式设置得越细致，创建的 CellStyle 对象就越多，系统的可伸缩性也就越小。

不过，如果主要使用基于列和基于行的格式，并且只是偶尔设置各个单元格的格式，则 DataGrid 并不需要太多的内存。

下面分别介绍在程序中如何控制单元格。

（1）单元格样式控制

DataGrid 对各个区域提供了非常灵活的样式设置和显示控制，包括标题、列、行以及单元格等。本节我们通过例子演示常用功能的基本用法，其他功能请读者自己尝试。

用 DataGrid 的 ColumnHeaderStyle 属性可自定义标题的样式。用 DataGrid 的 CellStyle 属性可控制单元格的样式。

（2）判断用户同时选择了哪些单元格

利用 DataGrid 的 SelectedCells 集合，可以判断用户同时选择了哪些单元格。

（3）突出显示单元格

利用 DataGrid 的 CurrentCell 属性，可以判断当前单元格。

（4）在单元格中嵌入下拉列表框

除了显示正常的文本信息外，还能在 DataGrid 控件的列中使用其他控件。下面列出了默认提供的控件。

- DataGridTextBoxColumn 控件。
- DataGridCheckBoxColumn 控件。
- DataGridImageColumn 控件。
- DataGridButtonColumn 控件。
- DataGridComboBoxColumn 控件。
- DataGridLinkColumn 控件。

6. 异常处理

DataGrid 提供了多种事件，让程序员对单元格数据进行异常处理，在本章后面的示例中，我们再学习进行异常处理的具体用法。

7.2 创建本章使用的数据库

在 Visual Studio IDE 开发环境下学习和调试 SQL Server 数据库操作相关的应用程序时，用 SQL Server LocalDB 数据库来实现即可，优点是这种数据库用法简单，而且将项目和数据库文件从一台机器复制到另一台机器上时，不需要手工对数据库连接做任何修改，特别适用于个人学习和小型项目开发。

7.2.1 本章示例使用的测试数据

为了方便读者学习和理解，本章的所有例子均对同一个 MyDb1.mdf 数据库文件进行处理。表 7-1～表 7-3 列出了 MyDb1.mdf 文件中包含的表信息和测试数据。当然，数据库结构与实际业务并不相符，这样定义的目的只是为了方便举例和演示。

表 7-1　　　　　　　　　　　　学生基本信息表（Student）

学号	姓名	性别	出生日期	照片
20180001	张三一	男	1999-01-25	
20180002	张三二	男	1999-09-01	
20180003	李四	男	2000-02-25	
20180004	王五	女	2001-10-25	

表 7-2　　　　　　　　　　　　课程编码对照表（KC）

课程编码	课程名称	课程类别
001	C++程序设计	专业基础课
002	C#程序设计	专业选修课
003	Java 程序设计	专业选修课
004	Python 程序设计	专业选修课

表7-3		学生修读成绩表（CJ）			
学号	课程编码	学年学期	修读类别	成绩	备注
20180001	001	2018-2019-1	初修	95	
20180001	002	2018-2019-1	初修	80	
20180002	001	2018-2019-1	初修	90	
20180002	002	2018-2019-1	初修	85	
20180003	001	2018-2019-1	初修	80	
20180003	002	2018-2019-1	初修	90	

7.2.2　创建数据库和表结构

在 VS 2017 开发环境下，当我们在项目中创建一个"基于服务的数据库"文件时，创建的就是 SQL Server LocalDB 数据库文件。

下面我们通过具体步骤说明在 WPF 应用程序中创建 MyDb1.mdf 文件的方法。

1. 创建 MyDb1 数据库

打开 V4B1Source 解决方案，使用鼠标右键单击项目名 ExampleWpfApp，选择【添加】→【新建项】，在弹出的窗口中选择【数据】→【基于服务的数据库】，将文件名修改为 MyDb1.mdf，单击【确定】按钮。

此时，就在项目的根文件夹下生成了 MyDb1.mdf 文件。

前面我们说过，"首次"创建和启动 LocalDB 实例时，可能会因用时较长而显示超时错误（是否会出现此情况与当前使用的操作系统环境有关），如果出现这种情况，稍等几秒，再次重复此创建步骤即可成功。

2. 添加学生基本信息表（Student）

双击 MyDb1.mdf 文件，此时会自动打开【服务器资源管理器】，使用鼠标右击【表】，选择【添加新表】，将 SQL 脚本改为下面的内容：

```
CREATE TABLE [dbo].[Student] (
    [XueHao]        NCHAR (8)        NOT NULL,
    [XingMing]      NVARCHAR (50)    NULL,
    [XingBie]       NCHAR (1)        NULL,
    [ChuShengRiQi]  DATE             NULL,
    [ZhaoPian]      VARBINARY (MAX)  NULL,
    PRIMARY KEY CLUSTERED ([XueHao] ASC)
);
```

注意不要忘记将表名修改为 Student。

输入完成后单击【更新】，在弹出的窗口中单击【更新数据库】按钮，如图 7-5 所示。

图 7-5　添加 Student 表

使用鼠标右击【服务器资源管理器】中的【表】，选择【刷新】，即可看到 Student 表。

3. 添加课程编码对照表（KC）

按照上一步介绍的步骤，继续创建名为 KC 的表，对应的 SQL 脚本如下：

```
CREATE TABLE [dbo].[KC] (
    [KCBianMa]    NCHAR (3)    NOT NULL,
    [KCMingCheng] NVARCHAR (50) NULL,
    [KCLeiBie]    NVARCHAR (20) NULL,
    PRIMARY KEY CLUSTERED ([KCBianMa] ASC)
);
```

4. 添加学生修读成绩表（CJ）

按照前面介绍的步骤，继续创建名为 CJ 的表，对应的 SQL 脚本如下：

```
CREATE TABLE [dbo].[CJ] (
    [AutoID]       INT          IDENTITY (1, 1) NOT NULL,
    [XueHao]       NCHAR (8)     NULL,
    [KCBianMa]     NCHAR (3)     NULL,
    [XueNianXueQi] NCHAR (11)    NULL,
    [XiuDuLeiBie]  NVARCHAR (10) NULL,
    [ChengJi]      INT           NULL,
    [BeiZhu]       NVARCHAR (50) NULL,
    PRIMARY KEY CLUSTERED ([AutoID] ASC)
);
```

通过【属性】窗口中的"标识规范"下拉选项可将 AutoId 设置为自动增量。

接下来将要介绍的 LINQ to Entities 和 LINQ to DataSet 使用的都是这个数据库文件。

7.3　利用 LINQ to Entities 访问数据库

数据库表结构创建完毕后，就可以利用 LINQ to Entities 或者 LINQ to DataSet 来访问这些表数据了，包括查询、添加、修改和删除数据等。

本节我们主要学习 LINQ to Entities 的基本用法。

如果读者只对 LINQ to DataSet 感兴趣，可直接跳过本节。

7.3.1　实体框架和实体数据模型简介

LINQ to Entities 的核心是实体框架和实体数据模型。

1. EF 和 EDM 简介

ADO.NET 实体框架（Entity Framework，EF）是适用于各种类型数据库的一种通用的数据访问架构，比如 SQL Server 数据库、Oracle 数据库、DB2 数据库、MySQL 数据库等。

（1）实体框架

实体框架（EF）使开发人员能够通过"概念应用程序模型"来创建数据访问应用程序，而不是直接对"关系存储架构"编程。将语言集成查询（LINQ）和 EF 相结合，能快速开发出各种数据访问相关的应用程序。

图 7-6（a）展示了 EF 的基本结构。

（2）实体数据模型

EF 的目标是降低面向数据的应用程序所需的代码量并减轻开发人员的维护工作，其核心是实体数据模型（Entity Data Model，EDM），该模型通过对象关系映射设计器（简称 ORM 设计器）提供了可视化的设计界面，以简化开发人员的使用难度。

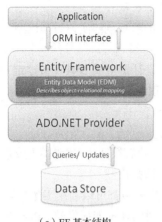
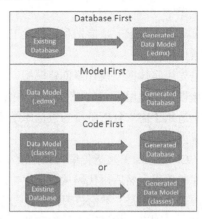

（a）EF 基本结构　　　　　　　　　（b）EF 开发模式

图 7-6　实体框架的基本结构及其开发模式

在 ADO.NET 数据访问技术中，对 EF 架构的封装称为 EDM。

EDM 的设计思路是让应用程序和实体数据模型交互，实体数据模型再和数据库交互，用这种技术实现的模型是一种开放式的架构，所有数据库供应商都可以实现这种模型。换言之，该模型可支持多种类型的数据库（包括 SQL Server、Oracle、DB2、MySQL 等），而且可由数据库供应商直接提供该模型的数据库访问引擎，例如，SQL Server 的数据库访问引擎由开发商微软公司提供，Oracle 的数据库访问引擎由开发商 Oracle 公司提供，DB2 的数据库访问引擎由开发商 IBM 公司提供。这样做的好处是只要数据库版本升级，数据库供应商就能及时提供与数据库版本对应的数据库访问引擎，既能保证数据库版本的时效性，同时也避免了版权纠纷等问题。

（3）ORM 设计器

对象关系模型（Object Relation Model，ORM）提供了一个可视化的图形设计界面，利用它可创建和修改数据库查询，以及建立或修改多表之间的关联。

首先，ORM 接口会自动根据数据库生成一个强类型的 DataContext，利用它可在实体类与数据库之间发送和接收数据。其次，ORM 接口还提供了相关功能，用于将存储过程和函数映射到 DataContext 方法以便返回数据和填充实体类。最后，ORM 设计器提供了设计实体类之间的继承关系的能力。

2. EF 开发模式

EF 提供了数据库优先、模型优先和代码优先 3 种开发模式，如图 7-6（b）所示。这 3 种开发模式各有特点，开发团队可根据实际项目需要选择其中的一种模式。

（1）数据库优先

数据库优先（Database First，本书使用的技术）是指先创建数据库，然后根据数据库生成对应的实体数据模型（.edmx 文件）。

在 VS 2017 开发环境下，可通过图形化的 EDM 设计器来显示和编辑.edmx 文件。

如果已经创建了数据库，利用实体框架就可以从数据库自动生成实体数据模型。其中，实体包括类和属性。类对应于数据库中的表，属性对应表中的列。数据模型包括数据库结构信息，实体和数据库之间的映射则以 XML 的形式保存在.edmx 文件中。

当数据库结构变化较少时，或者已经存在数据库，在这种情况下，数据库优先是一种比较合适的选择，初学者也比较容易理解。

（2）模型优先

模型优先（Model First）是指先利用开发工具提供的模板创建实体数据模型，然后根据实体数据模型生成数据库。

这种模式是先用实体框架设计器创建模型，然后由设计器生成 DDL（数据定义语言）语句来创建数据库。该模式仍然用.edmx 文件来存储模型和映射信息。

该模式特别适用于需求分析阶段的数据库结构设计。

（3）代码优先

代码优先（Code First）是指先编写数据模型代码，然后根据 C#代码类生成数据库；或者先编写创建数据库的代码，然后用代码从数据库生成实体数据模型。

这种模式的基本思路是，不论是否存在数据库，开发人员都可以利用实体框架，用 C#语言直接编写类和属性，分别表示数据库中的表和列，然后通过实体框架提供的 API 处理数据库和代码所表示的概念之间的映射。而不是用.edmx 文件保存映射关系。

实体框架提供的数据访问 API 基于 DbContext 类，该类还提供了用于数据库优先模式和模型优先模式的工作流。

如果还没有创建数据库，利用该模式还能自动创建数据库，当修改模型后，还可以自动删除已创建的数据库并重新创建它。

对数据库编程有丰富经验的高级开发人员一般喜欢使用这种模式。

7.3.2 创建实体数据模型

本节我们学习如何通过 EF 的数据库优先模式创建实体数据模型，即根据 MyDb1.mdf 数据库创建名为 MyDb1Entities 的实体框架。

1. 创建实体数据模型

使用鼠标右键单击项目名 ExampleWpfApp，选择【添加】→【新建项】，在弹出的窗口中，选择【ADO.NET 实体数据模型】，将模型文件名修改为 MyDb1Model，单击【添加】按钮，如图 7-7 所示。

图 7-7　创建模型

注意此时可能会弹出一个警告框，警告不要使用来源不明的架构，在警告框中选中【不再显示此信息】即可。

此时系统就会自动在项目的根文件夹下创建一个名为 MyDb1Model.edmx 的文件，并弹出如图 7-8（a）所示的窗口。

（a）选择来自数据库的 EF 设计器

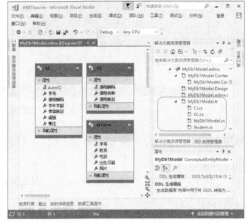

（b）保存数据库连接字符串到 App.config 文件

（c）选择要生成模型的表

（d）模型可视化设计器与自动生成的代码

图 7-8　模型向导

单击【下一步】按钮，在弹出的窗口中选择连接的数据库为 MyDb1.mdf，默认会在 App.Config 中将数据库连接字符串的名称保存为 MyDb1Entities，如图 7-8(b)所示。

单击【下一步】按钮，在弹出的窗口中选择【表】，如图 7-8(c)所示，单击【完成】按钮。注意单击该按钮后可能会弹出一个警告框，提示不要使用来源不明的架构，由于该架构不是来源不明的架构，所以在警告框中直接单击【确定】按钮即可。

此时就在 Ch07 文件夹下自动生成了 MyDb1Model.edmx 文件，如图 7-8(d)所示。可以看出，ORM 设计器的设计界面显示了实体类、关联和继承的层次结构。

2. 保存模型

单击快捷菜单栏中的【保存】图标或【全部保存】图标。此时就会自动生成类型化的继承自 DataContext 类的实体，以及每个表对应的实体类。以后就可以通过编程方式创建 MyDb1Entities 对象，并引用它所包含的实体类了。

这里需要提醒一点，ORM 设计器仅包括数据库中的表结构映射，不包括表数据。

3．更新模型

由于本章示例采用的是数据库优先模式，无论什么时候，只要修改了表结构，就必须手工更新模型，这样才能在 ORM 设计器中反映数据库结构的最新更改。

更新方法是：双击解决方案资源管理器中的 MyDb1Model.edmx 文件打开 ORM 设计器，在设计界面的空白部分单击鼠标右键，在快捷菜单中选择【从数据库更新模型】，如图 7-9 所示，然后按提示操作即可。

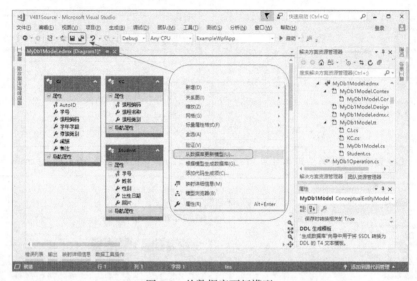

图 7-9　从数据库更新模型

模型更新操作完成后，别忘了单击快捷工具栏中的【保存】或者【全部保存】图标，让其自动生成模型更新后的代码。

至此，我们成功创建了数据库结构对应的实体类，以后就可以利用这些实体类和数据绑定控件来处理数据了。

7.3.3　数据初始化

当我们在项目中新建或者添加一个现有的基于服务的 LocalDB 数据库文件后，初学者往往对"我在运行时添加的数据，下次再运行怎么又不见了"这个问题感到迷惑，这主要是因为当我们按 <F5> 键调试应用程序时，当前连接到的是 bin\debug 文件夹下的数据库文件，而不是项目根文件夹下的数据库文件。

1．相关概念

完成 MyDb1.mdf 文件的创建后，该文件的【复制到输出目录】属性的默认值为"始终复制"，即每次生成应用程序时，数据库文件就从项目中被复制到 bin\Debug 文件夹下，从而覆盖 bin\Debug 文件夹下原来已存在的数据库文件，因此下次运行应用程序时，将看不到更新后的数据。

解决这个问题的办法很简单，只需要将 MyDb1.mdf 文件的【复制到输出目录】属性改为"如果较新则复制"即可。

"输出目录"的含义是：编译项目时将生成的文件保存到哪个文件夹下，默认设置是保存到项目的 bin\Debug 文件夹下。

"如果较新则复制"的含义是：每次编译项目生成文件时，系统都将先自动比较项目根文件夹下的 MyDb1.mdf 文件与 bin\Debug 文件夹下的 MyDb1.mdf 文件，如果项目根目录下的文件较新，则将其复制到 bin\Debug 目录下，否则不复制。

当按<F5>键编译项目时，如果 bin\Debug 目录下不存在 MyDb1.mdf 文件，那么项目根文件夹下的 MyDb1.mdf 文件将被复制到项目的 bin\Debug 文件夹下；如果 bin\Debug 目录下存在 MyDb1.mdf 文件，是否复制就看这两个数据库文件哪个是最新的了。

2．为什么要使用两个数据库文件

在实际的项目开发中，特别是项目开发的初期，数据库表结构的修改非常频繁，如果使用同一个数据库文件修改表结构就太麻烦了。比如某个字段的类型需要改变，我们就不得不先手工删除所有数据，再更改表结构，然后添加数据。这种大量重复的无意义的工作会严重影响项目的进度。

而采用两个数据库文件就可以很容易地解决此问题。这是因为项目中的数据库文件并没有数据，所以可直接修改表结构。

对于 bin\Debug 下的数据库文件来说，当修改表结构后，只需要再次运行数据初始化的代码即可。

这里有一点需要注意，无论是【始终复制】还是【如果较新则复制】，在数据库优先模式下，只要修改了表结构或者添加、删除了表，就必须手工更新数据集以及对应的实现代码，这样才能反映最新的表结构。

3．通过实体框架上下文实例操作数据

凡是从 DbContext 类继承的实例，都可以利用它提供的属性和方法操作数据。例如，将从数据源返回的数据具体化为对象、跟踪对象的更改、处理并发、将对象更改传播到数据源以及将对象绑定到控件。

（1）实体框架上下文（DbContext）实例

从 MyDb1.mdf 数据库创建实体数据模型后，实体框架就会自动生成 MyDb1Entities 类，该类继承自 DbContext 类。系统自动生成的 MyDb1Model.Context.cs 文件的主要内容如下：

```
public partial class MyDbEntities : DbContext
{
    public MyDb1Entities()
        : base("name=MyDb1Entities")
    {
    }

    protected override void OnModelCreating(DbModelBuilder modelBuilder)
    {
        throw new UnintentionalCodeFirstException();
    }

    public DbSet<FamilyInfo> FamilyInfo { get; set; }
    public DbSet<Student> Student { get; set; }
    public DbSet<XueYuanBianMa> XueYuanBianMa { get; set; }
}
```

其中实体集（DbSet，从 EntitySet 元素继承）是实体类型实例的容器。实体类型与实体集之间的关系类似于关系数据库中行与表之间的关系。实体类型（自动生成的 Student 类、KC 类以及 CJ 类，分别在 Student.cs、KC.cs 和 CJ.cs 文件中）与行类似，用于定义一组相关数据；实体集（DbSet）与表类似，用于包含实体类型的实例。

（2）使用 using 语句实例化实体框架上下文

一般使用 using 语句实例化实体框架上下文，并在 using 块内利用该实例提供的属性和方法操作数据库，此时退出 using 块后就会立即释放该实例。例如：

```
using(var c = new MyDbEntities())
{
    //语句块
}
```

这样可确保立即释放对象 c 所占用的内存，让应用程序始终都有快速的反应，而不是靠垃圾回收器去释放它（垃圾回收器不一定立即释放）。

4. 常用属性和方法

由于实体框架实现了将概念模型中定义的实体和关系映射到数据源的功能，所以可直接通过 context 实例调用 MyDbEntities 对象提供的属性和方法，即应用程序和实体数据模型（MyDb1 Entities 对象）交互，实体数据模型（MyDb1Entities 对象）再与数据库交互。

DbContext 类提供的常用属性和方法如下。

（1）Database 属性

该属性返回数据库实例，利用它可检查数据库是否存在，以及创建和删除数据库。

（2）SaveChanges 方法

将更改保存到数据库。

5. 示例

下面我们通过例子说明如何初始化测试数据。

【例 7-1】 演示初始化数据库中表数据的基本用法，运行效果如图 7-10 所示。

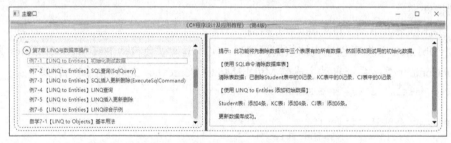

图 7-10 　【例 7-1】的运行效果

主要代码如下。

（1）MyDb1Helps.cs

```
using System;
using System.Linq;
namespace ExampleWpfApp.Ch07.LinqToEntities
{
    class MyDb1Helps
    {
        public static bool SaveChanges(MyDb1Entities c, out string errorMsg)
        {
            bool isSuccess = false;
            errorMsg = null;
            try
            {
                c.SaveChanges();
                isSuccess = true;
```

```
            }
            catch (Exception ex)
            {
                isSuccess = false;
                errorMsg = $"{ex.Message}\n";
                var exceptionType = ex.GetType();
                if (ex is System.Data.Entity.Validation.DbEntityValidationException ex1)
                {
                    errorMsg += "\n【EntityValidationErrors 属性】的信息如下: \n";
                    var q = from t in ex1.EntityValidationErrors select t;
                    foreach (var v in q)
                    {
                        foreach (var v1 in v.ValidationErrors)
                        {
                            errorMsg += $"{v1.ErrorMessage}\n";
                        }
                    }
                }
                if (ex is System.Data.Entity.Infrastructure.DbUpdateException ex2)
                {
                    errorMsg += "\n【内部异常】信息如下: \n";
                    var inner = ex2.InnerException;
                    if (inner != null)
                    {
                        if (inner.InnerException != null)
                        {
                            errorMsg += inner.InnerException.Message;
                        }
                        else
                        {
                            errorMsg += inner.Message;
                        }
                    }
                }
            }
            return isSuccess;
        }
    }
}
```

（2）E01InitMyDb1.xaml

```xml
<Page x:Class="ExampleWpfApp.Ch07.LinqToEntities.E01InitMyDb1"
    ......
     Title="E01InitMyDb1">
    <StackPanel Margin="20" TextBlock.LineHeight="30">
        <TextBlock>
        提示: 此功能将先删除数据库中三个表原有的所有数据, 然后添加测试用的初始化数据。
        </TextBlock>
        <TextBlock Name="textBlock1"/>
    </StackPanel>
</Page>
```

（3）E01InitMyDb1.xaml.cs

```csharp
using System;
using System.Collections.Generic;
using System.Threading.Tasks;
```

```
using System.Windows.Controls;
namespace ExampleWpfApp.Ch07.LinqToEntities
{
    public partial class E01InitMyDb1 : Page
    {
        public E01InitMyDb1()
        {
            InitializeComponent();
            Loaded += delegate { Init(); };
        }
        private async void Init()
        {
            bool isSuccess = true;
            await Task.Run(() =>
            {
                AddTip("【使用 SQL 命令清除数据库表】\n");
                using (var c = new MyDb1Entities())
                {
                    try
                    {
                        var v = c.Database;
                        int n1 = v.ExecuteSqlCommand("delete from student");
                        int n2 = v.ExecuteSqlCommand("delete from KC");
                        int n3 = v.ExecuteSqlCommand("delete from CJ");
                        AddTip($"清除表数据：已删除 Student 表中的{n1}记录，KC 表中的{n2}记录，
CJ 表中的{n3}记录\n");
                    }
                    catch
                    {
                        AddTip("数据库操作失败，估计是默认的连接超时设置不合适引起的，再次运行本例
子可能会解决此问题\n");
                        isSuccess = false;
                    }
                }
            });
            if (!isSuccess) return;
            await Task.Run(() =>
            {
                AddTip("【使用 LINQ to Entities 添加初始数据】\n");
                using (var c = new MyDb1Entities())
                {
                    List<Student> students = new List<Student>
                    {
                        new Student { XueHao = "20180001", XingMing = "张三一",
                                XingBie = "男",
                                ChuShengRiQi = DateTime.Parse("1999-01-25") },
                        new Student { XueHao = "20180002", XingMing = "张三二",
                                XingBie = "男",
                                ChuShengRiQi = DateTime.Parse("1999-09-01") },
                        new Student { XueHao = "20180003", XingMing = "李四",
                                XingBie = "男",
                                ChuShengRiQi = DateTime.Parse("2000-02-25") },
                        new Student { XueHao = "20180004", XingMing = "王五",
                                XingBie = "女",
                                ChuShengRiQi = DateTime.Parse("2001-10-25") }
```

```
                };
                c.Student.AddRange(students);
                AddTip($"Student 表: 添加{students.Count}条, ");
                List<KC> kc = new List<KC>
                {
                    new KC { KCBianMa = "001", KCMingCheng = "C++程序设计",
                            KCLeiBie = "专业基础课" },
                    new KC { KCBianMa = "002", KCMingCheng = "C#程序设计",
                            KCLeiBie = "专业选修课" },
                    new KC { KCBianMa = "003", KCMingCheng = "Java 程序设计",
                            KCLeiBie = "专业选修课" },
                    new KC { KCBianMa = "004", KCMingCheng = "Python 程序设计",
                            KCLeiBie = "专业选修课" }
                };
                c.KC.AddRange(kc);
                AddTip($"KC 表: 添加{kc.Count}条, ");
                List<CJ> cj = new List<CJ>
                {
                    new CJ { XueHao = "20180001", KCBianMa = "001",
XueNianXueQi = "2018-2019-1", XiuDuLeiBie = "初修", ChengJi = 95 },
                    new CJ { XueHao = "20180001", KCBianMa = "002",
XueNianXueQi = "2018-2019-1", XiuDuLeiBie = "初修", ChengJi = 80 },
                    new CJ { XueHao = "20180002", KCBianMa = "001",
XueNianXueQi = "2018-2019-1", XiuDuLeiBie = "初修", ChengJi = 90 },
                    new CJ { XueHao = "20180002", KCBianMa = "002",
XueNianXueQi = "2018-2019-1", XiuDuLeiBie = "初修", ChengJi = 85 },
                    new CJ { XueHao = "20180003", KCBianMa = "001",
XueNianXueQi = "2018-2019-1", XiuDuLeiBie = "初修", ChengJi = 80 },
                    new CJ { XueHao = "20180003", KCBianMa = "002",
XueNianXueQi = "2018-2019-1", XiuDuLeiBie = "初修", ChengJi = 90 }
                };
                c.CJ.AddRange(cj);
                AddTip($"CJ 表: 添加{cj.Count}条。\n");
                if (MyDb1Helps.SaveChanges(c, out string errMsg))
                {
                    AddTip("更新数据库成功。");
                }
                else
                {
                    AddTip($"更新数据库失败。异常: {errMsg}\n");
                }
            }
        });
    }
    private void AddTip(string text)
    {
        this.Dispatcher.Invoke(() => txtBlock1.Text += text);
    }
}
```

至此，我们完成了 MyDb1.mdf 的数据初始化过程。

7.3.4 利用 SQL 命令操作数据库

虽然利用实体框架可方便地通过 LINQ 查询实体类，但我们有时可能会希望使用数据库提供的原始 SQL 命令直接针对数据库运行查询。

本节我们简单学习其基本用法。

1. SqlQuery 方法

通过 EF 6.2 生成的 MyDbEntities 对象的 Database 属性提供了一个 SqlQuery 方法，利用它可直接查询数据库表。例如：

```
using (var c = new MyDb1Entities())
{
    var v = c.Database.SqlQuery<Student>("select * from student");
    dataGrid1.ItemsSource = v.ToList();
}
```

如果希望从存储过程加载实体，只需要将表名改为存储过程名即可。

下面通过例子演示具体用法。

【例 7-2】 分别查询 MyDb1.mdf 中满足不同条件的记录，运行效果如图 7-11 所示。

（a）查询 Student 表的所有记录

（b）查询 Student 表中姓张的所有记录

（c）查询 Student 表中的所有男性记录

图 7-11 【例 7-2】的运行效果

主要代码如下。

（1）E02SqlQuery.xaml

```xml
<Page x:Class="ExampleWpfApp.Ch07.LinqToEntities.E02SqlQuery"
    ......
    Title="E02SqlQuery">
    <StackPanel>
        <TextBlock Text="【例 7-2】利用 SqlQuery 查询数据库表。" Margin="0 10"/>
        <GroupBox Header="查询选项" BorderBrush="Blue" BorderThickness="1" Margin="10">
            <WrapPanel>
                <RadioButton Name="r1" IsChecked="True"
                            Content="Student 表的所有记录" Margin="20 0"/>
                <RadioButton Name="r2" Content="Student 表中姓张的所有记录" Margin="20 0"/>
                <RadioButton Name="r3" Content="Student 表中所有男性记录" Margin="20 0"/>
            </WrapPanel>
        </GroupBox>
        <Button Name="btn1" Content="执行查询" HorizontalAlignment="Center"
                Padding="10 2" Margin="10" />
        <DataGrid Name="dataGrid1"/>
    </StackPanel>
</Page>
```

（2）E02SqlQuery.xaml.cs

```csharp
using System.Linq;
using System.Windows.Controls;
namespace ExampleWpfApp.Ch07.LinqToEntities
{
    public partial class E02SqlQuery : Page
    {
        public E02SqlQuery()
        {
            InitializeComponent();
            btn1.Click += delegate
            {
                using (var c = new MyDb1Entities())
                {
                    if (r1.IsChecked == true)
                    {
                        var v = c.Database.SqlQuery<Student>("select * from student");
                        dataGrid1.ItemsSource = v.ToList();
                    }
                    if (r2.IsChecked == true)
                    {
                        var v = c.Database.SqlQuery<Student>(
                            "select * from student where XingMing like {0}", "张%");
                        dataGrid1.ItemsSource = v.ToList();
                    }
                    if (r3.IsChecked == true)
                    {
                        var v = c.Database.SqlQuery<Student>(
                            "select * from student where XingBie = {0}", "男");
                        dataGrid1.ItemsSource = v.ToList();
                    }
                }
```

```
        };
      }
    }
  }
```

2. ExecuteSqlCommand 方法

通过 EF 6.2 生成的 MyDbEntities 对象的 Database 属性提供了一个 ExecuteSqlCommand 方法，利用它可直接向数据库发送非查询命令来实现对数据库表的修改、添加、删除等操作。例如：

```
using (var c = new MyDb1Entities())
{
    var sql = "update cj set ChengJi={0} where KCBianMa={1}";
    v = c.Database.ExecuteSqlCommand(sql, 73, "003");
}
```

下面通过例子说明具体用法。

【例 7-3】 在 MyDb1.mdf 中分别插入、更新、删除记录，程序运行效果如图 7-12 所示。

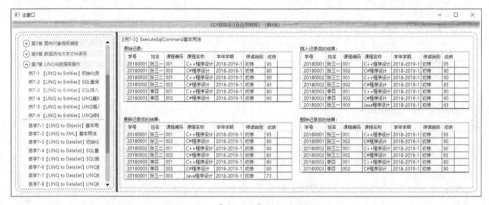

图 7-12 【例 7-3】的运行效果

主要代码如下。

（1）E03ExecuteSqlCommand.xaml

```
<Page x:Class="ExampleWpfApp.Ch07.LinqToEntities.E03ExecuteSqlCommand"
    ......
    Title="E03ExecuteSqlCommand">
  <StackPanel>
    <TextBlock Text="【例7-3】ExecuteSqlCommand 基本用法"/>
    <Grid>
      <Grid.RowDefinitions>
        <RowDefinition/>
        <RowDefinition/>
      </Grid.RowDefinitions>
      <Grid.ColumnDefinitions>
        <ColumnDefinition/>
        <ColumnDefinition/>
      </Grid.ColumnDefinitions>
      <StackPanel Grid.Row="0" Grid.Column="0" Margin="10">
        <TextBlock Text="原始记录："/>
        <DataGrid Name="dataGrid1"/>
      </StackPanel>
      <StackPanel Grid.Row="0" Grid.Column="1" Margin="10">
        <TextBlock Text="插入记录后的结果："/>
        <DataGrid Name="dataGrid2"/>
```

```
        </StackPanel>
        <StackPanel Grid.Row="1"  Grid.Column="0" Margin="10">
            <TextBlock Text="更新记录后的结果: "/>
            <DataGrid Name="dataGrid3"/>
        </StackPanel>
        <StackPanel Grid.Row="1"  Grid.Column="1" Margin="10">
            <TextBlock Text="删除记录后的结果: "/>
            <DataGrid Name="dataGrid4"/>
        </StackPanel>
    </Grid>
    </StackPanel>
</Page>
```

（2）E03ExecuteSqlCommand.xaml.cs

```
using System.Linq;
using System.Windows.Controls;
namespace ExampleWpfApp.Ch07.LinqToEntities
{
    public partial class E03ExecuteSqlCommand : Page
    {
        public E03ExecuteSqlCommand()
        {
            InitializeComponent();
            using (var c = new MyDb1Entities())
            {
                //原始记录
                ShowResult(dataGrid1);
                //插入记录
                var sql = "insert into cj(XueHao,
                        KCBianMa,XueNianXueQi,XiuDuLeiBie,ChengJi) " +
                        "values({0},{1},{2},{3},{4})";
                var v = c.Database.ExecuteSqlCommand(
                    sql,"20180001", "003", "2018-2019-1", "初修", 65);
                ShowResult(dataGrid2);
                //更新记录
                sql = "update cj set ChengJi={0} where KCBianMa={1}";
                v = c.Database.ExecuteSqlCommand(sql, 73, "003");
                ShowResult(dataGrid3);
                //删除记录
                sql = "delete from cj where KCBianMa={0}";
                v = c.Database.ExecuteSqlCommand(sql, "003");
                ShowResult(dataGrid4);
            }
        }
        private void ShowResult(DataGrid dataGrid)
        {
            using (var c = new MyDb1Entities())
            {
                //从下面的代码可看出，用 LINQ 实现多表查询既简单又容易理解
                var q = from t1 in c.CJ
                        from t2 in c.Student
                        from t3 in c.KC
                        where t1.XueHao == t2.XueHao && t1.KCBianMa == t3.KCBianMa
                        select new
```

```
                    {
                        学号 = t1.XueHao,
                        姓名 = t2.XingMing,
                        课程编码 = t1.KCBianMa,
                        课程名称 = t3.KCMingCheng,
                        学年学期 = t1.XueNianXueQi,
                        修读类别 = t1.XiuDuLeiBie,
                        成绩 = t1.ChengJi
                    };
                dataGrid.ItemsSource = q.ToList();
            }
        }
    }
}
```

由于传递 SQL 语句只有在执行时才能发现 SQL 语句是否有语法错误，因此一般只有在有特殊需要的情况下才采用这种办法。

7.3.5　利用 LINQ 查询数据

对数据库进行操作时，LINQ to Entities 用 LINQ 表达式和 LINQ 标准查询运算符对实体框架对象进行查询，用法既简单又直观。

利用 LINQ to Entities 可查询多个对象，例如，同时查询 Student 对象和 XueYuan 对象。

1．利用 LINQ 查询数据

LINQ 查询表达式由一组类似于 SQL 的声明性语法编写的子句组成。每个子句包含一个或多个表达式，而且表达式又可以包含子表达式。

（1）from 子句

LINQ 查询表达式必须以 from 子句开头，并且必须以 select 子句或者 group 子句结尾。

在第 1 个 from 子句和最后一个 select 或 group 子句之间，查询表达式可以包含一个或多个 where、orderby、join、let，甚至附加的 from 子句。还可以使用 into 关键字将 join 或 group 子句的结果作为附加查询子句的源数据。

from 子句用于指定数据源和范围变量，由于后面的子句都是利用范围变量来操作的，所以查询表达式必须以 from 子句开头。

（2）select 子句

select 子句用于生成查询结果并指定每个返回的元素的"形状"或类型。除了基本的 select 子句的用法外，还可以用 select 子句让范围变量只包含成员的子集，例如，查询结果只包含数据表中的一部分字段等。

当 select 子句生成源元素副本以外的内容时，该操作称为"投影"。使用投影转换数据是 LINQ 查询表达式的又一种强大功能。

如果查询表达式不包含 group 子句，则表达式的最后一个子句必须用 select 子句，而且该子句必须放在表达式的最后。

（3）where 子句

where 子句用于指定筛选条件，即只返回筛选表达式结果为 true 的元素。筛选表达式也是用 C#语法来构造的。

（4）orderby 子句

orderby 子句用于对返回的结果进行排序，ascending 关键字表示升序，descending 关键字表示降序。

使用 where 子句时，有一点需要注意，如果表字段是 nchar 类型且长度为 1，则常量必须用单引号引起来；如果数据库中的 nchar 类型的长度大于 1，或者表字段是 nvarchar 类型，则常量用双引号引起来。

（5）group 子句

group 子句用于按指定的键分组，group 后面可以用 by 指定分组的键。用 foreach 循环访问生成组序列的查询时，必须使用嵌套的 foreach 循环。外部循环用于循环访问每个组，内部循环用于循环访问每个组的成员。

一般情况下，group 子句应该放在查询表达式的最后，除非使用 into 关键字时，才可以将该子句放在查询表达式的中间。

（6）查询多个对象

利用 LINQ 的 from 子句也可以直接查询多个对象，唯一的要求是每个对象中的成员需要至少有一个与其他成员相关联的元素。

2. 示例

【例 7-4】　演示利用 LINQ 查询数据的基本用法，运行效果如图 7-13 所示。

（a）from-查询单个表

（b）from-查询多个表

（c）where 子句

（d）orderby 子句

（e）group 子句（按性别分组）

（f）select 子句

图 7-13　【例 7-4】的运行效果

主要代码如下。

（1）E04.xaml

```xml
<Page x:Class="ExampleWpfApp.Ch07.LinqToEntities.E04"
    ......
      Title="E04">
    <StackPanel>
        <TextBlock Text="【例7-4】LINQ基本用法。" FontSize="20"
                    HorizontalAlignment="Center" />
        <Separator Background="Red" Margin="0 10"/>
        <TabControl Margin="20 0">
            <TabItem Header="from-查询单个表">
                <StackPanel>
                    <TextBlock Text="学生基本信息表（Student）: "/>
                    <DataGrid Name="dataGrid_from1"/>
                    <TextBlock Text="课程编码对照表（KC）: "/>
                    <DataGrid Name="dataGrid_from2"/>
                    <TextBlock Text="学生成绩汇总表（CJ）: "/>
                    <DataGrid Name="dataGrid_from3"/>
                </StackPanel>
            </TabItem>
            <TabItem Header="from-查询多个表">
                <DataGrid Name="dataGrid_from4"/>
            </TabItem>
            <TabItem Header="where">
                <DataGrid Name="dataGrid_where"/>
            </TabItem>
            <TabItem Header="orderby">
                <DataGrid Name="dataGrid_orderby"/>
            </TabItem>
            <TabItem Header="group（按性别分组）">
                <StackPanel Name="stackPanel_group"/>
            </TabItem>
            <TabItem Header="select">
                <StackPanel>
                    <TextBlock Name="textBlock_select"/>
                    <DataGrid Name="dataGrid_select"/>
                </StackPanel>
            </TabItem>
        </TabControl>
    </StackPanel>
</Page>
```

（2）E04.xaml.cs

```csharp
using System.Linq;
using System.Windows;
using System.Windows.Controls;
namespace ExampleWpfApp.Ch07.LinqToEntities
{
    public partial class E04 : Page
    {
        public E04()
        {
            InitializeComponent();
```

```
            Loaded += E04_Loaded;
        }
        private void E04_Loaded(object sender, RoutedEventArgs e)
        {
            using (var c = new MyDb1Entities())
            {
                //(1)from
                var q1 = from t in c.Student select t;
                dataGrid_from1.ItemsSource = q1.ToList();
                var q2 = from t in c.KC select t;
                dataGrid_from2.ItemsSource = q2.ToList();
                var q3 = from t in c.CJ select t;
                dataGrid_from3.ItemsSource = q3.ToList();
                var q4 = from t1 in c.Student
                        from t2 in c.CJ
                        from t3 in c.KC
                        where t1.XueHao == t2.XueHao && t2.KCBianMa == t3.KCBianMa
                        let t = new
                        {
                            学号 = t1.XueHao,
                            姓名 = t1.XingMing,
                            学年学期 = t2.XueNianXueQi,
                            课程编码 = t2.KCBianMa,
                            课程名称 = t3.KCMingCheng,
                            修读类别 = t2.XiuDuLeiBie,
                            成绩 = t2.ChengJi
                        }
                        select t;
                dataGrid_from4.ItemsSource = q4.ToList();
                //(2)where
                var q5 = from t in c.Student
                        where t.XingMing.StartsWith("李") == true && t.XingBie == "男"
                        select t;
                dataGrid_where.ItemsSource = q5.ToList();
                //(3)orderby
                var q6 = from t1 in c.Student
                        from t2 in c.CJ
                        where t1.XueHao == t2.XueHao && t2.ChengJi > 85
                        orderby t2.XueHao ascending, t2.ChengJi descending
                        select new
                        {
                            学号 = t2.XueHao,
                            姓名 = t1.XingMing,
                            成绩 = t2.ChengJi
                        };
                dataGrid_orderby.ItemsSource = q6.ToList();
                //(4)group
                var q7 = from t1 in c.CJ
                        from t2 in c.Student
                        from t3 in c.KC
                        where t1.XueHao == t2.XueHao && t1.KCBianMa == t3.KCBianMa
                        let t = new
                        {
```

```
                            学号 = t1.XueHao,
                            姓名 = t2.XingMing,
                            性别 = t2.XingBie,
                            课程编码 = t1.KCBianMa,
                            课程名称 = t3.KCMingCheng,
                            成绩 = t1.ChengJi
                        }
                    group t by t2.XingBie;
            foreach (var v in q7)
            {
                var textBlock = new TextBlock { Text = $"性别：{v.Key}" };
                stackPanel_group.Children.Add(textBlock);
                var dataGrid = new DataGrid { ItemsSource = v.ToList() };
                stackPanel_group.Children.Add(dataGrid);
            }
            //(5)select
            var q8 = from t in c.CJ select t.ChengJi;
            textBlock_select.Text = $"平均成绩：{q8.Average():f2}，最高成绩：{q8.Max()}";
            var q9 = from t1 in c.Student
                     from t2 in c.CJ
                     where t1.XueHao == t2.XueHao
                     let t = new { 学号 = t1.XueHao, 姓名 = t1.XingMing,
                                   成绩 = t2.ChengJi } select t;
            dataGrid_select.ItemsSource = q9.ToList();
        }
    }
    }
}
```

7.3.6　利用 LINQ 插入更新和删除数据

本节我们通过例子演示如何利用 LINQ 插入、删除、编辑和更新数据。

【例 7-5】 演示利用 LINQ 插入、更新和删除 MyDb1.mdf 数据库中数据的基本用法，运行效果如图 7-14 所示。

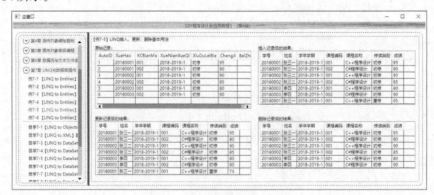

图 7-14　【例 7-5】的运行效果

主要代码如下。

（1）E05.xaml

```
<Page x:Class="ExampleWpfApp.Ch07.LinqToEntities.E05"
```

```
      ......
        Title="E05">
    <StackPanel>
        <TextBlock Text="【例 7-5】LINQ 插入、更新、删除基本用法"/>
        <Grid>
            <Grid.RowDefinitions>
                <RowDefinition/>
                <RowDefinition/>
            </Grid.RowDefinitions>
            <Grid.ColumnDefinitions>
                <ColumnDefinition/>
                <ColumnDefinition/>
            </Grid.ColumnDefinitions>
            <StackPanel Grid.Row="0" Grid.Column="0" Margin="10">
                <TextBlock Text="原始记录: "/>
                <DataGrid Name="dataGrid1"/>
            </StackPanel>
            <StackPanel Grid.Row="0" Grid.Column="1" Margin="10">
                <TextBlock Text="插入记录后的结果: "/>
                <DataGrid Name="dataGrid2"/>
            </StackPanel>
            <StackPanel Grid.Row="1"  Grid.Column="0" Margin="10">
                <TextBlock Text="更新记录后的结果: "/>
                <DataGrid Name="dataGrid3"/>
            </StackPanel>
            <StackPanel Grid.Row="1"  Grid.Column="1" Margin="10">
                <TextBlock Text="删除记录后的结果: "/>
                <DataGrid Name="dataGrid4"/>
            </StackPanel>
        </Grid>
    </StackPanel>
</Page>
```

（2）E05.xaml.cs

```
using System.Linq;
using System.Windows.Controls;
namespace ExampleWpfApp.Ch07.LinqToEntities
{
    public partial class E05 : Page
    {
        public E05()
        {
            InitializeComponent();
            using (var c = new MyDb1Entities())
            {
                //原始记录
                var q = from t1 in c.CJ select t1;
                dataGrid1.ItemsSource = q.ToList();
                //插入记录
                CJ cj = new CJ
                {
                    XueHao = "20180001",
                    KCBianMa = "001",
                    XueNianXueQi = "2018-2019-1",
                    XiuDuLeiBie = "重修",
```

```
                                    ChengJi = 65,
                                    BeiZhu = ""
                            };
                        c.CJ.Add(cj);
                        c.SaveChanges();
                        ShowResult(dataGrid2);
        //更新记录
        var q1 = c.CJ.FirstOrDefault((t) => t.KCBianMa == "001" && t.XiuDuLeiBie == "重修");
                        q1.ChengJi = 73;
                        c.SaveChanges();
                        ShowResult(dataGrid3);
        //删除记录
        var q2 = c.CJ.FirstOrDefault((t) => t.KCBianMa == "001" && t.XiuDuLeiBie == "重修");
                        c.CJ.Remove(q2);
                        c.SaveChanges();
                        ShowResult(dataGrid4);
                }
            }
            private void ShowResult(DataGrid dataGrid)
            {
                using (var c = new MyDb1Entities())
                {
                    var q = from t1 in c.Student
                            from t2 in c.CJ
                            from t3 in c.KC
                            where t1.XueHao == t2.XueHao && t2.KCBianMa == t3.KCBianMa
                            let t = new
                            {
                                学号 = t1.XueHao,
                                姓名 = t1.XingMing,
                                学年学期 = t2.XueNianXueQi,
                                课程编码 = t2.KCBianMa,
                                课程名称 = t3.KCMingCheng,
                                修读类别 = t2.XiuDuLeiBie,
                                成绩 = t2.ChengJi
                            }
                            select t;
                    dataGrid.ItemsSource = q.ToList();
                }
            }
        }
    }
}
```

7.3.7 综合示例

本节我们通过一个完整的例子，演示 LINQ to Entities 的各种基本用法。包括对图片和日期时间格式的处理等。

1. 自定义日期类型

对于日期类型的数据，可在自定义模板中让其按照 "yyyy-MM-dd" 的格式显示，编辑时可利用 DatePicker 控件显示日历。

2. 导入图片到数据库

用 DataGrid 编辑数据时，若要实现图像导入的功能，可以先得到选定的行，将其转换为绑定的实体对象，然后再获取对象对应的属性，即可实现照片导入。

在 C#代码中，可通过 DataGrid 的 SelectedCells 属性获取选定的单元格，通过 SelectedItem 获取选定的一行，通过 SelectedItems 属性获取选定的所有行。

3. 示例

下面通过例子说明具体用法。

【例 7-6】 演示利用 LINQ 插入、编辑、更新、删除 MyDb1.mdf 数据库中数据，以及设置日期格式、导入图片的基本用法，运行效果如图 7-15 所示。

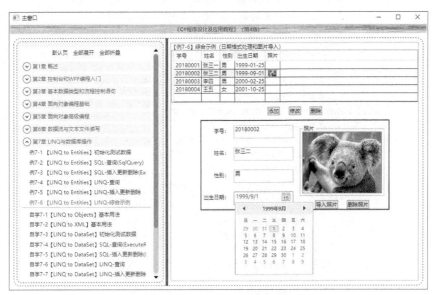

图 7-15　【例 7-6】的运行效果

主要代码如下。

（1）E06.xaml

```xml
<Page x:Class="ExampleWpfApp.Ch07.LinqToEntities.E06"
      ......
      Title="E06">
  <Page.Resources>
    <DataTemplate x:Key="BirthDateTemplate">
      <TextBlock Text="{Binding ChuShengRiQi, StringFormat=yyyy-MM-dd}" />
    </DataTemplate>
    <DataTemplate x:Key="PhotoTemplate">
      <Image Source="{Binding ZhaoPian}" Width="20" />
    </DataTemplate>
  </Page.Resources>
  <StackPanel>
    <TextBlock Text="【例 7-6】综合示例（日期格式处理和图片导入）"/>
    <DataGrid Name="dataGrid1" AutoGenerateColumns="False" MaxHeight="200">
      <DataGrid.Columns>
        <DataGridTextColumn Header="学号" Binding="{Binding XueHao}" />
        <DataGridTextColumn Header="姓名" Binding="{Binding XingMing}" />
        <DataGridTextColumn Header="性别" Binding="{Binding XingBie}" />
        <DataGridTemplateColumn Header="出生日期" SortMemberPath="出生日期"
            CellTemplate="{StaticResource BirthDateTemplate}" />
        <DataGridTemplateColumn Header="照片"
```

```
                          CellTemplate="{StaticResource PhotoTemplate}" />
            </DataGrid.Columns>
    </DataGrid>
    <Label Name="LabelTip" Content="提示：请单击某行显示操作详细信息。"
            Background="Bisque" HorizontalContentAlignment="Center"/>
    <StackPanel Name="StackPanelDetail">
        <WrapPanel HorizontalAlignment="Center" Margin="10">
            <Button Name="btnAdd" Content="添加" Margin="10 0"
                    ToolTip="将详细信息作为新记录插入到数据库中"/>
            <Button Name="btnModify" Content="修改" Margin="10 0"
                    ToolTip="将对详细信息的修改更新到数据库中" />
            <Button Name="btnDelete" Content="删除" Margin="10 0"
                    ToolTip="删除当前选择的行" />
        </WrapPanel>
        <Border HorizontalAlignment="Center" BorderBrush="Blue"
                BorderThickness="2" >
            <Grid HorizontalAlignment="Center">
                <Grid.ColumnDefinitions>
                    <ColumnDefinition Width="Auto" />
                    <ColumnDefinition Width="*" />
                </Grid.ColumnDefinitions>
                <Grid Grid.Column="0">
                    <Grid.RowDefinitions>
                        <RowDefinition/>
                        <RowDefinition/>
                        <RowDefinition/>
                        <RowDefinition/>
                    </Grid.RowDefinitions>
                    <Grid.ColumnDefinitions>
                        <ColumnDefinition Width="70"/>
                        <ColumnDefinition/>
                    </Grid.ColumnDefinitions>
                    <Grid.Resources>
                        <Style TargetType="Label">
                            <Setter Property="Margin" Value="0 10"/>
                            <Setter Property="HorizontalAlignment" Value="Right"/>
                        </Style>
                        <Style TargetType="TextBox">
                            <Setter Property="Margin" Value="5 10"/>
                        </Style>
                    </Grid.Resources>
                    <Label   Grid.Row="0" Grid.Column="0" Content="学号： " />
                    <TextBox Grid.Row="0" Grid.Column="1" Name="textBoxId" />
                    <Label   Grid.Row="1" Grid.Column="0" Content="姓名： " />
                    <TextBox Grid.Row="1" Grid.Column="1" Name="textBoxName" />
                    <Label   Grid.Row="2" Grid.Column="0" Content="性别： " />
                    <TextBox Grid.Row="2" Grid.Column="1" Name="textBoxGender" />
                    <Label   Grid.Row="3" Grid.Column="0" Content="出生日期： " />
                    <DatePicker Grid.Row="3" Grid.Column="1" Margin="5 10"
                            Name="datePickerBirthDate" SelectedDateFormat="Short" />
                </Grid>
                <DockPanel Grid.Row="0" Grid.Column="1">
                    <WrapPanel DockPanel.Dock="Bottom" HorizontalAlignment="Center">
                        <Button Name="btnImportPhoto" Content="导入照片" Margin="10 0" />
                        <Button Name="btnRemovePhoto" Content="删除照片" Margin="10 0" />
                    </WrapPanel>
```

```xml
                    <GroupBox Header="照片" Margin="10">
                        <Border Background="Beige" BorderBrush="Blue"
                                BorderThickness="1">
                            <Image Name="image1" Width="180" />
                        </Border>
                    </GroupBox>
                </DockPanel>
            </Grid>
        </Border>
    </StackPanel>
</StackPanel>
</Page>
```

（2）E06.xaml.cs

```csharp
using System;
using System.Linq;
using System.Windows.Controls;
using System.Windows.Media.Imaging;
namespace ExampleWpfApp.Ch07.LinqToEntities
{
    public partial class E06 : Page
    {
        public E06()
        {
            InitializeComponent();
            InitEvents();
            dataGrid1.SelectedIndex = -1;
            StackPanelDetail.Visibility = System.Windows.Visibility.Collapsed;
        }
        private void InitEvents()
        {
            dataGrid1.SelectionMode = DataGridSelectionMode.Single;
            RefreshDataGrid1();
            dataGrid1.SelectionChanged += (s, e) =>
            {
                if (dataGrid1.SelectedIndex == -1)
                {
                    StackPanelDetail.Visibility= System.Windows.Visibility.Collapsed;
                    LabelTip.Visibility = System.Windows.Visibility.Visible;
                    return;
                }
                else
                {
                    StackPanelDetail.Visibility = System.Windows.Visibility.Visible;
                    LabelTip.Visibility = System.Windows.Visibility.Collapsed;
                }
                Student student = (Student)dataGrid1.SelectedItem;
                textBoxId.Text = student.XueHao;
                textBoxName.Text = student.XingMing;
                textBoxGender.Text = student.XingBie;
                datePickerBirthDate.SelectedDate = student.ChuShengRiQi;
                byte[] bytes = student.ZhaoPian;
                if (bytes == null)
                {
                    image1.Source = null;
                }
                else
                {
                    BitmapImage img = new BitmapImage();
```

```
                    img.BeginInit();
                    img.StreamSource = new System.IO.MemoryStream(bytes);
                    img.EndInit();
                    image1.Source = img;
                }
            };
            btnAdd.Click += (s, e) =>
            {
                using (var c = new MyDb1Entities())
                {
                    Student student = new Student
                    {
                        XueHao = textBoxId.Text,
                        XingMing = textBoxName.Text,
                        XingBie = textBoxGender.Text,
                        ChuShengRiQi = datePickerBirthDate.SelectedDate,
                    };
                    c.Student.Add(student);
                    SaveChanges(c);
                }
            };
            btnDelete.Click += (s, e) =>
            {
                if (dataGrid1.SelectedIndex == -1)
                {
                    Wpfz.MessageBoxz.ShowWarning("请先单击要删除的行");
                    return;
                }
                using (var c = new MyDb1Entities())
                {
                    Student student = (Student)dataGrid1.SelectedItem;
                    var q = (from t in c.Student where t.XueHao == student.XueHao select
t).FirstOrDefault();
                    c.Student.Remove(q);
                    SaveChanges(c);
                }
            };
            btnModify.Click += (s, e) =>
            {
                if (dataGrid1.SelectedIndex == -1)
                {
                    Wpfz.MessageBoxz.ShowWarning("请先单击要修改的行");
                    return;
                }
                using (var c = new MyDb1Entities())
                {
                    string xueHao = ((Student)dataGrid1.SelectedItem).XueHao;
                    Student student = c.Student.Find(xueHao);
                    student.XueHao = textBoxId.Text;
                    student.XingMing = textBoxName.Text;
                    student.XingBie = textBoxGender.Text;
                    student.ChuShengRiQi = datePickerBirthDate.SelectedDate;
                    SaveChanges(c);
                }
            };
            btnImportPhoto.Click += (s, e) =>
            {
                using (var c = new MyDb1Entities())
                {
```

```
                    Microsoft.Win32.OpenFileDialog d = new Microsoft.Win32.OpenFileDialog
                    {
                        InitialDirectory = System.Reflection.Assembly.GetExecuting
Assembly().Location,
                    };
                    if (d.ShowDialog() == true)
                    {
                        var uri = new Uri(d.FileName, UriKind.RelativeOrAbsolute);
                        image1.Source = new BitmapImage(uri);
                        byte[] bytes = System.IO.File.ReadAllBytes(d.FileName);
                        string xueHao = ((Student)dataGrid1.SelectedItem).XueHao;
                        c.Student.Find(xueHao).ZhaoPian = bytes;
                        SaveChanges(c);
                    }
                }
            };
            btnRemovePhoto.Click += (s, e) =>
            {
                using (var c = new MyDb1Entities())
                {
                    image1.Source = null;
                    string xueHao = ((Student)dataGrid1.SelectedItem).XueHao;
                    c.Student.Find(xueHao).ZhaoPian = null;
                    SaveChanges(c);
                }
            };
        }
        private void SaveChanges(MyDb1Entities c)
        {
            bool isSuccess = false;
            try
            {
                c.SaveChanges();
                isSuccess = true;
            }
            catch (Exception ex)
            {
                isSuccess = false;
                string msg = $"{ex.Message}\n";
                var exceptionType = ex.GetType();
                if (ex is System.Data.Entity.Validation.DbEntityValidationException ex1)
                {
                    msg += "\n【EntityValidationErrors 属性】的信息如下：\n";
                    var q = from t in ex1.EntityValidationErrors select t;
                    foreach (var v in q)
                    {
                        foreach (var v1 in v.ValidationErrors)
                        {
                            msg += $"{v1.ErrorMessage}\n";
                        }
                    }
                }
                if (ex is System.Data.Entity.Infrastructure.DbUpdateException ex2)
                {
                    msg += "\n【内部异常】信息如下：\n";
                    var inner = ex2.InnerException;
                    if (inner != null)
                    {
                        if (inner.InnerException != null)
```

```
                    {
                        msg += inner.InnerException.Message;
                    }
                    else
                    {
                        msg += inner.Message;
                    }
                }
            }
            Wpfz.MessageBoxz.ShowError(msg);
        }
        finally
        {
            if(isSuccess) RefreshDataGrid1();
        }
    }
    private void RefreshDataGrid1()
    {
        using (var c = new MyDb1Entities())
        {
            var q = from t in c.Student select t;
            dataGrid1.ItemsSource = q.ToList();
        }
    }
}
```

7.4*　利用 LINQ to DataSet 访问数据库

本节我们简单介绍 LINQ to DataSet 的基本用法，供对此技术有兴趣的读者自学。

7.4.1*　创建数据集

利用 VS 2017 提供的模板，可方便地创建与 MyDb1.mdf 结构相对应的数据集（DataSet）。

1. 创建 MyDb1.mdf 对应的数据集
基本步骤如下。

（1）添加数据集

打开 V4B1Source 解决方案，使用鼠标右击项目名 ExampleWpfApp，选择【添加】→【新建项】，在弹出的窗口中选择【数据】→【数据集】，将文件名修改为 MyDb1DataSet，单击【确定】按钮。

这样就在 ExampleWpfApp 项目的根文件夹下生成了 MyDb1DataSet.xsd 文件。

（2）将数据库表拖放到数据集中

双击 MyDb1DataSet.xsd 文件打开数据集设计器，将服务器资源管理器中的 MyDb1.mdf 包含的 3 个表依次拖放到数据集设计器中，如图 7-16 所示。

（3）保存

单击快捷工具栏中的【保存】或者【全部保存】图标按钮，就会在 MyDb1DataSet.xsd 文件中自动生成对应的代码，以后就可以利用它和 LINQ to DataSet 操作数据库了。

2. 数据访问可视化工具
VS 2017 提供了非常方便的数据访问可视化工具，图 7-17 描述了用于 LINQ to DataSet 的可视化工具的使用流程。

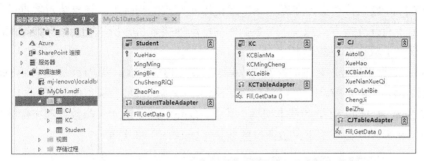

图 7-16　数据集设计器

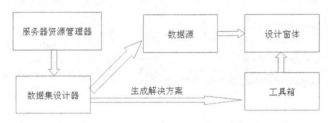

图 7-17　用于 LINQ to DataSet 的可视化工具的使用流程

（1）服务器资源管理器

在 VS 2017 开发环境下，利用服务器资源管理器可以方便地建立、删除和编辑数据库，并管理数据库中的表、存储过程、函数、触发器以及视图等，也能完成像 SQL Server 查询分析器一样的查询调试功能。

（2）数据集设计器

数据集设计器也叫 DataSet 设计器，它提供了类型化数据集的可视化表示形式。可以使用数据集设计器创建、修改、查询数据集，以及创建、修改数据集中多表之间的关联等。

可以用添加新项的办法向项目中添加模板为"数据集"的文件。双击解决方案资源管理器中的数据集文件（.xsd 文件），即可打开数据集设计器。

数据集设计器仅包括查询的架构，不包括查询的数据。除了系统自动生成的架构外，我们也可以直接将数据表的部分或全部字段从服务器资源管理器直接拖放到数据集设计器中。如果只拖放部分字段，需要先按住<Ctrl>键，然后在服务器资源管理器中选择要拖放的字段，选择后将其拖放到数据集设计器中即可。

（3）数据源

选择主菜单的【视图】→【其他窗口】→【数据源】命令，就会显示一个数据源窗口。

数据源的用途是将数据和控件绑定在一起，以便显示或编辑数据。具体用法是：将需要绑定的项直接拖放到设计窗体上，它就会自动生成对应的控件，并将该控件与数据源绑定。

7.4.2*　利用 ADO.NET 读取和更新数据库

为了方便应用程序对 SQL Server 数据库的操作，ADO.NET 提供了多种对象模型，比较典型的有 SqlConnection 对象、SqlCommand 对象、SqlDataReader 对象、SqlDataAdapter 对象以及 SqlParameter 和 SqlTransaction 对象。这些对象提供了对 SQL Server 数据源的各种不同的访问功能，全部归类在 System.Data.SqlClient 命名空间下。

1. ADO.NET 的基本架构

ADO.NET 的最大特点就是在提供保持连接访问方式的基础上，还支持对数据的断开连接方式的访问，由于断开连接方式减少了与数据库的活动连接数目，所以既能减轻数据库服务器的负担，同时又提高了数据处理的效率。

ADO.NET 数据提供程序将不同类型的数据统一读入到本机数据集缓存中，或者用 DataReader 对象直接读取数据库记录到缓存中。这样处理后，不论是哪种数据源，都可以使用统一的代码处理数据。

图 7-18 所示为 ADO.NET 的基本架构。其中，DataReader 适用于与数据源在保持连接方式下的顺序读取，在断开连接方式下一般通过数据集（DataSet）来实现。

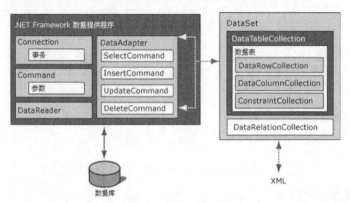

图 7-18　ADO.NET 的基本架构

2. SqlConnection 对象

要与数据库打交道，首先必须建立与数据库服务器的连接。ADO.NET 使用 SqlConnection 对象与 SQL Server 进行连接。在 SqlConnection 对象中，需要指定一个连接字符串，其格式由一系列关键字和值组成，各关键字之间用分号分隔，关键字不区分大小写。

（1）数据库连接字符串

在项目中创建数据集之后，系统会自动生成数据库连接字符串，并保存到 App.config 文件中。在 C#代码中，可通过下面的办法读取此连接字符串：

```
var connStr = Properties.Settings.Default.MyDb1ConnectionString;
```

（2）创建 SqlConnection 对象

确定连接字符串后，就可以创建 SqlConnection 对象。为了简化书写，最好在代码中添加对命名空间的引用：

```
using System.Data.SqlClient;
```

然后通过数据库连接字符串创建 SqlConnection 对象，例如：

```
var connStr = Properties.Settings.Default.MyDb1ConnectionString;
var conn = new SqlConnection(connStr);
```

3. SqlCommand 对象

与数据库建立连接后，就可以对库中的表数据进行插入、删除、查询、更新等操作。在 ADO.NET 中，有两种操作数据库的方式，一种是采用断开连接方式先将数据库数据读取到本机的 DtatSet 或 DataTable 中，然后再利用 LINQ to DataSet 对其进行处理；另一种是在保持连接方式下直接执行 SQL 语句完成需要的功能。

不论采用哪种方式，都可以通过 SqlCommand 对象提供的方法传递对数据库操作的命令，并返回命令执行的结果。操作命令的类型可以是 SQL 语句，也可以是存储过程。

下面介绍在保持连接方式下利用 ADO.NET 操作数据库的一般步骤。

- 创建 SqlConnection 的实例。
- 创建 SqlCommand 的实例。
- 打开连接。
- 执行命令。
- 关闭连接。

SqlCommand 对象有 3 种主要的对数据库数据操作的方法。

（1）ExecuteNonQuery 方法

ExecuteNonQuery 方法执行指定的 SQL 语句，但不返回命令执行的表数据，仅返回操作所影响的行数，用于 SQL 语句为 UPDATE、INSERT 或 DELETE 的场合。

（2）ExecuteReader 方法

ExecuteReader 方法顺序读取数据库中的数据到内存，该方法根据提供的 SELECT 语句，返回一个 SqlDataReader 对象，程序员可以使用该对象的 Read 方法依次读取每个记录中各字段（列）的内容。

（3）ExecuteScaler 方法

ExecuteScaler 方法用于查询结果为单个值时的情况，如使用 count 函数求表中记录个数或者使用 sum 函数求和等。

4．DataTable 对象

ADO.NET 一个非常突出的特点是可以在与数据库断开连接的状态下通过 DataSet 或 DataTable 进行数据处理，当需要更新数据时才重新与数据源进行连接，并更新数据源。

DataTable 对象表示保存在本机内存中的表，它提供了对表中数据进行各种操作的属性和方法。与关系数据库中的表结构类似，DataTable 对象也包括行、列以及约束等属性。一个表中可以包含多个 DataColumn 对象，每一个 DataColumn 对象表示一列，每列也都有一个固定的 DataType 属性，表示该列的数据类型；除此之外，每个表中也可以包含多行，每一行都是一个 DataRow 对象。

可以直接编写代码将数据从数据库填充到 DataTable 对象中，也可以将 DataTable 对象添加到现有的 DataSet 对象中。在断开连接的状态下，DataSet 对象提供了和关系数据库一样的关系数据模型，可以在代码中直接访问 DataSet 对象中的 DataTable 对象，也可以添加、删除 DataTable 对象。

（1）创建 DataTable 对象

一般情况下，通过下列两种方式之一创建 DataTable 对象。

第 1 种方式是使用 DataTable 类的构造函数创建 DataTable 对象，例如：

```
DataTable table = new DataTable();
```

第 2 种方式是调用 DataSet 的 Tables 对象的 Add 方法创建 DataTable 对象，例如：

```
DataSet dataset = new DataSet();
DataTable table = dataset.Tables.Add("MyTableName");
```

（2）在 DataTable 对象中创建行

由于 DataTable 对象的每一行都是一个 DataRow 对象，所以创建行时可以先利用 DataTable 对象的 NewRow 方法创建一个 DataRow 对象，并设置新行中各列的数据，然后利用 Add 方法将 DataRow 对象添加到表中。例如：

```
DataRow row = dt.NewRow( );
row["姓名"] = "张三";
row["年龄"] = 20;
dt.Rows.Add(row);
```

（3）将 SQL Server 数据库中的表填充到 DataTable 中

除了可以直接创建 DataTable 对象的行列信息外，也可以通过 DateAdapter 对象的 Fill 方法将 SQL Server 数据库中的表填充到 DataTable 对象中。例如：

```
string connectionString = Properties.Settings.Default.MyDatabaseConnectionString;
SqlConnection conn = new SqlConnection(connectionString);
SqlDataAdapter adapter = new SqlDataAdapter("select * from MyTable1", conn);
DataTable table = new DataTable( );
adapter.Fill(table);
```

5. DataSet 对象

与关系数据库中的数据库结构类似，DataSet 也是由表、关系和约束的集合组成的。就像可以将多个表保存到一个数据库中进行管理一样，也可以将多个表保存到一个 DataSet 中进行管理，此时 DataSet 中的每个表都是一个 DataTable 对象。当多个表之间具有约束关系，或者需要同时对多个表进行处理时，DataSet 对象就显得特别重要了。

（1）创建 DataSet 对象

利用数据集设计器生成的是强类型的 DataSet 以及一对或多对强类型的 DataTable 和 TableAdapter 的组合。类型化的 DataSet 是一个自动生成的类。同时，对于 DataSet 中的每个表，还生成了特定于该 DataSet 的专用类，而且每个类都为相关的表提供了特定的架构、属性和方法。这是在编译时检查相关语法和提供相关智能帮助的基础，为设计带来了很大方便。在应用设计中，我们应该尽可能使用自动生成的强类型的 DataSet、DataTable 以及 DataAdapter。

当然，也可以直接创建一般的 DataSet 对象，例如：

```
DataSet myDataset = new DataSet();
```

（2）填充 DataSet 对象

创建 DataSet 后，就可以使用 SqlDataAdapter 对象把数据导入到 DataSet 对象中。下面的代码调用 SqlDataAdapter 对象的 Fill 方法将数据填充到 DataSet 中的某个表中。

```
string connectionString = Properties.Settings.Default.MyDb1ConnectionString;
SqlConnection conn = new SqlConnection(connectionString);
SqlDataAdapter adapter = new SqlDataAdapter("select * from Student", conn);
DataSet dataset = new DataSet();
//如果不指定表名，则系统自动使用默认的表名
adapter.Fill(dataset);
//可以使用索引引用生成的表
dataGrid1.DataSource = dataset.Tables[0];
```

7.4.3* 示例

由于 LINQ to DataSet 的示例的运行效果与 LINQ to Entities 示例的运行效果相同，界面设计和代码实现也极其相似，所以这里不再列出示例运行截图。

这里有一点需要说明，使用 LINQ to DataSet 时，需要先通过代码将数据库中的数据读取到本机内存的 DataSet 中，然后再利用 LINQ 对本机内存中的数据进行处理，最后再通过代码将结果更新到数据库中。

关于代码的实现细节，请读者课后参看源程序，这里不再展开介绍。

第8章
界面布局与控件

WPF 内置了很多控件，如果现有控件不能满足需要，开发人员还可以创建自定义控件。本章主要介绍常用的内置控件和自定义控件的基本用法。

8.1 基本概念

在学习具体的控件之前，需要先掌握一些基本概念。

8.1.1 WPF 应用程序的生命周期

WPF 应用程序通过从 Application 类继承的 App 类（App.xaml、App.xaml.cs）公开应用程序的定义。开发人员通过 App 类，可以定义在整个应用程序范围内都能使用的资源和公共属性。另外，还可以通过 Application 类提供的方法随时关闭应用程序。

1. Application 类和 App 类

WPF 应用程序也是从 Main 方法开始执行（见 App.xaml.cs 文件）的。当运行 WPF 应用程序时，系统会自动在 Main 方法中创建 App 对象。

一个 WPF 应用程序仅有一个 Application 类的实例，这种"在整个应用程序范围内仅有一个"的实例称为单例。在 WPF 应用程序中，可通过 Application.Current 获取这个单例，然后再通过它调用该单例提供的属性和方法。

WPF 实例化 Application 类之后，Application 对象的状态会在一段时间内频繁变化。在此时间段内，Application 对象会自动执行各种初始化任务，包括建立应用程序基础结构、设置属性以及注册事件等。当 Application 完成其初始化任务以后，WPF 应用程序的生存期才真正开始。

在 WPF 应用程序的生存期内，开发人员可通过 Application 提供的属性、方法和事件来管理自己的应用程序，比如定义和引用应用程序级别的资源等。

表 8-1 列出了 Application 类常用的属性、方法和事件。

表 8-1　　　　　　　　　　　　Application 类提供的常用属性、方法和事件

名　　称	说　　明
StartupUri 属性	获取或设置应用程序启动时自动显示的用户界面（UI）
MainWindow 属性	获取或设置应用程序的主窗口
Properties 属性	获取或设置应用程序范围的属性集合（App.Current.Properties）

名　　称	说　　明
Resources 属性	获取或设置应用程序范围资源的集合（App.Current.Resource）
Shutdown 方法	停止当前的应用程序。用法：App.Current.ShutDown();
Startup 事件	通过该事件可获取该应用程序启动时传递给该应用程序的命令行参数（e.Args）
Exit 事件	当应用程序关闭时，可在该事件中执行一些处理，比如保存应用程序执行的状态码供调用该进程的其他进程访问等。可通过 App.Current.ShutDown 方法中提供的参数设置状态码

由于 App 类继承自 Application 类，因此也可以先通过 Application.Current 获取该单例并将其显式转换为 App 对象，然后再调用该对象提供的属性和方法。

2．Shutdown 方法

为了让开发人员控制应用程序关闭时的行为，Application 类提供了 Shutdown 方法、ShutdownMode 属性以及 SessionEnding 和 Exit 事件。

无论当前应用程序打开了多少个窗口，也无论当前窗口是否为主窗口，一旦在 WPF 应用程序中调用了 Shutdown 方法，就会立即关闭应用程序。例如：

```
Application.Current.Shutdown();
```

当所有窗口都已关闭或者主窗口已关闭，都会自动关闭应用程序。但有时其他条件可能决定着应用程序关闭的时间。为了控制关闭模式，在 ShutDown 方法的参数中，还可以通过 ShutdownMode 枚举类型指定应用程序的关闭模式。

以下是 ShutdownMode 提供的枚举值。

- OnLastWindowClose：当用户关闭最后一个窗口或者显式调用 Shutdown 方法时，立即关闭应用程序。这是默认的关闭模式。
- OnMainWindowClose：当用户关闭主窗口或者显式调用 Shutdown 方法时关闭应用程序。
- OnExplicitShutdown：仅当显式调用 Shutdown 方法时才关闭应用程序。

WPF 应用程序默认使用 OnLastWindowClose 模式关闭程序。

如果希望采用后两种关闭形式，在 App.xaml 中设置 ShutdownMode 特性即可。

当应用程序关闭时，可能需要执行一些处理，例如，保存应用程序的状态、提醒用户重要信息等。对于这些情况，可以在 App 的 Exit 事件中进行处理。

8.1.2　WPF 的界面布局分类

WPF 的布局类型分为两大类：绝对定位布局和动态定位布局。

1．绝对定位布局

绝对定位布局是指子元素使用相对于布局元素左上角（0，0）的坐标（x，y）来描述。在这种布局模式下，当调整布局元素的大小（Width、Height）时，子元素的坐标位置不会发生变化，所以称为绝对定位布局。

在 WPF 中，Canvas 控件是唯一一个其子元素使用绝对定位布局的容器。

这里需要说明一点，虽然用 Canvas 对其子对象进行绝对定位在某些情况下很有用，用起来也相对容易、直观，但是在大小可变的窗口中，特别是浏览器窗口，用 Canvas 作为顶级布局容器通常是一个最糟糕的策略。从使用的角度来看，由于 Grid 和 StackPanel 支持内容的重新排列，而且能发挥最大的布局灵活性，所以在开发时应该尽量使用动态布局控件，而不是什么界面都用

Canvas 布局去实现。

对于窗口、页面或者其中的一部分区域来说，以下情况应该使用绝对定位布局。

- 当区域内只有一个图像或图形子元素时，应该使用绝对定位布局。
- 当 C#代码中需要使用此区域内的子元素坐标位置时，应该使用绝对定位布局。

当然，在同一个窗口中，也可以既有绝对布局又有动态布局。如让窗口的工作区整体上使用动态布局，但是让工作区的一部分用 Canvas 元素，然后让 Canvas 内的子元素相对于该 Canvas 采用绝对布局。

2. 动态定位布局

动态定位布局是指布局元素内的子元素位置以及排列顺序随着页面或窗口的大小变化而动态调整。在 WPF 中，除了 Canvas 布局元素内的子元素采用绝对布局外，其他布局元素内的元素采用的都是动态布局。

WPF 应用程序中的所有元素周围都围绕着一个边界框，当布局系统定位元素时，实际上是在定位包含该元素的矩形边界框或布局槽。

由于动态定位布局能让开发人员最大限度地灵活控制界面中的元素，为了让元素旋转时不被裁剪，实际开发中应该尽量使用动态布局。

8.1.3 WPF 窗口的分类及其生存期事件

WPF 有两种类型的窗口，一种是 WPF 窗口（简称窗口），用于直接显示 WPF 元素；另一种是 WPF 导航窗口，用于显示 WPF 页。

WPF 窗口是从 Window 类继承的类。具有活动窗口的应用程序称为活动应用程序，也叫前台程序。对于非活动应用程序来说，由于用户看不到活动窗口，所以也叫后台程序。

1. WPF 窗口的分类及其生存期

窗口的生存期是指从第 1 次打开窗口到关闭窗口经历的一系列过程。

（1）窗口分类及其生存期

WPF 窗口由非工作区和工作区两部分构成。非工作区主要包括图标、标题、系统菜单、按钮（最小化、最大化、还原、关闭）和边框。工作区是指 WPF 窗口内部除了非工作区以外的其他区域，一般用 WPF 布局控件来构造。

按照窗口的形式来划分，可将 WPF 窗口分为标准窗口、无标题窗口、工具窗口和自定义窗口。其中，标准窗口是指包含工作区和非工作区的窗口，这是 WPF 默认的窗口。无标题窗口只有工作区部分，没有非工作区部分。工具窗口和标准窗口类似，但非工作区的右上角只有关闭按钮，不包括最小化、最大化和还原按钮。自定义窗口是指开发人员自己定义窗口的样式。

在窗口的生存期中，会引发很多事件。

图 8-1（a）列出了几种常见窗口的外观。图 8-1（b）列出了在窗口生存期内引发的事件以及这些事件引发的顺序。

学习 WPF 窗口提供的属性、方法和事件，并理解 WPF 窗口生存期中事件依次引发的顺序，对正确编写 WPF 应用程序非常重要。

（2）窗口常用的属性和事件

表 8-2 列出了 WPF 窗口常用的属性和事件。

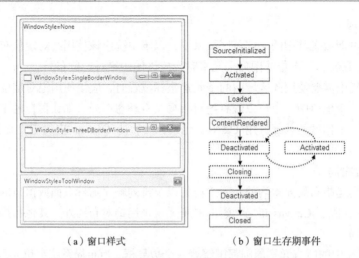

（a）窗口样式　　　　　　　　　（b）窗口生存期事件

图 8-1　窗口外观及其在生存期中引发的主要事件

表 8-2　　　　　　　　　　　　WPF 窗口常用的属性和事件

名　　称	说　　明
Title 属性	获取或设置窗口标题
Width 属性、MinWidth 属性、MaxWidth 属性 Height 属性、Minheight 属性、MaxHeight 属性	获取或设置窗口的宽、高以及最大宽度、最小宽度、最大高度和最小高度
WindowStartupLocation 属性	获取或设置窗口初次显示时的屏幕位置
Background 属性	获取或设置描述窗口背景的画笔（Brush）。可以利用【属性】窗口选择纯色、线性渐变、径向渐变等
Foreground 属性	获取或设置描述窗口前景色的画笔（Brush）。可以利用【属性】窗口选择纯色、线性渐变、径向渐变等
SourceInitialized 事件	在 Loaded 事件之前发生，在此事件中可以与 Win32 进行交互（HwndSource），如获取窗口句柄、初始化控件的样式等
Loaded 事件	当元素布局完成并呈现时发生，此时已经可以与窗口交互
Closing 事件	在窗口真正关闭前发生，可在此事件中取消窗口关闭

2. 窗口关联

使用 Show 方法打开的窗口与创建它的窗口之间默认没有关联关系，即用户可以与这两个窗口分别进行独立的交互。但是，有些情况下我们可能希望某窗口与打开它的窗口之间保持某种关联，例如，同时打开【属性】窗口和【工具箱】窗口，而这些窗口一般在其所有者窗口（指创建它们的窗口）内显示。此外，当所有者窗口变化时，这些窗口也会随之跟着变化，例如，最小化、最大化、还原和关闭等。

为了达到窗口关联这个目的，可以通过设置附属窗口的 Owner 属性让一个窗口拥有另一个窗口。例如：

```
Window ownedWindow = new Window();
ownedWindow.Owner = this;
ownedWindow.Show();
```

通过这种方式建立关联之后，附属窗口就可以通过 Owner 属性的值来引用它的所有者窗口，所有者窗口也可以通过 OwnedWindows 属性的值来发现它拥有的全部窗口。

3. 窗口外观

窗口的外观是指用户看到的窗口表现形式，行为指用户与窗口交互的方式。在 WPF 中，可以使用代码或 XAML 标记来实现窗口的外观和行为，包括窗口大小、位置以及窗口重叠时的显示顺序等。

WPF 窗口的外观一般使用 XAML 文件（.xaml）中的 XAML 标记来实现，而行为则一般在代码隐藏文件（.xaml.cs）中用 C#代码来实现。

（1）窗口大小

窗口大小由 Width、MinWidth、MaxWidth、Height、MinHeight、MaxHeight 以及 SizeToContent 等多个属性确定。

其中，MinWidth、MaxWidth、MinHeight、MaxHeight 用于管理窗口在生存期中可以具有的宽度和高度的范围。一般在 XAML 中设置这些特性。例如：

```
<Window
    xmlns="http://schemas.microsoft.com/winfx/2006/xaml/presentation"
    MinWidth="300" Width="400" MaxWidth="500"
    MinHeight="300" Height="400" MaxHeight="500">
...
</Window>
```

在代码隐藏类中，可通过 ActualWidth 和 ActualHeight 属性检查窗口的当前实际宽度和高度，这两个属性都是只读属性。

（2）窗口位置

当窗口打开后，可通过 Left 和 Top 属性获取或更改窗口相对于屏幕坐标的 x 和 y 位置。例如：

```
public MainWindow()
{
    InitializeComponent();
    this.Left = 50;
    this.Top = 10;
}
```

另外，还可以通过 WindowStartupLocation 属性设置窗口第 1 次显示时的初始位置，该属性用 WindowStartupLocation 枚举来表示，枚举值有 Manual（默认）、CenterScreen、CenterOwner。

默认情况下，窗口的起始位置选项为 Manual，此时如果未设置 Left 属性和 Top 属性，则窗口将向操作系统请求显示的位置。

（3）最顶层窗口和 z 顺序

窗口除了具有 x 和 y 位置之外，还有一个表示由屏幕内向外显示顺序的位置，称为 z 顺序。有两种 z 顺序：正常 z 顺序和最顶层 z 顺序。

在最顶层 z 顺序中的窗口总是位于正常 z 顺序中的窗口之上。通过将窗口的 Topmost 属性设置为 True 可以使窗口位于最顶层 z 顺序中。例如：

```
<Window ...... Topmost="True">
    ......
</Window>
```

8.1.4　WPF 控件的分类及其内容模型

通过前面章节的学习我们已经知道，在 WPF 应用程序中，"控件"是适用于 WPF 这一类别的概括术语，这些控件类托管在窗口或页中，控件除了具有用户界面外，还实现了对应的行为，比如属性、方法、事件等。

所有 WPF 控件默认都继承自 System.Windows.Control 类。

1. WPF 控件的分类

为了让读者对 WPF 控件有一个全面的了解，这里按功能列出了 WPF 内置的控件及其分类，如表 8-3 所示。

表 8-3　　　　　　　　　　　　　　WPF 内置的控件及其分类

功能分类	内置的控件
按钮	Button、RepeatButton
数据显示	DataGrid、ListView、TreeView
日期显示和选项	Calendar、DatePicker
对话框	OpenFileDialog、PrintDialog、SaveFileDialog
数字墨迹	InkCanvas、InkPresenter
文档	DocumentViewer、FlowDocumentPageViewer、FlowDocumentReader、FlowDocumentScrollViewer、StickyNoteControl
输入	TextBox、RichTextBox、PasswordBox
布局	Border、BulletDecorator、Canvas、DockPanel、Expander、Grid、GridView、GridSplitter、GroupBox、Panel、ResizeGrip、Separator、ScrollBar、ScrollViewer、StackPanel、Thumb、Viewbox、VirtualizingStackPanel、Window、WrapPanel
媒体	Image、MediaElement、SoundPlayerAction
菜单	ContextMenu、Menu、ToolBar
导航	Frame、Hyperlink、Page、NavigationWindow、TabControl
选择	CheckBox、ComboBox、ListBox、RadioButton、Slider
用户信息	AccessText、Label、Popup、ProgressBar、StatusBar、TextBlock、ToolTip

在 WPF 应用程序中，有以下两种创建控件对象的方式。

（1）用 XAML 来实现

如果设计前已经知道由哪些元素来组成界面，比如静态不变的界面，则一般用 XAML 来实现，这种方式的优点是可直观地看到界面的效果，缺点是无法动态改变元素个数。

（2）用 C#实现

如果元素的个数由其他因素决定，比如游戏、动态显示的界面，则一般用 C#代码来实现，这种方式的优点是灵活，缺点是只能在运行时才能看到设计的效果。

凡是用 XAML 实现的，全部都可以用 C#代码实现，但是用 C#代码实现的不一定能用 XAML 实现。

2. WPF 内容模型

WPF 内容模型是指如何组织和布局 WPF 控件的内容。掌握并理解哪些控件使用的是哪种内容模型，对正确并灵活使用控件用处很大。

用 XAML 描述控件元素时，一般语法形式为：

<控件元素名>
　　内容模型
</控件元素名>

从语法上可以看出，WPF 内容模型是构成控件内容的基础。

（1）Text

Text 内容模型表示一段字符串文本。TextBox、PasswordBox 都属于 Text 内容模型。

（2）Content

Content 内容模型表示该内容只包含"一个"类型为 Object 的对象，该对象可以是文本、图像以及其他元素。

由于 Content 是 Object 类型，因此它可以是任何对象。像 Button、RepeatButton、CheckBox、RadioButton、Image 等都属于这种模型。

（3）HeaderedContent

HeaderedContent 表示其内容模型为一个标题和一个内容项，二者都是任意对象。

HeaderedContent 一般通过对象的 Header 属性获取或设置标题，通过 Content 属性获取或设置内容项。

例如，TabItem 控件就属于这种控件。其中，Header 属性也是 Object 类型，因此它与 Content 属性一样可以是任何类型。

TabControl、TreeView 等控件均包含 TabItem。

（4）Items

Items 表示一个项集合。可以通过设置控件的 Items 属性来直接填充该控件的每一项。Items 属性的类型为 ItemCollection，该集合是泛型 PresentationFrameworkCollection<T>。

如果集合是通过 Items 属性创建的，在 C#代码中，可以通过 Add 方法向现有集合中添加项。如果集合是通过 ItemsSource 属性创建的，而不是通过 Items 属性创建的，此时无法通过 Add 方法向现有集合中添加项。

在 XAML 中，利用 ItemsControl 的 ItemsSource 属性可以将实现 IEnumerable 的任何类型用作 ItemsControl 的内容。通常使用 ItemsSource 来显示数据集合或将 ItemsControl 绑定到集合对象。设置 ItemsSource 属性时，会自动为集合中的每一项创建容器。

（5）HeaderedItems

该内容模型表示一个标题和一个项集合。

HeaderedItems 与 HeaderedContent 的区别是前者的内容模型可以包含多项，后者的内容模型只能包含一项。

（6）Children

Children 内容模型表示一个或多个子元素，该属性的类型为 UIElementCollection。利用它可将现有控件组合在一起构成新的呈现形式。

8.2　常用 WPF 控件及其扩展

本节我们主要学习常用控件的基本用法，以及如何在 Wpfz 项目中利用样式和自定义控件扩展这些控件的功能。

在这些常用控件中，有些用法在前面的章节中我们已经接触过，这里只是在此基础上演示更多的用法，以便让读者对其有一个全面的了解。

8.2.1　停靠面板

停靠面板（DockPanel）用于定义一个区域，并使该区域内的子元素在其上、下、左、右各边缘按水平或垂直方式依次停靠。

1. 常用属性

DockPanel 控件常用属性如下。

（1）LastChildFill 属性

该属性默认为 true，表示 DockPanel 的最后一个子元素始终填满剩余的空间。

如果 DockPanel 内只有一个子元素，此时由于它同时也是最后一个子元素，所以默认会填满为 DockPanel 分配的空间。

（2）DockPanel.Dock

当 DockPanel 内有多个子元素时，在每个子元素的开始标记中都可以用 DockPanel.Dock 附加属性指定该子元素在其父元素中的停靠方式。

2. 示例

【例 8-1】 演示 DockPanel 的基本用法，运行效果如图 8-2 所示。

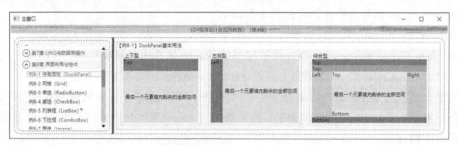

图 8-2 【例 8-1】的运行效果

源程序见 E01DockPanel.xaml，主要代码如下。

```xml
<Page ……>
    <DockPanel>
        <TextBlock DockPanel.Dock="Top" Text="【例 8-1】DockPanel 基本用法"/>
        <WrapPanel Background="GhostWhite">
            <WrapPanel.Resources>
                <Style TargetType="Label">
                    <Setter Property="Background" Value="#FFF3D3C6"/>
                    <Setter Property="VerticalContentAlignment" Value="Center"/>
                </Style>
            </WrapPanel.Resources>
            <GroupBox Header="上下型" Margin="10">
                <DockPanel>
                    <TextBlock DockPanel.Dock="Top" Height="30"
                            Background="#FF4078EE" Text="Top"/>
                    <Label Content="最后一个元素填充剩余的全部空间"/>
                </DockPanel>
            </GroupBox>
            <GroupBox Header="左右型" Margin="10">
                <DockPanel>
                    <TextBlock Background="#FF4078EE" Width="30" Text="Left"/>
                    <Label Content="最后一个元素填充剩余的全部空间"/>
                </DockPanel>
            </GroupBox>
            <GroupBox Header="综合型" Margin="10">
```

```
        <TextBlock DockPanel.Dock="Top" Background="#FF32CCE4">Top</TextBlock>
        <TextBlock DockPanel.Dock="Bottom"
                    Background="#FF4078EE">Bottom</TextBlock>
        <TextBlock Width="50" DockPanel.Dock="Left"
                    Background="LightGreen">Left</TextBlock>
        <TextBlock Width="50" DockPanel.Dock="Right"
                    Background="LightGreen">Right</TextBlock>
        <TextBlock DockPanel.Dock="Top" Background="Yellow">Top</TextBlock>
        <TextBlock DockPanel.Dock="Bottom"
                    Background="Yellow">Bottom</TextBlock>
        <Label Height="80" Content="最后一个元素填充剩余的全部空间"/>
      </DockPanel>
    </GroupBox>
  </WrapPanel>
</DockPanel>
</Page>
```

8.2.2　网格

网格（Grid）是最常用的动态布局控件，也是所有动态布局控件中唯一可按比例动态调整分配空间的控件。该控件定义由行和列组成的网格区域，在网格区域内可以放置其他控件，放置的这些控件都自动作为 Grid 元素的子元素。

1．Grid

Grid 并不是只能作为最顶层元素来使用，任何一个元素都可以包含它。另外，Grid 内的子元素中同样也可以嵌套 Grid。

每个 Grid 内的子元素都可以使用以下附加属性来定位。

- Grid.Row、Grid.Column：指定子元素所在的行和列。在 C#代码中使用 Grid.SetRow 方法和 Grid.SetCol 方法指定子元素所在的行和列。
- Grid.RowSpan：使该子元素跨多行。例如，Grid.RowSpan="2"表示跨两行。
- Grid.ColumnSpan：使该子元素跨多列。例如，Grid. ColumnSpan ="2"表示跨两列。

有两种方式让 Grid 自动调整行高和列宽。

- 在 Grid 的行定义或列定义的开始标记内，用 Auto 表示行高或列宽，此时它会自动显示单元格内子元素包含的全部内容，即使内容改变也是如此。
- 在 Grid 的行定义或列定义的开始标记内，用 "$n*$" 根据加权比例分配网格的行和列之间的可用空间。当 n 为 1 时，可直接用一个星号（*）表示。

例如，Grid 共有 4 列，第 0 列到第 3 列的宽度分别为：2*、Auto、4*、Auto，则它首先按第1 列和第 3 列元素的内容分配宽度，然后再将剩余的宽度按 2 比 4 的比例分配给第 0 列和第 2 列。当运行程序改变窗口的大小时，它就会自动按这个原则重新分配宽度。

程序运行时 Grid 对行高的自动调整也是如此。

2．GridSplitter

GridSplitter 控件可让用户拖动调整 Grid 控件中列或行的大小。

3．示例

【例 8-2】 演示 Grid 的基本用法，运行效果如图 8-3 所示。其中，图 8-3 中左侧通过定时器随机选择某个单元格，并将其用红色背景呈现；右侧使用两个 GridSplitter 控件把界面分成了可通过拖放边框线来调整范围的 3 个区域。

拖放边框线来调整范围的 3 个区域。

图 8-3　【例 8-2】的运行效果

(1) E02Grid.xaml

```
<Page ......>
    <Grid>
        <Grid.RowDefinitions>
            <RowDefinition Height="Auto"/>
            <RowDefinition Height="200"/>
        </Grid.RowDefinitions>
        <Grid.ColumnDefinitions>
            <ColumnDefinition/>
            <ColumnDefinition/>
        </Grid.ColumnDefinitions>
        <TextBlock Grid.Row="0" Grid.Column="0"
                Grid.ColumnSpan="2"
                Text="【例8-2】Grid。左：单元格与网格线，右：拖到分隔条可调整 3 个区域的范围。"/>
        <Grid Grid.Row="1" Grid.Column="0"
            ShowGridLines="True" Margin="20" Background="Cornsilk">
            <Grid.RowDefinitions>
                <RowDefinition/>
                <RowDefinition/>
                <RowDefinition/>
            </Grid.RowDefinitions>
            <Grid.ColumnDefinitions>
                <ColumnDefinition/>
                <ColumnDefinition/>
                <ColumnDefinition/>
            </Grid.ColumnDefinitions>
            <TextBlock Name="txt" Background="Red" Grid.Row="1" Grid.Column="1"/>
        </Grid>
        <Grid Grid.Row="1" Grid.Column="1"
            Background="AliceBlue" Margin="20">
            <Grid>
                <Grid.ColumnDefinitions>
                    <ColumnDefinition Width="3*" />
                    <ColumnDefinition Width="5*" />
                </Grid.ColumnDefinitions>
                <Grid.RowDefinitions>
                    <RowDefinition Height="6*" />
                    <RowDefinition Height="9*" />
                </Grid.RowDefinitions>
                <TextBlock Grid.Row="0" Grid.Column="0"
                        Grid.ColumnSpan="2" Background="AliceBlue"/>
                <GridSplitter Grid.Row="0" Grid.Column="0"
```

```
                           Grid.ColumnSpan="2"
                           BorderBrush="Red" BorderThickness="2"
                           HorizontalAlignment="Stretch" VerticalAlignment="Bottom"
                           ResizeBehavior="BasedOnAlignment" />
               <TextBlock Grid.Row="1" Grid.Column="0" Background="AntiqueWhite"/>
               <GridSplitter Grid.Row="1"  Grid.Column="0" BorderBrush="Blue"
                           BorderThickness="2" HorizontalAlignment="Right"
                           VerticalAlignment="Stretch"
                           ResizeBehavior="BasedOnAlignment" />
               <TextBlock Grid.Row="1" Grid.Column="1" Background="Aquamarine"/>
           </Grid>
       </Grid>
   </Grid>
</Page>
```

（2）E02Grid.xaml.cs

```
using System;
using System.Windows.Controls;
namespace ExampleWpfApp.Ch08
{
    public partial class E03Grid : Page
    {
        public E03Grid()
        {
            InitializeComponent();
            Random r = new Random();
            var timer = new System.Windows.Threading.DispatcherTimer
            {
                Interval = TimeSpan.FromSeconds(0.5)
            };
            timer.Tick += (s, e) =>
            {
                Grid.SetRow(txt, r.Next(3));
                Grid.SetColumn(txt, r.Next(3));
            };
            timer.Start();
        }
    }
}
```

8.2.3　单选按钮

单选按钮（RadioButton）一般用于从多个选项中选择其中之一。

RadioButton 的内容模型是一个 ContentControl，即它所包含的对象元素可以是任何类型（字符串、图像或面板等），但只能包含一个对象元素。

- GroupName 属性：分组。将同一组的多个 RadioButton 的该属性设置为同一个值。用户一次只能选择同一组中的一项，一旦某一项被选中，同组中其他的 RadioButton 将自动变为非选中状态。

- IsChecked 属性：判断是否选中某个单选按钮，如果被选中，则为 true，否则为 false。

【例 8-3】 演示 RadioButton 的基本用法，运行效果如图 8-4 所示。

图 8-4　【例 8-3】的运行效果

（1）E03RadioButton.xaml

```xml
<Page x:Class="ExampleWpfApp.Ch08.E03RadioButton"
    ......
    xmlns:z="clr-namespace:Wpfz;assembly=Wpfz"
    ......
    Title="RadioButtonDemo">
  <StackPanel>
    <GroupBox Header="基本用法" Margin="10" BorderBrush="Blue" BorderThickness="2">
      <Grid>
        <Grid.ColumnDefinitions>
          <ColumnDefinition Width="*" />
          <ColumnDefinition Width="*" />
        </Grid.ColumnDefinitions>
        <Grid.RowDefinitions>
          <RowDefinition Height="30" />
          <RowDefinition Height="Auto" />
          <RowDefinition Height="30" />
        </Grid.RowDefinitions>
        <TextBlock Grid.Row="0" Grid.ColumnSpan="2"
                HorizontalAlignment="Center"
                VerticalAlignment="Center"
                Text="说明：每个参赛人员只能参加一个比赛项目"/>
        <GroupBox Header="参赛人员" Margin="5" Grid.Row="1">
          <StackPanel RadioButton.Checked="Group1_Checked">
            <RadioButton>人员 1</RadioButton>
            <RadioButton>人员 2</RadioButton>
            <RadioButton>人员 3</RadioButton>
          </StackPanel>
        </GroupBox>
        <GroupBox Grid.Row="1" Grid.Column="1" Header="参赛项目" Margin="5">
          <StackPanel RadioButton.Checked="Group2_Checked">
            <RadioButton>项目 1</RadioButton>
            <RadioButton>项目 2</RadioButton>
            <RadioButton>项目 3</RadioButton>
          </StackPanel>
        </GroupBox>
        <TextBlock Grid.Row="2" Grid.ColumnSpan="2"
                Name="resultTextBlock"
```

```
                        HorizontalAlignment="Stretch"
                        VerticalAlignment="Center" Background="AliceBlue"
                        Text="选择的结果: " />
                </Grid>
            </GroupBox>
            <GroupBox Header="更多用法" Margin="10" Padding="0 10"
                    BorderBrush="Blue" BorderThickness="2">
                <StackPanel>
                    <StackPanel Orientation="Horizontal" Margin="5">
                        <RadioButton Style="{StaticResource RadioButtonBoxStyle}"
                                    Margin="1">近 3 天</RadioButton>
                        <RadioButton Style="{StaticResource RadioButtonBoxStyle}"
                                    Margin="1">近 7 天</RadioButton>
                        <RadioButton Style="{StaticResource RadioButtonBoxStyle}"
                                    Margin="1">本月</RadioButton>
                        <RadioButton Style="{StaticResource RadioButtonBoxStyle}"
                                    Margin="1">自定义</RadioButton>
                        <RadioButton Style="{StaticResource RadioButtonBoxStyle}"
                                    Margin="1">2017.01.01-2018.12.31</RadioButton>
                    </StackPanel>
                    <StackPanel Height="Auto" Orientation="Horizontal">
                        <RadioButton Margin="3" z:Attach.IconzSize="18">男</RadioButton>
                        <RadioButton Margin="3" z:Attach.IconzSize="20">女</RadioButton>
                        <RadioButton Margin="3" IsChecked="{x:Null}"
                                    z:Attach.IconzSize="22">其他</RadioButton>
                        <RadioButton Margin="3" IsEnabled="False">禁用(未选中)</RadioButton>
                        <RadioButton Margin="3" IsEnabled="False"
                                    IsChecked="{x:Null}">禁用(选中)</RadioButton>
                    </StackPanel>
                </StackPanel>
            </GroupBox>
        </StackPanel>
    </Page>
```

（2）E03RadioButton.xaml.cs

```csharp
using System.Windows;
using System.Windows.Controls;
namespace ExampleWpfApp.Ch08
{
    public partial class E03RadioButton : Page
    {
        public E03RadioButton()
        {
            InitializeComponent();
        }
        string s1, s2;
        private void Group1_Checked(object sender, RoutedEventArgs e)
        {
            RadioButton r = e.Source as RadioButton;
            if (r.IsChecked == true) s1 = r.Content.ToString();
            ShowResult();
        }
        private void Group2_Checked(object sender, RoutedEventArgs e)
        {
```

C#程序设计及应用教程（第4版）

```
        RadioButton r = e.Source as RadioButton;
        s2 = r.Content.ToString();
        ShowResult();
    }
    private void ShowResult()
    {
        resultTextBlock.Text = $"选择的结果: {s1}: {s2}";
    }
}
}
```

8.2.4　复选框

复选框（CheckBox）控件继承自 ToggleButton，用于让用户选择一个或者多个选项。一般用选中表示"是"，未选中表示"否"。该控件也可以表示 3 种状态，如当一个树形结构的某个节点所包含的子节点有些"选中"有些"未选中"，此时该表示节点的状态就可以用"不确定"来表示。

CheckBox 的内容模型是一个 ContentControl，即它可以包含任何类型的单个对象（例如，字符串、图像、面板等）。

常用属性和事件如下。

- Content 属性：显示的文本。
- IsChecked 属性：true 表示选中，false 表示未选中，none 表示不确定。
- IsThreeState 属性：如果支持 3 种状态，则为 true；否则为 false。默认值为 false。如果该属性为 true，可将 IsChecked 属性设置为 null 作为第 3 种状态。
- Click 事件：单击复选框时发生。利用该事件可判断是三种状态中的哪一种。
- Checked 事件：复选框选中时发生。
- UnChecked 事件：复选框未选中时发生。

每一个 CheckBox 所代表的选中或未选中都是独立的，当用多个 CheckBox 控件构成一组复合选项时，各个 CheckBox 控件之间互不影响，即用户既可以只选择一项，也可以同时选中多项，这就是复选的含义。

【例 8-4】 演示复选框的基本用法，运行效果如图 8-5 所示。

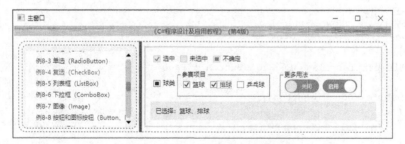

图 8-5 【例 8-4】的运行效果

（1）E04CheckBox.xaml

```
<Page x:Class="ExampleWpfApp.Ch08.E04CheckBox"
    ......
    xmlns:z="clr-namespace:Wpfz;assembly=Wpfz"
    ......
    Title="CheckBoxDemo">
    <StackPanel>
```

256

```xml
    <StackPanel.Resources>
        <Style TargetType="CheckBox">
            <Setter Property="Margin" Value="5"/>
            <EventSetter Event="Click" Handler="CheckBox_Click"/>
        </Style>
    </StackPanel.Resources>
    <WrapPanel Margin="10">
        <CheckBox IsChecked="True" IsEnabled="False" Content="选中"/>
        <CheckBox IsChecked="False" IsEnabled="False" Content="未选中"/>
        <CheckBox IsChecked="{x:Null}" IsEnabled="False" Content="不确定"/>
    </WrapPanel>
    <WrapPanel Margin="10 0">
        <CheckBox Name="checkBox1" IsThreeState="True"
                  VerticalAlignment="Center" Content="球类"/>
        <GroupBox Header="参赛项目" BorderBrush="Green" BorderThickness="1">
            <WrapPanel Name="wp1">
                <CheckBox Content="篮球"/>
                <CheckBox Content="排球"/>
                <CheckBox Content="乒乓球"/>
            </WrapPanel>
        </GroupBox>
        <GroupBox Header="更多用法" Margin="20 0 0 0" BorderBrush="Red"
                  BorderThickness="1">
            <WrapPanel>
                <z:CheckBoxz />
                <z:CheckBoxz Text="禁用" CheckedText="启用" IsChecked="True" />
            </WrapPanel>
        </GroupBox>
    </WrapPanel>
    <Label Name="result" Margin="10" Padding="10"
           VerticalAlignment="Center" Background="Bisque" Content="已选择: "/>
    </StackPanel>
</Page>
```

（2）E04CheckBox.xaml.cs

```csharp
private void CheckBox_Click(object sender, RoutedEventArgs e)
{
    string s = "已选择: ";
    foreach (var v in StackPanel2.Children)
    {
        CheckBox cb = v as CheckBox;
        if (cb.IsChecked == true)
        {
            s += cb.Content.ToString() + "、";
        }
    }
    resultLabel.Content = s.TrimEnd('、');
    int checkedCount = 0;
    foreach (var v in StackPanel2.Children)
    {
        CheckBox checkbox = v as CheckBox;
        if (checkbox.IsChecked==true) checkedCount++;
    }
    if (checkedCount == 3) checkBox1.IsChecked = true;
    else if (checkedCount == 0) checkBox1.IsChecked = false;
```

```
        else checkBox1.IsChecked = null;
}
```

8.2.5 列表框

列表框（ListBox）用于显示一组选项，该控件的内容模型是 Items。每个选项可以包含一列或者多列；每列既可以是字符串，也可以是图像等其他内容。

1. 常用属性、方法和事件

该控件的常用属性、方法和事件如下。

- Count 属性：获取列表项的个数。
- SelectedIndex 属性：获取当前选定项从 0 开始的索引号，未选择任何项时该值为−1。
- SelectedItem 属性：获取当前选定的项，未选择任何项时该值为 null。
- SelectionMode 属性：选择列表项的方式，有以下取值。
  - Single（默认值）：每次只能选择一项。
  - Multiple：每次可选择多项，单击对应项即可选中，再次单击取消选中。
  - Extended：按下<Shift>键可同时用鼠标选择多个连续项，按下<Ctrl>键可同时用鼠标选择多个不连续的项。
- Items.Add 方法：向 ListBox 的项列表添加项。
- Items.Clear 方法：从集合中移除所有项。
- Items.Contains 方法：确定指定的项是否位于集合内。
- Items.Remove 方法：从集合中移除指定的对象。
- SelectionChanged 事件：当选择项发生改变时引发此事件。

一般将 ListBox 和数据绑定一起使用。当将 ListBox 绑定到数据源时，通常需要获取 ListBoxItem 选项，此时可通过 ItemContainerGenerator 来实现。例如：

```
private void GetIndex0(object sender, RoutedEventArgs e)
{
  ListBoxItem lbi = (ListBoxItem)(lb.ItemContainerGenerator.ContainerFromIndex(0));
  Item.Content = "第 0 项是:" + lbi.Content.ToString() + ".";
}
```

2. 示例

【例 8-5】 演示列表框的基本用法，运行效果如图 8-6 所示。

图 8-6 【例 8-5】的运行效果

（1）E05ListBox.xaml

```xml
<Page x:Class="ExampleWpfApp.Ch08.E05ListBox"
    ......
    xmlns:z="clr-namespace:Wpfz;assembly=Wpfz"
    ......
    Title="ListBoxDemo">
  <StackPanel Orientation="Horizontal" VerticalAlignment="Top">
    <GroupBox Header="用法 1：判断选中项" Margin="10">
      <StackPanel>
        <TextBlock Text="运动项目" Background="Blue" Foreground="White" />
        <ListBox Name="listBox1">
          <ListBoxItem>篮球</ListBoxItem>
          <ListBoxItem>排球</ListBoxItem>
          <ListBoxItem>乒乓球</ListBoxItem>
          <ListBoxItem>羽毛球</ListBoxItem>
        </ListBox>
        <TextBlock Name="txtStatus1"
                Margin="5 20" Background="Red" Foreground="White"/>
      </StackPanel>
    </GroupBox>
    <GroupBox Header="用法 2：添加、删除" Margin="10">
      <Grid>
        <Grid.RowDefinitions>
          <RowDefinition/>
          <RowDefinition Height="Auto"/>
        </Grid.RowDefinitions>
        <Grid.ColumnDefinitions>
          <ColumnDefinition/>
          <ColumnDefinition/>
        </Grid.ColumnDefinitions>
        <DockPanel  Grid.Row="0" Grid.Column="0" Margin="0 10">
          <TextBlock Text="提示：按住 Ctrl 键可多选"
                  HorizontalAlignment="Center"
                  DockPanel.Dock="Bottom"/>
          <ListBox Width="150" Name="listBox2" Margin="10"/>
        </DockPanel>
        <StackPanel Grid.Row="0" Grid.Column="1">
          <Button Name="btnAddItems" Content="添加初始项（多项）"
                  Margin="10" Padding="10 2" HorizontalAlignment="Center" />
          <Button Name="btnDelete" Content="删除选中项"
                  Margin="10" Padding="10 2" HorizontalAlignment="Center" />
          <Button Name="btnClear" Content="删除所有项"
                  Margin="10" Padding="10 2" HorizontalAlignment="Center"/>
          <GroupBox Header="添加新项" Margin="20 10 20 10">
            <StackPanel>
              <TextBox Name="textBox1"
                      Style="{StaticResource TextBoxDefaultStyle}"
                      z:Attach.Watermark="输入要添加的内容" Margin=" 0 10"/>
              <Button Name="btnAddItem" Content="添加"
                      Padding="10 2" HorizontalAlignment="Center" />
            </StackPanel>
          </GroupBox>
```

```
                    </StackPanel>
                    <TextBlock Grid.Row="1" Grid.Column="0" Grid.ColumnSpan="2"
                               Name="txtStatus2" MinHeight="30" Background="Beige"/>
                </Grid>
            </GroupBox>
        </StackPanel>
    </Page>
```

（2）E05ListBox.xaml.cs

```csharp
using System.Windows.Controls;
namespace ExampleWpfApp.Ch08
{
    public partial class E05ListBox : Page
    {
        public E05ListBox()
        {
            InitializeComponent();
            InitListBox1();
            InitListBox2();
        }
        private void InitListBox1()
        {

            listBox1.SelectionChanged += (s, e) =>
            {
                var item = (s as ListBox).SelectedItem as ListBoxItem;
                if (item.Content != null)
                {
                    txtStatus1.Text = $"当前选择项: {item.Content}";
                }
            };
        }
        private void InitListBox2()
        {
            //允许用 Shift 键和 Ctrl 键辅助选择多项
            listBox2.SelectionMode = SelectionMode.Extended;
            btnAddItems.Click += delegate
            {
                //添加初始项（多项）
            string[] items = { "数据结构", "C#程序设计", "Java 程序设计", "Python 程序设计" };
                listBox2.Items.Clear();
                foreach (var v in items)
                {
                    listBox2.Items.Add(v);
                }
            };
            btnDelete.Click += delegate {
                //删除选定的所有课程项
                for (int i = listBox2.SelectedItems.Count - 1; i >= 0; i--)
                {
                    listBox2.Items.Remove(listBox2.SelectedItems[i]);
                }
                txtStatus2.Text = "已删除所选项";
            };
            btnClear.Click += delegate {
```

```
        listBox2.Items.Clear();
        txtStatus2.Text = "已清除所有项";
    };
    btnAddItem.Click += delegate {
        string s = textBox1.Text.Trim();
        if (s.Length == 0)
        {
            txtStatus2.Text = "请先在文本框中输入要添加的项! ";
            return;
        }
        //如果是新课程, 则自动将其添加到列表框中
        if (listBox2.Items.Contains(s))
        {
            txtStatus2.Text = $"课程【{s}】已存在, 添加失败! ";
        }
        else
        {
            listBox2.Items.Add(s);
            txtStatus2.Text = "添加成功。";
        }
    };
    }
  }
}
```

这里需要说明一点，删除选择的项时，要从索引号最大的选项开始删除，然后依次删除索引号较小的项，否则可能会得到错误的结果。

8.2.6　下拉框

下拉框（ComboBox）的内容模型是 HeaderedItems，它提供了一个可编辑和单击展开的下拉框。其中，下拉选项中每个选项的操作与 ListBox 的用法非常相似。

该控件的常用属性、方法和事件与 ListBox 相同，此处不再重复。另外，在这个例子中，还演示了如何利用 Wpfz 项目中提供的功能显示水印提示和标签提示的下拉框。

【例 8-6】演示下拉框的基本用法，运行效果如图 8-7 所示。

图 8-7　【例 8-6】的运行效果

（1）E06ComboBox.xaml

```xml
<Page x:Class="ExampleWpfApp.Ch08.E06ComboBox"
    ......
    xmlns:z="clr-namespace:Wpfz;assembly=Wpfz"
    xmlns:system="clr-namespace:System;assembly=mscorlib"
    xmlns:collections="clr-namespace:System.Collections;assembly=mscorlib"
    ......
    Title="ComboBoxDemo">
    <StackPanel>
        <StackPanel Orientation="Horizontal" VerticalAlignment="Top">
            <GroupBox Header="用法 1: 判断选中项" Margin="10" Padding="0 10">
                <StackPanel>
                    <ComboBox Name="comboBox1">
                        <ComboBoxItem>篮球</ComboBoxItem>
                        <ComboBoxItem>排球</ComboBoxItem>
                        <ComboBoxItem>乒乓球</ComboBoxItem>
                        <ComboBoxItem>羽毛球</ComboBoxItem>
                    </ComboBox>
                    <TextBlock Name="txtStatus1"
                        Margin="0 20" Background="Red" Foreground="White"/>
                </StackPanel>
            </GroupBox>
            <GroupBox Header="用法 2: 添加、删除" Margin="10">
                <Grid>
                    <Grid.RowDefinitions>
                        <RowDefinition/>
                        <RowDefinition Height="Auto"/>
                    </Grid.RowDefinitions>
                    <Grid.ColumnDefinitions>
                        <ColumnDefinition/>
                        <ColumnDefinition/>
                    </Grid.ColumnDefinitions>
                    <StackPanel Grid.Row="0" Grid.Column="0" Margin="0 10">
                        <ComboBox Width="150" Name="comboBox2" Margin="10"/>
                        <Button Name="btnDelete" Content="删除选中项"
                            Margin="5" Padding="10 2" HorizontalAlignment="Center" />
                        <Button Name="btnClear" Content="删除所有项"
                            Margin="5" Padding="10 2" HorizontalAlignment="Center"/>
                    </StackPanel>
                    <StackPanel Grid.Row="0" Grid.Column="1">
                        <Button Name="btnAddItems" Content="添加初始项（多项）"
                            Margin="5" Padding="10 2" HorizontalAlignment="Center" />
                        <GroupBox Header="添加新项" Margin="20 10 20 10">
                            <StackPanel>
                                <TextBox Name="textBox1"
                                    Style="{StaticResource TextBoxDefaultStyle}"
                                    z:Attach.Watermark="输入要添加的内容" Margin=" 0 10"/>
                                <Button Name="btnAddItem" Content="添加"
                                    Padding="10 2" HorizontalAlignment="Center" />
                            </StackPanel>
                        </GroupBox>
                    </StackPanel>
                </Grid>
```

```xml
                <TextBlock Grid.Row="1" Grid.Column="0" Grid.ColumnSpan="2"
                    Name="status" Background="Red" Foreground="White"/>
            </Grid>
        </GroupBox>
    </StackPanel>
    <GroupBox Header="更多用法（Wpfz）">
        <GroupBox.Resources>
            <collections:ArrayList x:Key="items">
                <system:String >数据结构</system:String>
                <system:String>操作系统</system:String>
                <system:String>C#程序设计</system:String>
                <system:String>Java 程序设计</system:String>
                <system:String>Python 程序设计</system:String>
            </collections:ArrayList>
        </GroupBox.Resources>
        <WrapPanel>
            <GroupBox Header="用法 3" Margin="10">
                <StackPanel>
                    <StackPanel.Resources>
                        <Style TargetType="ComboBox"
                            BasedOn="{StaticResource ComboBoxDefaultStyle}">
                            <Setter Property="ItemsSource"
                                Value="{StaticResource items}"/>
                            <Setter Property="Margin" Value="10 5"/>
                        </Style>
                    </StackPanel.Resources>
                    <ComboBox z:Attach.Watermark="我是水印（可选不可编辑）"/>
                    <ComboBox IsEditable="True"
                            z:Attach.Watermark="我是水印（可选可编辑）"/>
                    <ComboBox IsEnabled="False" SelectedIndex="2"
                            z:Attach.Watermark="我是水印（不可用）"/>
                </StackPanel>
            </GroupBox>
            <GroupBox Header="用法 4" Margin="10">
                <GroupBox.Resources>
                    <Style TargetType="ComboBox"
                            BasedOn="{StaticResource ComboBoxLabelStyle}">
                        <Setter Property="Margin" Value="10 5"/>
                        <Setter Property="MinWidth" Value="220"/>
                        <Setter Property="ItemsSource" Value="{StaticResource items}"/>
                    </Style>
                </GroupBox.Resources>
                <StackPanel>
                    <ComboBox z:Attach.Label="选择课程："
                            z:Attach.Watermark="我是水印（可选不可编辑）" />
                    <ComboBox Width="200"
                            IsEditable="True"
                            z:Attach.Label="选择课程："
                            z:Attach.Watermark="我是水印（可选可编辑）" />
                    <ComboBox IsEnabled="False"
                            z:Attach.Watermark="我是水印（不可用）"
                            z:Attach.Label="选择课程：" SelectedIndex="2" />
```

```
            </StackPanel>
          </GroupBox>
        </WrapPanel>
      </GroupBox>
    </StackPanel>
  </Page>
```

（2）E06ComboBox.xaml.cs

```csharp
using System.Windows.Controls;
namespace ExampleWpfApp.Ch08
{
    public partial class E06ComboBox : Page
    {
        public E06ComboBox()
        {
            InitializeComponent();
            InitComboBox1();
            InitComboBox2();
        }
        private void InitComboBox1()
        {
            comboBox1.SelectionChanged += (s, e) =>
            {
                ComboBoxItem item = (s as ComboBox).SelectedItem as ComboBoxItem;
                if (item.Content != null)
                {
                    txtStatus1.Text = $"当前选择项：{item.Content}";
                }
            };
        }
        private void InitComboBox2()
        {
            btnAddItems.Click += delegate
            {
                //添加初始项（多项）
                string[] items = { "数据结构", "C#程序设计", "Java 程序设计", "Python 程序设计" };
                comboBox2.Items.Clear();
                foreach (var v in items)
                {
                    comboBox2.Items.Add(v);
                }
                comboBox2.SelectedIndex = 0;
            };
            btnDelete.Click += delegate {
                comboBox2.Items.Remove(comboBox2.SelectedItem);
                status.Text = "已删除所选项";
            };
            btnClear.Click += delegate {
                comboBox2.Items.Clear();
                status.Text = "已清除所有项";
            };
            btnAddItem.Click += delegate {
                string s = textBox1.Text.Trim();
                if (s.Length == 0)
                {
```

```
            status.Text = "请先在文本框中输入要添加的项！";
            return;
        }
        //如果是新课程，则自动将其添加到列表框中
        if (comboBox2.Items.Contains(s))
        {
            status.Text = $"课程【{s}】已存在，添加失败！";
        }
        else
        {
            comboBox2.Items.Add(s);
            status.Text = "添加成功。";
        }
    };
  }
 }
}
```

8.2.7　图像显示

图像显示（Image）是一个框架元素，一般用它来显示单帧图像。

该控件可显示的图像类型有：.bmp、.gif、.ico、.jpg、.png、.wdp 和.tif。但是，Image 控件不支持.gif、.tif 等多帧图像的动画显示。如果某个图像文件具有多个帧，它默认只显示第 1 个帧的内容。

一般用 Source 属性获取或设置 Image 控件的图像源（默认值为 null）。例如：

```
<Image Source="/images/img1.jpg "/>
<Image Width="200" Source="/images/img1.jpg "/>
<Image Width="400" Height="200" Source="/images/img1.jpg "/>
```

可以用该控件的 Stretch 属性获取或设置图像的拉伸方式。例如：

```
<Image Source="/images/img1.jpg" Stretch="Fill" />
```

用 Image 显示图像时，如果不指定图像的宽度和高度，它将按图像的原始大小加载和显示；如果只指定图像的宽度或者高度之一，而不是同时指定两者，此时它会自动保持原始图像的宽高比，不会产生扭曲或变形的情况；如果同时指定图像的高度和宽度而没有用 Stretch 属性指定拉伸模式，则它将自动按 Uniform 方式拉伸图像。

另外，利用 Wpfz 项目提供的功能还可以显示 GIF 动画。

【例 8-7】 演示 Image 控件的基本用法，运行效果如图 8-8 所示。

图 8-8　【例 8-7】的运行效果

该例子的源程序见 E07Image.xaml，代码如下：

```
<Page x:Class="ExampleWpfApp.Ch08.E07Image"
    xmlns="http://schemas.microsoft.com/winfx/2006/xaml/presentation"
    xmlns:x="http://schemas.microsoft.com/winfx/2006/xaml"
    xmlns:mc="http://schemas.openxmlformats.org/markup-compatibility/2006"
```

```
   xmlns:d="http://schemas.microsoft.com/expression/blend/2008"
   xmlns:local="clr-namespace:ExampleWpfApp.Ch08"
   xmlns:z="clr-namespace:Wpfz;assembly=Wpfz"
   mc:Ignorable="d"
   d:DesignHeight="450" d:DesignWidth="800"
   Title="ImageDemo">
<StackPanel>
   <StackPanel.Resources>
       <Style TargetType="Image">
           <Setter Property="Margin" Value="5"/>
           <Setter Property="Width" Value="80"/>
       </Style>
   </StackPanel.Resources>
   <WrapPanel>
       <Image Source="../Resources/Images/qq.png"/>
       <Image z:Attach.AnimatedSource="/Resources/gifFiles/drink.gif"/>
       <Image z:Attach.AnimatedSource="/Resources/gifFiles/circle.gif"/>
       <Image z:Attach.AnimatedSource="/Resources/gifFiles/earth.gif" />
       <Image z:Attach.AnimatedSource="/Resources/gifFiles/working.gif"/>
   </WrapPanel>
</StackPanel>
</Page>
```

8.2.8 图标按钮

在前面的章节中，我们已经多次使用了按钮，但并未介绍其高级用法，本节我们通过例子介绍如何调用在 Wpfz 项目中自定义的图标按钮（Buttonz）。

【例 8-8】演示 Button 和 Buttonz 的基本用法，运行效果如图 8-9 所示。

图 8-9 【例 8-8】的运行效果

（1）E08ButtonButtonz.xaml

```
<Page x:Class="ExampleWpfApp.Ch08.E08ButtonButtonz"
   ......
   xmlns:z="clr-namespace:Wpfz;assembly=Wpfz"
   ......
   Title="Button、Buttonz">
<Page.Resources>
   <Style TargetType="Button">
       <Setter Property="Background" Value="#FFFFEEEE" />
       <Setter Property="Width" Value="60" />
       <Setter Property="Height" Value="30" />
       <Setter Property="Margin" Value="5" />
   </Style>
</Page.Resources>
<DockPanel>
```

```xml
<WrapPanel DockPanel.Dock="Top">
    <GroupBox Header="Button 基本用法">
        <StackPanel Orientation="Horizontal">
            <Button Content="保存" />
            <Button Height="30" Width="30" ToolTip="保存">
                <Image Source="/Resources/images/save.png" Width="30" />
            </Button>
            <Button Height="30" Width="50">
                <StackPanel Orientation="Horizontal">
                    <Image Source="/Resources/images/save.png" Width="20" />
                    <TextBlock Text="保存" VerticalAlignment="Center" />
                </StackPanel>
            </Button>
            <Button Height="40" Width="30">
                <StackPanel>
                    <Image Source="/Resources/images/save.png" Width="20" />
                    <TextBlock Text="保存" VerticalAlignment="Center" />
                </StackPanel>
            </Button>
        </StackPanel>
    </GroupBox>
    <GroupBox Header="Buttonz 基本用法" Margin="20 0 0 0">
        <StackPanel Orientation="Horizontal">
            <WrapPanel>
                <!--用法 1(图标无智能提示)-->
                <z:Buttonz Margin="5" Iconz="&#xe002;" IconzSize="30"
                        ToolTip="按钮 1" AllowsAnimation="True"/>
                <z:Buttonz Margin="5" Iconz="&#xe201;" IconzSize="30"
                        AllowsAnimation="True" ToolTip="按钮 2"
                    Style="{StaticResource ButtonzTransparencyStyle}" />
                <z:Buttonz Margin="5" Iconz="{z:F Icon=e182_拨号}"
                        Content="按钮 3"/>
                <z:Buttonz Margin="5"
                        Style="{StaticResource ButtonzLinkButtonStyle}"
                        BorderThickness="0" Content="按钮 4"/>
            </WrapPanel>
            <WrapPanel>
                <!--用法 2(图标有智能提示)-->
                <WrapPanel.Resources>
                    <Style TargetType="z:Buttonz"
                            BasedOn="{StaticResource ButtonzTransparencyStyle}">
                        <Setter Property="Margin" Value="5"/>
                        <Setter Property="BorderThickness" Value="0"/>
                        <Setter Property="IconzSize" Value="30"/>
                        <Setter Property="AllowsAnimation" Value="True"/>
                    </Style>
                </WrapPanel.Resources>
                <z:Buttonz Iconz="{z:F Icon=e002_音乐}" ToolTip="按钮 5"/>
                <z:Buttonz Iconz="{z:F Icon=e105_睁眼}" ToolTip="按钮 6"/>
                <z:Buttonz Iconz="{z:F Icon=e007_空心五角星}" ToolTip="按钮 7"/>
            </WrapPanel>
        </StackPanel>
    </GroupBox>
</WrapPanel>
```

```
            <TextBlock Name="txtTite" DockPanel.Dock="Top"
                       Text="Iconz图标及编码（共...个）"
                       Background="{StaticResource CaptionBarBackground_Colors}"
                       Foreground="{StaticResource CaptionBarForeground_Colors}"
                       FontSize="16" Padding="10 2"/>
        <ScrollViewer CanContentScroll="True">
            <!-- 显示各种图标按钮 -->
            <WrapPanel Name="WrapPanel1" VirtualizingPanel.VirtualizationMode="Recycling"/>
        </ScrollViewer>
    </DockPanel>
</Page>
```

（2）E08ButtonButtonz.xaml.cs

```
using System;
using System.Windows;
using System.Windows.Controls;
using Wpfz;
namespace ExampleWpfApp.Ch08
{
    public partial class E08ButtonButtonz : Page
    {
        public E08ButtonButtonz()
        {
            InitializeComponent();
            ShowButtonz();
        }
        private void ShowButtonz()
        {
            string[] s = Enum.GetNames(typeof(IconzEnum));
            txtTite.Text = $"Iconz图标及编码（共{s.Length}个）";
            for (int i = 0; i < s.Length; i++)
            {
                string s1 = s[i].Substring(0, 4);
                string s2 = s[i];
                int c = int.Parse(s1,
                        System.Globalization.NumberStyles.AllowHexSpecifier);
                Buttonz btn = new Buttonz()
                {
                    Iconz = $"{(char)c}",
                    IconzSize = 20,
                    Content = s2,
                    Width = 200,
                    Padding = new Thickness(5, 0, 0, 0),
                    HorizontalContentAlignment = HorizontalAlignment.Left,
                    Margin = new Thickness(2, 2, 2, 2)
                };
                WrapPanel1.Children.Add(btn);
            }
        }
    }
}
```

8.2.9　媒体播放

System.Windows.Media命名空间下提供了很多类，这些类除了提供颜色、画笔、几何图形、图像、文本的处理功能外，还提供了对音频（Audio）和视频（Video）的集成支持。

利用System.Windows.Media.MediaElement类可以非常容易地实现音频和视频的播放。

1．MediaElement 控件

在 WPF 中，播放音频或视频最简单的方法就是用 MediaElement 控件来实现，该方法可播放多种类型的音频文件和视频文件，而且还能读取媒体文件信息、控制媒体的播放、暂停、停止以及音量和播放速度等。

使用 MediaElement 播放音频或视频时，有以下两点需要注意。

一是如果将媒体与应用程序一起分发，则不能将媒体文件用作项目资源，必须将其作为内容文件来处理。或者说，将被播放的媒体文件导入到项目中时，必须将文件的【类型】属性改为"内容"，而且必须将【复制到输出目录】属性设置为"如果较新则复制"或者"始终复制"，然后才能正常播放。

二是在 MediaElement 中设置媒体文件路径时，由于被播放的文件是内容文件，所以该路径是指相对于当前生成的可执行文件（调试环境下为 bin\Debug 下的.exe 文件）的相对路径（也可以将其理解为相对于项目根目录的相对路径），而不是相对于当前页面的相对路径。这一点与引用被编译的其他文件的相对路径不同，使用时要特别注意。换言之，引用内容文件时，不论内容文件是图像还是音频、视频，代码中的相对路径都是指相对于当前可执行文件的路径来说的。

2．常用属性和事件

MediaElement 的用法和 Image 控件的用法相似，可直接指定其 Source URI。另外，设置该控件的大小时，要么仅设置宽度，要么仅设置高度，此时将该元素的【Stretch】属性设置为 Fill 可在填充时自动保持其宽高比；如果同时设置宽度和高度又希望填充时还要保持宽高比，可将【Stretch】属性设置为 UniformToFill。

MediaElement 对象的常用属性和事件如下。

- LoadedBehavior 属性：设置加载 MediaElement 并完成预加载后的播放行为（Play、Pause、Manual、Stop、Close）。默认为 Play，表示加载完成后立即播放；Pause 表示加载后停在第 1 帧；Manual 表示通过代码控制播放的行为。如果希望用按钮事件控制播放、暂停等行为，需要将该属性设置为 Manual

- UnloadedBehavior 属性：设置卸载 MediaElement 后的行为，默认为 Close，即播放完后立即关闭媒体并释放所有媒体资源。

- MediaOpened 事件：加载媒体文件后引发，利用该事件可获取视频文件的宽度和高度。对于音频文件，其宽度和高度始终为零。

3．示例

【例 8-9】 演示 MediaElement 的基本用法，运行效果如图 8-10 所示。

图 8-10　【例 8-9】的运行效果

（1）E09MediaElement.xaml

```xml
<Page ......>
    <Page.Resources>
        <local:TimeSpanToMillisecondsConverter x:Key="progressConverter"/>
    </Page.Resources>
    <Grid>
        <Grid.RowDefinitions>
            <RowDefinition Height="Auto" />
            <RowDefinition Height="*" />
        </Grid.RowDefinitions>
        <StackPanel Grid.Row="0">
            <StackPanel.Resources>
                <Style TargetType="RadioButton">
                    <Setter Property="Margin" Value="5"/>
                    <Setter Property="GroupName" Value="a"/>
                    <EventSetter Event="Checked" Handler="RadioButton_Checked"/>
                </Style>
            </StackPanel.Resources>
            <StackPanel Orientation="Horizontal">
                <TextBlock Margin="5" Text="视频: " />
                <RadioButton Tag="Resources/ContentVideo/xbox.wmv" Content="xbox.wmv"/>
                <RadioButton Tag="Resources/ContentVideo/Wildlife.wmv"
                        Content="Wildlife.wmv"/>
            </StackPanel>
            <StackPanel Orientation="Horizontal">
                <TextBlock Margin="5" Text="音频: " />
                <RadioButton Tag="Resources/ContentAudio/dj.mp3" Content="dj.mp3"/>
                <RadioButton Tag="Resources/ContentAudio/ringin.wav"
                        Content="ringin.wav"/>
            </StackPanel>
        </StackPanel>
        <DockPanel Grid.Row="1">
            <StackPanel Orientation="Horizontal" Margin="5" DockPanel.Dock="Bottom">
                <Button Name="btnStart" Content="开始" Margin="10 5" />
                <Button Name="btnPause" Content="暂停" Margin="10 5" />
                <Button Name="btnResume" Content="继续" Margin="10 5" />
                <Button Name="btnStop" Content="停止" Margin="10 5" />
                <TextBlock VerticalAlignment="Center" Margin="50 5 5 5">音量: </TextBlock>
                <Slider Name="sliderVolume" VerticalAlignment="Center"
                        Minimum="0" Maximum="1" Width="270"
                        Value="{Binding ElementName=myMediaElement,
                                Path=Volume, Mode=TwoWay}"/>
            </StackPanel>
            <TextBlock Name="textBlock1" DockPanel.Dock="Bottom"
                    Foreground="White" Background="CadetBlue" Text="媒体信息" />
            <DockPanel Margin="20">
                <Slider Name="slideProgress" DockPanel.Dock="Bottom" Background="Blue"
                        Value="{Binding ElementName=myMediaElement, Path=Position,
                            Converter={StaticResource progressConverter},
                            Mode=OneWayToSource}"/>
                <MediaElement Name="myMediaElement" HorizontalAlignment="Stretch"
                            Stretch="Fill" LoadedBehavior="Manual" />
            </DockPanel>
        </DockPanel>
```

```
            </DockPanel>
        </Grid>
    </Page>
```

（2）E09MediaElement.xaml.cs

```csharp
using System;
using System.Globalization;
using System.Windows;
using System.Windows.Controls;
using System.Windows.Data;
using System.Windows.Threading;
namespace ExampleWpfApp.Ch08
{
    public partial class E09MediaElement : Page
    {
        public E09MediaElement()
        {
            InitializeComponent();
            InitEvents();
        }
        DispatcherTimer timer = new DispatcherTimer
        {
            Interval = TimeSpan.FromMilliseconds(100)
        };
        private void InitEvents()
        {
            timer.Tick += delegate
            {
                slideProgress.Value = myMediaElement.Position.TotalMilliseconds;
            };
            myMediaElement.MediaOpened += delegate
            {
                TimeSpan d = myMediaElement.NaturalDuration.TimeSpan;
                slideProgress.Minimum = 0;
                slideProgress.Maximum = d.TotalMilliseconds;
                if (d.Hours == 0)
                {
                    textBlock1.Text = string.Format("文件：{0}，长度：{1}分{2}秒",
                        myMediaElement.Source.OriginalString, d.Minutes, d.Seconds);
                }
                else
                {
                    textBlock1.Text = string.Format("文件：{0}，长度：{1}小时{2}分{3}秒",
myMediaElement.Source.OriginalString, d.Hours, d.Minutes, d.Seconds);
                }
            };
            myMediaElement.MediaEnded += delegate { SetStatus(false); };
            btnStart.Click += delegate
            {
                slideProgress.Value = 0;
                myMediaElement.Play();
                SetStatus(true);
            };
            btnPause.Click += delegate
            {
                myMediaElement.Pause();
```

```
                        SetStatus(false);
                    };
                    btnResume.Click += delegate
                    {
                        myMediaElement.Play();
                        SetStatus(true);
                    };
                    btnStop.Click += delegate
                    {
                        myMediaElement.Stop();
                        slideProgress.Value = 0;
                        SetStatus(false);
                    };
            }
            private void SetStatus(bool isPlaying)
            {
                btnStart.IsEnabled = btnResume.IsEnabled = !isPlaying;
                btnPause.IsEnabled = btnStop.IsEnabled = timer.IsEnabled = isPlaying;
            }
            private void RadioButton_Checked(object sender, RoutedEventArgs e)
            {
                RadioButton r = sender as RadioButton;
                if (myMediaElement != null)
                {
                    myMediaElement.Stop();
                    //注意：播放的媒体文件属性都是【内容】、【如果较新则复制】
                    myMediaElement.Source = new Uri(r.Tag.ToString(), UriKind.Relative);
                    myMediaElement.Play();
                    SetStatus(true);
                }
            }
        }
        public class TimeSpanToMillisecondsConverter : IValueConverter
        {
            public object Convert(object value, Type targetType, object parameter,
CultureInfo culture)
            {
                return ((TimeSpan)value).TotalMilliseconds;
            }
            public object ConvertBack(object value, Type targetType, object parameter,
CultureInfo culture)
            {
                return TimeSpan.FromMilliseconds((double)value);
            }
        }
    }
```

8.3*　其他 WPF 控件及其扩展

除了前面介绍的常用控件之外，还有很多控件也经常在项目开发中使用。本节我们简单介绍这些控件的用法。

本节内容不需要课堂上讲解，仅供读者课下自学。

1. 自定义窗口和消息框（Windowz、MessageBoxz）

该例子演示了如何使用 Wpfz 项目中自定义的 Windowz 和 MessageBoxz 控件。

【自学8-1】 演示自定义窗口和消息框的基本用法，运行效果如图 8-11 所示。

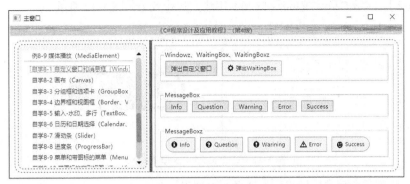

图 8-11　自定义窗口和消息框基本用法

该例子的完整代码请参看源程序，这里不再列出。

2. 画布（Canvas）

画布（以下简称 Canvas）用于定义一个区域，被定义的区域称为画布。在该画布内的所有子元素都用相对于该区域左上角的坐标位置 x 和 y 来定位，单位默认为像素。画布的左上角坐标为（0, 0），向右为 x 轴正方向，向下为 y 轴正方向。

Canvas 是 WPF 提供的唯一一个采用坐标定位布局的控件，其优点是执行效率高，缺点是其子元素无法动态定位，也无法自动调整大小。

Canvas 的常用属性如下。

（1）Width 和 Height 属性。

Canvas 的 Width 和 Height 属性默认为零，由于 Canvas 内的子元素是以坐标位置来定位的，所以这些子元素的垂直对齐和水平对齐不起作用。

（2）ClipToBounds 属性。

当绘制内容超出 Canvas 范围时，ClipToBounds 属性为 true 表示超出的部分被自动剪裁掉，ClipToBounds 属性为 false 表示不剪裁。

（3）Canvas.Left 附加属性和 Canvas.Top 附加属性。

在 XAML 表示中，子元素使用 Canvas.Left 附加属性和 Canvas.Top 附加属性指定其相对于Canvas 容器左上角的位置，Canvas.Left 表示 x 坐标，Canvas.Top 表示 y 坐标。例如：

```
<Canvas Name="canvas1" Background="LightSteelBlue">
    <TextBlock FontSize="14" Canvas.Top="100" Canvas.Left="10">文本 1</TextBlock>
    <TextBlock FontSize="22" Canvas.Top="200" Canvas.Left="75">文本 2</TextBlock>
</Canvas>
```

在 C#代码中，使用 Canvas 类的静态 SetLeft 方法和 SetToP 方法设置子元素在其父元素中的位置。例如：

```
TextBlock textBlock3 = new TextBlock();
textBlock3.Text = "文本 3";
Canvas.SetLeft(textBlock3, 29);
Canvas.SetTop(textBlock3, 68);
canvas1.Children.Add(textBlock3);
```

（4）Canvas.ZIndex 附加属性。

该附加属性也叫 z 顺序，即三维空间中沿 z 轴由屏幕内向屏幕外依次排列的顺序。该值可以是正整数，也可以是负整数，默认值为 0。Canvas.ZIndex 值大的元素会盖住 Canvas.ZIndex 值小的元素。

【自学 8-2】 演示 Canvas.ZIndex 的基本用法，运行效果如图 8-12 所示。

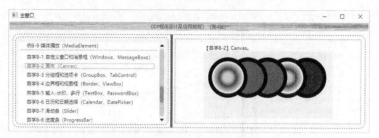

图 8-12　Canvas.ZIndex 基本用法

该例子的完整代码请参看源程序，这里不再列出。

3. 分组框和选项卡（GroupBox、TabControl）

【自学 8-3】 演示分组框和选项卡的基本用法，运行效果如图 8-13 所示。

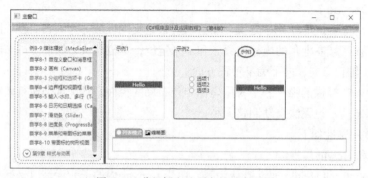

图 8-13　分组框和选项卡的基本用法

该例子的完整代码请参看源程序，这里不再列出。

4. 边界框和视图框（Border、ViewBox）

边界框主要用于显示边框。

视图框是一个内容修饰器，利用它可拉伸、缩放并填满子项的内容。

【自学 8-4】 演示边界框和视图框的基本用法，运行效果如图 8-14 所示。

图 8-14　边界框和视图框的基本用法

该例子的完整代码请参看源程序，这里不再列出。

5. 带水印的文本框和密码框（TextBox、PasswordBox）

【自学 8-5】 演示带水印的文本框和密码框的基本用法，运行效果如图 8-15 所示。

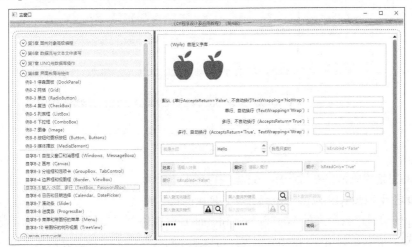

图 8-15　带水印的文本框和密码框的基本用法

该例子的完整代码请参看源程序，这里不再列出。

6. 日历和日期选择（Calendar、DatePicker）

Calendar 显示一个可视化的日历，用户可通过它来选择日期。该控件可以独立使用，也可用作 DatePicker 控件的下拉部分。

DatePicker 用于在文本框中输入日期或使用下拉 Calendar 控件来选择日期。另外，在 Wpfz 项目中的自定义的 DateTimePicker 控件扩展了 DatePicker 功能，利用它不仅可以选择日期（年、月、日），而且还可以输入或编辑时间（时、分、秒）。

【自学 8-6】 演示日历和日期选择的基本用法，运行效果如图 8-16 所示。

图 8-16　日历和日期选择的基本用法

该例子的完整代码请参看源程序，这里不再列出。

7. 滑动条（Slider）

一般利用 Slider 控件让用户拖动滑动条来选择某个规定范围内的值，利用 ProgressBar 控件显示后台业务处理的进度。

【自学 8-7】 演示滑动条的基本用法，运行效果如图 8-17 所示。

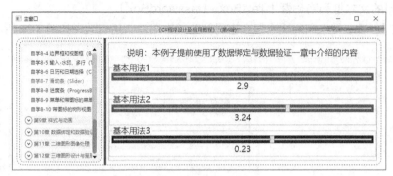

图 8-17　滑动条的基本用法

该例子的完整代码请参看源程序，这里不再列出。

8. 进度显示（BusyBox、ProgressBar、Progressz）

利用 Wpfz 项目中自定义的 WaitingBox 和 BusyBox 控件可以提示后台处于繁忙状态，但处理进度不可预知的情况；利用 ProgressBar 控件可以显示可预知的后台业务处理的进度。

【自学 8-8】 演示进度显示的基本用法，运行效果如图 8-18 所示。

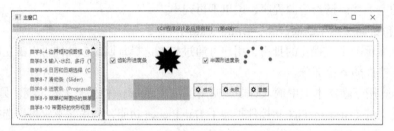

图 8-18　进度显示的基本用法

该例子的完整代码请参看源程序，这里不再列出。

9. 菜单和快捷菜单（Menu、ContextMenu）

Menu 控件称为菜单，用于将关联的操作分组或提供上下文帮助，该控件可以显示在窗口的任何一个位置，但一般显示在窗口的顶部。

ContextMenu 控件称为快捷菜单，也叫右键快捷菜单或上下文菜单。该控件除了是右键弹出菜单外，其他用法与 Menu 控件的用法相同。

这两个控件包含的菜单项都是通过 MenuItem 控件来实现的，MenuItem 内还可以嵌套 MenuItem，从而实现多级菜单。

在 MenuItem 中，设置 IsCheckable="true"可让其有选择的记号（默认为 false）。另外，在 Header 中，可以用 InputGestureText 设置快捷键，还可以通过 Command 设置系统命令（剪切、复制、粘贴等）。

【自学 8-9】 演示菜单和快捷菜单的基本用法，运行效果如图 8-19 所示。

该例子的完整代码请参看源程序，这里不再列出。

10. 树形视图（TreeView）

【自学 8-10】 演示 TreeView 控件的基本用法，运行效果如图 8-20 所示。

该例子的完整代码请参看源程序，这里不再列出。

图 8-19　菜单和快捷菜单的基本用法

图 8-20　TreeView 控件的基本用法

　　除了本章介绍的这些控件外，WPF 还提供了很多项目开发中非常实用的其他控件。例如，用于文档显示与查看的流文档控件，用于设计类似于 Office Word 样式的 Ribbon 控件等。

　　随着学习的深入，还会涌现出更多的控件。实际上，不论有多少控件，其目的都是为了简化项目开发的复杂度，提高开发效率。

　　对于初学者来说，只要掌握了常用 WPF 控件的基本用法，再学习其他控件的用法就比较容易了。

第9章
样式与动画

WPF 提供了样式设置和模板化模型。通过资源、样式和模板，有效实现了表示形式与逻辑代码的分离。另外，在 WPF 应用程序中还可以使用不同的主题，让用户根据自己的习惯选择某个界面风格。

本章我们主要学习 WPF 提供的样式设置、模板化模型和动画设计的基本方法。

9.1　资源与样式控制

在 WPF 应用程序中，资源是指项目中可以和 C#代码分离的固定不变的信息。资源文件是指不能直接执行的文件，例如，图像、字符串、图标、声音、视频、XAML 文件等。至于资源文件以哪种形式保存，则由其所在文件的【生成操作】属性来决定。

WPF 应用程序是利用资源对样式和主题进行控制的。在学习这些内容之前，我们必须先了解 WPF 应用程序项目中的文件都具有哪些属性。只有明白了这些属性的含义，才能明白资源存在的形式以及如何使用资源。

9.1.1　WPF 项目中的文件属性

创建一个 WPF 应用项目后，添加到项目中的每个文件都有一些属性，这些属性表示了编译整个项目以及将文件添加到项目中时处理该文件的方式。一般在【解决方案资源管理器】中选中某个文件，然后通过【属性】窗口查看或更改该文件的属性。

对于应用程序开发人员来说，理解项目中文件的属性以及属性中不同选项的含义非常重要。否则的话，在实际开发中遇到新需求不但不知道如何实现，而且还会遇到很多让自己莫名其妙的概念问题。

另外，还需要特别注意在更改文件的生成类型后，必须选择【重新生成】项目，才会应用这些更改。如果只选择【生成】项目，则不会应用更改。

下面我们简单学习 WPF 应用程序项目中的文件都具有哪些属性。

1. 复制到输出目录

输出目录是指编译项目时，将项目生成的文件保存在哪个文件夹下。在调试环境下（工具条中的配置选项为 Debug），输出目录默认为项目的 bin\Debug 文件夹，在发布环境下（工具条中的配置选项为 Release），输出目录默认为项目的 bin\Release 文件夹。

文件的【复制到输出目录】属性告诉编译器编译项目时是否将该文件复制到生成的文件夹下，

可选的属性如下。

- 不复制：指编译项目时，不将该文件复制到输出目录。
- 始终复制：指每次编译项目时，都将该文件复制到输出目录下。
- 如果较新则复制：指每次编译项目时，如果项目下的文件比输出目录下的文件新，则将项目下的文件复制到输出目录。

对于有些文件，需要与【生成操作】属性配合来满足项目的部署要求。

2. 生成操作

文件的【生成操作】（Build Action）属性有两个含义，一个是将该文件添加到项目中时如何处理该文件，另一个是编译和部署项目时如何处理该文件。

表 9-1 列出了【生成操作】属性的选项及其含义。

表 9-1　　　　　　　　　　　　文件的生成操作属性可选项及其含义

生成操作	含　义
无	不进行任何操作
编译	将该文件编译到扩展名为.exe 的可执行文件中，如果是库项目，则编译到扩展名为.dll 的文件中
内容	表示将文件添加到项目中时，生成操作将该文件转换为内容（Content），可以利用自定义工具对文件进行转换处理。编译项目时，该文件不编译到程序集中，而是随项目单独保存
嵌入的资源	指包含在 Properties 文件夹下的 Resources.resx 文件中的资源。编译项目时，Resources.resx 文件会自动被包含到生成的.exe 或.dll 文件中
Resource	表示文件以单独的形式保存在项目中，与其对应的.resx 文件只保存这些文件的链接。编译项目时，再将这些文件嵌入到程序集中，即编译到.exe 或.dll 文件中
ApplicationDefinition	表示该文件是应用程序的定义文件
Page	表示这些文件为 XAML 资源文件。编译【生成操作】属性为 Page 的文件时，这些文件将被转换为二进制格式编译到程序集中，即编译到.exe 或.dll 文件中
SplashScreen	表示该文件是初始屏幕使用的图像文件

3. 嵌入的资源

嵌入的资源是指包含在 Properties 文件夹下的 Resources.resx 文件中的资源。一旦将某个文件作为嵌入的资源，系统即自动将其转换为强类型的对象，然后以二进制形式嵌入 Properties 文件夹下的 Resource.resx 文件中。嵌入后无法再修改原始文件的内容。

对于在多个项目之间共享的资源文件，如果不希望开发人员修改资源数据文件的内容，例如，包含公司徽标、商标信息等文件，可使用嵌入的资源。优点是将这些文件作为嵌入的资源后，只需要将 Resource.resx 文件复制到其他项目中即可，而不需要复制关联的资源数据文件；缺点就是无法修改资源文件的内容。

将字符串（不是指文本文件）按资源来处理时，必须将其作为嵌入的资源，而不能作为链接的资源。比如将数据库连接字符串作为嵌入的资源来保存。

在 C#代码中，可以直接调用嵌入的资源。例如，对名为 ConnectionString 的字符串资源，可以通过下面的代码得到它：

```
string s = Properties.Resource.ConnectionString;
```

双击 Properties 文件夹下的 Resource.resx 文件，可修改嵌入的字符串资源。

在 WPF 中，首选方式是将资源文件作为链接的资源，而不是作为嵌入的资源。

4．链接的资源

链接的资源是指将文件添加到项目中时，在对应的扩展名为.resx的文件中只保存这些文件的相对路径或链接，而被链接的这些文件仍然单独存储，而且可编辑。编译项目时，这些文件连同与其对应的.resx文件一起被编译到应用程序清单中，即嵌入生成的.exe或者.dll文件中。注意这里所说的"扩展名为.resx的文件"不是指Properties文件夹下的Resource.resx文件，而是指单独添加到项目中的扩展名为.resx的文件。

添加和删除链接的资源文件的办法如下。

（1）在【解决方案资源管理器】中，用鼠标右击项目名，选择【添加】→【新建项】，在弹出的窗口中选择"资源文件"，指定一个资源文件名（如Resource1.resx），单击【添加】按钮。

（2）双击Resource1.resx资源文件打开【资源设计器】，然后再利用它添加或删除被链接的资源文件。

图像文件、图标文件、音频文件、视频文件、文本文件以及其他类型的文件都可以作为链接的资源。用这种方式的好处是可以在项目中直接修改资源文件的内容。

这里需要说明一点，容量比较大的文件（如图像文件、视频文件等），一般不要将其作为嵌入的资源，而应该将其作为内容文件。这是因为将这些大容量文件作为资源后，会使可执行文件的容量变得非常大，从而影响程序初始加载的速度。

当然，如果是为了发布后不让用户看到这些文件，也可以不论文件大小，统统将其作为嵌入的资源。由于作为嵌入的资源后这些文件变成了强类型的对象，在C#代码中调用会变得非常方便，但这是以性能为代价的。

5．内容文件

内容文件是指没有被编译到程序集内的文件，这些文件以单独的文件形式与项目一起发布。编译项目时，这种文件与【复制到输出目录】属性有关。

如果更新某个文件时不需要重新编译项目，则应该将该文件作为内容文件。例如，与项目一起发布的图像文件或者数据库文件等，应该将其【生成操作】属性设置为"内容"，然后将【复制到输出目录】设置为"总是复制"或者"如果较新则复制"。

6．SplashScreen

SplashScreen（初始屏幕）是指将某个图像文件作为程序启动时，在显示主窗口之前显示的屏幕界面。初始屏幕由一幅图像和一种背景色组成，建议使用透明的、大小为620像素×300像素的PNG图像作为初始屏幕图像。

添加初始屏幕的步骤如下。

（1）在项目中新建一个名为SplashScreen的文件夹，在该文件夹下，添加一个图像文件。

（2）将该文件的【生成操作】属性设置为SplashScreen。

另外一种办法是鼠标右击项目名，选择【添加】→【新建项】→【SplashScreen】，此时会添加一个默认的图片文件，并将其作为启动应用程序时的初始屏幕。

9.1.2 XAML 资源

XAML资源是指用XAML描述的在应用程序中的不同位置可以重用的对象，例如，样式（Style）、画笔（Brush）等都是XAML资源。注意XAML资源和扩展名为.resx的资源文件不是一个概念。换句话说，XAML资源的扩展名是.xaml而不是.resx，这些文件的【生成操作】属性都是Page，而且这些文件都会被编译到程序集中。

将窗口（Window）、导航窗口（NavigationWindow）、页（Page）、流文档（FlowDocument）或资源字典（ResourceDictionary）添加到项目中时，其【生成操作】属性默认都是 Page。

1. 声明和引用 XAML 资源

在 XAML 中，用元素的 Resources 属性来声明 XAML 资源。例如：

```
<StackPanel>
    <StackPanel.Resources>
        <SolidColorBrush x:Key="MyBrush" Color="Gold"/>
        <Style x:Key="Title" TargetType="TextBlock">
            <Setter Property="HorizontalAlignment" Value="Center" />
            <Setter Property="FontSize" Value="30" />
        </Style>
    </StackPanel.Resources>
</StackPanel>
```

这段 XAML 用 StackPanel 的 Resources 属性为这个 StackPanel 声明了两个资源，一个是 SolidColorBrush，另一个是 Style。其中的 x:Key 是一种 XAML 标记扩展，它的作用是为该 XAML 资源设置唯一的键。在典型的 WPF 应用程序中，x:Key 的使用率约占 90%以上。

在元素的 Resource 属性中声明了 XAML 资源以后，就可以在该元素的子元素中利用 XAML 标记扩展来引用它。

XAML 标记扩展是指在特性语法中将被扩展的特性值用大括号括起来，然后由紧跟在左大括号后面的字符串来标识被扩展的特性类型。例如：

```
<Page.Resources>
    <Style x:Key="TitleText" TargetType="TextBlock">
        <Setter Property="HorizontalAlignment" Value="Right" />
        <Setter Property="FontFamily" Value="楷体" />
        <Setter Property="FontSize" Value="16" />
    </Style>
</Page.Resources>
...
<TextBlock Style="{StaticResource TitleText}">你好! </TextBlock>
```

在最后一行 XAML 中，Style 特性值中的大括号就是标记扩展，这行 XAML 的意思是以静态资源的方式引用 x:Key 为 TitleText 的样式。

2. 静态资源和动态资源

根据引用 XAML 资源的方式，可将 XAML 资源分为静态资源（StaticResource）和动态资源。

（1）静态资源

静态资源是指生成项目后属性值就不会再变化的资源，通过{StaticResource keyName}标记扩展来引用这种资源。例如，在 Style 中声明 SolidColorBrush 对象后，就可以在 XAML 元素的开始标记内将其作为静态资源来引用：

```
<DockPanel.Resources>
    <SolidColorBrush x:Key="MyBrush" Color="Gold"/>
</DockPanel.Resources>
<Button Background="{StaticResource MyBrush}" Content="金色背景" />
```

WPF 在加载 XAML 的过程中，会首先查找所有静态资源，并将资源值替换为实际的属性值。换言之，这种将静态资源替换为具体属性值的过程是在加载窗口或页的过程中一次性完成的，因此以后执行时效率比较高，但也正是因为它不是每次使用属性值时都去查找资源引用，所以无法在执行过程中动态改变它的值。

（2）动态资源

动态资源（DynamicResource）是指生成项目后属性值可能会根据不同的条件动态变化的资源，用{DynamicResource keyName}标记扩展来引用这种资源。例如：

```
<TextBlock Style="{DynamicResource TitleText}">你好! </TextBlock>
```

在程序运行过程中，每次用到 TitleText 中声明的某个属性的值时，WPF 都去查找该属性引用的资源。这种解决办法增加了应用程序的灵活性，提高了应用程序的开发效率。但由于程序运行过程中每次查找资源都需要时间，因此动态资源的执行速度没有静态资源快。

9.1.3 Style 元素

WPF 应用程序中的样式是利用 XAML 资源来实现的。即在 XAML 资源中用 Style 元素声明样式和模板，并在控件中引用它。

1. 基本概念

Style 元素的常用形式为：

```
<Style x:Key=键值 TargetType="控件类型" BasedOn="其他样式中定义的键值">
    ......
</Style>
```

在 Style 元素的开始标记内，用 x:Key 为样式设置键值；用 TargetType 指定控件的类型；用 BasedOn 继承其他 XAML 资源中已经定义的样式。这种方式既实现了类似 CSS 样式级联的效果，又大大增加了 WPF 样式控制的灵活性。

（1）隐式样式设置（只声明 TargetType）

在 Style 元素的开始标记内，可以只声明 TargetType 而不声明 x:Key，此时 x:Key 的值将隐式设置为和 TargetType 的值相同，该样式对其控制范围内的所有 TargetType 中声明的控件类型都起作用。例如：

```
<Style TargetType="Button">
    <Setter Property="Foreground" Value="Green"/>
    <Setter Property="Background" Value="Yellow"/>
</Style>
```

以这种方式声明的样式表示对它所控制范围内的所有的 Button 控件都起作用。

（2）显式样式设置（只声明 x:Key）

声明了 x:Key 的样式称为显式样式设置，即控件只有在显式样式设置下用 Style 特性引用该 x:Key 的值时才会起作用。

如果只声明 x:Key 而不声明 TargetType，则必须在 Setter 中用 Property="Control.Property"设置 Setter 对象的属性。例如：

```
<Style x:Key="Style1">
    <Setter Property="Control.Foreground" Value="Green"/>
    <Setter Property="Control.Background" Value="Yellow"/>
</Style>
```

这样一来，Button、TextBox、TextBlock 等各种类型的控件都可以通过 Style1 引用这种样式。例如：

```
<Button Style="{StaticResource Style1}"/>
```

（3）同时声明 x:Key 和 TargetType

如果同时声明 x:Key 和 TargetType，则只有引用了 x:Key 的值且控件类型为 TargetType 中指定的类型的控件才会起作用，而且引用了显式样式的控件将不再应用隐式样式。

例如：

```
<Window.Resources>
    <Style x:Key="t1" TargetType="TextBlock">
        <Setter Property="Foreground" Value="White" />
        <Setter Property="Background" Value="Blue" />
    </Style>
    <Style TargetType="TextBlock">
        <Setter Property="Foreground" Value="White" />
        <Setter Property="Background" Value="Red" />
        <Setter Property="Width" Value="100" />
    </Style>
</Window.Resources>
<StackPanel>
    <TextBlock Text="文本 1" Style="{StaticResource t1}" />
    <TextBlock Text="文本 2" />
</StackPanel>
```

此时，由于文本 1 引用了样式 t1，因此隐式样式对它将不再起作用。另外，只有文本 1 才会应用 t1 样式，而 t1 对文本 2 不起作用。

（4）样式继承（声明中包含 BasedOn）

如果样式声明中包含 BasedOn，则该样式将继承 BasedOn 中定义的样式。其效果就是将该样式和 BasedOn 中的样式合并起来共同起作用。例如：

```
<Style x:Key="Style1">
    <Setter Property="Control.Background" Value="Yellow"/>
</Style>
<Style x:Key="Style2" BasedOn="{StaticResource Style1}">
    <Setter Property="Control.Foreground" Value="Blue"/>
</Style>
```

对于该样式来说，凡是引用 Style2 的控件将同时具有 Style1 和 Style2 中设置的样式。其效果相当于：

```
<Style x:Key="Style2">
    <Setter Property="Control.Background" Value="Yellow"/>
    <Setter Property="Control.Foreground" Value="Blue"/>
</Style>
```

如果 Style1 和 Style2 中有重复的属性设置，则 Style2 中的属性设置将覆盖 Style1 中同名的属性设置（和类继承的概念一致）。

也可以通过 BasedOn 实现多次继承，例如，有 A、B、C 3 种样式，则可以让 C 继承 B，让 B 继承 A，则引用样式 C 的控件其最终样式就是 A、B、C 3 种样式合并后的效果。

2．属性设置

在<Style>和</Style>之间，既可以用特性语法声明一个或多个 Setter 对象，也可以用属性语法设置属性的值。

（1）用特性语法定义

用特性语法定义 Setter 时，每个 Setter 都必须包括 Property 属性和 Value 属性。例如：

```
<Setter Property="FontSize" Value="32pt"/>
```

如果存在多个 Setter 具有相同的 Property，则最后的 Setter 中的 Property 有效。同样，如果在元素中用内联方式设置的属性和 Setter 中设置的属性相同，则内联方式设置的属性有效。

（2）用属性语法定义

一般情况下，应该尽量用特性语法定义样式。当某些属性无法用特性语法来描述时，也可以用属性语法来实现，此时在 Setter 元素中定义 Property 属性，在 Setter 元素的子元素中定义 Value 属性。例如：

```
<Style x:Key="t1" TargetType="TextBlock">
    <Setter Property="Foreground">
     <Setter.Value>
       <LinearGradientBrush StartPoint="0.5,0" EndPoint="0.5,1">
           <LinearGradientBrush.GradientStops>
               <GradientStop Offset="0.0" Color="#90C117" />
               <GradientStop Offset="1.0" Color="#5C9417" />
           </LinearGradientBrush.GradientStops>
       </LinearGradientBrush>
     </Setter.Value>
    </Setter>
    <Setter Property="RenderTransform">
        <Setter.Value>
           <TranslateTransform X="0" Y="10"/>
        </Setter.Value>
    </Setter>
</Style>
```

3. 事件设置

在 XAML 资源的<Style>和</Style>之间，可以用 EventSetter 设置事件。例如：

XAML：

```
<Window.Resources>
    <Style TargetType="Button">
        <Setter Property="Background" Value="AliceBlue"/>
        <EventSetter Event="Click" Handler="Button_Click"/>
    </Style>
</Window.Resources>
<StackPanel>
    <Button Content="按钮 1"/>
    <Button Content="按钮 2" Click="Button2_Click"/>
</StackPanel>
```

C#：

```
private void Button_Click(object sender, RoutedEventArgs e)
{
    string btnContent = (e.Source as Button).Content.ToString();
    MessageBox.Show(btnContent);
}
private void Button2_Click(object sender, RoutedEventArgs e)
{
    string btnContent = (e.Source as Button).Content.ToString();
    MessageBox.Show(btnContent);
    e.Handled = true;
}
```

在 Button2_Click 事件中，如果不加 e.Handled = true;，则单击此按钮时，将弹出两次消息框。一次是自身引发的，另一次是样式引发的。

9.1.4　样式的级联控制和资源字典

在 XAML 中，最基本的样式控制形式是用内联式样式来实现的。除了内联式样式以外，还可以在 XAML 资源中声明样式，然后在控件中引用这些样式。

1. 样式的级联控制

根据 XAML 资源声明的位置，可将样式定义分为不同的级别。通过在 Style 标记中用 BasedOn 依次继承（级联），再将其和内联式结合起来，就可以得到最终的有效样式。

（1）内联式

内联式是指在元素的开始标记内直接用特性语法声明元素的样式。例如：

```
<StackPanel>
    <TextBlock FontSize="24" FontFamily="楷体">文本 1</TextBlock>
    <TextBlock FontSize="24" FontFamily="楷体">文本 2</TextBlock>
</StackPanel>
```

在这段 XAML 中，FontSize 和 FontFamily 都是内联表示形式。

内联式适用于单独控制元素样式的情况。这种方式的优点是设置样式直观、方便，缺点是无法一次性设置所有窗口或页面中相同的样式。一般情况下，如果某个元素的样式与其他元素的样式不同，或者具有相同样式的元素比较少，可以采用内联式。

（2）框架元素样式

框架元素是指从 FrameworkElement 或 FrameworkContentElement 继承的元素，根元素（Window、Page、UserControl 等）只是一种特殊的框架元素。

框架元素样式是指在框架元素（包括根元素）的 Resource 属性中定义的样式，这种样式的作用范围为该元素的所有子元素。

（3）应用程序样式

应用程序样式是指在 App.xaml 文件的 Application.Resources 属性中声明的样式。这种样式的作用范围为整个应用程序项目，对项目中的所有窗口或页面都起作用。

（4）需要注意的问题

用 Style 定义元素的样式时，有一点需要注意，由于很多 WPF 控件都是由 WPF 控件组合而成的，如果在根元素样式或应用程序样式内不指定 x:Key，可能会得到意想不到的结果。例如，将例子中 App.xaml 内的 x:Key="TextBlockStyle"去掉，由于不再指定 x:Key，则它会应用于该项目的所有 TextBlock 控件，即使 TextBlock 是另一个控件（如 Button）的组成部分也不例外。将 x:Key 去掉后，再次运行应用程序，我们会发现所有按钮显示的文字前景色和背景色全变了，这显然不是我们所希望的结果。所以在根元素样式、应用程序样式以及资源字典中，最好在 Style 声明中指定 x:Key，以避免产生不希望的结果。

2. 资源字典

资源字典是指在单独的 XAML 文件中定义的样式。

在框架元素样式、应用程序样式中都可以引用资源字典。例如：

```
<Style>
    <Style.Resources>
        <ResourceDictionary Source="Dictionary1.xaml"/>
    </Style.Resources>
</Style>
```

定义资源字典后，既可以让其只对某个元素或者某一页起作用，也可以让其对项目中的所有元素都起作用。另外，还可以在一个资源字典中合并其他的资源字典。

3. 使用 C#代码定义和引用样式

除了用 XAML 定义和引用样式外，还可以用 C#代码来实现相同的功能。

用 XAML 定义的资源如果声明了键（Key），则可以在 C#代码中访问这些资源。实际上，不论是哪种 XAML 资源，编译或执行应用程序的时候，这些 XAML 资源最终都会被整合到 WPF 应用程序的 ResourceDictionary 对象中供 C#代码访问。

假如页面中有一个名为 border1 的 Border 控件，并且用 XAML 定义了下面的样式：

```
<Border Name="border1">
    <Border.Resources>
        <Style x:Key="backgroundKey" TargetType="Border">
            <Setter Property="Background" Value="Blue" />
        </Style>
    </Border.Resources>
</Border>
```

则 Border.Resources 也可以用下面的 C#代码来实现：

```
ResourceDictionary d1 = border1.Resources;
d1.Add("backgroundKey", Brushes.Blue);
```

在 C#代码中，可通过对象的 Resources["key"]直接访问某个 XAML 资源。另外，WPF 还提供了 FindResource(key)方法和 TryFindResource(key)方法来搜索 XAML 资源，如果找不到资源 key，FindResource(key)方法会产生异常，而 TryFindResource(key)方法则返回 null 而不产生异常。

下面的代码演示了如何查找 XAML 资源，并将其作为静态资源来引用：

```
Brush b1 = (Brush)border1.TryFindResource("backgroundKey");
if (b1 != null) border1.Background = b1;
```

如果将 b1 作为动态资源来引用，则需要调用 SetResourceReference 方法来实现：

```
if (b2 != null) border1.SetResourceReference(Border.BorderBrushProperty, b2);
```

也可以从资源集合中获取定义的样式，然后将其分配给元素的 Style 属性。注意资源集合中的项都属于 Object 类型，必须先将查找到的样式强制转换为 Style，然后才能将其分配给 Style 属性。

下面的代码为名为 textblock1 的 TextBlock 设置定义的 TitleText 样式：

```
textblock1.Style = (Style)(this.Resources["TitleText"]);
```

样式一旦应用，便会密封并且无法更改。如果要动态更改已应用的样式，必须创建一个新样式来替换现有样式。

4．示例

【例 9-1】　演示样式的级联控制和资源字典的基本用法，运行效果如图 9-1 所示。

图 9-1　【例 9-1】的运行效果

（1）E01_Dictionary.xaml

```
<ResourceDictionary xmlns="http://schemas.microsoft.com/winfx/2006/xaml/presentation"
            xmlns:x="http://schemas.microsoft.com/winfx/2006/xaml">
```

```
            <Style x:Key="d1" TargetType="TextBlock">
                <Setter Property="FontSize" Value="40" />
                <Setter Property="HorizontalAlignment" Value="Center" />
                <Setter Property="VerticalAlignment" Value="Center" />
                <Setter Property="Foreground">
                    <Setter.Value>
                        <LinearGradientBrush EndPoint="0.5,1"
                                MappingMode="RelativeToBoundingBox"
                                StartPoint="0.5,0">
                            <GradientStop Color="#FF21E6CB" Offset="0" />
                            <GradientStop Color="#FFF37831" Offset="1" />
                        </LinearGradientBrush>
                    </Setter.Value>
                </Setter>
            </Style>
        </ResourceDictionary>
```

（2）E01Style.xaml

```
<Page ……>
    <Page.Resources>
        <ResourceDictionary>
            <Style x:Key="b1" TargetType="TextBlock">
                <Setter Property="Foreground" Value="Black"/>
                <Setter Property="Background" Value="#FFDFF9F7" />
            </Style>
            <Style x:Key="b2" TargetType="TextBlock">
                <Setter Property="Foreground" Value="Black"/>
                <Setter Property="HorizontalAlignment" Value="Right" />
                <Setter Property="FontFamily" Value="楷体" />
                <Setter Property="FontSize" Value="16" />
            </Style>
            <Style x:Key="b3" TargetType="TextBlock">
                <Setter Property="Foreground" Value="Black"/>
                <Setter Property="HorizontalAlignment" Value="Center" />
                <Setter Property="Foreground" Value="Black"/>
                <Setter Property="FontFamily" Value="楷体" />
                <Setter Property="FontSize" Value="30" />
            </Style>
            <ResourceDictionary.MergedDictionaries>
                <ResourceDictionary Source="E01_Dictionary.xaml" />
            </ResourceDictionary.MergedDictionaries>
        </ResourceDictionary>
    </Page.Resources>
    <TabControl>
        <TabItem Header="在父元素中定义">
            <StackPanel>
                <StackPanel.Resources>
                    <Style TargetType="TextBlock">
                        <Setter Property="Foreground" Value="Black"/>
                        <Setter Property="HorizontalAlignment" Value="Center" />
                        <Setter Property="FontFamily" Value="楷体" />
                        <Setter Property="FontSize" Value="30" />
                    </Style>
                </StackPanel.Resources>
                <TextBlock>朝辞白帝彩云间</TextBlock>
```

```
                    <TextBlock>千里江陵一日还</TextBlock>
                </StackPanel>
            </TabItem>
            <TabItem Header="在根元素中定义" >
                <StackPanel Name="stackPanel2">
                    <TextBlock Text="朝辞白帝彩云间"/>
                    <TextBlock Style="{StaticResource b1}" Text="千里江陵一日还"/>
                    <TextBlock Style="{StaticResource b2}" Text="两岸猿声啼不住"/>
                    <TextBlock Style="{StaticResource b3}" Text="轻舟已过万重山"/>
                </StackPanel>
            </TabItem>
            <TabItem Header="在资源字典中定义" >
                <StackPanel VerticalAlignment="Center">
                    <StackPanel.Resources>
                        <!--d1 是在 E01_Dictionary.xaml 中定义的-->
                        <Style TargetType="TextBlock" BasedOn="{StaticResource d1}">
                            <Setter Property="Foreground" Value="Red" />
                        </Style>
                    </StackPanel.Resources>
                    <TextBlock Style="{StaticResource d1}">朝辞白帝彩云间</TextBlock>
                    <TextBlock Text="千里江陵一日还" />
                    <Border Height="150" BorderBrush="Blue" BorderThickness="2">
                        <StackPanel>
                            <Border Name="border1" Height="60" CornerRadius="10"
                                    BorderThickness="2">
                                <TextBlock Name="textBlock1" HorizontalAlignment="Center"
                                           VerticalAlignment="Center"
                                           FontSize="16" Text="朝辞白帝彩云间" />
                            </Border>
                            <Separator />
                            <StackPanel Orientation="Horizontal" HorizontalAlignment="Center">
                                <Button Name="btnAdd" Content="定义样式" Margin="10" />
                                <Button Name="btnRef" Content="引用样式" Margin="10" />
                            </StackPanel>
                            <Separator />
                            <TextBlock Name="textBlock2" HorizontalAlignment="Center" />
                            <Separator />
                        </StackPanel>
                    </Border>
                </StackPanel>
            </TabItem>
        </TabControl>
</Page>
```

（3）E01Style.xaml.cs

```csharp
using System.Windows;
using System.Windows.Controls;
using System.Windows.Media;
namespace ExampleWpfApp.Ch09
{
    public partial class E01Style : Page
    {
        public E01Style()
```

```
{
    InitializeComponent();
    btnAdd.Click += (s, e) =>
    {
        Button btn = e.Source as Button;
        ResourceDictionary d1 = border1.Resources;
        d1.Add("backgroundKey", Brushes.Blue);
        d1.Add("borderBrushKey", new SolidColorBrush(Color.FromRgb(0xFF, 0, 0)));
        textBlock1.Resources.Add("forgroundKey", Brushes.White);
        textBlock2.Text = "样式定义成功";
        btn.IsEnabled = false;
    };
    btnRef.Click += (s, e) =>
    {
        //演示如何查找 XAML 资源
        Brush b1 = (Brush)border1.TryFindResource("backgroundKey");
        Brush b2 = (Brush)border1.TryFindResource("borderBrushKey");
        Brush b3 = (Brush)textBlock1.TryFindResource("forgroundKey");
        //演示如何将 b1、b3 作为静态资源来引用
        if (b1 != null) border1.Background = b1;
        if (b3 != null) textBlock1.Foreground = b3;
        //演示如何将 b2 作为动态资源来引用
        if (b2 != null)
            border1.SetResourceReference(Border.BorderBrushProperty, b2);
    };
}
}
}
```

至此，我们学习了 WPF 应用程序中最基本的样式设置方法。

9.2　控件模板与触发器

在 XAML 资源的 Style 元素中，可以利用控件模板自定义控件的外观。另外，触发器也是 WPF 应用程序中常用的技术之一。

9.2.1　控件模板

WPF 提供了两种模板化技术，一种是样式模板化，用于定义控件的外观；另一种是数据模板化，主要用于绑定数据源。

1. 样式模板

样式模板化是指利用控件模板（ControlTemplate）定义控件的外观，从而让控件呈现出各种形式。

在 Style 元素中，用 Template 属性定义控件的模板。下面的代码演示了如何利用样式模板化为 Separator 重新定义样式：

```
<Style TargetType="Separator">
    <Setter Property="Template">
        <Setter.Value>
            <ControlTemplate>
                <Rectangle Width="60" Height="10" Fill="Blue" />
```

```
            </ControlTemplate>
        </Setter.Value>
    </Setter>
</Style>
```

Separator 默认显示一条横线，这段代码用矩形取代了默认的横线。

对于 ListBox 等控件，还可以分别定义 HeadTemplate 和 ContentTemplate。

2. 示例

【例 9-2】 演示样式模板化的基本用法，运行效果如图 9-2 所示。

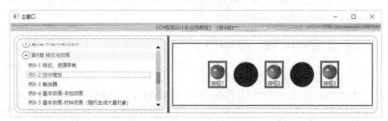

图 9-2 【例 9-2】的运行效果

该例子的源程序见 E02ControlTemplate.xaml 文件，主要代码如下：

```
<Page x:Class="ExampleWpfApp.Ch09.E02ControlTemplate"
    xmlns="http://schemas.microsoft.com/winfx/2006/xaml/presentation"
    xmlns:x="http://schemas.microsoft.com/winfx/2006/xaml"
    xmlns:mc="http://schemas.openxmlformats.org/markup-compatibility/2006"
    xmlns:d="http://schemas.microsoft.com/expression/blend/2008"
    xmlns:local="clr-namespace:ExampleWpfApp.Ch09"
    mc:Ignorable="d"
    d:DesignHeight="450" d:DesignWidth="800"
    Title="ControlTemplate">
<Page.Resources>
    <Style TargetType="Button">
        <Setter Property="Margin" Value="5 0 0 0" />
        <Setter Property="Background" Value="AliceBlue" />
        <Setter Property="Template">
            <Setter.Value>
                <ControlTemplate TargetType="Button">
                    <Border BorderBrush="Red" BorderThickness="5">
                        <StackPanel>
                            <Image Source="/Resources/Images/Apple.jpg"
                                    Height="40" />
                            <ContentPresenter HorizontalAlignment="Center"
                                        VerticalAlignment="Bottom" />
                        </StackPanel>
                    </Border>
                </ControlTemplate>
            </Setter.Value>
        </Setter>
    </Style>
    <Style TargetType="Separator">
        <Setter Property="Margin" Value="15 0 10 0" />
        <Setter Property="Template">
            <Setter.Value>
                <ControlTemplate>
                    <Rectangle Width="60" Height="60"
                            RadiusX="30" RadiusY="30" Fill="Blue"/>
```

```
                </ControlTemplate>
            </Setter.Value>
        </Setter>
    </Style>
</Page.Resources>
<Border Height="150" BorderBrush="Blue" BorderThickness="2">
    <StackPanel Orientation="Horizontal"
                HorizontalAlignment="Center"
                VerticalAlignment="Center">
        <Button Content="按钮 1" />
        <Separator />
        <Button Content="按钮 2" />
        <Separator />
        <Button Content="按钮 3" />
    </StackPanel>
</Border>
</Page>
```

9.2.2 触发器

触发器（Trigger）是指某种条件发生变化时自动触发某些动作。在<Style>和</Style>之间，可以利用样式设置触发器。

1. 属性触发器

属性触发器是指用控件的属性作为触发条件，即当对象的属性发生变化时自动更改对应的其他属性。有两种类型的属性触发器，一种是 Trigger，用于单条件触发；另一种是 MultiTrigger，用于多条件触发。

下面的代码演示了 Trigger 的基本用法：

```
<Style TargetType="Button">
    <Setter Property="Width" Value="60"/>
    <Style.Triggers>
        <Trigger Property="IsMouseOver" Value="True">
            <Setter Property="Width" Value="80"/>
        </Trigger>
    </Style.Triggers>
</Style>
```

这段 Style 定义了一个 Trigger 元素，该触发器的作用是：当按钮的 IsMouseOver 属性变为 True 时，自动将按钮的 Width 属性设置 80。当 IsMouseOver 属性为 False，即触发条件失效时，宽度回到默认值 60。

2. 事件触发器

事件触发器（EventTrigger）是指用路由事件（RoutedEvent）作为触发条件，即当引发指定的路由事件时启动一组操作，例如，动画等。

下面的代码演示了 EventTrigger 的基本用法：

```
<Style TargetType="Button">
    <Setter Property="Height" Value="30" />
    <Style.Triggers>
        <EventTrigger RoutedEvent="Mouse.MouseEnter">
            <EventTrigger.Actions>
                <BeginStoryboard>
                    <Storyboard>
```

```
                <DoubleAnimation Duration="0:0:0.2"
                        Storyboard.TargetProperty="Height" To="90" />
            </Storyboard>
          </BeginStoryboard>
        </EventTrigger.Actions>
      </EventTrigger>
      <EventTrigger RoutedEvent="Mouse.MouseLeave">
        <EventTrigger.Actions>
          <BeginStoryboard>
            <Storyboard>
                <DoubleAnimation Duration="0:0:1"
                        Storyboard.TargetProperty="Height" />
            </Storyboard>
          </BeginStoryboard>
        </EventTrigger.Actions>
      </EventTrigger>
    </Style.Triggers>
  </Style>
```

3. 数据触发器

数据触发器是利用控件的 DataContext 来触发的。

属性触发器只检查 WPF 的附加属性，一般用它来检查可视元素的属性；数据触发器则可以检查任何一种可被绑定的属性，通常用它来检查不可视对象的属性。

（1）DataTrigger

DataTrigger 用控件的 DataContext 的单个属性作为触发条件。

（2）MultiDataTrigger

MultiDataTrigger 用控件的 DataContext 的多个属性作为触发条件。

（3）示例

【例 9-3】 演示触发器的基本用法，运行效果如图 9-3 所示。

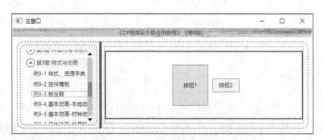

图 9-3　【例 9-3】的运行效果

该例子的源程序见 E03Trigger.xaml 文件，主要代码如下：

```
<Page x:Class="ExampleWpfApp.Ch09.E03Trigger"
    xmlns="http://schemas.microsoft.com/winfx/2006/xaml/presentation"
    xmlns:x="http://schemas.microsoft.com/winfx/2006/xaml"
    xmlns:mc="http://schemas.openxmlformats.org/markup-compatibility/2006"
    xmlns:d="http://schemas.microsoft.com/expression/blend/2008"
    xmlns:local="clr-namespace:ExampleWpfApp.Ch09"
    mc:Ignorable="d"
    d:DesignHeight="450" d:DesignWidth="800"
    Title="Trigger">
  <Page.Resources>
    <Style TargetType="Button">
```

```
            <Setter Property="Margin" Value="10 0 0 0" />
            <Setter Property="Width" Value="60" />
            <Setter Property="Height" Value="30" />
            <Setter Property="Background" Value="AliceBlue" />
            <Style.Triggers>
                <Trigger Property="IsMouseOver" Value="True">
                    <Setter Property="Width" Value="80" />
                </Trigger>
                <MultiTrigger>
                    <MultiTrigger.Conditions>
                        <Condition Property="IsFocused" Value="True"></Condition>
                        <Condition Property="Content" Value="{x:Null}"></Condition>
                    </MultiTrigger.Conditions>
                    <Setter Property="ToolTip" Value="content is null!"></Setter>
                </MultiTrigger>
                <EventTrigger RoutedEvent="Mouse.MouseEnter">
                    <EventTrigger.Actions>
                        <BeginStoryboard>
                            <Storyboard>
                                <DoubleAnimation Duration="0:0:0.2"
                                        Storyboard.TargetProperty="Height"
                                        To="90" />
                            </Storyboard>
                        </BeginStoryboard>
                    </EventTrigger.Actions>
                </EventTrigger>
                <EventTrigger RoutedEvent="Mouse.MouseLeave">
                    <EventTrigger.Actions>
                        <BeginStoryboard>
                            <Storyboard>
                                <DoubleAnimation Duration="0:0:1"
                                        Storyboard.TargetProperty="Height" />
                            </Storyboard>
                        </BeginStoryboard>
                    </EventTrigger.Actions>
                </EventTrigger>
            </Style.Triggers>
        </Style>
    </Page.Resources>
    <Border Height="150" BorderBrush="Blue" BorderThickness="2">
        <StackPanel Orientation="Horizontal" HorizontalAlignment="Center">
            <Button Content="按钮 1" />
            <Button Content="按钮 2" />
        </StackPanel>
    </Border>
</Page>
```

运行程序时，可将鼠标移动到【按钮 1】或者【按钮 2】的上面观察触发效果。

9.2.3 主题

主题（Themes），也叫外观，是在系统或应用程序级别上定义的一组资源，利用主题，可以一次性指定项目内所有元素的默认样式，为应用程序的控件和其他可视元素提供默认的外观。

在 WPF 应用程序中，主题是通过资源字典来实现的，对于应用程序开发人员来说，既可以引用系统主题，也可以自定义主题。

WPF 查找元素样式时，首先沿元素树向上查找相应的资源，然后再在应用程序资源集合中查找，或者说，主题是最后查找的位置。如果都找不到，就使用系统默认提供的主题。

1. 系统主题

系统主题是指操作系统提供的主题，这些主题都保存在对应的.dll 文件中。主要有以下几种。

- PresentationFramework.Aero.NormalColor.xaml：Windows 7 的默认主题。
- PresentationFramework.AeroLite.NormalColor.xaml：Windows 8 的主题。
- PresentationFramework.Luna.NormalColor.xaml：Windows XP 的默认蓝色主题。
- PresentationFramework.Luna.Homestead.xaml：Windows XP 的橄榄色主题。
- PresentationFramework.Luna.Metallic.xaml：Windows XP 的银色主题。
- PresentationFramework.Royale.NormalColor.xaml：Windows XP Media Center Edition 的默认主题。
- PresentationFramework.Classic.xaml：Windows 98 的默认主题。

如果不指定系统主题，WPF 会使用安装操作系统时默认选择的主题，此时相同的代码在不同操作系统下呈现的界面效果也不一定相同。比如在 Windows 7 操作系统上运行时呈现的是一种界面风格，在 Windows 10 操作系统上运行时呈现的则是另一种界面风格。

2. 自定义主题

Wpfz 项目中包含了自定义主题的代码，并在 ExampleWpfApp 项目中引用了 Wpfz 项目中自定义的主题，对此有兴趣的学生可自学 Wpfz 项目中相关的内容。

3. 如何使用主题

要使用被引用的主题，需要经过以下步骤。

（1）添加引用。使用鼠标右击项目的【引用】，选择【添加引用】命令，在弹出的窗口中勾选要引用的 dll 文件，如图 9-4（a）所示。

（2）使用鼠标单击已经引用的 dll 文件，将其【复制本地】属性改为 True，如图 9-4（b）所示。注意这一步不能省略，否则将无法找到对应的主题文件。

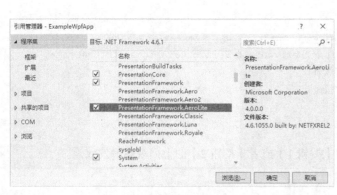

（a）添加引用的主题　　　　　　　　　　　（b）修改引用的主题属性

图 9-4　引用系统提供的主题

（3）将使用的主题合并到 App.xaml 的资源字典中，以便在整个项目中都能使用它。下面的代码演示了如何将系统主题和自定义主题合并在一起：

```
<Application.Resources>
    <ResourceDictionary>
        <ResourceDictionary.MergedDictionaries>
            <ResourceDictionary Source="/PresentationFramework.AeroLite;component/Themes/
AeroLite.NormalColor.xaml" />
            <ResourceDictionary Source="/Wpfz;component/Themes/Generic.xaml"/>
        </ResourceDictionary.MergedDictionaries>
    </ResourceDictionary>
</Application.Resources>
```

在这段代码中，被合并的主题有两个，第 1 个为系统主题，第 2 个为自定义主题。

9.3　WPF 动画设计基础

动画是快速播放一系列图像给人造成一种场景连续变化的幻觉。比如每秒播放 10 个画面，由于人眼的滞留作用，看起来就像这些画面是连续变化的一样。

WPF 提供的动画类型都在 System.Windows.Media.Animation 命名空间下。在 WPF 应用程序中，所有可见对象都可以实现动画功能。

9.3.1　WPF 动画计时系统及其分类

WPF 内部实现了一套高效的动画计时系统，开发人员可利用它直接对控件的附加属性值进行动画处理。在 WPF 应用程序中，所有可见对象都可以实现动画计时系统提供的动画功能。

1. 基本概念

早期的动画技术一般用逐帧动画来实现，这是最原始的动画实现技术，即所有动画细节全部由开发人员自己来实现。

为了简化动画设计的难度，WPF 提供了一套非常灵活的动画计时系统，这些动画类型都在 System.Windows.Media.Animation 命名空间下。

在 WPF 应用程序中，建议尽量使用 WPF 动画计时系统，而不是采用早期的逐帧动画技术来实现。

2. WPF 动画计时系统的分类

按照 WPF 动画计时系统的类型来划分，可将 WPF 动画计时系统分为基本动画、关键帧动画和路径动画，如果仍不能满足要求，开发人员还可以自定义动画。

（1）基本动画(From/To/By)

基本动画是用 From/To 或者 From/By 来实现的，利用它可在某个时间段内让对象的某个属性从一个值逐渐过渡到另一个值。

基本动画中的每个动画最多只能指定两个值，要么是 From/To，要么是 From/By，实现完成过渡所需的时间由该动画的 Duration 来确定。

如果一个动画需要指定两个以上的值，应该用关键帧动画来实现，而不是用基本动画来实现。

基本动画可控制多种类型，这些动画类的后缀都带 Animation，即：

<类型>Animation

可控制的<类型>有：Byte、Int16、Int32、Int64、Single、Double、Decimal、Color、Point、Size、Thickness、Rect、Vector、Vector3D、Quaternion、Rotation3D。其中，常用的基本动画类有 DoubleAnimation、ColorAnimation 和 PointAnimation。

DoubleAnimation 适用于对 Rectangle、Button、Label 等控件的宽度、高度、不透明度等 Double 类型的附加属性进行动画处理，如滑动效果、拉帘效果、渐入渐出效果等。

ColorAnimation 适用于对颜色（前景色、背景色、填充色等）进行渐变动画处理。

PointAnimation 适用于对位置进行动画处理。

由于基本动画是用 From/To 或 From/By 来实现的，因此只需要在相邻的两个时间点分别设置控件的属性起始值和结束值，系统就会自动利用计时器在两个相邻的时间点之间让属性从起始值逐渐变化到结束值。

表 9-2 列出了 From/To/By 动画的各种组合及其含义。其中，基值是指进行动画处理的控件的属性值，例如，Width 属性的值等。

表 9-2　　　　　　　　　　From/To/By 的基本用法（假定基值为 120）

格　式	举　例	说　明
From 起始值 To 结束值	From 50 To 200	从起始值 50 逐渐变化到结束值 200
From 起始值 By 偏移量	From 50 By 150	从起始值 50 逐渐变化到 200（即 50+150）
From 起始值	From 50	从起始值 50 逐渐变化到基值 120
To 结束值	To 150	从基值 120 逐渐变化到结束值 150
By 偏移量	By 50	从基值 120 逐渐变化到 170（即 120+50）

如果同时指定 From、By 和 To，则忽略 By 的值。

从是否可交互以及受支持的程度来看，又可以将基本动画（From/To/By）进一步细分为本地动画、时钟动画和故事板动画（Storyboard）。

表 9-3 所示为基本动画中不同处理技术的区别，其中"基于实例"指的是在 WPF 动画计时系统中直接用 C#代码对控件的属性值进行动画处理；"可交互"是指在 WPF 动画计时系统中，是否可以控制动画的暂停、继续、停止等交互操作。

表 9-3　　　　　　　　　　基本动画的处理技术

动画实现技术	说　明	支持 C#	支持 XAML	可交互
本地动画	基于实例	是	否	否
时钟动画	基于实例	是	否	是
故事板动画	基于实例、样式、控件模板、数据模板	是	是	是

从表 9-3 中可以看出，本地动画和时钟动画只能用 C#代码来实现，不支持 XAML。

本地动画一般用于不需要用户参与交互操作的情况；如果希望通过界面让用户参与交互操作，此时可以用时钟动画或者故事板动画来实现。另外，由于故事板动画支持 XAML，所以它的应用范围更广，可适用于任何应用场合。

（2）关键帧动画

关键帧动画在基本动画的基础上增加了控制动画变化的关键帧，此技术可同时包含多条"并行执行"的时间线（一个属性对应一条时间线），每条时间线上都可以指定多个关键时间点，控件或元素的附加属性值在这些关键时间点上使用内插算法实现每一对两两相邻的关键帧之间的逐渐过渡。

（3）路径动画

路径动画在关键帧动画的基础上又增加了路径规划功能，此技术同样可以同时包含多条并行执行的时间线（一个属性对应一条时间线），但是每条时间线上关键时间点上属性的值是通过事先规划的路径计算出来的，WPF 会自动让控件或元素的附加属性值在每一对两两相邻的关键帧之间逐渐过渡。

9.3.2 WPF 动画计时系统的常用属性

WPF 动画计时系统非常灵活，其动画技术的本质都是通过动态改变控件或元素的附加属性值来实现动画功能的。因此，在学习具体的动画实现技术之前，我们需要先熟悉在这些不同的动画类型中用于控制动画的属性都有哪些。

1. 故事板和时间线

在 WPF 动画计时系统中，基本动画、关键帧动画以及路径动画都是基于故事板（Storyboard 类）来实现的。或者说，这些动画的容器都是故事板。在 Storyboard 类中实现的动画又是基于 Timeline 类来控制的。

（1）Storyboard

Storyboard 是一组时间线的容器，它由一条总时间线控制，在它包含的所有时间线上定义的动画都可以并行执行，而且还可以通过该容器整体控制动画的启动、暂停、继续、停止等交互操作。

使用 Storyboard 进行动画处理需要完成以下的步骤。

- 声明一个 Storyboard 以及一个或多个动画。
- 使用 TargetName 和 TargetProperty 附加属性指定每个动画的目标对象和属性。
- 启动 Storyboard 执行动画。

启动 Storyboard 的方法有两种：一种是在 C#代码中调用 Storyboard 类提供的 Begin 方法来实现，另一种是在 XAML 中利用 Trigger 或 DataTrigger 来实现。

（2）Timeline

时间线（Timeline）表示一个总时间段，总时间段由一个或多个子时间段组成，在每条时间线的每个子时间段内，都可以定义一个动画。

Timeline 类是定义动画计时行为的抽象基类。该抽象基类提供了控制动画播放的属性，从该类继承的各种动画类都可以使用这些属性，包括基本动画、关键帧动画、路径动画以及自定义动画。

2. 常用属性

在 WPF 动画计时系统中，用于控制控件或元素动画的附加属性主要有以下几种。无论是哪种动画类型，都可以使用这些属性。

（1）Duration 属性

该属性是一个 TimeSpan 类型，表示动画持续的时间，在 XAML 中用"时:分:秒"的形式表示。默认情况下，当时间线到达 Duration 指定的值时，就会停止播放动画。

使用该属性时需要注意，即使子时间线的长度大于 Storyboard 时间线本身的长度，当 Storyboard 停止播放时，它的所有子时间线依然会立即停止播放。

例如，下面的 XAML 代码用于控制两个 Rectangle 控件的动画：

```
<Page.Resources>
    <Storyboard x:Key="Storyboard1" Duration="0:0:3">
        <DoubleAnimation Storyboard.TargetName="Rectangle1" To="500" Duration="0:0:5"
                         Storyboard.TargetProperty="Width" />
        <DoubleAnimation Storyboard.TargetName="Rectangle2" To="200" Duration="0:0:2"
                         Storyboard.TargetProperty="Width" />
    </Storyboard>
</Page.Resources>
```

在这段 XAML 代码中，虽然 Rectangle1 的 Duration 设置为 5s，但是由于 Storyboard 的 Duration 设置为 3s，所以该动画播放 3s 就全部结束了。

同样道理，如果故事板中的某条时间线包含子时间线，只要这条时间线停止动画，它的子时间线也会立即停止动画。

（2）RepeatBehavior 属性

该属性指定时间线播放的重复行为。

默认情况下，重复次数为 1.0，即播放一次时间线。RepeatBehavior="0:0:10"表示重复到 10s 为止；RepeatBehavior="2.5x"表示重复 2.5 次；RepeatBehavior="Forever"表示一直重复，直到手动停止或停止动画计时系统为止。

至于如何重复，还要看其他属性的设置情况。例如，Timeline 提供了一个 IsCumulative 属性，该属性指示是否在重复过程中累加动画的基值（默认为 false，即不改变基值）。基值是指在 XAML 中指定的初始值，假如在 XAML 中设置某个 Label 的 Width="50"，则其基值就是 50，此时如果宽度动画从 50 变化到 70（From="50" To="70"），RepeatBehavior="6x"，并且 IsCumulative="true"，则第 1 次从基值 50 渐变到 70，基值即变为 70；第 2 次再从基值（70）到 90，基值即变为 90；第 3 次从基值（90）到 110；以此类推。

如果 IsCumulative="false"，则重复的 6 次全部都是从 50 到 70，即基值不变。

（3）AutoReverse 属性

该属性指定 Timeline 在每次向前迭代播放结束后是否继续反向迭代播放。

假设动画的任务是将某个矩形框（Rectangle）的宽度从 50 到 100 播放。如果 AutoReverse="true"，则当播放到宽度为 100 后就会继续将宽度从 100 到 50 反向播放。

另外，如果 AutoReverse="true"，并且 RepeatBehavior 设置为重复次数，则一次重复是指一次向前迭代和一次向后迭代。例如：

```
<DoubleAnimation
    Storyboard.TargetName="MyRectangle" Storyboard.TargetProperty="Width"
    From="0" To="100" Duration="0:0:5" RepeatBehavior="2" AutoReverse="True" />
```

在这段 XAML 中，重复次数为 2，实际上总共用了 20s 时间。第 1 次向前迭代 5s，向后迭代 5s；第 2 次又是向前迭代 5s，向后迭代 5s。

如果容器时间线（包括 Storyboard 以及 Storyboard 内每个 ParallelTimeline 的 Timeline）有子 Timeline 对象，则当容器时间线反向时，它的子 Timeline 对象也会立即跟着反向。

（4）BeginTime 属性

该属性用于指定时间线开始的时间。如果不指定开始时间，开始时间默认为 0。

对于容器内的每条时间线来说，注意其开始时间是相对于父时间线来说的。

例如，在下面的 XAML 中，由于父容器 Storyboard 从第 2s 开始，因此第 1 个动画从第 2s 开始播放，第 2 个动画从第 5s 开始播放（2s+3s）。

```
<Storyboard BeginTime="0:0:2">
    <DoubleAnimation
        Storyboard.TargetName="MyRectangle1" Storyboard.TargetProperty="Width"
        From="0" To="100" Duration="0:0:5"/>
    <DoubleAnimation
    Storyboard.TargetName="MyRectangle1" Storyboard.TargetProperty="Width"
    From="0" To="100" Duration="0:0:3" />
    <DoubleAnimation
        Storyboard.TargetName="MyRectangle1" Storyboard.TargetProperty="Width"
```

```
            From="0" To="100" Duration="0:0:5"/>
        <DoubleAnimation
        Storyboard.TargetName="MyRectangle2" Storyboard.TargetProperty="Width"
        From="0" To="100" Duration="0:0:3" BeginTime="0:0:3" />
    </Storyboard>
```

如果将时间线的开始时间设置为 null，则会阻止时间线播放。在 XAML 中可以用 x:Null 标记扩展来指定 Null 值。

（5）FillBehavior 属性

该属性表示当 Timeline 到达活动期的结尾时，即动画播放结束时，是停止动画播放（FillBehavior="Stop"）还是保持动画结束时的值（FillBehavior="HoldEnd"），默认值为 HoldEnd。

例如，将宽度动画从 100 变化到 200，如果 FillBehavior="HoldEnd"，则该动画结束后宽度仍保持为 200；如果 FillBehavior="Stop"，则动画结束后宽度将立即还原为 100。

如果停止某个动画所在的容器时间线，则该动画将立即停止播放，属性的值还原为初始值。注意"动画播放结束"的含义是指播放到其活动期的结尾后其时间线的计时仍在继续，只是看不到动画有变化而已；"停止动画播放"是指停止时间线的计时，即不再进行动画播放。

（6）控制时间线速度的属性

Timeline 类提供了 3 个控制时间线速度的属性。

【SpeedRatio】属性：该属性指定 Timeline 相对于其父时间线的时间进度速度。大于 1 的值表示增加 Timeline 及其子 Timeline 对象的速度，0 和 1 之间的值表示减慢其速度。值 1 表明该 Timeline 的进度速度与其父时间线相同。容器时间线的 SpeedRatio 设置会影响它的所有子 Timeline 对象。

【AccelerationRatio】属性：该属性指定动画期间时间线相对于 Duration 的加速度，该值必须在 0.0 和 1.0 之间。例如，AccelerationRatio="0.4"表示加速度为 40%，AccelerationRatio="1.0"表示加速度为 100%。加速度的效果类似于开车时踩油门，速度从慢逐渐变快。

【DecelerationRatio】属性：该属性指定动画期间时间线相对于 Duration 的减速度，其值必须在 0.0 和 1.0 之间。例如，DecelerationRatio="0.6"表示减速度为 60%。其效果类似于开车时踩刹车，速度从快逐渐变慢。

也可以同时使用 AccelerationRatio 和 DecelerationRatio，例如：

```
<DoubleAnimation
    Storyboard.TargetName="Rectangle1"
    Storyboard.TargetProperty="(Rectangle.Width)"
    AccelerationRatio="0.4" DecelerationRatio="0.6"
    Duration="0:0:10" From="20" To="400" />
```

介绍故事板动画时，我们再通过完整代码解释这些属性的基本用法。

9.3.3　基本动画

基本动画是一种随着时间变化自动将元素的某个属性从起始值逐渐过渡到结束值的过程。

基本动画又可以进一步细分为本地动画、时钟动画和故事板动画。

1．本地动画

本地动画是指直接对对象的属性值进行处理的动画，这种动画受计时系统支持，但不能对动画进行暂停等交互操作。

本地动画只能用 C#代码来实现，无法用 XAML 来描述。

【例 9-4】　演示本地动画的基本用法，将按钮的宽度和背景色进行动画处理，程序运行效果如图 9-5 所示。

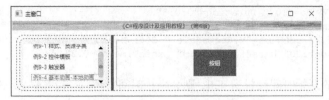

图 9-5 【例 9-4】的运行效果

（1）E04LocalAnimation.xaml

```
<Page ......>
    <Grid>
        <Button Name="btn1" Content="按钮" Foreground="White" Width="50"
                Height="30">
            <Button.Background>
                <SolidColorBrush Color="Blue" />
            </Button.Background>
        </Button>
    </Grid>
</Page>
```

（2）E04LocalAnimation.xaml.cs

```
using System;
using System.Windows;
using System.Windows.Controls;
using System.Windows.Media;
using System.Windows.Media.Animation;
namespace ExampleWpfApp.Ch09
{
    public partial class E04LocalAnimation : Page
    {
        public E04LocalAnimation()
        {
            InitializeComponent();
            btn1.Loaded += (s, e) =>
            {
                DoubleAnimation da1 = InitDoubleAnimation(100, 1);
                DoubleAnimation da2 = InitDoubleAnimation(60, 1);
                //对背景颜色进行动画处理
                ColorAnimation ca = new ColorAnimation()
                {
                    From = Colors.Blue,
                    To = Colors.Red,
                    Duration = new Duration(TimeSpan.FromSeconds(1.5)),
                    AutoReverse = true,
                    RepeatBehavior = RepeatBehavior.Forever
                };
                btn1.BeginAnimation(WidthProperty, da1);
                btn1.BeginAnimation(HeightProperty, da2);
                btn1.Background.BeginAnimation(SolidColorBrush.ColorProperty, ca);
            };
        }
        private DoubleAnimation InitDoubleAnimation(double to, double seconds)
        {
            DoubleAnimation da = new DoubleAnimation()
            {
```

```
            To = to,
            Duration = new Duration(TimeSpan.FromSeconds(seconds)),
            AutoReverse = true,
            RepeatBehavior = RepeatBehavior.Forever
        };
        return da;
    }
  }
}
```

在按钮的 Loaded 事件中，用 C#代码同时对 Button 的宽度、高度和背景颜色进行动画处理。注意不要在构造函数中直接调用 Begin 方法执行动画，这是因为此时页面还没有显示出来，所以不会有任何效果。

2.　时钟动画

时钟动画适用于处理大量类型相同而且需要交互的场合。例如，对 100 个小球进行动画处理（或者 100 个人物、100 个水果、100 个飘落的雪花、100 条枪……）。在这些情况下，用 Storyboard 和 XAML 来描述显然不合适（要是几千个、上万个就更无法描述了），而用本地动画又无法交互（控制开始、暂停、继续、停止等），在这种情况下，时钟动画就能体现出它的优势了。

【例 9-5】 演示时钟动画的基本用法。在界面中按用户选择的小球个数立即自动生成动画，小球移动的方向和偏移量随机产生。程序运行效果如图 9-6 所示。

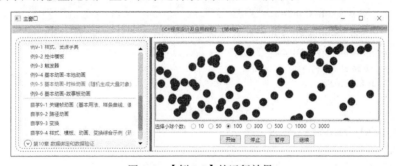

图 9-6　【例 9-5】的运行效果

在这个例子中，我们用 Ellipse 创建小球对象，目的是为了不让代码变得过于复杂，但这并不是最佳的实现方式。当我们学习了几何图形（PathGeometry）以后，会发现还有执行速度更快的实现办法。

（1）E05ClockAnimation.xaml

```
<Page ......>
  <Page.Resources>
    <Style TargetType="RadioButton">
      <Setter Property="VerticalAlignment" Value="Center" />
      <Setter Property="HorizontalAlignment" Value="Center" />
      <Setter Property="GroupName" Value="g" />
      <Setter Property="Margin" Value="5" />
      <EventSetter Event="Checked" Handler="RadioButton_Checked" />
    </Style>
    <Style TargetType="Button">
      <Setter Property="Margin" Value="5" />
      <Setter Property="Width" Value="50" />
      <Setter Property="Height" Value="20" />
      <EventSetter Event="Click" Handler="Button_Click" />
    </Style>
```

```
        </Page.Resources>
        <Grid>
            <Grid.RowDefinitions>
                <RowDefinition Height="*" />
                <RowDefinition Height="60" />
            </Grid.RowDefinitions>
            <Border Grid.Row="0" BorderThickness="3" BorderBrush="#FF33E017">
                <Canvas Name="canvas1" ClipToBounds="True" />
            </Border>
            <StackPanel Grid.Row="1">
                <StackPanel Orientation="Horizontal">
                    <TextBlock VerticalAlignment="Center" Text="选择小球个数： " />
                    <RadioButton Content="10" />
                    <RadioButton Content="50" />
                    <RadioButton Content="100" />
                    <RadioButton Content="300" />
                    <RadioButton Content="500" />
                    <RadioButton Content="1000" />
                    <RadioButton Content="3000" />
                </StackPanel>
                <Separator />
                <StackPanel Orientation="Horizontal" HorizontalAlignment="Center">
                    <Button Content="开始" />
                    <Button Content="停止" />
                    <Button Content="暂停" />
                    <Button Content="继续" />
                </StackPanel>
            </StackPanel>
        </Grid>
    </Page>
```

（2）E05ClockAnimation.xaml.cs

```
using System;
using System.Collections.Generic;
using System.Windows;
using System.Windows.Controls;
using System.Windows.Media;
using System.Windows.Media.Animation;
using System.Windows.Shapes;
namespace ExampleWpfApp.Ch09
{
    public partial class E05ClockAnimation : Page
    {
        public E05ClockAnimation()
        {
            InitializeComponent();
            CreateAnimatedEllipse();
        }
        private List<AnimationClock> acList;
        private const int w = 20;  //小球的宽和高
        private int ellipseNumber = 10;
        private Random r = new Random(DateTime.Now.Millisecond);
        private void CreateAnimatedEllipse()
        {
            if (acList != null)
```

```
    {
        foreach (var ac in acList)
        {
            ac.Controller.Remove();
        }
        acList.Clear();
        acList = null;
    }
    canvas1.Children.Clear();
    acList = new List<AnimationClock>();
    for (int i = 0; i < ellipseNumber; i++)
    {
        Ellipse ellipse = new Ellipse()
        {
            Width = w,
            Height = w,
            Fill = Brushes.Blue,
        };
        double bottom = canvas1.ActualHeight;
        double ellipseLeft = r.NextDouble() * canvas1.ActualWidth - w;
        double ellipseTop = r.NextDouble() * bottom - w;
        if (ellipseLeft <= 0) ellipseLeft = 0;
        if (ellipseTop <= 0) ellipseTop = 0;
        Canvas.SetLeft(ellipse, ellipseLeft);
        Canvas.SetTop(ellipse, ellipseTop);
        canvas1.Children.Add(ellipse);
        AnimationClock ac1 = CreateDoubleAnimation(ellipseLeft);
        AnimationClock ac2 = CreateDoubleAnimation(ellipseTop);
        TranslateTransform tt = new TranslateTransform();
        tt.ApplyAnimationClock(TranslateTransform.XProperty, ac1);
        tt.ApplyAnimationClock(TranslateTransform.YProperty, ac2);
        ellipse.RenderTransform = tt;
        acList.Add(ac1);
        acList.Add(ac2);
    }
}
private AnimationClock CreateDoubleAnimation(double n)
{
    double d = 0;
    while (d == 0)
    {
        d = r.NextDouble() - r.NextDouble();
    }
    DoubleAnimation da = new DoubleAnimation()
    {
        From = 0,
        To = d * n,
        Duration = new Duration(TimeSpan.FromSeconds(Math.Abs(d) * 2)),
        AutoReverse = true,
        RepeatBehavior = RepeatBehavior.Forever
    };
    AnimationClock ac = da.CreateClock();
    return ac;
}
private void Button_Click(object sender, RoutedEventArgs e)
{
```

```
            if (e.Source is Button btn)
            {
                string s = btn.Content.ToString();
                switch (s)
                {
                    case "开始": foreach (var ac in acList) ac.Controller.Begin(); break;
                    case "停止": foreach (var ac in acList) ac.Controller.Stop(); break;
                    case "暂停": foreach (var ac in acList) ac.Controller.Pause(); break;
                    case "继续": foreach (var ac in acList) ac.Controller.Resume(); break;
                }
            }
        }
        private void RadioButton_Checked(object sender, RoutedEventArgs e)
        {
            if (e.Source is RadioButton r)
            {
                if (r.Content != null)
                {
                    ellipseNumber = int.Parse(r.Content.ToString());
                    CreateAnimatedEllipse();
                }
            }
        }
        private void Page_SizeChanged(object sender, SizeChangedEventArgs e)
        {
            CreateAnimatedEllipse();
        }
    }
}
```

3. 故事板动画

WPF 提供了两种故事板：ParallelTimeline 和 Storyboard，这两个类都是从 Timeline 类继承的，Storyboard 是一个更大范围的故事板模型，可以将其认为是 ParallelTimeline 的集合。在一个 Storyboard 中可以包含多个 ParallelTimeline，每个 ParallelTimeline 又可以包含多个 TimeLine。

对控件的属性进行动画处理时，技术选择的原则如下。

• 如果不需要交互（启动、暂停、继续、停止等），使用本地动画（仅用 C#代码）实现比较方便，当然也可以用 Storyboard 来实现（XAML 或 C#）。

• 如果需要交互，而且对象个数不多，使用 Storyboard 和 XAML 比较方便。

• 如果对象个数非常多，而且这些对象处理的属性相同，同时又需要交互控制，此时使用时钟动画效率比较高，但只能用 C#来实现。

基本动画、关键帧动画、路径动画都可以用 Storyboard 来实现。用 Storyboard 实现动画时，既可以用 C#代码来编写，也可以用 XAML 来描述。

一个 XAML 文件中可以定义多个 Storyboard，每个 Storyboard 都必须指明以下内容。

• 在 Storyboard 中，用 x:Key 定义一个关键字，以便让事件触发器知道使用的是哪个故事板。

• 在动画中，指明该故事板应用的目标对象名（Storyboard.TargetName）和属性类型（Storyboard.TargetProperty）。

例如：

```
<Window.Resources>
    <Storyboard x:Key="Storyboard1">
```

```
    <DoubleAnimation To="150" Duration="0:0:0.2"
        Storyboard.TargetName="button1"
        Storyboard.TargetProperty="Width" />
    </Storyboard>
</Window.Resources>
<Window.Triggers>
    <EventTrigger RoutedEvent="FrameworkElement.Loaded">
        <BeginStoryboard Storyboard="{StaticResource Storyboard1}" />
    </EventTrigger>
</Window.Triggers>
```

用 C#代码实现时，需要创建 Storyboard 的实例，并通过 Storyboard 提供的 SetTarget 静态方法指明动画和目标对象，通过 SetTargetProperty 静态方法指明动画和附加属性的类型。例如：

```
DoubleAnimation da1 = new DoubleAnimation()
{
    To = 100,
    Duration = new Duration(TimeSpan.FromSeconds(0.2)),
    AutoReverse = true,
    RepeatBehavior = RepeatBehavior.Forever
};
Storyboard story = new Storyboard();
Storyboard.SetTarget(da1, btn1);
Storyboard.SetTargetProperty(da1, new PropertyPath(Button.WidthProperty));
story.Children.Add(da1);
```

【例 9-6】 演示 Storyboard 的基本用法。

该例子包含了多个演示页面，完整实现代码请参看源程序，这里仅分别列出这些演示页面的运行效果。

（1）Duration 属性的基本用法

该页面的源程序在 E06_1_Duration.xaml 文件中，运行效果如图 9-7 所示。

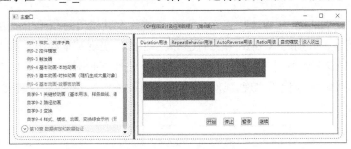

图 9-7　Duration 基本用法的运行效果

（2）RepeatBehavior 属性的基本用法

该页面的源程序在 E06_2_RepeatBehavior.xaml 文件中，运行效果如图 9-8 所示。

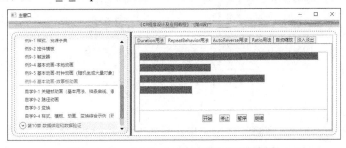

图 9-8　RepeatBehavior 基本用法的运行效果

（3）AutoReverse 属性的基本用法

该页面的源程序在 E06_3_AutoReverse.xaml 文件中，运行效果如图 9-9 所示。

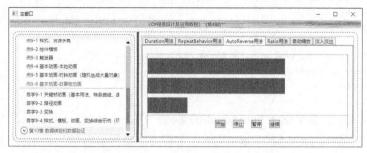

图 9-9　AutoReverse 基本用法的运行效果

（4）控制速度的基本用法

该页面的源程序在 E06_4_Ratio.xaml 文件中，运行效果如图 9-10 所示。

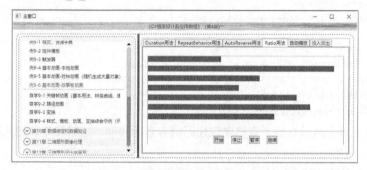

图 9-10　不同速度控制的运行效果

（5）自动缩放

该页面的源程序在 E06_5_WidthAnimation.xaml 文件及其代码隐藏类中，运行效果如图 9-11 所示。在这个页面中，分别用 XAML 和 C#代码演示了如何实现基本动画，其中右侧上方框内的两个按钮（btn1、btn2）动画用 XAML 实现，让宽度不停地高频率自动缩放。下方框内的两个按钮（btn3、btn4）动画用 C#代码实现，让宽度慢频率自动缩放，并受播放按钮的控制（开始、停止、暂停、继续）。

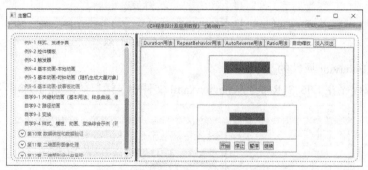

图 9-11　自动缩放的运行效果

（6）淡入淡出

淡入是指让元素逐渐进入视野，淡出是指让元素逐渐从视野中消失。实现这两种效果的办法就是对元素的 Opacity 属性（不透明度，范围为 0.0～1.0）进行动画处理。由于 Opacity 属性的类型是 Double，所以这种动画效果使用 DoubleAnimation 来实现。

该页面的源程序在 E06_6_OpacityAnimation.xaml 文件中，运行效果如图 9-12 所示。

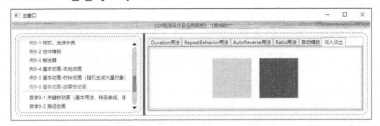

图 9-12　淡入淡出的运行效果

除了淡入淡出效果外，还可以实现滑动效果。滑动效果实际上就是对宽度和高度进行动画处理。由于宽度和高度都是 double 类型，所以用 DoubleAmimation 即可实现。

至此，我们演示了基本动画实现的几种方式，对于比较简单的动画，这些基本技术已经能满足需要了。如果动画效果比较复杂，则需要用关键帧动画或者路径动画来实现。

9.3.4*　关键帧动画

关键帧动画在基本动画的基础上增加了控制动画变化的关键时间点，此关键时间点称为关键帧。本节内容不需要在课堂上讲解，仅供希望进一步深入了解动画技术的学生课下自学。

1. 关键帧动画的分类

关键帧动画本质上也是通过修改附加属性的值来实现动画效果的，它和基本动画的区别是：关键帧动画可以在每段动画中同时指定多个关键时间点和关键属性值，而基本动画每段最多只能指定两个值。

关键帧动画类型是内插关键帧的容器。在关键帧动画类型的开始标记内，需要用 Storyboard.TargetName 指定控件的类型，用 Storyboard.TargetProperty 指定控件的属性。另外，还可以在开始标记内指定该动画的总持续时间（Duration）、如何重复（RepeatBehavior）、是否自动反向播放（AutoReverse）等。

关键帧动画类型的命名约定为：

`<类型>AnimationUsingKeyFrames`

例如，要进行动画处理的属性为按钮的宽度，由于宽度的类型为 Double，所以<类型>为 Double，对应的关键帧动画类型为 DoubleAnimationUsingKeyFrames。

在每个关键帧动画类型的开始标记和结束标记之间，都可以使用多种内插关键帧类型，每个内插关键帧都由关键时间和关键值组成。例如：

```
<DoubleAnimationUsingKeyFrames Storyboard.TargetName="Button"
                    Storyboard.TargetProperty="(FrameworkElement.Width)" >
    <DiscreteDoubleKeyFrame Value="400" KeyTime="0:0:4" />
    <EasingDoubleKeyFrame Value="500" KeyTime="0:0:3" />
    <SplineDoubleKeyFrame KeySpline="0.6,0.0 0.9,0.00" Value="0" KeyTime="0:0:6"/>
</DoubleAnimationUsingKeyFrames>
```

这段 XAML 中的 KeyTime 表示关键时间，即从前一个关键帧到该关键帧经过的时间；Value 表示关键值，即当前关键时间处的目标动画值。DiscreteDoubleKeyFrame、EasingDoubleKeyFrame 和 SplineDoubleKeyFrame 都是内插关键帧类型。

内插关键帧类型是利用内插方法来实现的，内插关键帧类型的命名约定为：

`<内插方法><类型>KeyFrame`

例如，DiscreteDoubleKeyFrame 表示该内插关键帧的<内插方法>为离散内插，关键帧<类型>为 Double；EasingDoubleKeyFrame 表示<内插方法>为线性内插；SplineDoubleKeyFrame 表示<内插方法>为样条内插。

WPF 提供了 3 种内插方法，如表 9-4 所示。

表 9-4　　　　　　关键帧动画可控制的属性类型以及可用的内插方法

WPF 可控制的属性类型	可用的内插方法
Boolean、Matrix、String、Object	离散
Byte、Color、Decimal、Double、Int16、Int32、Int64、Point、Rect、Quaternion、Vector Rotation3D、Single、Size、Thickness、Vector3D	离散、线性、样条

这 3 种内插方法的含义如下。

● 离散（Discrete）：关键帧从上 1 个关键值突然变化到当前值，而不是平滑变化。例如，两个相邻关键帧的值分别为 100 和 200，持续期间为 5s，则在 5s 之前一直都是 100，到第 5s 时突然变为 200。比如闪烁效果（用 bool 型的动画实现）就属于离散内插。

● 线性（Linear 或 Easing）：指在相邻关键值之间创建平滑的过渡，一般使用 Easing 实现线性内插。Easing 的含义是它不但能对属性值进行平滑的动画处理，而且还可以使用缓动函数（Easing Function）实现特殊的效果。

● 样条（Spline）：通过三次贝塞尔曲线的两个控制点控制过渡方式。

除了这些内插方法外，还可以用自定义函数实现动画效果。

2．关键帧动画基本用法

本节我们简单介绍关键帧动画的基本用法。

（1）在关键帧动画中插入样条动画

WPF 提供的样条动画用三次贝塞尔曲线来实现，每条曲线段都由 4 个点来定义：起点、终点和中间的两个控制点。其中，第 1 个控制点（0.0，1.0）控制贝塞尔曲线前半部分的曲线因子，第 2 个控制点（1.0，0.0）控制贝塞尔线段后半部分的曲线因子。曲线陡度越大，关键帧更改其值的速度就越快。曲线趋于平缓时，关键帧更改其值的速度也趋于缓慢。例如，KeySpline="0.6,0.0　0.9,0.0"表示第 1 个控制点为（0.6，0.0），第 2 个控制点为（0.9，0.0），呈现的效果就是开始时变化比较缓慢，然后呈指数方式加速，直到时间段结束为止。

利用这些特点，我们就可以在样条内插动画中，通过改变控制点的值来模拟现实中很多真实的物体移动效果。

（2）在关键帧动画中插入缓动函数

在内插关键帧中，还可以将特殊的数学公式 $f(t)$ 应用于动画，即随着时间 t 的变化，将函数 $f(t)$ 的值自动插入到某个属性值中，从而实现各种特殊的动画效果。这些实现特殊效果的数学公式称为缓动函数。

定义缓动函数的办法是在内插关键帧动画的 EasingFunction 属性的开始和结束标记之间，用 EasingMode 属性指定缓动函数名。EasingMode 属性是枚举类型，可选值如下。

【EaseIn】：将动画效果与 $f(t)$ 相关联。

【EaseOut】：默认值。将动画效果与 $1-f(t)$ 相关联。

【EaseInOut】：动画的前半部分用 EaseIn，后半部分用 EaseOut。

例如：

```
<EasingDoubleKeyFrame KeyTime="0:0:1" Value="-30">
    <EasingDoubleKeyFrame.EasingFunction>
```

```
    <BounceEase EasingMode="EaseOut"/>
  </EasingDoubleKeyFrame.EasingFunction>
</EasingDoubleKeyFrame>
```

这段 XAML 指定内插关键帧所用的缓动函数为 BounceEase，内插方式为 EaseOut。

表 9-5 列出了常用的缓动函数及说明。

表 9-5　　　　　　　　　　　　　　　　　　常用的缓动函数

名　称	说　明
BackEase	在某一动画开始沿指示的路径进行动画处理前稍稍收回该动画的移动。其效果类似跳远时先后退几步再起跑
BounceEase	创建具有弹跳效果的动画。一般使用 EaseOut 模拟落地的反弹效果。Bounces 属性获取或设置弹跳次数，Bounciness 属性获取或设置下一次反弹的幅度。该值越小表示弹性越好，值越大表示弹性越差
CircleEase	使用循环函数加速和减速的动画
ElasticEase	类似于弹簧在停止前来回振荡的动画
ExponentialEase	使用指数公式加速和减速的动画
PowerEase	使用公式 $f(t) = tp$（其中，p 等于 Power 属性）加速和减速的动画
SineEase	使用正弦公式加速和减速的动画

【自学 9-1】　演示关键帧动画的基本用法，程序运行效果如图 9-13 所示。

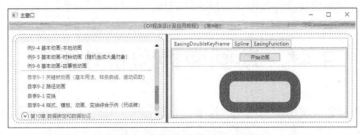

图 9-13　【自学 9-1】的运行截图

该例子的完整代码请参看源程序，这里不再列出。

9.3.5*　路径动画

路径动画是指将元素按照某一指定的几何路径（PathGeometry 对象）进行移动而形成的动画，也可以边移动边旋转，从而实现复杂的变换效果。

本节内容不需要课堂上讲解，仅供希望进一步深入了解动画技术的学生课下自学。

1. 路径动画的类型

WPF 提供的路径动画类型有：PointAnimationUsingPath、DoubleAnimationUsingPath 和 Matrix AnimationUsingPath。

PointAnimationUsingPath 和 DoubleAnimationUsingPath 都是在指定的时间段内，用 PathGeometry 作为动画的目标值，采用线性内插方式对两个或更多的目标值之间的属性值进行动画处理。这两种动画类型特别适用于在屏幕上对对象的位置进行动画处理，比如我们要仿真一个物体的移动，就可以利用它来实现。

MatrixAnimationUsingPath 根据传入的 PathGeometry 生成 Matrix 对象, 将其与 MatrixTransform

一起使用时会自动沿路径移动对象。如果将该动画的 DoesRotateWithTangent 属性设置为 true，它还可以沿路径的曲线旋转对象。

2. 使用 PathGeometry 绘制路径

由于路径动画使用几何路径（PathGeometry）来控制对象，因此本节我们需要提前使用 PathGeometry 以及路径标记语法的相关知识。为了使读者对图形图像绘制方式和技术选择路线有一个完整的认识，我们在二维图形图像处理一章中再详细介绍 PathGeometry 和路径标记语法的更多用法，这里只需要了解如何利用它来实现动画即可。

3. 示例

【自学 9-2】 演示路径标记语法的基本用法，运行效果如图 9-14 所示。

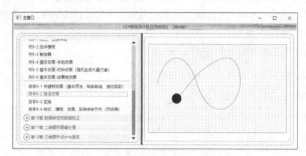

图 9-14　【自学 9-2】的运行效果

该例子的完整代码请参看源程序，这里不再列出。

9.4*　动画变换和特效处理

本节我们简单介绍实现变换和特效的技术，包括旋转、缩放、扭曲、平移、阴影等操作，以及如何对其进行动画处理。最后，通过一个综合示例演示动画的实际应用。

本节内容不需要课堂上讲解，仅供学生课下自学。

9.4.1*　变换和特效

WPF 提供了非常灵活的变换（Transform）技术，而且这些变换都能在设计界面中以"所见即所得"的形式立即呈现出来。

1. 基本概念

WPF 的二维变换操作由 Matrix 类来描述，这是一个 3 行 3 列的 Double 值集合，称为变换矩阵。Matrix 使用行优先变换，用行矢量来表示，如图 9-15 所示。

$$\begin{pmatrix} M11 & M12 & 0.0 \\ M21 & M22 & 0.0 \\ OffsetX & OffsetY & 0.0 \end{pmatrix} \qquad \begin{pmatrix} 1.0 & 0.0 & 0.0 \\ 0.0 & 1.0 & 0.0 \\ 0.0 & 0.0 & 1.0 \end{pmatrix}$$

（a）变换矩阵的结构　　　　　　　（b）变换矩阵默认值

图 9-15　变换矩阵及其默认值

通过改变变换矩阵的值，可以旋转、按比例缩放、扭曲和平移对象。例如，将 OffsetX 的值更改为 100，使对象沿 X 轴移动 100 个单位；将 M22 的值更改为 3，将对象拉伸为其当前高度的 3 倍。如果同时更改这两个值，则可将对象沿 X 轴移动 100 个单位，并将其高度拉伸 3 倍。

　　由于变换矩阵的实现比较难以理解，因此 WPF 又提供了许多用起来更容易的变换类，使其可直接对元素进行变换操作，而不需要再去处理变换矩阵。

　　利用变换类变换对象的方法是声明适当的 Transform 类型，并将其应用于对象的变换属性。例如，用 ScaleTransform 类将元素的 ScaleX 和 ScaleY 属性设置为按比例缩放，利用 RotateTransform 类设置 Angle 属性即可实现旋转等。对象类型不同，所具有的变换属性的类型也不全相同。常用类型及其变换属性如表 9-6 所示。

表 9-6　　　　　　　　　　　　　　　　WPF 的基本变换类型

类　　型	变换属性
brush	Transform、RelativeTransform
ContainerVisual	Transform
DrawingGroup	Transform
FrameworkElement	RenderTransform、LayoutTransform
Geometry	Transform
TextEffect	Transform
UIElement	RenderTransform

　　对于框架级别的元素（FrameworkElement）而言，WPF 提供了两种基本的变换形式，分别是 RenderTransform 和 LayoutTransform。

　　LayoutTransform 在元素布局完成前进行变换，这种变换会影响其他元素的布局。下面的代码使用 LayoutTransform 围绕中心点沿顺时针方向旋转 45°。

```
<Button Content="Rotated Button">
    <Button.LayoutTransform>
        <RotateTransform Angle="45" />
    </Button.LayoutTransform>
</Button>
```

　　RenderTransform 则是在元素布局完成后进行变换，因此这种变换不会影响其他元素的布局。另外，由于 RenderTransform 对性能进行了优化处理，因此对元素进行变换时，特别是进行动画处理时，应尽量用 RenderTransform 来实现。

　　对元素进行变换时，有绝对（Absolute）变换和相对（Relative）变换两种形式。

　　对于绝对变换来说，如果希望修改元素变换的原点（例如，从元素中心进行旋转、按比例缩放或扭曲），必须事先知道元素的大小，然后才能进一步改变原点的位置。例如：

```
<Rectangle Width="50" Height="50" Fill="RoyalBlue" Opacity="1.0">
    <Rectangle.RenderTransform>
        <RotateTransform Angle="45" CenterX="25" CenterY="25" />
    </Rectangle.RenderTransform>
</Rectangle>
```

所以一般不用绝对变换来实现，而是用相对变换来实现。

　　相对变换是相对于元素的左上角而言的，即左上角为（0,0），右下角为（1,1），左上角和右下角所包含的区域内的相对坐标值（x,y）都在 0 和 1 之间。

　　（1）变换原点（RenderTransformOrigin）

　　原点也叫中心点，对元素进行变换实际上是变换目标对象所在的坐标系进行变换。除了平移变换与原点无关以外（平移时不管以何处为原点效果都相同），其他变换都与原点有关。

默认情况下，变换时以元素的左上角（0,0）为中心点进行。在实际应用中，一般用元素的 RenderTransformOrigin 属性设置变换原点。例如，下面的代码用相对值指定 Rectangle 元素的原点为矩形的中心：

```
<Rectangle RenderTransformOrigin="0.5,0.5" />
```

（2）平移（TranslateTransform）

TranslateTransform 类按指定的 X 和 Y 移动（平移）元素，单位默认为像素。例如：

```
<Rectangle Height="50" Width="50" Fill="#CCCCCCFF"
    Stroke="Blue" StrokeThickness="2" Canvas.Left="100" Canvas.Top="100">
  <Rectangle.RenderTransform>
      <TranslateTransform X="50" Y="50" />
  </Rectangle.RenderTransform>
</Rectangle>
```

（3）旋转（RotateTransform）

RotateTransform 类按指定的角度旋转元素。

• Angle 属性：指定对象旋转的角度（不是弧度），正值为顺时针旋转，负值为逆时针旋转，默认值为 0。

• CenterX 和 CenterY 属性：指定对象旋转的中心点，即绕哪个点为中心旋转。这两个属性默认值都是 0，即默认绕对象的左上角（0,0）进行旋转。

• RenderTransformOrigin 属性：指定变换原点。

注意变换时 CenterX、CenterY 以及 RenderTransformOrigin 属性全部使用相对坐标而不是绝对坐标，即左上角为（0,0），右下角为（1,1）。或者说，这 3 个属性的值都在 0 到 1 之间（包括 0 和 1）。这样一来，不必知道控件的实际宽度和高度就可以进行变换。

下面的 XAML 绕 Border 控件的中心点（0.5,0.5）进行旋转：

```
<Border Width="200" Height="100" Background="Red" RenderTransformOrigin="0.5,0.5">
    <Border.RenderTransform>
        <TransformGroup>
            <ScaleTransform />
            <SkewTransform />
            <RotateTransform Angle="50"/>
            <TranslateTransform />
        </TransformGroup>
    </Border.RenderTransform>
</Border>
```

（4）缩放（ScaleTransform）

ScaleTransform 类对元素按比例缩放。

• ScaleX 和 ScaleY 属性：按百分比缩放。例如，ScaleX 值为 1.5 时，会将元素拉伸到其原始宽度的 150%。ScaleY 值为 0.5 时，会将元素的高度缩小到原始大小的 50%。

• CenterX 和 CenterY 属性：指定缩放操作的中心点，默认值为（0,0）。

下面的代码将 ScaleTransform 应用于按钮的 RenderTransform 属性。当鼠标移动到该按钮区域内时，ScaleTransform 的 ScaleX 和 ScaleY 属性将被设置为 2，会导致按钮变大；当鼠标离开该按钮时，ScaleX 和 ScaleY 将被设置为 1，会使按钮返回到其原始大小。

XAML：

```
<Page ……>
  <Canvas Width="400" Height="400">
```

```xml
<Button Name="Button1" MouseEnter="Enter" MouseLeave="Leave" Content="按钮 1">
    <Button.RenderTransform>
        <ScaleTransform x:Name="myScaleTransform" ScaleX="1" ScaleY="1" />
    </Button.RenderTransform>
</Button>
</Canvas>
</Page>
```

C#：

```csharp
public partial class TransformExample : Page
{
    private void Enter(object sender, MouseEventArgs args)
    {
        myScaleTransform.ScaleX = 2;
        myScaleTransform.ScaleY = 2;
    }
    private void Leave(object sender, MouseEventArgs args)
    {
        myScaleTransform.ScaleX = 1;
        myScaleTransform.ScaleY = 1;
    }
}
```

下面的代码将第 1 行文本沿着 X 轴放大 150%得到第 2 行文本，沿着 Y 轴放大 150%得到第 3 行文本。

```xml
<TextBlock Name="textblockScaleMaster" FontSize="32" Foreground="SteelBlue"
        Text="缩放的文本">
</TextBlock>
<TextBlock FontSize="32" FontWeight="Bold" Foreground="SteelBlue"
        Text="{Binding Path=Text, ElementName=textblockScaleMaster}">
    <TextBlock.RenderTransform>
        <ScaleTransform ScaleX="1.5" ScaleY="1.0" />
    </TextBlock.RenderTransform>
</TextBlock>
<TextBlock FontSize="32" FontWeight="Bold" Foreground="SteelBlue"
        Text="{Binding Path=Text, ElementName=textblockScaleMaster}">
    <TextBlock.RenderTransform>
        <ScaleTransform ScaleX="1.0" ScaleY="1.5" />
    </TextBlock.RenderTransform>
</TextBlock>
```

（5）扭曲（SkewTransform）

SkewTransform 类按指定的角度扭曲元素。扭曲是一种以非均匀方式拉伸坐标空间的变换。SkewTransform 的一个典型用法是在二维对象中模拟三维的深度。

- CenterX 和 CenterY 属性：指定 SkewTransform 的中心点。
- AngleX 和 AngleY 属性：指定 X 轴和 Y 轴的扭曲角度，即使当前坐标系沿着这些轴扭曲。

如果同时进行多个变换，用 TransformGroup 将多个变换对象组合在一起即可。

2. 对变换进行动画处理

由于 Transform 类继承自 Animatable 类，因此可以通过 WPF 控件的 Effect 属性对各种变换（平移、旋转、缩放、扭曲等）进行动画处理。

另外，由于 Transform 类也继承自 Freezable 类，因此可将 Transform 对象声明为资源，从而可以在多个对象之间共享。

3. 特效（Effect）

特效或效果是指屏幕或物体表面呈现的特殊外观，比如阴影、发光、模糊等。在 WPF 应用程序中，可对绘图结果（图形、图像、文本等）进行多种效果处理，并将其应用到目标元素上，从而大大增加界面的表现力和吸引力。

Effect 类是实现各种效果的抽象基类。

WPF 提供的二维效果的类常用的有 BlurEffect 和 DropShadowEffect，由于这两个效果都继承自 Effect 类，因此可通过 WPF 元素（如 Rectangle、TextBlock 等）的 Effect 属性来设置。另外还有一个专门的 TextEffect 类，用于对文本中的每个字符进行效果处理，例如，将每个字符都旋转 90° 等，这种效果通过文本控件（如 TextBlock）的 TextEffect 属性来设置。

用 C#实现时，可分别调用下面的方法。

- ApplyAnimationClock 方法：将效果的某个依赖项属性应用到时钟动画。
- BeginAnimation 方法：将效果的某个依赖项属性应用到简单动画、关键帧动画或者路径动画。

由于 Effect 类继承自 Animatable 类，因此在其扩充类中可以利用该类提供的方法将效果应用到动画中。

另外，利用继承自 Effect 的 DropShadowEffect 类，可以在目标纹理对象的周围创建投影效果，比如柔和阴影、噪音、强烈投影以及外部发光效果等。常用属性如下。

- Direction 属性：获取或设置投影的方向，该值用 double 类型的角度来表示。默认值为 315。
- Color 属性：获取或设置投影的颜色。默认值为 Black。
- ShadowDepth 属性：获取或设置投影距纹理下方的距离（double 类型）。默认值为 5。
- Opacity 属性：获取或设置投影的不透明度（double 类型）。默认值为 1。
- BlurRadius 属性：获取或设置一个 double 类型的值，该值指示阴影的模糊效果的半径。默认值为 5。

（1）柔和阴影效果

创建柔和阴影效果时，用 BlurRadius 属性控制阴影的柔和程度或模糊程度（值 0.0 指示无模糊），用 ShadowDepth 属性控制阴影的宽度（例如，4.0 表示阴影的宽度为 4 个像素）。下面的代码片段演示了如何创建柔和阴影效果。

```
<TextBlock Text="柔和阴影" HorizontalAlignment="Center"
    FontSize="25" Foreground="Teal">
    <TextBlock.Effect>
        <DropShadowEffect BlurRadius="4" ShadowDepth="4"
                Direction="330" Opacity="0.5" />
    </TextBlock.Effect>
</TextBlock>
```

（2）强烈阴影效果

创建强烈阴影效果时，可以将 BlurRadius 属性设置为 0.0（表示不使用阴影），同时用 Direction 属性控制阴影的方向（用度数表示，范围为 0~360，向右为 0，向上为 90）。下面的代码片段演示了如何创建强烈阴影效果。

```
<TextBlock Text="强烈阴影" HorizontalAlignment="Center" FontSize="25"
        Foreground="Maroon">
    <TextBlock.Effect>
        <DropShadowEffect ShadowDepth="6" Direction="135"
                Color="Maroon" Opacity="0.35" BlurRadius="0.0" />
```

```
        </TextBlock.Effect>
    </TextBlock>
```

4. 文本特效

对于模糊效果和阴影效果来说，Effect 是先将所有字符转换为图形然后再将其作为一个整体处理的；而利用 TextEffect，则可以对文本中的每个字符分别进行处理。

TextEffect 类的常用属性如下。

- PositionStart 属性：获取或设置在文本中应用 TextEffect 的开始位置。
- PositionCount 属性：获取或设置在文本中应用 TextEffect 的字符个数。
- Transform 属性：对指定的文本字符进行变换处理。

5. 示例

【自学 9-3】 演示对变换进行动画处理以及实现特效的基本用法，运行效果如图 9-16 所示。本例子实现的功能如下。

（1）创建一个具有擦除效果的文本，用 DoubleAnimation 对文本块的宽度进行动画处理，宽度值从文本块的宽度更改为 0，持续时间为 10s，然后再改回其宽度值并继续。

（2）用 DoubleAnimation 对文本块的不透明度进行动画处理，不透明度值从 1.0 更改为 0，持续时间为 5s，然后再改回其不透明度值并继续。

（3）DoubleAnimation 来旋转文本块，文本块执行完全旋转，持续时间为 20s，然后继续重复该旋转。

（4）利用 TextEffect 对文本中的每个字符分别进行旋转和动画处理。让第 1 个字符串的所有字符都旋转 90°，让第 2 个字符串中的每个字符以 1s 为间隔依次不停地单独旋转。

图 9-16 【自学 9-3】的运行效果

该例子的完整代码请参看源程序，这里不再列出。

9.4.2* 动画与变换综合示例

本节我们通过在 Wpfz 项目中自定义的纸牌样式和模板，简单演示如何将动画和变换组合在一起。在此基础上，只需要添加相应的游戏规则算法，就可以轻松设计出各种纸牌类的游戏。

【自学 9-4】 演示纸牌类游戏的基本界面设计方法，程序运行效果如图 9-17 所示。

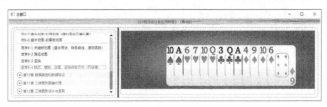

图 9-17 【自学 9-4】的运行效果

该例子的完整代码请参看源程序，这里不再列出。

第 10 章
数据绑定和数据验证

本章我们主要学习数据绑定和数据验证的基本方法。

10.1　数　据　绑　定

数据绑定是应用程序中 UI 与 UI、UI 与 CLR 对象之间建立连接的过程。通过数据绑定，可以将目标的依赖项属性与数据源的值绑定在一起，然后再根据绑定方式，决定当源或目标发生变化时，另一方是否也自动改变。

10.1.1　绑定模型和绑定模式

WPF 提供了 3 种数据绑定技术：Binding、MultiBinding 和 PriorityBinding。这 3 种绑定的基类都是 BindingBase，而 BindingBase 又继承于 MarkupExtension。

1. Binding 类

在 System.Windows.Data 命名空间下，WPF 提供了一个 Binding 类，利用该类可将目标的附加属性与数据源的值绑定在一起。数据源可以是任何修饰符为 public 的属性，包括控件属性、数据库、XML 或者 CLR 属性等。

Binding 类继承的层次结构为：

```
System.Object
  System.Windows.Markup.MarkupExtension
    System.Windows.Data.BindingBase
      System:Windows.Data.Binding
```

可以看出，Binding 类继承自 BindingBase，而 BindingBase 又继承自 MarkupExtension，所以可直接用绑定标记扩展来实现数据绑定。

绑定标记扩展的特性语法格式为：

```
<object property="{Binding declaration}" .../>
```

格式中的 object 为绑定目标，一般为 WPF 元素；property 为目标属性；declaration 为绑定声明。绑定声明可以有零个或多个，每个绑定声明一般都以"绑定属性=值"的形式来表示，绑定属性是指 Binding 类提供的各种属性，值是指数据源。如果有多个声明，各声明之间用逗号分隔。例如：

```
<Slider Name="slide1" Maximum="100" />
<TextBlock Text="{Binding ElementName=slide1,Path=Value}" />
```

也可以用属性语法来描述。例如：

```
<TextBlock>
    <TextBlock.Text>
        <Binding ElementName="slide1" Path="Value" />
    </TextBlock.Text>
</TextBlock>
```

这里的 ElementName=slide1 表示绑定的元素名为 slide1，Path=Value 表示绑定到 slide1 控件的 Value 属性。这样一来，当拖动 Slider 控件的滑动条更改其 Value 值时，TextBlock 的 Text 属性值也会自动更改。

实际上，用 Binding 类实现数据绑定时，不论采用哪种形式，其本质都是在绑定声明（declaration）中利用 Binding 类提供的各种属性来描述绑定信息。

表 10-1 列出了 Binding 类提供的常用属性及其含义。

表 10-1　　　　　　　　　　　　Binding 类提供的常用属性及其含义

属　　性	说　　明
Mode	获取或设置一个值，该值指示绑定的数据流方向。默认为 Default
Path	获取或设置绑定源的属性路径
UpdateSourceTrigger	获取或设置一个值，该值确定绑定源更新的执行时间点
Converter	获取或设置要使用的转换器
StringFormat	获取或设置一个字符串，该字符串指定绑定值显示为字符串的格式，其用法类似于 ToString 方法中的格式化表示形式
TargetNullValue	获取或设置当源的值为 null 时在目标中使用的值

2. BindingExpression 类

在学习数据绑定的具体用法之前，我们首先需要了解 Binding 和 BindingExpression 的关系，这对进一步理解相关功能和概念很有帮助。

BindingExpression 是维持绑定源与绑定目标之间连接的基础对象。由于一个 Binding 实例中可包含多个 BindingExpression 实例，所以当创建一个名为 binding1 的 Binding 对象后，就可以通过该对象绑定多个属性，让每个绑定属性对应 binding1 中的一个 BindingExpression 实例，从而实现多个属性共享同一个 Binding 对象的目的。

假如有下面的 XAML：

```
<Slider Name="slide1" Width="100" Maximum="100" />
<Rectangle Name="r1" Height="15" Fill="Red" />
<TextBlock Name="t1" />
```

则下面的 C#代码就可以让 r1 和 t1 共享同一个名为 b1 的 Binding 实例：

```
Binding b1 = new Binding()
{
    ElementName = slide1.Name,
    Path = new PropertyPath(Slider.ValueProperty),
    StringFormat= "[{0:##0}%]"
};
BindingOperations.SetBinding(r1, Rectangle.WidthProperty, b1);
BindingOperations.SetBinding(t1, TextBlock.TextProperty, b1);
```

另外，如果要绑定的对象是 FrameworkElement 或 FrameworkContentElement，还可以通过对象名直接调用该对象的 SetBinding 方法实现绑定，例如：

```
r1.SetBinding(Rectangle.WidthProperty, b1);
```

其效果和用 BindingOperations 提供的静态方法相同。

如果要获取某绑定控件的 Binding 对象或 BindingExpression 对象，可用类似下面的 C#代码来实现：

```
Binding b = BindingOperations.GetBinding(t1, TextBlock.TextProperty);
BindingExpression be = BindingOperations.GetBindingExpression(
    t1, TextBlock.TextProperty);
```

通过绑定控件得到与其对应的 Binding 对象或 BindingExpression 对象以后，就可以对其进行进一步操作，比如控制更新时间、验证输入结果等。

3. 绑定模型

使用 Binding 对象建立绑定时，每个绑定都由 4 部分组成：绑定目标、目标属性、绑定源、要使用的源值的路径。

如果不指定绑定源，绑定将不会起任何作用。

在 WPF 中，不论要绑定什么元素，不论数据源的特性是什么，每个绑定都始终遵循图 10-1 所示的数据绑定模型。

图 10-1　数据绑定模型

从图 10-1 中可以看出，进行数据绑定时，目标属性必须是依赖项属性，而对源属性则没有此要求。另外，绑定源并不仅限于 CLR 对象的属性，还可以是 XML、ADO.NET 等。

4. 绑定模式

WPF 提供了 5 种绑定目标属性到源属性的模式：OneWay、TwoWay、OneTime、OneWayToSource、Default。在 XAML 中通过 Mode 属性来描述绑定模式；在 C#代码中通过 BingdingMode 枚举来描述绑定模式。

（1）OneWay

单向绑定。当源发生变化时目标也自动发生变化。

这种模式适用于被绑定的控件属性为隐式只读控件属性的情况（如学号），或者目标属性没有用于进行更改的控件接口的情况（如表的背景色）。如果不需要监视目标属性的更改，使用 OneWay 绑定模式可减少系统开销。

例如：

```
<TextBlock
    Text="{Binding ElementName=listBox1, Path=SelectedItem.Content, Mode=OneWay}"/>
```

（2）TwoWay

双向绑定。当源或目标有一方发生变化时，另一方也自动变化。这种绑定模式适用于可编辑或交互式的 UI 方案。

例如，要使用 TwoWay 方式，可用 TextBox 来实现：

```
<TextBox Text="{Binding ElementName=listBox1, Path=SelectedItem.Content,
    Mode=TwoWay}" />
```

此时如果修改 TextBox 的 Text 属性，由于使用的绑定模式是双向绑定，因此 listBox1 中的选项也会自动改变。

（3）OneTime

单次绑定。当应用程序启动或数据上下文（DataContext）发生更改时才更新目标，此后源的变化不再影响目标。这种绑定模式适用于绑定静态的数据，它实质上是 OneWay 绑定的简化形式，在源值不更改的情况下可以提供更好的性能。

（4）OneWayToSource

反向绑定。当目标发生变化时源也跟着变化，这种方式与 OneWay 绑定刚好相反。

在前面的章节中我们已经学习过的媒体播放例子采用的就是这种绑定办法。

（5）Default

如果不声明绑定模式，默认为 Default，该方式自动获取目标属性的默认 Mode 值。一般情况下，可编辑控件属性（如文本框和复选框的属性）默认为双向绑定，而多数其他属性默认为单向绑定。

确定依赖项属性绑定在默认情况下是单向还是双向的 C#编程方法是：使用依赖项属性的 GetMetadata 方法获取属性的元数据，然后检查其 BindsTwoWayByDefault 属性的布尔值。

5. 绑定路径语法（Path 属性）

使用 Path 属性可以指定将目标绑定到数据源中的哪个属性。

Path 取值有以下可能性。

（1）Path 的值为源对象的属性名，例如，Path="Text"。另外，在 C#中还可以通过类似语法指定属性的子属性。

（2）当绑定到附加属性时，需要用圆括号将其括起来，例如，Path=(DockPanel.Dock)。

（3）用方括号指定属性索引器，还可以使用嵌套的索引器。例如，Path=list[0]。另外，还可以混合使用索引器和子属性，如 Path=list.Info[id, Age]。

（4）在索引器内部，可以使用多个由逗号分隔的索引器参数，还可以使用圆括号指定每个参数的类型。例如，Path="[(sys:Int32)42,(sys:Int32)24]"，其中 sys 映射到 System 命名空间。

（5）如果源为集合视图，则可以用斜杠（/）指定当前项。例如，Path=/表示绑定到视图中的当前项。另外，还可以结合使用属性名和斜杠（如 Path=/Offices/ManagerName）表示绑定到源集合中的当前项。

（6）可以使用点（.）路径绑定到当前源。例如，Text="{Binding}"等效于 Text="{Binding Path=.}"。

在后面的学习中，我们将通过例子逐步演示这些具体用法。

6. 示例

【例 10-1】 演示绑定模式的含义及其基本用法，运行效果如图 10-2 所示。

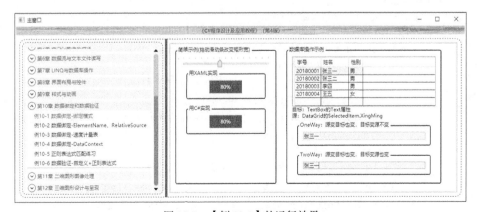

图 10-2 【例 10-1】的运行效果

（1）E01BindingMode.xaml

```xml
<Page ......>
    <Page.Resources>
        <Style TargetType="TextBox">
            <Setter Property="VerticalAlignment" Value="Center" />
            <Setter Property="HorizontalAlignment" Value="Left"/>
            <Setter Property="Width" Value="300"/>
            <Setter Property="Background" Value="AliceBlue"/>
        </Style>
        <Style TargetType="GroupBox">
            <Setter Property="Margin" Value="10 5"/>
            <Setter Property="Padding" Value="10"/>
            <Setter Property="BorderBrush" Value="Blue"/>
            <Setter Property="BorderThickness" Value="2"/>
        </Style>
    </Page.Resources>
    <WrapPanel>
        <GroupBox Header="简单示例(拖动滑动条改变矩形宽)" MinWidth="250">
            <StackPanel>
                <Slider Name="slide1" Minimum="50" Maximum="120"
                        TickPlacement="TopLeft" TickFrequency="5" SmallChange="1" />
                <GroupBox Header="用 XAML 实现">
                    <Grid>
                        <Rectangle MinWidth="{Binding ElementName=slide1,Path=Minimum}"
                                Width="{Binding ElementName=slide1,Path=Value}"
                                Height="30" Fill="Red" />
                        <TextBlock Margin="5" Foreground="White"
                                HorizontalAlignment="Center" VerticalAlignment="Center"
            Text="{Binding ElementName=slide1,Path=Value,StringFormat={}{0:f0}%}" />
                    </Grid>
                </GroupBox>
                <GroupBox Header="用 C#实现">
                    <Grid>
                        <Rectangle Name="r1" Height="30" Fill="Red" />
                        <TextBlock Name="t1" Foreground="White"
                                HorizontalAlignment="Center" VerticalAlignment="Center" />
                    </Grid>
                </GroupBox>
            </StackPanel>
        </GroupBox>
        <GroupBox Header="数据库操作示例">
            <StackPanel>
                <DataGrid Name="dataGrid1" AutoGenerateColumns="False">
                    <DataGrid.Columns>
                        <DataGridTextColumn Header="学号" Binding="{Binding XueHao}" />
                        <DataGridTextColumn Header="姓名" Binding="{Binding XingMing}" />
                        <DataGridTextColumn Header="性别" Binding="{Binding XingBie}" />
                    </DataGrid.Columns>
                </DataGrid>
                <TextBlock Text="目标: TextBox 的 Text 属性"/>
                <TextBlock Text="源: DataGrid 的 SelectedItem.XingMing"/>
                <GroupBox Header="OneWay: 源变目标也变, 目标变源不变">
                    <TextBox Text="{Binding ElementName=dataGrid1,
```

```
                              Path=SelectedItem.XingMing, Mode=OneWay}" />
                </GroupBox>
                <GroupBox Header="TwoWay: 源变目标也变，目标变源也变">
                    <TextBox Text="{Binding ElementName=dataGrid1,
                              Path=SelectedItem.XingMing,
                              Mode=TwoWay,UpdateSourceTrigger=PropertyChanged}" />
                </GroupBox>
            </StackPanel>
        </GroupBox>
    </WrapPanel>
</Page>
```

（2）E01BindingMode.xaml.cs

```csharp
using System.Linq;
using System.Windows;
using System.Windows.Controls;
using System.Windows.Data;
using System.Windows.Shapes;
namespace ExampleWpfApp.Ch10
{
    public partial class E01BindingMode : Page
    {
        public E01BindingMode()
        {
            InitializeComponent();
            Loaded += (s, e) =>
            {
                //简单示例
                Binding b1 = new Binding()
                {
                    ElementName = slide1.Name,
                    Path = new PropertyPath(Slider.ValueProperty),
                    StringFormat = "{0:f0}%"
                };
                BindingOperations.SetBinding(r1, WidthProperty, b1);
                BindingOperations.SetBinding(t1, TextBlock.TextProperty, b1);
                //数据库操作示例（如果无数据，请先运行【例 7-1】初始化，然后再运行该例子）
                using (var c = new MyDb1Entities())
                {
                    var students = (from t in c.Student select t).ToList();
                    dataGrid1.ItemsSource = students;
                    dataGrid1.SelectedIndex = students.Count() > 0 ? 0 : -1;
                }
            };
        }
    }
}
```

10.1.2　简单数据绑定

绑定目标属性到源时，需要先清楚数据源是谁。

1．数据源

对于数据源是单个数据的情况，有 3 种将目标属性绑定到源的方式。

- ElementName：源是另一个 WPF 元素。

- RelativeSource：源和目标是同一个 WPF 元素。
- Souce：源是一个 CLR 对象。

这 3 种方式是相互排斥的，即每次只能使用其中的一种方式，否则将会引发异常。

（1）源是另一个 WPF 元素（ElementName 属性）

Binding 类的 ElementName 属性用于指明数据源来自哪个元素。当将某个 WPF 元素绑定到其他 WPF 元素时，该属性很有用。

（2）源和目标是同一个元素（RelativeSource 属性）

RelativeSource 表示数据源是相对于绑定目标而言的，该属性的默认值为 null。当将对象的某个属性绑定到它自身的另一个属性，或者在样式（Style）或模板（ControlTemplate）中使用数据绑定时，RelativeSource 属性很有用。

RelativeSource 有以下枚举值。

- Self：表示绑定的数据源是元素自身。
- TemplatedParent：表示数据源是模板（Tempalte）中元素的父元素（Parent），仅当在模板中使用数据绑定时，才可以使用此模式。
- PreviousData：表示数据源是集合（Collection）中的前一个数据。
- FindAncestor：表示数据源是数据绑定元素父链中的上级。可用它绑定到特定类型或其子类的上级子类。如果要指定 AncestorType 和 AncestorLevel，可以使用此模式。

在这些绑定模式中，最基本的模式是 Self，其他都属于高级应用。

（3）源是一个 CLR 对象（Source 属性）

Binding 类的 Source 属性表示绑定的数据源为 CLR 对象，该 CLR 对象既可以是 .NET 框架提供的类的实例，也可以是自定义类的实例。

2. 将目标绑定到源控件中的某个属性

对于数据源是某个 WPF 控件且这些控件的属性都是单个值的情况，目标控件可通过 Binding 类的 ElementName 或者 RelativeSource 来指定绑定的源是哪个控件，通过 Path 指定绑定到源的哪个属性。

【例 10-2】 演示 ElementName 和 RelativeSource 的基本用法。

该例子演示如何通过 ElementName 将 Canvas 控件的 Width 属性和滑块的值（Slider 控件的 Value 属性）绑定在一起。通过 RelativeSource 将 Canvas 控件的 Height 属性和 Width 属性绑定在一起。程序运行效果如图 10-3 所示。

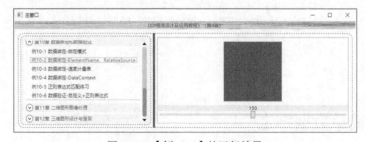

图 10-3　【例 10-2】的运行效果

该例子的完整代码见 E02.xaml，主要代码如下：

```
<Page ......>
    <StackPanel>
        <Canvas Margin="10" Background="Red"
```

```
                Width="{Binding ElementName=slide1,Path=Value }"
                Height="{Binding RelativeSource={RelativeSource Self}, Path=Width}" />
            <TextBlock TextAlignment="Center" Background="Bisque"
                    Text="{Binding ElementName=slide1, Path=Value, StringFormat=###}" />
            <Slider Name="slide1" Minimum="100" Maximum="200" Value="150" />
        </StackPanel>
    </Page>
```

3. 通过控件模版指定源的属性

【例 10-3】　利用控件模版和数据绑定，模拟一个安装在汽车上的速度计量表。程序运行效果如图 10-4 所示。

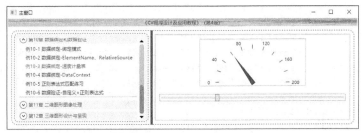

图 10-4　【例 10-3】的运行效果

该例子的完整代码见 E03Speedometer.xaml 文件，主要代码如下：

```xml
<Page ......>
    <Page.Resources>
        <ControlTemplate x:Key="progressTemplate" TargetType="ProgressBar">
            <Grid>
                <Grid.Resources>
                    <Style TargetType="Line">
                        <Setter Property="Stroke" Value="Black" />
                        <Setter Property="StrokeThickness" Value="1" />
                        <Setter Property="X1" Value="-85" />
                        <Setter Property="X2" Value="-95" />
                    </Style>
                    <Style TargetType="TextBlock">
                        <Setter Property="FontSize" Value="11" />
                        <Setter Property="Foreground" Value="Black" />
                    </Style>
                </Grid.Resources>
                <Border Width="270" Height="120"
                        BorderBrush="{TemplateBinding BorderBrush}"
                        BorderThickness="{TemplateBinding BorderThickness}"
                        Background="White">
                    <Canvas Width="0" Height="0" RenderTransform="1 0 0 1 0 50">
                        <Border Name="DeterminateRoot" Width="0">
                            <Rectangle Name="ProgressBarIndicator" Height="1"
                                    Width="{Binding RelativeSource={RelativeSource
FindAncestor, AncestorType={x:Type ProgressBar}}, Path=Value}"
                                    HorizontalAlignment="Left" />
                        </Border>
                        <Polygon Points="5 5 5 -5 -75 0" Stroke="Black" Fill="Red">
                            <Polygon.RenderTransform>
                                <RotateTransform Angle="{Binding ElementName=ProgressBar
Indicator,Path=Width}" />
                            </Polygon.RenderTransform>
                        </Polygon>
```

```
                            <Line RenderTransform=" 1.00  0.00 -0.00  1.00  0  0" />
                            <Line RenderTransform=" 0.95  0.31 -0.31  0.95  0  0" />
                            <Line RenderTransform=" 0.81  0.59 -0.59  0.81  0  0" />
                            <Line RenderTransform=" 0.59  0.81 -0.81  0.59  0  0" />
                            <Line RenderTransform=" 0.31  0.95 -0.95  0.31  0  0" />
                            <Line RenderTransform=" 0.00  1.00 -1.00  0.00  0  0" />
                            <Line RenderTransform="-0.31  0.95  0.95  0.31  0  0" />
                            <Line RenderTransform="-0.59  0.81  0.81  0.59  0  0" />
                            <Line RenderTransform="-0.81  0.59  0.59  0.81  0  0" />
                            <Line RenderTransform="-0.95  0.31  0.31  0.95  0  0" />
                            <Line RenderTransform="-1.00  0.00  0.00  1.00  0  0" />
                            <TextBlock Text="0" Canvas.Left="-115" Canvas.Top="-6" />
                            <TextBlock Text="40" Canvas.Left="-104" Canvas.Top="-65" />
                            <TextBlock Text="80" Canvas.Left="-42" Canvas.Top="-105" />
                            <TextBlock Text="120" Canvas.Left="25" Canvas.Top="-105" />
                            <TextBlock Text="160" Canvas.Left="82" Canvas.Top="-65" />
                            <TextBlock Text="200" Canvas.Left="100" Canvas.Top="-6" />
                        </Canvas>
                    </Border>
                </Grid>
            </ControlTemplate>
        </Page.Resources>
        <StackPanel>
            <ProgressBar Minimum="0" Maximum="180" Margin="10"
                    Template="{StaticResource progressTemplate}"
                    Value="{Binding ElementName=slider, Path=Value}" />
            <Slider Name="slider" Maximum="180" Margin="10" VerticalAlignment="Center" />
        </StackPanel>
    </Page>
```

10.1.3　复杂数据绑定

对于复杂的数据绑定，可通过数据模板（DataTemplate）来实现。

本节我们通过绑定到 MyDb1 数据库中的 Student 表来演示复杂数据绑定的用法。

1. 控制更新源的时间

将目标属性绑定到源属性后，可通过 UpdateSourceTrigger 属性控制更新数据源的时间。

（1）UpdateSourceTrigger 属性

UpdateSourceTrigger 属性用于控制什么时候更新源。

TwoWay 和 OneWayToSource 默认都会自动侦听目标属性的更改，并将这些更改传播回源。对于这两种模式，可以通过设置 UpdateSourceTrigger 属性的值来改变更新源的时间，其取值有以下 3 个。

- Explicit：用 C#代码调用 BindingExpression 的 UpdateSource 方法时才更新源。
- LostFocus：当目标控件失去焦点时自动更新源。
- PropertyChanged：目标控件的绑定属性每次发生更改时都会自动更新源。

不同的依赖项属性具有不同的默认 UpdateSourceTrigger 值。大多数依赖项属性的默认 UpdateSourceTrigger 值都为 PropertyChanged，也就是说，只要目标属性的值发生了更改，它就会自动更新源。

但是，对于 TextBox 等文本编辑控件来说，当使用 TwoWay 或 OneWayToSource 绑定模式时，其 UpdateSourceTrigger 的默认值是 LostFocus 而不是 PropertyChanged。之所以这样设置，是因为

每次键击之后都进行更新会降低性能，这种默认设置在大多数情况下是合适的，但在某些特殊情况下可能需要修改该属性的值才能满足需求，比如在即时通信软件中（如 QQ），要让一方知道另一方正在输入或编辑信息，此时可将另一方的 UpdateSourceTrigger 属性设置为 PropertyChanged。另外，要在 TextBox 失去焦点时再验证输入的数据是否正确，可将 UpdateSourceTrigger 属性设置为 LostFocus；要实现单击某个提交按钮时才通过 C#代码调用 UpdateSource 方法更新源，可将 UpdateSourceTrigger 属性设置为 Explicit。

（2）INotifyPropertyChanged 接口

在实际应用中，我们可能会经常遇到这样的需求：当源对象的某些属性发生变化时，要求目标属性能自动收到通知并立即进行相应的处理。此时可利用 OneWay 或 TwoWay 绑定模式来实现，这两种模式都要求源对象必须实现 INotifyPropertyChanged 接口，以便让绑定目标的属性自动反映绑定源属性的动态更改。

INotifyPropertyChanged 接口只有一个成员：

```
event PropertyChangedEventHandler PropertyChanged
```

要在类中实现 INotifyPropertyChanged 接口，需要声明一个 PropertyChanged 事件，并创建 OnPropertyChanged 方法引发该事件。对每个需要更改通知的属性来说，一旦该属性进行了更新，调用 OnPropertyChanged 方法即可。

（3）Wpfz 中实现 INotifyPropertyChanged 接口的类

本书示例源代码 Wpfz 项目中 Core 文件夹下的 BaseNotifyPropertyChanged.cs 文件演示了实现 INotifyPropertyChanged 接口的类的具体用法，供读者课后学习与参考，这里不再展开介绍。

2．数据类型转换

用 XAML 来描述数据绑定时，WPF 提供的类型转换器能将一些类型的值转换为字符串表示形式。但在有些情况下，可能还需要开发人员自定义转换器，例如，当绑定的源对象是类型为 DateTime 的属性时，在这种情况下，为了使绑定正常工作，需要先将该属性值转换为自定义的字符串表示形式。

（1）IValueConverter 接口

要将转换器与绑定关联，一般先创建一个实现 IValueConverter 接口的类，然后实现两个方法：Convert 方法和 ConvertBack 方法。

实现 IValueConverter 接口时，由于转换器是分区域性的，所以 Convert 和 ConvertBack 方法都有指示区域性信息的 culture 参数。如果区域性信息与转换无关，在自定义转换器中可以忽略该参数。另外，最好用 ValueConversionAttribute 特性声明转换所涉及的数据类型。

（2）将日期类型转换为字符串

下面的代码演示了如何将转换应用于绑定中使用的数据。此日期转换器转换传入的日期值，使其只显示年月日：

```
[ValueConversion(typeof(DateTime), typeof(string))]
public class DateTimeToStringConverter : IValueConverter
{
    public object Convert(object value, Type targetType,
      object parameter, System.Globalization.CultureInfo culture)
    {
        DateTime date = (DateTime)value;
        return date.ToString("yyyy-MM-dd");
    }
    public object ConvertBack(object value, Type targetType,
```

```
                object parameter, System.Globalization.CultureInfo culture)
        {
            string strValue = value as string;
            DateTime resultDateTime;
            if (DateTime.TryParse(strValue, out resultDateTime)==true)
            {
                return resultDateTime;
            }
            return DependencyProperty.UnsetValue;
        }
    }
```

一旦创建了转换器，即可将其作为资源添加到 XAML 文件中。例如：

```
<Page ……
    xmlns:src="clr-namespace:ch11.Examples"/>
<Page.Resource>
   <src:DateTimeToStringConverter x:Key="dateConverter"/>
</Page.Resource>
<TextBlock Text="{Binding BirthDate, Converter={StaticResource dateConverter}}" />
```

（3）Wpfz 中数据类型转换的更多例子

本书示例源代码 Wpfz 项目中的 Converts 文件夹下包含了多种数据类型转换的实现，具体代码请参看源程序，这里不再进行过多介绍。

3. 数据模板化

对于复杂的数据绑定，可通过数据模板（DataTemplate）来实现。

（1）用内联式定义 DataTemplate

定义 DataTemplate 的第 1 种方式是设置控件的 ItemTemplate 属性。例如：

```
<StackPanel>
    <ListBox Width="400" Margin="10"
        ItemsSource="{Binding Source={StaticResource bookList}}">
       <ListBox.ItemTemplate>
          <DataTemplate>
             <StackPanel Orientation="Horizontal">
                <TextBlock Margin="10 0 0 0" Text="{Binding Path=BookName}" />
                <TextBlock Margin="10 0 0 0" Text="{Binding Path=Description}" />
             </StackPanel>
          </DataTemplate>
       </ListBox.ItemTemplate>
    </ListBox>
</StackPanel>
```

这样修改以后，ListBox 将显示下面的结果：

数据结构 2009年出版

操作系统 2010年出版

这是一种内联式的数据模板表示方法，但用这种方法定义的模板无法复用，更为常见的是在资源中定义数据模板，然后在多处重用该模板。

（2）将 DataTemplate 创建为资源

如果希望复用某个数据模板，一般将其定义为 XAML 资源。这样一来，凡是引用该模板的控件都可以利用它显示绑定的数据。例如：

```
<Page.Resources>
    <src:Books x:Key="bookList" />
    <DataTemplate x:Key="booksTemplate">
```

```
    <StackPanel Orientation="Horizontal">
        <TextBlock Margin="10 0 0 0" Text="{Binding Path=BookName}" />
        <TextBlock Margin="10 0 0 0" Text="{Binding Path=Description}" />
    </StackPanel>
    </DataTemplate>
</Page.Resources>
```

定义数据模板后，就可以用 ItemsSource 进行数据绑定，并用 Itemtemplate 指定使用的数据模板：

```
<StackPanel>
    <ListBox Width="400" Margin="10
        ItemsSource="{Binding Source={StaticResource bookList}}"
        ItemTemplate="{StaticResource booksTemplate}"  />
</StackPanel>
```

（3）在 DataTemplate 中使用触发器

DataTrigger 用于根据某个源属性的值自动触发显示的外观。可以用该触发器的 Setter 来设置目标属性值，或者用 EnterActions、ExitActions 属性来设置绑定属性的值，实现动画等操作。

另外，还可以用 MultiDataTrigger 类更改多个数据绑定属性值。

下面的 XAML 演示了 DataTrigger 和 MultiDataTrigger 的基本用法。其中 DataTrigger 设置当书名为"数据结构"时该项的前景色显示为红色；MultiDataTrigger 设置当多个属性都满足时才改变背景色：

```
<Style.Triggers>
    <DataTrigger Binding="{Binding Path=BookName}"
        Value="数据结构">
        <Setter Property="Foreground" Value="Red" />
    </DataTrigger>
    <MultiDataTrigger>
        <MultiDataTrigger.Conditions>
            <Condition Binding="{Binding Path=BookName}" Value="操作系统" />
            <Condition Binding="{Binding Path=Description}" Value="2010 年出版" />
        </MultiDataTrigger.Conditions>
        <Setter Property="Background" Value="Cyan" />
    </MultiDataTrigger>
</Style.Triggers>
```

4. 通过 DataContext 将多个属性绑定到相同的项

对于数据源为 CLR 对象的情况（比如 Student 对象），可通过 Binding 类的 Source 属性指定源是哪个对象（SelectedItem），通过 Binding 类的 Path 属性指定绑定到源的哪个属性。

对于将多个属性绑定到某个相同的数据源的情况，为了简化绑定路径，可以在父元素中只声明一次 DataContext 属性，这样一来，在子元素中就可以利用数据上下文实现多个目标的绑定。

在 WPF 中，绑定到集合实际上是通过将数据绑定到集合视图来实现的。例如，对于像 DataGrid、ListBox、ListView 或 TreeView 等从 ItemElement 继承的项来说，可使用 Binding 类的 ItemsSource 属性将其绑定到集合视图。

ItemsSource 属性默认使用 OneWay 绑定模式。

5. 示例

【例 10-4】 演示利用 DataContext 实现数据绑定的基本用法。

该例子演示如何通过 Binding 类的 Source 属性将 TextBox 绑定到 DataGrid 控件的当前项，运行结果如图 10-5 所示。

图 10-5 【例 10-4】的运行效果

（1）E04DataContext.xaml

```xml
<Page ......>
    <Page.Resources>
        <Style TargetType="TextBlock">
            <Setter Property="Margin" Value="10"/>
            <Setter Property="Width" Value="80"/>
            <Setter Property="VerticalAlignment" Value="Center"/>
            <Setter Property="TextAlignment" Value="Right"/>
        </Style>
        <Style TargetType="TextBox">
            <Setter Property="VerticalAlignment" Value="Center"/>
            <Setter Property="Width" Value="100"/>
        </Style>
    </Page.Resources>
    <StackPanel>
        <DataGrid Name="dataGrid1" AutoGenerateColumns="False" CanUserAddRows="False">
            <DataGrid.Columns>
                <DataGridTextColumn Header="学号" Binding="{Binding XueHao}" />
                <DataGridTextColumn Header="姓名" Binding="{Binding XingMing}" />
                <DataGridTextColumn Header="性别" Binding="{Binding XingBie}" />
            </DataGrid.Columns>
        </DataGrid>
        <WrapPanel Margin="10" DataContext="{Binding ElementName=dataGrid1,
                    Path=SelectedItem}">
            <TextBlock Text="学号(OneWay)：" />
            <TextBox Text="{Binding XueHao, Mode=OneWay}"/>
            <TextBlock Text="姓名(TwoWay)：" />
            <TextBox Text="{Binding XingMing, Mode=TwoWay, UpdateSourceTrigger=Property
Changed}" />
        </WrapPanel>
    </StackPanel>
</Page>
```

（2）E04DataContext.xaml.cs

```csharp
using System.Linq;
using System.Windows.Controls;
namespace ExampleWpfApp.Ch10
{
    public partial class E04DataContext : Page
    {
        public E04DataContext()
        {
            InitializeComponent();
            Loaded += (s, e) => {
                using (var c = new MyDb1Entities())
```

```
            {
                var q = (from t in c.Student select t).ToList();
                dataGrid1.ItemsSource = q;
                dataGrid1.SelectedIndex = q.Count() > 0 ? 0 : -1;
            }
        };
    }
  }
}
```

10.2 数 据 验 证

用户通过界面输入信息时，需要确保这些输入信息符合要求，数据验证就是为此而提供的。通过它能自动检查被验证数据的正确性。

10.2.1 正则表达式简介

正则表达式提供了灵活高效地处理文本字符串的方法。正则表达式的全面模式匹配表示法使程序员可以快速分析大量文本并找到特定的字符模式，能够提取、编辑、替换或删除文本字符串，也可以将提取的字符串添加到集合中。对于处理字符串的许多应用程序而言，正则表达式是不可缺少的工具。

正则表达式由普通字符和元字符组成。普通字符指我们平常使用的字符，如字母、数字、汉字等；元字符指可以匹配某些字符形式的具有特殊含义的字符，其作用类似于 DOS 命令使用的通配符。

由于像电子邮件等特殊的格式用正则表达式验证输入是否合法最方便，所以这里我们先介绍正则表达式的基本概念和基本用法。

1. 基本书写符号

与算术表达式需要用加、减、乘、除以及小括号表示不同的含义相似，正则表达式的基本书写符号同样表示了特殊的含义。我们曾经学习过用反斜杠指定的转义符，它可以表示一些特殊的字符，包括具有特殊含义的字符本身。除此之外，还必须再增加一些包含元字符或者对元字符进行分组的其他特殊的表示形式，以组成各种复杂的正则表达。表 10-2 所示为正则表达式的常用基本书写符号。

表 10-2　　　　　　　　　　　正则表达式的常用基本书写符号

符 号	含 义	示 例	解 释	匹 配 输 入
\	转义符	\#	符号 "#"	#
[ ]	可接收的字符列表	[abcd]	a、b、c、d 中的任意 1 个字符	a、b、c、d
[^]	不接收的字符列表	[^abc]	除 a、b、c 之外的任意 1 个字符，包括数字、汉字和特殊符号	d、e、1、#
|	匹配 "|" 之前或之后的表达式	ab|cd	ab 或 cd	ab、cd
( )	将子表达式分组	(abc)	将字符串 abc 作为一组	abc
-	连字符	a-z	任意单个小写英文字母	小写字母

定义字符列表时，如果可接收的字符在字符编码中是连续的，可以使用连字符"-"指定字符范围，如[0-9]表示字符列表是从 0～9 的 10 个字符；[a-d]表示字符列表是从 a～d 的 4 个小写英文字母。

2. 限定符

限定符用于限制某个字符串满足正则表达式要求的特征，如起止字符、特定字符或字符集重复次数等。表 10-3 所示为正则表达式中常用的限定符。

表 10-3　　　　　　　　　　　　　　正则表达式中常用的限定符

符号	含　义	示　例	解　释	匹 配 输 入	不匹配输入
*	指定字符重复 0 次或 n 次	(abc)*	仅包含任意个abc的字符串	abc、abcabcabc	a、abca
+	指定字符重复 1 次或 n 次	m+(abc)*	以至少 1 个 m 开头，后接任意 1 个 abc 的字符串	m、mabc、mabcabc	ma、abc
?	指定字符重复 0 次或 1 次	m+abc?	以至少 1 个 m 开头，后接 ab 或 abc 的字符串	mab、mabc、mmmab、mmabc	ab、abc、mabcc
^	指定起始字符	^[0-9]+[a-z]*	以至少 1 个数字开头，后接任意 1 个小写字母的字符串	123、6aa、555edf	abc、aaa、a33
$	指定结束字符	^[0-9]\-[a-z]+$	以 1 个数字开头，后接连字符"-"，并以至少 1 个小写字母结尾的字符串	2-a、3-ddd、5-efg	33a、8-、7-Ab
{n}	只能输入 n 个字符	[abcd]{3}	由 abcd 中字母组成的任意长度为 3 的字符串	abc、dbc、adc	a、aa、dcbd
{n,}	至少输入 n 个字符	[abcd]{3,}	由 abcd 中字母组成的任意长度不小于 3 的字符串	aab、dbc、aaabdc	a、cd、bb
{n,m}	输入至少 n 个，至多 m 个字符的字符串	[abcd]{3,5}	由 abcd 中字母组成的任意长度不小于 3，不大于 5 的字符串	abc、abcd、aaaaa、bcdab	ab、ababab、a

3. 匹配字符集

匹配字符集是预定义的用于正则表达式中的符号集。如果字符串与字符集中的任何一个字符相匹配，它就会找到这个匹配项。使用匹配字符集有效地简化了表达式的书写。

表 10-4 所示为正则表达式中常用的匹配字符集。

表 10-4　　　　　　　　　　　　　　正则表达式中常用的匹配字符集

符号	含　义	示　例	解　释	匹 配 输 入	不匹配输入
.	匹配除换行（\n）之外的任何单个字符	a..b	以 a 开头，b 结尾，中间包括两个任意字符的长度为 4 的字符串	aaab、aefb、a35b、a#*b	ab、aaaa、a347b
\d	匹配单个数字字符，相当于[0-9]	\d{3}(\d)?	包含 3 个或 4 个数字的字符串	123、9876	12、01023
\D	匹配单个非数字字符，相当于[^0-9]	\D(\d)*	以单个非数字字符开头，后接任意一个数字字符串	a、A342	aa、AA78、1234

续表

符 号	含　义	示　例	解　释	匹 配 输 入	不匹配输入
\w	匹配单个数字、大小写字母和汉字字符	\d{3}\w{4}	以 3 个数字字符开头，后跟 4 个数字、字母或汉字的字符串	234abcd、12345Pe	58a、Ra46
\W	匹配单个除汉字、字母、数字以外的其他字符	\W+\d{2}	以至少 1 个非数字字母字符开头，两个数字字符结尾的字符串	#29、#?@10	23、#?@100

匹配字符集只能用于检查字符串中是否包含指定的字符，如果将其用于验证输入内容是否合法，还需要在此基础上增加一些限定符。

4．分组构造

当正则表达式比较复杂时，可以将其分组，以便捕获子表达式组，表 10-5 所示为本章用到的部分分组构造形式。

表 10-5　　　　　　　　　　　　本章用到的部分分组构造形式

分组构造	说　明
（　）	非命名捕获，用于捕获匹配的子字符串（或非捕获组）。编号为零的第 1 个捕获是由整个正则表达式模式匹配的文本，其他捕获结果则根据左括号的顺序从 1 开始自动编号
(?<name>)	命名捕获，用于将匹配的子字符串捕获到一个组名称用数字代表的编号名称中，也可以用单引号替代尖括号，例如 (?'name')

不论是非命名捕获还是命名捕获，都是根据左括号从左到右按顺序编号，而且编号为 0 的第 1 个捕获结果总是指全部匹配的结果。如果在正则表达式中既有命名捕获又有非命名捕获，则先处理所有非命名捕获，并对其进行编号，处理完成后，再重新从左到右开始处理命名捕获，但是组的编号仍继续增加。

例如，对于模式：

((?<One>abc)/d+)?(?<Two>xyz)(.*)

产生的捕获组如下。

第 0 组：((?<One>abc)/d+)?(?<Two>xyz)(.*)。

第 1 组（非命名捕获）：((?<One>abc)/d+)。

第 2 组（非命名捕获）：(.*)。

第 3 组（命名捕获）：(?<One>abc)。

第 4 组（命名捕获）：(?<Two>xyz)。

除了上面介绍的基本内容外，正则表达式还提供了回溯和替换模式等其他更高级的处理功能，有兴趣的读者可进一步参考相关资料。

5．正则表达式书写举例

下面列出一些常用的正则表达式，读者可以通过这些例子举一反三，写出符合程序中需要的各种正则表达式。

（1）至少 1 个字符：.{1,}。

（2）3 个 "." 句点符号：\.{3}。

（3）括号括起来的 2～3 个数字构成的字符串：\([0-9]{2,3}\)。

（4）必须包含 ab 的字符串：.{0,}ab.{0,}。

（5）以字母开头，允许包含字母、数字及下画线，长度为 5～16：[a-zA-Z][a-zA-Z0-9_]{5,16}。

（6）国内电话号码：(\d{3}-|\d{4}-)?(\d{8}|\d{7})。

（7）至少 3 个汉字：[\u4e00-\u9fa5]{3,}。

其中的反斜杠"\"表示转义。

利用正则表达式验证输入结果是否有效时，如果希望被验证的字符串与正则表达式要求匹配的字符串完全相同，必须在正则表达式的前面加上符号"^"，在正则表达式的末尾加上符号"$"。

假如正则表达式为\d{1,3}，意思是 1～3 个数字，则只要字符串中包含 1～3 个数字的都满足匹配条件，像 256、2345678 等。可是如果正则表达式为^\d{1,3}$，则 2、25、256 均匹配，但是 2345678 不匹配。

如果利用正则表达式搜索包含的子串，而不是检查匹配的字符串是否刚好和指定的字符串相等，则一般不加这两个符号。

6. 示例

【例 10-5】 演示正则表达式的基本用法。在界面中输入某个正则表达式和一个字符串，然后验证该字符串中是否包含与正则表达式匹配的内容。

图 10-6　【例 10-5】的运行效果

（1）E05Regex.xaml

```xml
<Page ......>
    <DockPanel>
        <Border DockPanel.Dock="Top" BorderBrush="Red" BorderThickness="4" Margin="10">
            <StackPanel Orientation="Horizontal">
                <GroupBox Header="选择自定义正则表达式" Margin="10 5"
                    Foreground="Blue" BorderBrush="Green" BorderThickness="2">
                    <StackPanel>
                        <ListBox Name="listBox1" Margin="10">
                            <ListBoxItem Content="至少 1 个字符" Tag=".{1,}"/>
                            <ListBoxItem Content="3 个句点符号" Tag="\.{3}"/>
                            <ListBoxItem Content="小括号括起来的 2～3 个数字"
                                Tag="\([0-9]{2,3}\)"/>
                            <ListBoxItem Content="必须包含 ab 的字符串" Tag=".{0,}ab.{0,}"/>
                        <ListBoxItem Content="以字母开头，允许包含字母、数字及下画线，长度为 5～16"
                                Tag="[a-zA-Z][a-zA-Z0-9_]{5,16}"/>
                            <ListBoxItem Content="国内电话号码"
                                Tag="(\d{3}-|\d{4}-)?(\d{8}|\d{7})"/>
                            <ListBoxItem Content="至少 3 个汉字" Tag="[\u4e00-\u9fa5]{3,}"/>
```

```
                    </ListBox>
                </StackPanel>
            </GroupBox>
            <StackPanel>
                <WrapPanel Margin="10">
                    <TextBlock Text="输入自定义正则表达式："/>
                    <TextBox Name="textBoxRegex" MinWidth="220"/>
                </WrapPanel>
                <GroupBox Header="输入被搜索的字符串" Margin="5 5 5 10"
                        Foreground="Blue">
                    <TextBox Name="textBoxStr"
                            AcceptsReturn="True" TextWrapping="Wrap" MinHeight="120"/>
                </GroupBox>
            </StackPanel>
        </StackPanel>
    </Border>
    <Button Name="btnSearch" Content="查找匹配项" HorizontalAlignment="Center"
            Padding="10 2" DockPanel.Dock="Top"/>
    <GroupBox Header="找到的匹配项" Margin="5 0 5 5" Foreground="Red" Padding="10"
            BorderBrush="Blue" BorderThickness="4">
        <TextBlock Name="textBlockResult" Background="AliceBlue"/>
    </GroupBox>
    </DockPanel>
</Page>
```

（2）E05Regex.xaml.cs

```csharp
using System;
using System.Text.RegularExpressions;
using System.Windows;
using System.Windows.Controls;
namespace ExampleWpfApp.Ch10
{
    public partial class E05Regex : Page
    {
        public E05Regex()
        {
            InitializeComponent();
            textBoxStr.Text =
                "abcd\n...\n(01)\n(010)\n(0123)123abc45\na12345\n 数据结构\n 操作系统";
            listBox1.SelectionChanged += (s, e) =>
            {
                var item = (s as ListBox).SelectedItem as ListBoxItem;
                if (item.Content != null)
                {
                    textBoxRegex.Text = item.Tag.ToString();
                }
            };
            btnSearch.Click += delegate
            {
                textBlockResult.Text = "";
                Regex r = null;
                try
                {
                    if (textBoxStr.Text.Contains("\n"))
                        r = new Regex(textBoxRegex.Text, RegexOptions.Multiline);
                    else
                        r = new Regex(textBoxRegex.Text, RegexOptions.Singleline);
```

```
        }
        catch (Exception err)
        {
            MessageBox.Show(err.Message, "正则表达式格式不正确");
            return;
        }
        if (r.IsMatch(textBoxStr.Text) == false)
        {
            textBlockResult.Text = "没有匹配项";
        }
        else
        {
            Match myMatch = r.Match(textBoxStr.Text);
            int i = 0;
            while (myMatch.Success)
            {
                textBlockResult.Text += string.Format(
                    "第{0}个匹配项：{1}\n", ++i,
                    myMatch.Groups[0].Value);
                myMatch = myMatch.NextMatch();
            }
        }
    };
}
    }
}
```

10.2.2 数据验证基本概念

在 WPF 应用程序中实现数据验证功能时，最常用的方法是将数据绑定与验证规则关联在一起。WPF 提供了两种内置的验证规则，除此之外还可以自定义验证规则。

1. ValidationRule 类

不论是内置的验证规则还是自定义验证规则，由于所有这些规则都继承自 ValidationRule 类，所以要理解其内部是如何验证的，我们必须先了解 ValidationRule 类提供的属性和方法。

（1）ValidatesOnTargetUpdated 属性

该属性获取或设置更新绑定目标时是否执行验证规则，如果是，则为 true，否则为 false。例如，验证字符串时，如果将该属性设置为 true，则会在启动后立即执行验证规则。

（2）ValidationStep 属性

该属性获取或设置什么时候执行验证规则。取值有：RawProposedValue（在任何转换前运行 ValidationRule）、ConvertedProposedValue（在转换值后运行 ValidationRule）、UpdatedValue（在源更新后运行 ValidationRule）、CommittedValue（在将值提交给数据源后运行 ValidationRule）。默认值是 RawProposedValue。

由于其他验证规则都继承自 ValidationRule 类，所以所有验证规则中都可以使用这两个属性。

（3）Validate 方法

ValidationRule 类提供的验证方法中有一个 Validate 方法，其重载形式如下：

```
public abstract ValidationResult Validate(Object value, CultureInfo cultureInfo)
public virtual ValidationResult Validate(
    Object value, CultureInfo cultureInfo, BindingExpressionBase owner)
public virtual ValidationResult Validate(
    Object value, CultureInfo cultureInfo, BindingGroup owner)
```

参数中的 value 表示要检查的绑定目标的值，cultureInfo 表示区域性信息。

可以看出，第 1 个 Validate 方法是一个抽象方法，即要求扩充类必须实现这个方法。绑定引擎对目标进行验证时，会自动调用验证规则中指定的所有 Validate 方法来检查源值的合法性。

2．Binding 类提供的与数据验证有关的常用属性

Binding 不但提供了数据绑定功能，还提供了与数据验证有关的属性。由于数据验证是将验证规则和绑定模型关联在一起来实现的，所以我们需要了解相关的常用属性。

- ValidatesOnExceptions 属性：获取或设置是否包含 ExceptionValidationRule。若包含则为 true，否则为 false。
- ValidatesOnDataErrors 属性：获取或设置是否包含 DataErrorValidationRule。若包含则为 true，否则为 false。
- UpdateSourceTrigger 属性：获取或设置绑定源更新的执行时间。
- ValidationRules 属性：获取用于检查用户输入有效性的规则集合。此属性只能在 XAML 中通过集合语法进行设置，或者通过访问集合对象并使用它的各种方法（如 Add 方法）来进行设置。

3．验证规则及其可选的技术

WPF 提供了两类验证技术，一是内置的验证规则，二是自定义验证规则。

（1）WPF 内置的验证规则

WPF 提供的第 1 种内置的验证规则是用继承自 ValidationRule 的 ExceptionValidationRule 类来实现的。该规则检查在"绑定源属性"的更新过程中引发的异常。更新源时，如果有异常（比如类型不匹配）或不满足条件，它会自动将异常添加到错误集合中，在 UI 中只需要利用模板绑定该错误集合即可显示验证错误信息。

WPF 提供的第 2 种内置的验证规则是用继承自 ValidationRule 的 DataErrorValidationRule 类来实现的。该规则检查由实现 IDataErrorInfo 接口的对象所引发的错误（包括默认的转换器产生的异常），开发人员可在实现的接口中通过目标属性字符串直接自定义被绑定对象在验证过程中出现的错误信息。

（2）自定义验证规则

除了可直接使用的内置验证规则外，程序员还可以自定义从 ValidationRule 类派生的类，通过在派生类中实现 Validate 方法来创建自定义的验证规则。

4．WPF 内部的验证过程

使用 WPF 数据绑定模型将 ValidationRules 与 Binding 对象关联后，WPF 就可以自动验证数据是否满足要求。

WPF 内部的验证过程如下。

（1）绑定引擎检查是否有 ValidationStep 属性为 RawProposedValue 的验证规则（即基类为 ValidationRule 的对象，包括内置的验证规则和自定义的验证规则），如果有则调用这些对象的 Validate 方法，直到其中一个规则出错或者全部规则都通过为止。

（2）绑定引擎调用转换器。

（3）绑定引擎检查是否有 ValidationStep 属性为 ConvertedProposedValue 的验证规则，如果有则调用这些对象的 Validate 方法，直到其中一个规则出错或者全部规则都通过为止。

（4）绑定引擎设置源属性。

（5）绑定引擎检查是否有 ValidationStep 属性为 UpdatedValue 的验证规则，如果有则调用这些对象的 Validate 方法，直到其中一个规则出错或者全部规则都通过为止。

（6）绑定引擎检查是否有 ValidationStep 属性为 CommittedValue 的验证规则，如果有则调用这些对象的 Validate 方法，直到其中一个规则出错或者全部规则都通过为止。

理解 WPF 内部的验证过程时，需要注意以下几点。

（1）不论是哪一步，只要有未通过的验证规则，绑定引擎就会创建一个 ValidationError 对象并将该对象添加到绑定元素的 Validation.Errors 集合中。另外，如果 Validation.Errors 不为空，它还会将被验证元素的 Validation.HasError 附加属性设置为 true。换言之，对于开发人员来说，通过 Validation.HasError 附加属性可判断是否有验证错误，通过 Validation.Errors 集合可获取验证未通过时的错误信息。

（2）不论是哪一步，在执行新的验证之前都会先移除在该步骤中添加到绑定元素的 Validation.Errors 附加属性的任何 ValidationError，然后再进行这一步的验证。这样可确保不重复出现这一步的验证错误信息，也能保证验证成功时 Validation.Errors 中不再包含这一步的验证错误。

（3）任何方向（目标到源或源到目标）上的有效值传输操作都会清除 Validation.Errors 附加属性。

5. 利用控件模板自定义验证失败时显示的信息

当用户在 TextBox 控件或其他输入控件中输入或编辑数据时，如果 Binding 对象设置了 ExceptionValidationRule 验证规则，当将目标属性的值更新到源的过程中出现异常时，WPF 会自动将控件的模板设置为 Validation.ErrorTemplate 附加属性定义的模板。利用这个特点，我们还可以用控件模板自定义验证失败时的提示信息。

假如有下面的类：

```csharp
public class SourceData1
{
    private int age;
    public int Age
    {
        get { return age; }
        set
        {
            if (value < 0 || value > 130)
            {
                throw new Exception("年龄必须在 0 到 130 之间");
            }
            age = value;
        }
    }
}
```

下面的代码演示了如何用 ExceptionValidationRule 验证 TextBox 中输入的信息：

```xml
<Page ……
    xmlns:src="clr-namespace:ch11.Examples">
    <Page.Resources>
        <src:SourceData1 x:Key="src1" />
        <Style TargetType="TextBox">
            <Style.Triggers>
                <Trigger Property="Validation.HasError" Value="true">
                <Setter Property="ToolTip"
                    Value="{Binding RelativeSource={RelativeSource Self},
                    Path=(Validation.Errors)[0].ErrorContent}" />
                </Trigger>
            </Style.Triggers>
        </Style>
    </Page.Resources>
```

```xml
<StackPanel Orientation="Horizontal">
    <TextBlock Margin="10 10 0 10" Text="年龄: " />
    <TextBox>
        <TextBox.Text>
        <Binding Path="Age" Source="{StaticResource src1}"
                 UpdateSourceTrigger="PropertyChanged">
                 ValidatesOnExceptions="True">
        </Binding>
        </TextBox.Text>
    </TextBox>
</StackPanel>
</Page>
```

这段代码利用 ToolTip 在被验证的控件上显示错误信息,并将 TextBox 用一个红色矩形框包围起来,这是 WPF 提供的默认方式。

当验证失败时,如果界面中的控件很多,由于默认方式只显示包围的矩形框,没有直接提示错误信息,给用户的感觉并不是最好的。还有,即使像上面的代码那样添加了 ToolTip,但也是只有在鼠标悬停在 TextBox 控件上才显示错误信息,无法一眼看出所有的验证错误。所以在实际项目中一般不这样做,而是利用控件模板来自定义能直接看到错误信息这种显示方式。

10.2.3 利用自定义验证规则和正则表达式实现数据验证

本节我们通过例子说明如何利用自定义验证规则和正则表达式实现数据验证。

【例 10-6】 演示利用自定义验证规则和正则表达式实现数据验证的基本用法,运行效果如图 10-7 所示。

图 10-7 【例 10-6】的运行效果

(1) E06Validation.xaml

```xml
<Page x:Class="ExampleWpfApp.Ch10.E06Validation"
    xmlns="http://schemas.microsoft.com/winfx/2006/xaml/presentation"
    xmlns:x="http://schemas.microsoft.com/winfx/2006/xaml"
    xmlns:mc="http://schemas.openxmlformats.org/markup-compatibility/2006"
    xmlns:d="http://schemas.microsoft.com/expression/blend/2008"
    xmlns:local="clr-namespace:ExampleWpfApp.Ch10"
    xmlns:z="clr-namespace:Wpfz;assembly=Wpfz"
    mc:Ignorable="d"
    d:DesignHeight="450" d:DesignWidth="800"
    Title="数据验证示例">
<Page.Resources>
    <ResourceDictionary>
        <DataTemplate x:Key="BirthDateTemplate">
            <TextBlock Text="{Binding ChuShengRiQi, StringFormat=yyyy-MM-dd}" />
        </DataTemplate>
        <Style x:Key="TextBoxStyle" TargetType="TextBox"
```

```
                              BasedOn="{StaticResource TextBoxLabelStyle}">
                    <Setter Property="Margin" Value="5"/>
                    <Setter Property="Width" Value="150"/>
                    <Style.Triggers>
                        <Trigger Property="Validation.HasError" Value="true">
                            <Setter Property="Validation.ErrorTemplate">
                                <Setter.Value>
                                    <ControlTemplate>
                                        <DockPanel LastChildFill="True">
                                            <TextBlock DockPanel.Dock="Right" Foreground="Red"
                                                    FontSize="12pt"
                                                Text="{Binding ElementName=MyAdorner, Path=
AdornedElement.(Validation.Errors)[0].ErrorContent}">
                                            </TextBlock>
                                            <Image DockPanel.Dock="Right" Width="20"
                                                Source="/Resources/Images/sad.png" />
                                            <Border BorderBrush="Red" BorderThickness="1">
                                                <AdornedElementPlaceholder Name="MyAdorner" />
                                            </Border>
                                        </DockPanel>
                                    </ControlTemplate>
                                </Setter.Value>
                            </Setter>
                        </Trigger>
                    </Style.Triggers>
                </Style>
            </ResourceDictionary>
        </Page.Resources>
        <StackPanel>
            <DataGrid Name="dataGrid1" AutoGenerateColumns="False" CanUserAddRows="False">
                <DataGrid.Columns>
                    <DataGridTextColumn Header="学号" Binding="{Binding XueHao}" />
                    <DataGridTextColumn Header="姓名" Binding="{Binding XingMing}" />
                    <DataGridTextColumn Header="性别" Binding="{Binding XingBie}" />
                    <DataGridTemplateColumn Header="出生日期" SortMemberPath="出生日期"
                                    CellTemplate="{StaticResource BirthDateTemplate}" />
                </DataGrid.Columns>
            </DataGrid>
            <StackPanel Name="StackPanelDetail">
                <StackPanel HorizontalAlignment="Center" DataContext="{Binding ElementName=
dataGrid1, Path=SelectedItem}">
                    <TextBox Style="{StaticResource TextBoxStyle}" z:Attach.Label="学号">
                        <TextBox.Text>
                            <Binding  Path="XueHao"  UpdateSourceTrigger="PropertyChanged"
ValidatesOnExceptions="True">
                                <Binding.ValidationRules>
                                    <local:StudentValidation IsXueHaoValidation="True" Validates
OnTargetUpdated="True"/>
                                </Binding.ValidationRules>
                            </Binding>
                        </TextBox.Text>
                    </TextBox>
                    <TextBox Style="{StaticResource TextBoxStyle}" z:Attach.Label="姓名">
                        <TextBox.Text>
                            <Binding Path="XingMing" UpdateSourceTrigger="PropertyChanged"
ValidatesOnExceptions="True">
                                <Binding.ValidationRules>
                                    <local:StudentValidation IsXingMingValidation="True" Validates
```

```
OnTargetUpdated="True"/>
                                </Binding.ValidationRules>
                        </Binding>
                    </TextBox.Text>
                </TextBox>
                <TextBox Style="{StaticResource TextBoxStyle}" z:Attach.Label="性别">
                    <TextBox.Text>
                        <Binding Path="XingBie" UpdateSourceTrigger="PropertyChanged"
ValidatesOnExceptions="True">
                            <Binding.ValidationRules>
                                <local:StudentValidation IsXingBieValidation="True" Validates
OnTargetUpdated="True"/>
                            </Binding.ValidationRules>
                        </Binding>
                    </TextBox.Text>
                </TextBox>
            </StackPanel>
            <Button Name="btnSave" Content="保存（更新数据库）" Margin="10" Padding="30 2"
HorizontalAlignment="Center" />
        </StackPanel>
    </StackPanel>
</Page>
```

（2）E06Validation.xaml.cs

```csharp
using System.Linq;
using System.Text.RegularExpressions;
using System.Windows.Controls;
namespace ExampleWpfApp.Ch10
{
    public partial class E06Validation : Page
    {
        public E06Validation()
        {
            InitializeComponent();
            dataGrid1.SelectionMode = DataGridSelectionMode.Single;
            Loaded += delegate {
                using (var c = new MyDb1Entities())
                {
                    var q = (from t in c.Student select t).ToList();
                    dataGrid1.ItemsSource = q;
                    dataGrid1.SelectedIndex = q.Count() > 0 ? 0 : -1;
                }
            };
            btnSave.Click += (s, e) =>
            {
                using (var c = new MyDb1Entities())
                {
    var success = Ch07.LinqToEntities.MyDb1Helps.SaveChanges(c, out string errorMsg);
                    if (success)
                    {
                        var q = from t in c.Student select t;
                        dataGrid1.ItemsSource = q.ToList();
                        Wpfz.MessageBoxz.ShowSuccess("保存成功！");
                    }
                    else
                    {
                        Wpfz.MessageBoxz.ShowError(errorMsg);
                    }
                }
```

```
            };
        }
    }
    public class StudentValidation : ValidationRule
    {
        public bool IsXueHaoValidation { get; set; } = false;
        public bool IsXingMingValidation { get; set; } = false;
        public bool IsXingBieValidation { get; set; } = false;
        public override ValidationResult Validate(object value, System.Globalization.
CultureInfo cultureInfo)
        {
            if (IsXueHaoValidation)
            {
                string str = (string)value;
                if (string.IsNullOrEmpty(str))
                {
                    return new ValidationResult(false, "不能为空");
                }
                if (!Regex.IsMatch(str, "[0-9]{8,8}"))
                {
                    return new ValidationResult(false, "必须是8位数字");
                }
            }
            if (IsXingMingValidation)
            {
                string str = (string)value;
                if (string.IsNullOrEmpty(str))
                {
                    return new ValidationResult(false, "不能为空");
                }
                if(str.Length<2)
                {
                    return new ValidationResult(false, "至少需要2个字");
                }
                if (!Regex.IsMatch(str, "^[\u4e00-\u9fa5]{2,}$"))
                {
                    return new ValidationResult(false, "必须全部由汉字组成");
                }
            }
            if (IsXingBieValidation)
            {
                string str = (string)value;
                if (string.IsNullOrEmpty(str))
                {
                    return new ValidationResult(false, "不能为空");
                }
                if (!(str == "男" || str == "女"))
                {
                    return new ValidationResult(false, "必须是男或女");
                }
            }
            return new ValidationResult(true, null);
        }
    }
}
```

第11章
二维图形图像处理

WPF 提供了对二维、三维图形图像处理技术的完美支持，包括栅格图（位图）、矢量图以及三维模型建模和呈现等。

本章我们主要学习二维图形图像处理相关的基本技术。

11.1 图形图像处理基础

在学习具体的图形图像处理技术之前，需要先了解一些基本概念以及 WPF 处理图形图像时使用的类。

11.1.1 基本概念

将图形、图像、文本、视频处理以后，一般都需要将其按某种方式绘制出来。

1. 图形和图像的区别

图形也叫几何图形或矢量图，它保存的仅是绘图需要的一些基本特征。比如绘制一条直线时，只需要保存直线的起点、终点以及线宽这 3 个属性即可。由于对图形进行缩放实际上只是改变点的位置和线的宽度，所以缩放后再将其绘制出来的图不会有失真。

图像也叫栅格图，它保存的是一系列的"点"及其特征，一般用矩阵来保存这些"点"。比如每个"点"仅用一个像素来表示时，其特征有颜色通道（RGB）、透明度（A）、是否闪烁等。由于对图像的缩放实际上是对矩阵中这些"点"的处理，因此对这种图进行缩放时多多少少都会有一些失真，矩阵处理算法不同，失真的程度也不同。另外，由于处理后的图像呈现质量以及保存的格式和呈现技术也不一样，所以图像还存在编码、解码以及不同格式之间的转换等问题。

2. 即时模式和保留模式

绘制图形图像时，有两种基本的呈现技术，一是即时模式，二是保留模式。

WPF 使用的图形图像呈现技术与早期的 GDI+ 呈现技术完全不同。GDI+ 提供的 API 都是用"即时模式"来呈现，这种模式只保存界面上可见部分的图形图像，当用户调整窗口大小或者对象的外观发生变化导致可见部分失效时，需要程序员自己去维护绘图的状态。

在 WPF 应用程序中，系统采用"保留模式"来负责图形图像的呈现，其内部用一组序列化绘图状态来保存这些对象，这样就可以自动重绘，而不需要程序员去维护这些状态。

另外，WPF 使用矢量图和与设备无关的技术来处理二维、三维图形的显示，并能根据本机的图形硬件（显卡、GPU）自动选择合适的呈现技术，而不是仅仅通过软件来模拟。因此，在一个窗口表面呈现数以千计的不同的图形图像这种在传统的项目中看似不可能做到的事情，在 WPF 中则完全可以轻松实现而且还能保持高性能。

11.1.2　与二维三维图形图像处理相关的类

图形图像处理涉及的类非常多，这是因为屏幕上显示的所有信息本质上都是用图形或者图像绘制出来的。

1.　命名空间划分

为了实现各种图形图像的绘制，WPF 提供了 3 个主要的抽象基类：Shape 类、Drawing 类和 Visual 类，大部分对象的绘制功能都从这 3 个类之一派生，用这 3 个类的派生类创建的绘图对象分别称为 Shape 对象、Drawing 对象和 Visual 对象。

根据实现的功能，Shape、Drawing 和 Visual 分别被划分在不同的命名空间中。

（1）System.Windows.Media 命名空间

System.Windows.Media 命名空间提供了颜色、画笔、几何图形、图像、文本、音频、视频等丰富的媒体处理功能。Drawing 类和 Visual 类都在该命名空间内。

（2）System.Windows.Media.Imaging 命名空间

System.Windows.Media.Imaging 命名空间提供了对图像进行编码和解码相关的类。

对于图像处理来说，直接使用这些类就能轻松完成各种复杂的功能，而图像的绘制还是靠其他技术（Drawing 派生类或者 Visual 派生类）来实现。

（3）System.Windows.Controls 命名空间

System.Windows.Controls 命名空间提供除了形状控件外的其他各种控件，这些控件都是从 Visual 类派生的，包括 Image 控件以及我们在前面的章节中学习过的各种控件，这些控件按功能进行了分类，并提供了专门的实现。

（4）System.Windows.Shapes 命名空间

System.Windows.Shapes 命名空间提供了基本的几何图形形状控件，这些控件都是从 Shape 类派生的，由于 Shape 又是从 Visual 派生而来的，所以这些控件本质上也都是从 Visual 派生的。

2.　Shape、Drawing 和 Visual 及其派生类

学习 WPF 图形图像处理的关键是先了解 Shape、Drawing 和 Visual 这 3 个主要的抽象基类及其继承的层次结构，以便清楚这三者之间的关系。

简单来说，System.Windows.Shapes 命名空间中的控件和 System.Windows.Controls 命名空间中的控件主要用于顶层功能处理，继承自 Drawing 的对象主要用于中层功能处理，继承自 Visual 的对象主要用于底层功能处理。

为了方便比较，下面分别列出这 3 种类的继承层次结构。

（1）Shape 及其派生类

Shape 类继承的层次结构如下：

```
Object→DispatcherObject→DependencyObject
→Visual→UIElement→FrameworkElement
→Shape
→Ellipse→Line→Path→Polygon→Polyline→Rectangle
```

从 Shape 继承的层次结构可以看出，继承自 Shape 的类包括：Ellipse 类、Line 类、Path 类、Polygon 类、Polyline 类和 Rectangle 类，由于 Shape 是从 Visual、UIElement 和 FrameworkElement

派生而来的，所以直接用 Shape 对象绘制几何形状时开发效率最高，需要编写的代码最少。

（2）Drawing 及其派生类

Drawing 类继承的层次结构如下：

```
Object→DispatcherObject→DependencyObject
→Freezable→Animatable
→Drawing
→DrawingGroup→GeometryDrawing→GlyphRunDrawing→ImageDrawing→VideoDrawing
```

从 Drawing 类继承的层次结构可以看出，Drawing 类是从 Freezable 和 Animatable 继承而来的，所以这些对象都可以在资源字典中定义，以便被多个对象共享。

由于 Drawing 对象没有提供 Visual、UIElement 和 FrameworkElement 的功能，因此用它实现绘制功能时占用的内存较少，是描述背景、剪贴画以及使用 Visual 对象进行低级别绘制的理想选择。

（3）Visual 及其派生类

Visual 类继承的层次结构如下：

```
Object→DispatcherObject→DependencyObject
→Visual
→ContainerVisual→Viewport3DVisual→UIElement
```

从 Visual 类继承的层次结构可以看出，Visual 类的负担最轻，因此用它实现绘制功能时占用的内存最少。

3. 根据需求灵活把握和选择合适的技术

针对不同的需求灵活把握和选择合适的实现技术非常重要。片面追求性能而不考虑开发效率会大大延长项目的研发周期，而且在性能没有明显提升的情况下片面追求性能最优意义也不大；反之，只追求开发效率而不管性能好坏也会使项目中某些功能的实现受质疑。

WPF 分别提供 Shape、Drawing 和 Visual 派生类的动机在于让开发人员能更好地根据项目需要，合理选择不同的技术来处理内存消耗与应用程序性能之间的关系，因此需要开发人员在应用程序的"开发效率"和"运行性能"之间做一个合理的折中选择。

综合而言，用 Drawing 派生类来实现二维图形图像处理是 Shape、Drawing 和 Visual 3 种技术中的一种比较理想的折中方案，这种方式既能获得相对比较好的性能，又不会让实现的代码过于复杂。

当然，任何技术选择原则都不是绝对的，比如我们只需要在界面中画一个矩形，此时直接用 Rectangle 控件实现就行了，因为我们只需要指定相关的属性即可，而没必要再单独用 Visual 或者 Drawing 派生类去做这个事。但是，如果要求将这个矩形画在 TextBlock 的内部或边界区域，而且 TextBlock 移动时这个矩形也自动跟着移动，此时用 VisualBrush（Visual 派生类）或者 DrawingBrush（Drawing 派生类）来实现最合适，这是因为这两种画笔已经帮我们做了配套的工作，我们只需要用画笔将图形定义出来，然后在控件的属性中指定使用的是哪种画笔就行了；如果这个矩形在"任何情况下"自始至终都是和某个功能一起使用的，此时制作一个实现这种功能的自定义控件（用 Visual 派生类实现）最合适，因为它能使运行效率在任何情况下都比用其他技术实现的效率高。

11.2　形状和几何图形

图形处理是指对二维矢量几何图形的处理，由于矢量图形是根据几何图形的特征来计算并绘制的（例如，直线只保存"起点、终点、绘制的是直线"这 3 个特征），因此绘制的矢量图形不会有任何失真。

11.2.1 形状

System.Windows.Shapes 命名空间定义了呈现 2D 几何图形对象的类，这些类都继承自同一个 Shape 类，可作为普通控件使用，就像使用【工具箱】中的其他控件一样。这些类可以用 XAML 来描述，也可以用 C#访问其对应的属性、方法和事件。

1. 形状的含义

形状（Shape）是具有界面交互功能的几何图形的封装形式，可分别绘制这些形状的轮廓（Stroke 属性）和对封闭图形的内部填充（Fill 属性）。

所有形状的基类都是 Shape 类，从 Shape 类继承的类称为形状控件，包括 Rectangle（矩形）、Ellipse（椭圆）、Line（直线）、Polyline（折线）、Polygon（封闭的多边形）和 Path（路径）。由于 Rectangle 和 Ellipse 这两个控件比较常用，所以默认将其放在了工具箱中，其他的形状控件没有放在工具箱内。

形状控件一般用于通过界面与用户交互而且用图形或图像来呈现交互区域的场合。至于呈现的是图形还是图像，由填充时使用的是哪种画笔来决定。

2. Shape 及其派生类

Shape 类在 System.Windows.Shapes 命名空间内（PresentationFramework.dll 文件），该类是在 FrameworkElement 级别定义和绘制基本几何图形形状的抽象基类，从该类继承的类都被封装成了 WPF 控件，利用这些控件可在界面上直接定义和绘制几何图形的形状。

使用 Shape 类的继承类创建的对象统称为 Shape 对象。

Shape 对象分为两大类别：一种是基本形状控件（Rectangle、Ellipse、Line、PolyLine、Polygen），这些控件可直接绘制它所描述的几何图形的形状；另一种是 Path 控件，使用该控件的前提是必须指定需要绘制的几何图形（利用 Geometry 对象定义），然后才能利用该控件将其绘制出来。

3. Shape 对象共有的属性

Shape 控件共有的属性都是在 Shape 类中定义的，所有形状控件都可以使用这些属性，如表 11-1 所示。

表 11-1　　　　　　　　　　　　　　　　Shape 对象共有的属性

属　　性	说　　明
Stroke	获取或设置轮廓的 Brush
StrokeThickness	获取或设置轮廓的宽度
Fill	获取或设置内部填充的 Brush
Stretch	用枚举值说明如何填充形状的内部。可选的枚举值如下。 None：不拉伸。内容保持原始大小。 Fill（默认值）：调整内容的大小以填充目标尺寸，不保留纵横比。 Uniform：在保留内容原有纵横比的同时调整内容的大小至目标尺寸。 UniformToFill：在保留内容原有纵横比的同时调整内容的大小，并填充至目标尺寸。如果目标矩形的纵横比不同于原矩形的纵横比，则对原内容进行剪裁以适合目标尺寸

在 XAML 中，一般直接用特性语法声明这些属性。

4．基本形状

继承自 Shape 类的基本形状包括矩形（Rectangle 类）、椭圆（Ellipse 类）、直线（Line 类）、折线（Polyline 类）和多边形（Polygon 类）。

（1）分类

Rectangle 类：绘制矩形。可分别绘制矩形的轮廓和内部填充，也可以仅绘制轮廓或者仅填充内部。

Ellipse 类：绘制椭圆，当 Width 和 Height 相等时，绘制的实际上就是一个圆。

Line 类：在两个点之间绘制一条直线。

Polyline 类：将多个点依次用直线相连，从而构成各种折线形状。

Polygon 类：绘制封闭的多边形，其用法与 PolyLine 相似，但它会自动将最后 1 个点和第 1 个点连接起来。

（2）示例

下面通过例子演示如何绘制这些基本形状。

【例 11-1】　演示基本形状的绘制办法，运行效果如图 11-1 所示。

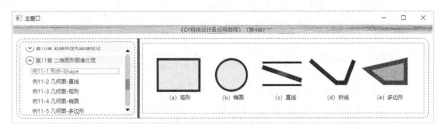

图 11-1　【例 11-1】的运行效果

该例子的源程序见 Ch11/E01Shape.xaml 文件，主要代码如下：

```xaml
<Page ......>
  <Grid Height="100" Width="600">
    <Grid.ColumnDefinitions>
      <ColumnDefinition/>
      <ColumnDefinition/>
      <ColumnDefinition/>
      <ColumnDefinition/>
      <ColumnDefinition/>
    </Grid.ColumnDefinitions>
    <Grid.RowDefinitions>
      <RowDefinition/>
      <RowDefinition Height="Auto"/>
    </Grid.RowDefinitions>
    <Grid.Resources>
      <Style TargetType="TextBlock">
        <Setter Property="TextAlignment" Value="Center"/>
      </Style>
    </Grid.Resources>
    <!--矩形-->
    <Rectangle Grid.Row="0" Grid.Column="0" Height="75" Width="100"
               Fill="#FFFFFF00" StrokeThickness="5" Stroke="#FF0000FF"/>
    <TextBlock Grid.Row="1" Grid.Column="0" Text="(a) 矩形" />
    <!--椭圆-->
    <Ellipse Grid.Row="0" Grid.Column="1" Height="75" Width="75"
             Fill="#FFFFFF00" StrokeThickness="5" Stroke="#FF0000FF"/>
```

```
<TextBlock Grid.Row="1" Grid.Column="1" Text="（b）椭圆" />
<!--直线-->
<Canvas Grid.Row="0" Grid.Column="2" Height="75">
    <!--从(10,10)到(100,10)绘制一条直线-->
    <Line X1="10" Y1="10" X2="100" Y2="10" Stroke="Black" StrokeThickness="4" />
    <!--从(10,20)到(100,50)绘制一条直线-->
    <Line X1="10" Y1="20" X2="100" Y2="50" StrokeThickness="10">
        <Line.Stroke>
            <RadialGradientBrush GradientOrigin="0.5,0.5" Center="0.5,0.5"
                                 RadiusX="0.5" RadiusY="0.5">
                <RadialGradientBrush.GradientStops>
                    <GradientStop Color="Red" Offset="0" />
                    <GradientStop Color="Blue" Offset="0.5" />
                </RadialGradientBrush.GradientStops>
            </RadialGradientBrush>
        </Line.Stroke>
    </Line>
    <!--从(10,60)到(100,60)绘制一条横线-->
    <Line X1="10" Y1="60" X2="100" Y2="60" Stroke="Black" StrokeThickness="4" />
</Canvas>
<TextBlock Grid.Row="1" Grid.Column="2" Text="（c）直线" />
<!--折线-->
<Polyline Grid.Row="0" Grid.Column="3"
        Points="0,10  60,60  80,60  100,10"
        Stroke="Blue" StrokeThickness="10"/>
<TextBlock Grid.Row="1" Grid.Column="3" Text="（d）折线" />
<!--多边形-->
<Polygon Grid.Row="0" Grid.Column="4"
        Points="10,30  100,10  100,60  50 60"
        Stroke="Purple" StrokeThickness="10">
    <Polygon.Fill>
        <SolidColorBrush Color="Blue" Opacity="0.4"/>
    </Polygon.Fill>
</Polygon>
<TextBlock Grid.Row="1" Grid.Column="4" Text="（e）多边形" />
    </Grid>
</Page>
```

11.2.2　几何图形

前面我们说过，继承自 Shape 类的控件除了基本图形外，还有一个 Path 控件，利用该控件可绘制任何几何图形，这些几何图形都需要用继承自 Geometry 的类来定义。

本节我们主要学习 Geometry 对象的基本用法，并利用继承自 Shape 类的 Path 控件来绘制这些对象。掌握了这些基本用法后，再进一步学习如何利用 ImageBrush、DrawingBrush 或者 VisualBrush 来实现各种绘图功能。

1. Geometry 及其派生类

Geometry 类在 System.Windows.Media 命名空间内（PresentationCore.dll 文件）。该类是定义二维图形形状的抽象基类。从 Geometry 继承的类仅用于定义几何图形的形状，包括基本几何图形、路径几何图形以及复合几何图形，但这些派生类本身没有绘制功能，用它定义几何形状后还需要靠其他对象（如 Path、Image）或者画笔（如 ImageBrush、DrawingBrush）来绘制。

Geometry 继承的层次结构如下：

```
Object→DispatcherObject→DependencyObject
→Freezable→Animatable
→Geometry
→CombinedGeometry→EllipseGeometry→GeometryGroup
→LineGeometry→PathGeometry→RectangleGeometry→StreamGeometry
```

从 Geometry 继承的层次结构可以看出，Geometry 派生类没有从 Visual、UIElement 和 FrameworkElement 继承（即没有提供 UI 布局和绘制功能），所以只能用这些对象定义几何图形，但也正是因为这一点，才使 Geometry 对象占用的内存较少，所以当多处使用同一个几何图形时（比如背景图的小方格），用 Geometry 对象一次性将其定义出来，这种方式明显比采用 Shape 对象分别实现这些小方格的运行效率高。

另外，由于 Geometry 类是从 Freezable 类继承而来的，因此还可以将创建的这些几何对象冻结。同时，Geometry 类又是从 Animatable 类继承的，所以还可以对其进行动画处理。

冻结是指定义后便不可更改，这是一种提高性能的技术，在 C#代码中调用对象的 Freeze 方法可让其冻结。

表 11-2 列出了从 Geometry 派生的类及其简单说明。

表 11-2　　　　　　　　　　从 Geometry 派生的类及其简单说明

图　形　形　状	类	说　　　明
简单几何图形	LineGeometry	定义一条由两个点连接的直线
	RectangleGeometry	定义一个矩形
	EllipseGeometry	定义一个椭圆
路径几何图形	PathGeometry	用路径定义一系列基本图形
	StreamGeometry	用流定义一系列基本图形
复合几何图形	CombinedGeometry	按照合并规则将两个图形合并在一起
	GeometryGroup	将多个图形组合在一起

对于不需要框架元素级别功能的图形，用 Geometry 派生类去定义这些图形能获得较高的性能，这是我们学习 Geometry 派生类的主要目的。

2．Geometry 对象和 Shape 对象的区别

从表面上看，用 Geometry 对象和用 Shape 对象定义的几何图形的形状十分相似，两者的主要区别是 Geometry 对象只定义图形的形状但其自身没有绘制功能，特别适用于将其作为资源的场合；而 Shape 对象除了定义图形的形状外其自身还具有绘制功能，适用于直接对某种图形的形状进行界面级别处理的场合。

由于可以用多种方式绘制 Geometry 对象，所以在实际项目开发中 Geometry 对象的用途比 Shape 对象的用途更广泛。

3．路径几何图形和路径标记语法

路径几何图形是指把一系列图形按照某种方式组合在一起构成的形体。

（1）路径标记语法使用的命令

路径标记语法是几何图形的一种简化的 XAML"命令"描述形式。在路径标记语法中，每个命令都仅用一个字母来表示，大写字母表示其后面的参数是绝对位置，小写字母表示其后面的参

数是相对于上一个位置的偏移量。

表 11-3 列出了路径标记语法使用的命令及其说明。

表 11-3 路径标记语法使用的命令及其说明

命 令 类 型	说 明
移动（M 或 m）	参数：startPoint，示例：M 10, 20 功能：指定新图形的起点。大写的 M 表示 startPoint 是绝对值；小写的 m 表示 startPoint 是相对于上一个点的偏移量，如果是(0,0)，则表示不存在偏移。当在移动命令之后列出多个点时，即使指定的是线条命令，也将绘制出连接这些点的线
直线（L 或 l）	参数：endPoint，示例：L 20, 30 功能：在当前点与指定的终点之间创建一条直线
水平线（H 或 h）	参数：x，示例：M 10, 50 H 90 功能：在当前点与指定的 X 坐标之间创建一条水平线。x 表示线的终点的 X 坐标（double 类型）
垂直线（V 或 v）	参数：y，示例：M 10, 50 V 200 功能：在当前点与指定的 Y 坐标之间创建一条垂直线。y 表示线的终点的 Y 坐标（double 类型）
二次贝塞尔曲线（Q 或 q）	参数：p1 endPoint，示例：M 10, 100 Q 200, 200 300, 100 功能：通过使用指定的控制点（p1）在当前点与指定的终点之间创建一条二次贝塞尔曲线
平滑的二次贝塞尔曲线（T 或 t）	参数：p2 endPoint，示例：T 100, 200, 300, 200 功能：在当前点与指定的终点之间创建一条二次贝塞尔曲线。控制点假定为前一个命令的控制点相对于当前点的反射。如果前一个命令不存在，或者前一个命令不是二次贝塞尔曲线命令或平滑的二次贝塞尔曲线命令，则此控制点就是当前点。p2 指曲线的控制点，用于确定曲线的起始正切值。endPoint 指曲线将绘制到的点
三次贝塞尔曲线（C 或 c）	参数：p1 p2 endPoint，示例：M 10, 100 C 100, 0 200, 200 300, 100 功能：通过使用两个指定的控制点（p1 和 p2）在当前点与指定的终点之间创建一条三次贝塞尔曲线
平滑的三次贝塞尔曲线（S 或 s）	参数：p2 endPoint，示例：M 10, 100 C35, 0 135, 0 160, 100 S285, 200 310, 100 功能：在当前点与指定的终点之间创建一条三次贝塞尔曲线。第 1 个控制点假定为前一个命令的第 2 个控制点相对于当前点的反射。如果前一个命令不存在，或者前一个命令不是三次贝塞尔曲线命令或平滑的三次贝塞尔曲线命令，则假定第 1 个控制点就是当前点。第 2 个控制点，即曲线终端的控制点由 p2 指定
椭圆弧线（A 或 a）	参数：size, rotationAngle, isLargeArcFlag, sweepDirectionFlag, endpoint 示例：M 10, 100 A 100, 50 45 1 0 200, 100 功能：在当前点与指定的终点之间创建一条椭圆弧线。size：弧的 X 轴半径和 Y 轴半径；rotationAngle：椭圆的旋转度数；isLargeArcFlag：如果弧线的角度应大于或等于 180°，则设置为 1，否则设置为 0；sweepDirectionFlag：如果弧线按照正角方向绘制，则设置为 1，否则设置为 0；endPoint：弧线将绘制到的点
关闭（Z 或 z）	示例：M 10, 100 L 100, 100 100, 50 Z M 10, 10 100, 10 100, 40 Z 功能：终止当前的图形并创建一条连接当前点和图形起点的线。此命令用于在图形的最后一个线段与第一个线段之间创建一条连线（转角）

（2）空格和逗号

路径标记语法中每个命令后的空格和逗号并不是必需的，但是为了看起来容易理解，最好用空格或者逗号将其分隔开。

当依次输入多个同一类型的命令时，可以省略重复的命令。例如，L 100, 200 300, 400 等同于 L 100, 200 L 300, 400。

4．Path 控件

System.Windows.Shapes.Path 控件专门用于绘制各种几何图形。一般先利用 Geometry 对象来定义图形，然后再通过 Path 控件实现绘制功能。

由于 Path 类继承自 Shape 类，所以 Shape 对象公开的所有属性在 Path 类中也都可以使用，比如 Stroke、StrokeThickness、Fill、Stretch 等。

（1）用 XAML 实现

下面的 XAML 代码演示了如何用 Path 控件和路径标记语法绘制几何图形：

```
<Path Stroke="Black" Fill="Gray" Data="M 10,100 C 10,300 300,-200 300,100" />
```

下面代码用路径标记语法描述 PathGeometry 中的 PathFigureCollection：

```
<Path Stroke="Black" Fill="Gray">
  <Path.Data>
    <PathGeometry Figures="M 10,100 C 10,300 300,-200 300,100" />
  </Path.Data>
</Path>
```

（2）用 C#实现

路径标记语法和 Path 控件也可以用下面的 C#代码实现：

```
Path path=new Path();
path.Data = PathGeometry.Parse("M 10,100 C 10,300 300,-200 300,100");
```

注意这里有一个实现技巧，由于用 XAML 实现时能直观地看到绘制效果，所以可先通过 XAML 实现路径几何图形的定义，当绘制的效果符合要求后，再将其复制到用 C#代码实现的 PathGeometry.Parse 方法的参数中即可。

5．PathGeometry

WPF 提供了两种定义几何图形的类：PathGeometry 和 StreamGeometry。这两个类都提供了描绘由直线、弧线和曲线组成的多个复杂图形的方法。

简单来说，PathGeometry 是一个路径容器，它公开了一个 PathFigure 属性，该属性可以由一系列的路径线段（PathSegment 类）组合而成，这些一系列由 PathSegment 类构成的集合是通过 PathFigureCollection 类来构造的。

（1）PathFigure

PathGeometry 是 PathFigure 对象的集合，用于创建基本形状以及组合后的复杂形状。

PathFigure 中的所有 PathSegment 会自动合并为一个几何形状，该形状将每一个 PathSegment 的终点都会自动作为下一个 PathSegment 的起点。StartPoint 属性指定绘制第 1 条线段的起始点，后面的每条线段都以上一条线段的终点作为起点。

（2）PathSegment

PathFigureCollection 中的每个 PathFigure 由一个或多个直线或曲线段（Segment）组成，这些线段类型都是从 PathSegment 类派生的，通过组合或者合并这些 PathSegment 对象，就可以创建出各种复杂的几何图形。

表 11-4 列出了继承自 PathSegment 类的直线或曲线段的类型及其说明。

表 11-4　　　　　　　　　继承自 PathSegment 类的直线或曲线段类型及其说明

线段类型	说　　明
ArcSegment	在两个点之间创建一条椭圆弧线
BezierSegment	在两个点之间创建一条三次贝塞尔曲线

续表

线 段 类 型	说　　明
LineSegment	在两个点之间创建一条直线
PolyBezierSegment	创建一系列三次贝塞尔曲线
PolyLineSegment	创建一系列直线
PolyQuadraticBezierSegment	创建一系列二次贝塞尔曲线
QuadraticBezierSegment	创建一条二次贝塞尔曲线

6. StreamGeometry

StreamGeometry 也是定义一个可包含曲线、弧线和直线的复杂几何形状，由于它是以"数据流"形式来构造的，所以运行效率很高，也是描绘物体表面装饰的理想选择。

是使用 PathGeometry 还是使用 StreamGeometry，可按下面的原则来处理：当需要高效率描绘复杂的几何图形而且不使用数据绑定、动画或不需要修改时，可考虑使用 StreamGeometry，否则使用 PathGeometry。

另外，用 StreamGeometry 实现的功能也都可以用 PathGeometry 来实现。

11.2.3　基本几何图形的绘制

继承自 Geometry 类的基本几何图形包括直线、折线、矩形、椭圆、多边形以及曲线等。下面通过例子来演示这些基本几何图形的绘制办法。

1.　直线和折线

LineGeometry 类用于定义直线（LineGeometry），该类用 StartPoint 属性和 EndPoint 属性来描述直线的起点和终点，也可以用路径标记语法来描述它。由于直线仅有轮廓绘制没有填充功能，所以绘制直线时 Path 控件的 Fill 属性不起作用。

折线（PolylineSegment）是将一系列的点依次用直线相连，当这些点之间的距离很近时，其效果与曲线就很相似了。有两种绘制折线的方法，一种是用 LineGeometry 来实现，另一种是用 PolylineSegment 来实现。

在各种医疗检测设备中，如脑电图、心电图等，都会用图形实时显示检测的结果。假如检测的一系列的点已经保存在内存中，那么将这些点两两之间依次连接成直线，就能将检测结果即时呈现出来。

【例 11-2】 演示基本几何图形的绘制办法。根据正弦函数计算出多个点，然后将这些点用直线依次相连。运行效果如图 11-2 所示。

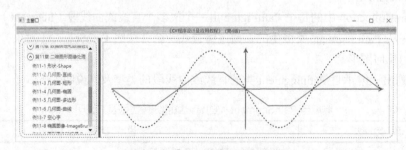

图 11-2　【例 11-2】的运行效果

该例子用两种方式（XAML 和 C#）分别演示了如何用 LineGeometry 绘制正弦曲线。

（1）E02LineGeometry.xaml

```
<Page ......>
    <Page.Resources>
        <Style TargetType="Path">
            <Setter Property="StrokeThickness" Value="2" />
            <Setter Property="RenderTransformOrigin" Value="0,0" />
            <Setter Property="RenderTransform">
                <Setter.Value>
                    <!--平移坐标原点到 canvas1 宽高的一半-->
                    <TranslateTransform X="360" Y="100" />
                </Setter.Value>
            </Setter>
        </Style>
    </Page.Resources>
    <Canvas Name="canvas1" Width="720" Height="200" Margin="20">
        <!--横坐标-->
        <Path Stroke="Red" Data="M-360,0 L365,0 355,5 M365,0 L355,-5"/>
        <!--纵坐标-->
        <Path Stroke="Red" Data="M0,100 L0,-100 -5,-95 M0,-100 L5,-95"/>
    </Canvas>
</Page>
```

（2）E02LineGeometry.xaml.cs

```
using System;
using System.Collections.Generic;
using System.Windows;
using System.Windows.Controls;
using System.Windows.Media;
using System.Windows.Shapes;
namespace ExampleWpfApp.Ch11
{
    public partial class E02LineGeometry : Page
    {
        public E02LineGeometry()
        {
            InitializeComponent();
            //带箭头的坐标线
            canvas1.Children.Add(GetAxis(canvas1.Width / 2, canvas1.Height / 2, Brushes.Red));
            //虚线正弦曲线
            canvas1.Children.Add(new Path
            {
                Stroke = Brushes.Black,
                StrokeDashArray = new DoubleCollection(new List<double> { 2, 2 }),
                StrokeDashOffset = 1,
                Data = SinGeometry(maxX: 360, maxY: 100, step: 1)
            });
            //实线正弦曲线
            canvas1.Children.Add(new Path
            {
                Stroke = Brushes.Green,
                Data = SinGeometry(maxX: 360, maxY: 50, step: 60)
            });
        }
        private Path GetAxis(double maxX, double maxY, Brush stroke)
```

```
        {
            double w = maxX, h = maxY;
            //横坐标
            Geometry axisX =
                Geometry.Parse($"M-{w},0 L{w + 5},0 {w - 5},5 M{w + 5},0 L{w - 5},-5");
            //纵坐标
            Geometry axisY =
        Geometry.Parse($"M0,{h + 5} L0,-{h + 5} -5,-{h - 5} M0,-{h + 5} L5,-{h - 5}");
            PathGeometry p = new PathGeometry();
            p.AddGeometry(axisX);
            p.AddGeometry(axisY);
            return new Path { Stroke = stroke, Data = p };
        }
        private StreamGeometry SinGeometry(int maxX, int maxY, int step)
        {
            StreamGeometry g = new StreamGeometry();
            using (StreamGeometryContext ctx = g.Open())
            {
                double y0 = Math.Sin(-maxX * Math.PI / 180.0);
                ctx.BeginFigure(
            startPoint: new Point(-maxX, maxY * y0), isFilled: false, isClosed: false);
                for (int x = -maxX; x < maxX + step; x += step)
                {
                    double y = Math.Sin(x * Math.PI / 180.0);
                    ctx.LineTo(
                     point: new Point(x, maxY * y), isStroked: true, isSmoothJoin: true);
                }
            }
            g.Freeze(); //冻结的目的是提高性能
            return g;
        }
    }
}
```

2. 矩形

RectangleGeometry 类使用 System.Windows 命名空间下的 Rect 结构来定义矩形（Rectangle Geometry）的轮廓，该结构指定矩形的左上角位置以及矩形的高度和宽度，另外还可以通过设置 RadiusX 属性和 RadiusY 属性创建圆角矩形。

用 RectangleGeometry 绘制矩形时，可以用 Path 对象的 Stroke 属性和 StrokeThickness 属性指定绘制的轮廓颜色和轮廓宽度，用 Fill 属性指定被填充区域的内容（纯色、渐变色、图案、图像等）。例如：

```
<Path Fill="LemonChiffon" Stroke="Black" StrokeThickness="1">
    <Path.Data>
        <RectangleGeometry Rect="50,50,25,25" />
    </Path.Data>
</Path>
```

下面的代码演示了如何用 C#实现相同的功能：

```
Path myPath = new Path
{
    Fill = Brushes.LemonChiffon, Stroke = Brushes.Black, StrokeThickness = 1
};
var r = new RectangleGeometry{ Rect = new Rect(50,50,25,25) };
myPath.Data = r;
```

【例 11-3】 演示矩形的基本绘制办法，运行效果如图 11-3 所示。

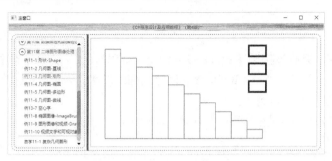

图 11-3　【例 11-3】的运行效果

（1）E03RectangleGeometry.xaml

```xml
<Page ......>
    <Grid>
        <Path Stroke="Blue" StrokeThickness="5">
            <Path.Data>
                <GeometryGroup>
                    <RectangleGeometry Rect="450,20,50,30" />
                    <RectangleGeometry Rect="450,70,50,30" />
                    <RectangleGeometry Rect="450,120,50,30" />
                </GeometryGroup>
            </Path.Data>
        </Path>
        <Canvas Name="canvas1"/>
    </Grid>
</Page>
```

（2）E03RectangleGeometry.xaml.cs

```csharp
using System.Windows;
using System.Windows.Controls;
using System.Windows.Media;
using System.Windows.Shapes;
namespace ExampleWpfApp.Ch11
{
    public partial class E03RectangleGeometry : Page
    {
        public E03RectangleGeometry()
        {
            InitializeComponent();
            double x = 450, y = 20;
            GeometryGroup g = new GeometryGroup();
            //楼梯
            x = 40; y = 30;
            for (int i = 0; i < 10; i++)
            {
                var r1 = new RectangleGeometry(new Rect(x, y, 45, 280 - y));
                r1.Freeze();   //冻结的目的是提高性能
                g.Children.Add(r1);
                x += 45; y += 25;
            }
            Path path = new Path { Stroke = Brushes.Black, Data = g };
            canvas1.Children.Add(path);
```

```
            }
        }
    }
```

3. 椭圆

EllipseGeometry 类通过椭圆（EllipseGeometry）的中心点（Center 属性）、x 方向的半径（RadiusX 属性）和 y 方向的半径（RadiusY）来定义椭圆形状。当 x 方向的半径和 y 方向的半径相同时，其效果就是一个圆。例如：

```
<Path Fill="Gold" Stroke="Black" StrokeThickness="1">
    <Path.Data>
        <EllipseGeometry Center="50,50" RadiusX="50" RadiusY="50" />
    </Path.Data>
</Path>
```

【例 11-4】 演示椭圆的基本绘制办法，运行效果如图 11-4 所示。

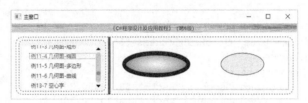

图 11-4 【例 11-4】的运行效果

（1）E04EllipseGeometry.xaml

```
<Page ......>
    <Canvas Name="canvas1">
        <Path Canvas.Left="100" Canvas.Top="50" Stroke="Blue" StrokeThickness="10">
            <Path.Fill>
                <RadialGradientBrush>
                    <GradientStop Color="#FEFFFAE8" Offset="0" />
                    <GradientStop Color="#FEFFEEBB" Offset="0.139831" />
                    <GradientStop Color="#FFCB9F77" Offset="0.788136" />
                    <GradientStop Color="#FFA45A42" Offset="1" />
                </RadialGradientBrush>
            </Path.Fill>
            <Path.Data>
                <EllipseGeometry RadiusX="75" RadiusY="25" />
            </Path.Data>
        </Path>
    </Canvas>
</Page>
```

（2）E04EllipseGeometry.xaml.cs

```
using System.Windows;
using System.Windows.Controls;
using System.Windows.Media;
using System.Windows.Shapes;
namespace ExampleWpfApp.Ch11
{
    public partial class E04EllipseGeometry : Page
    {
        public E04EllipseGeometry()
        {
            InitializeComponent();
            var g = new EllipseGeometry
```

```
    {
        Center = new Point(0, 0),
        RadiusX = 50,
        RadiusY = 25
    };
    Path path = new Path
    {
        Stroke = Brushes.Black,
        Fill = Brushes.Bisque,
        Data = g
    };
    Canvas.SetLeft(path, 300);
    Canvas.SetTop(path, 50);
    canvas1.Children.Add(path);
    }
    }
}
```

4. 多边形

多边形（PathGeometry、StreamGeometry）是由 3 条或 3 条以上的边组成的闭合图形，包括规则多边形和不规则多边形。

无论是利用 PathGeometry 来实现还是利用 StreamGeometry 来实现，其设计思路都是先生成一系列的点，然后再将这些点依次连接。

如果将最后一个点和首个点相连，就是 Polygen，否则就是 Polyline。

【**例 11-5**】 演示如何用 C#实现规则多边形的绘制，运行效果如图 11-5 所示。

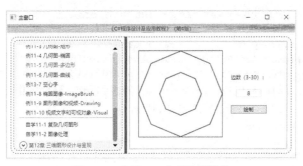

图 11-5　【例 11-5】的运行效果

（1）E05Polygon.xaml

```xml
<Page ......>
    <StackPanel Margin="20" Orientation="Horizontal" VerticalAlignment="Top">
        <Border BorderBrush="Blue" BorderThickness="1">
            <Path Name="path1"
                    Width="200" Height="200" Stroke="Red" StrokeThickness="2"/>
        </Border>
        <StackPanel Margin="10" VerticalAlignment="Center" HorizontalAlignment="Center">
            <TextBlock Text="边数（3-30）: " Margin="10" VerticalAlignment="Center" />
            <TextBox Name="textBox1"
                    Text="8" Width="60" HorizontalContentAlignment="Center" Margin="10" />
            <Button Name="btn1" Margin="10" Content="绘制" />
        </StackPanel>
    </StackPanel>
</Page>
```

（2）E05Polygon.xaml.cs

```csharp
using System;
using System.Windows;
using System.Windows.Controls;
using System.Windows.Media;
namespace ExampleWpfApp.Ch11
{
    public partial class E05Polygon : Page
    {
        public E05Polygon().
        {
            InitializeComponent();
            btn1.Click += delegate
              {
                  if (int.TryParse(textBox1.Text, out int numSides) == false)
                  {
                      path1.Data = null;
                      return;
                  }
                  if (numSides < 3 || numSides > 30)
                  {
                      path1.Data = null;
                      return;
                  }
                  DrawRegularPolygon(numSides);
              };
        }
        private void DrawRegularPolygon(int numSides)
        {
            GeometryGroup gg = new GeometryGroup();
            gg.Children.Add(BuildRegularPolygon(numSides, 100));
            gg.Children.Add(BuildRegularPolygon(numSides, 50));
            gg.FillRule = FillRule.EvenOdd; //多个图形组合时才起作用
            gg.Freeze(); //冻结的目的是提高性能
            path1.Data = gg;
        }
        private StreamGeometry BuildRegularPolygon(int numSides, int r)
        {
            Point c = new Point(100, 100);  //中心点
            StreamGeometry geometry = new StreamGeometry();
            using (StreamGeometryContext ctx = geometry.Open())
            {
                Point c1 = c;
                double step = 2 * Math.PI / Math.Max(numSides, 3);
                double a = step;
                for (int i = 0; i < numSides; i++, a += step)
                {
                    c1.X = c.X + r * Math.Cos(a);
                    c1.Y = c.Y + r * Math.Sin(a);
                    if (i == 0) ctx.BeginFigure(c1, isFilled: true, isClosed: true);
                    else ctx.LineTo(c1, isStroked: true, isSmoothJoin: false);
                }
            }
            return geometry;
```

```
        }
    }
}
```

5. 曲线

曲线包括椭圆弧（ArcSegment）、二次贝塞尔曲线（QuadraticBezierSegment）、三次贝塞尔曲线（PolyBezierSegment）等。

【例 11-6】　演示曲线的基本绘制办法，运行效果如图 11-6 所示。

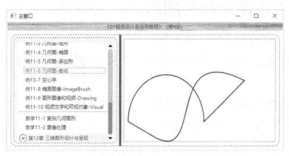

图 11-6　【例 11-6】的运行效果

（1）E06Arc.xaml

```
<Page ......>
    <Canvas HorizontalAlignment="Left" Margin="0">
        <Path Name="path1" Stroke="Black" StrokeThickness="2"/>
    </Canvas>
</Page>
```

（2）E06Arc.xaml.cs

```
using System.Windows;
using System.Windows.Controls;
using System.Windows.Media;
namespace ExampleWpfApp.Ch11
{
    public partial class E06Arc : Page
    {
        public E06Arc()
        {
            InitializeComponent();
            PathSegmentCollection paths = new PathSegmentCollection
            {
                new ArcSegment(
                    point: new Point(200, 200),
                    size: new Size(50, 60),
                    rotationAngle: 0,
                    isLargeArc: false,
                    sweepDirection: SweepDirection.Clockwise,
                    isStroked: true),
                new QuadraticBezierSegment(
                    point1:new Point(200,200),
                    point2:new Point(300,100),
                    isStroked:true ),
                new BezierSegment(
                    point1:new Point(100,0),
                    point2:new Point(200,300),
                    point3:new Point(80,240),
                    isStroked:true)
            };
```

```
        PathFigureCollection figures = new PathFigureCollection
        {
            new PathFigure( start:new Point(10,200), segments:paths, closed:true )
        };
        path1.Data = new PathGeometry { Figures = figures };
    }
  }
}
```

11.2.4　将文本转换为几何图形

在有些应用中，我们可能需要将文本字符串中的每个字符分别转换为离散的路径几何图形，然后再对其做进一步的处理，例如，绘制空心字、沿文字的笔画进行移动的动画等。

1. 基本用法

将文本转换为 Geometry 对象的关键是使用 FormattedText 对象，该对象用于创建格式化的文本。常用的构造函数语法为：

```
public FormattedText(
        string textToFormat,              //要显示的文本
        CultureInfo culture,              //文本的特定区域性
        FlowDirection flowDirection,      //读取文本的方向
        Typeface typeface,                //设置文本格式时应使用的字体系列、粗细、样式和拉伸
        double emSize,                    //设置文本格式时应使用的字号
        Brush foreground                  //用于绘制每个标志符号的画笔
)
```

创建 FormattedText 对象之后，即可使用该对象提供的 BuildGeometry 方法和 BuildHighlight Geometry 方法将文本转换为 Geometry 对象，前者返回格式化文本的几何图形，后者返回格式化文本的边界框的几何图形。

由于转换后得到的 Geometry 对象变成了用笔画组合的几何图形，因此可以继续对其笔画和笔画内的填充区域做进一步的处理。笔画是指转换为图形后文本的轮廓，填充是指转换为图形后文本轮廓的内部区域。

2. 示例

【例 11-7】 演示如何将格式化文本转换为 Geometry 对象，并演示如何利用它绘制空心字。运行效果如图 11-7 所示。

图 11-7　【例 11-7】的运行效果

（1）E07TextToGeometry.xaml

```
<Page ......>
    <Page.Resources>
        <GradientStopCollection x:Key="gsKey">
            <GradientStop Color="#FFFDF9F9" Offset="0" />
```

```
            <GradientStop Color="#FFF5E650" Offset="1" />
            <GradientStop Color="#FFF55656" Offset="0.181" />
            <GradientStop Color="#FF1CC723" Offset="0.429" />
            <GradientStop Color="#FF2DB7CD" Offset="0.714" />
        </GradientStopCollection>
        <RadialGradientBrush x:Key="RGBrushKey" Center="0.6,0.4" GradientStops=
"{StaticResource gsKey}" />
    </Page.Resources>
    <StackPanel VerticalAlignment="Center" HorizontalAlignment="Center">
        <Path Name="path1"/>
        <Path Name="path2"/>
        <Path Name="path3"/>
    </StackPanel>
</Page>
```

（2）E07TextToGeometry.xaml.cs

```
using System.Windows;
using System.Windows.Controls;
using System.Windows.Media;
namespace ExampleWpfApp.Ch11
{
    public partial class E07TextToGeometry : Page
    {
        public E07TextToGeometry()
        {
            InitializeComponent();
            path1.Data = BuildMyGeometry("隶书空心字", "隶书", 80);
            path1.Stroke = Brushes.Green;
            path2.Data = BuildMyGeometry("楷体纯色填充", "楷体", 80);
            path2.Stroke = Brushes.Black;
            path2.Fill = Brushes.Yellow;
            path3.Data = BuildMyGeometry("宋体渐变填充", "宋体", 80);
            path3.Stroke = Brushes.Blue;
            path3.Fill = this.FindResource("RGBrushKey") as Brush;
        }
        // 创建指定字体和大小的格式化字符串图形
        private Geometry BuildMyGeometry(string text, string fontName, double fontSize)
        {
            Typeface typeface = new Typeface(
                new FontFamily(fontName),
                FontStyles.Normal, FontWeights.Normal, FontStretches.Normal);
            FormattedText ft = new FormattedText(text,
                System.Globalization.CultureInfo.CurrentCulture,
                FlowDirection.LeftToRight,
                typeface, fontSize, Brushes.Black);
            Geometry g = ft.BuildGeometry(new Point(0, 0));
            return g;
        }
    }
}
```

11.3　钢笔和画笔

　　钢笔（Pen）和画笔（Brush）是图形图像绘制的基础。利用继承自 Brush 的派生类，既可以绘制形状和几何图形，也可以绘制图像和视频。

11.3.1　基本概念

一般用钢笔绘制纯色线条或轮廓，用画笔绘制或复制并填充指定的封闭区域。

1. Pen 类

Pen 类主要用于实现纯色图形的绘制。在面向对象高级编程一章中，我们已经了解了其基本用法，这里不再重复介绍。

2. Brush 类及其派生类

在 WPF 应用程序中，画笔也叫画刷，是所有控件都具有的基本属性。比如利用它设置控件的前景色和背景色，以及在某区域内填充渐变色、图像、视频等。

System.Windows.Media.Brush 类是各种画笔的抽象基，其他画笔类型都是从该类继承而来的。表 11-5 列出了 WPF 内置的画笔分类。

表 11-5　　　　　　　　　　　　　　　WPF 的基本画笔类型

画笔分类	说　　明
纯色画笔	用 Brushes 指定预先命名的纯色画笔，或者用 SolidColorBrush 自定义纯色画笔
渐变画笔	包括以下几种。 LinearGradientBrush：线性渐变画笔。填充的区域从一种颜色逐渐过渡到另一种颜色。 RadialGradientBrush：径向渐变画笔，也叫仿射渐变画笔。填充的区域颜色以椭圆为边界，从原点开始由内向外向其周围逐渐扩散
平铺画笔	基类为 TileBrush，扩充类包括以下几种。 ImageBrush：图像画笔。用图像填充一个区域。 VideoBrush：用视频填充一个区域。 DrawingBrush：使用 GeometryDrawing、ImageDrawing 或 VideoDrawing 填充一个区域。 VisualBrush：使用 DrawingVisual、Viewport3DVisual 或 ContainerVisual 填充一个区域

在这些画笔类型中，纯色画笔、线性渐变画笔、径向渐变画笔、图像画笔和视频画笔是基本的画笔类型，用法比较简单，其他画笔类型稍微复杂一些，我们将在后面逐步介绍。

另外，还可以将画笔作为 XAML 资源来处理。

11.3.2　TileBrush 类

TileBrush 类是一个抽象基类，大部分 WPF 元素的区域都可以用继承自 TileBrush 的画笔来绘制。在学习其他画笔之前，我们必须首先了解 TileBrush 类提供了哪些在其扩充类中都可以使用的功能。

1. TileBrush 及其派生类

PresentationCore.dll 文件中的 System.Windows.Media.TileBrush 类提供了使用一个或多个图块来绘制指定区域的方法。该类继承的层次结构如下：

```
Object→DispatcherObject→DependencyObject
→Freezable→Animatable→Brush
→TileBrush
→DrawingBrush→ImageBrush→VisualBrush
```

从 TileBrush 类继承的类包括 DrawingBrush、ImageBrush 和 VisualBrush，利用这些画笔可用图块的内容定义绘制区域。

（1）DrawingBrush

DrawingBrush（绘制画笔）继承自 TileBrush 类，它有一个 Drawing 属性，利用该属性可以用

Drawing 派生类来绘制某个区域，可绘制的内容包括图形、图像、文本、视频。一般用它绘制用 Geometry 派生类实现的形状，也可以用它将来自图像文件的图像绘制到区域中的某个局部区域内（用 Rect 指定将图像绘制到区域中的哪个局部区域）。

（2）ImageBrush

ImageBrush（图像画笔）是对 DrawingBrush 类的进一步封装，专门用于绘制图像。这种画笔有一个 ImageSource 属性，一般用它将来自图像文件的图像直接绘制到某区域。

（3）VisualBrush

VisualBrush（可视画笔）是对 DrawingBrush 和 ImageBrush 的更高层次的封装，该对象提供的属性包含了大量的可视对象，这些对象都可以利用 VisualBrush 进行可视化描述。

VisualBrush 类提供了一个 Visual 属性，在该属性内可定义 UIElement、DrawingVisual 或 ContainerVisual。UIElement 意味着可直接用 TextBlock 等大多数 WPF 控件来定义要绘制的内容，ContainerVisual 意味着还可以用 Drawing 定义绘制的内容（在 ContainerVisual 中用 DrawingGroup 包含一个或多个从 Drawing 派生的对象）。

从 TileBrush 继承的层次结构中可以看出，VisualBrush 也可以用 Drawing 派生类来实现绘制功能。

2. 基本组件

TileBrush 类包括 3 个主要的组件：内容、图块和输出区域。

（1）内容

从 TileBrush 继承的画笔类型不同，"内容"的含义也不同。

● 如果画笔为 ImageBrush，则表示"内容"为图像对象。此时用 ImageSource 属性指定 ImageBrush 的内容。

● 如果画笔为 DrawingBrush，则表示"内容"为绘图对象。此时用 Drawing 属性指定 DrawingBrush 的内容。

● 如果画笔为 VisualBrush，则表示"内容"为可视对象。此时用 Visual 属性指定 VisualBrush 的内容。

（2）图块

图块是用"内容"构造出来的基本块。TileBrush 提供了一个 Stretch 属性，该属性用 Stretch 枚举指定如何用"内容"来构造图块。

（3）输出区域

输出区域是指用"图块"填充的目标区域。通过 TileBrush 的 TileMode 属性可指定平铺方式。例如，Ellipse 用 Fill 属性指定将图块填充到椭圆的封闭区域，Button 用 Background 指定将图块填充到背景区域，TextBlock 用 Foreground 指定将图块填充到文本的笔画区域等。

3. 拉伸图块

从 TileBrush 继承的画笔类型都可以用 Stretch 属性控制如何拉伸图块（Stretch）。该属性用 Stretch 枚举来表示，枚举值有以下几种。

● None：图块保持其原始大小。

● Fill：调整图块的大小以填充目标尺寸，不保留纵横比。

● Uniform：在保留图块原有纵横比的同时调整图块的大小，以适合目标尺寸。

● UniformToFill：在保留图块原有纵横比的同时调整图块的大小，以填充目标尺寸。如果目标矩形的纵横比与图块的纵横比不相同，则对图块进行剪裁（将目标矩形尺寸以外的部分裁剪掉）

以适合目标矩形的大小。

下面的代码演示了如何在 ImageBrush 中使用 Stretch：

```
<Rectangle Width="125" Height="175" Stroke="Black" StrokeThickness="1">
    <Rectangle.Fill>
        <ImageBrush Stretch="None" ImageSource="/images/img1.jpg"/>
    </Rectangle.Fill>
</Rectangle>
```

4. 平铺方式

从 TileBrush 继承的画笔类型都可以用 TileMode 属性控制如何用"图块"填充"输出区域"。TileMode 属性用 TileMode 枚举来定义，枚举值有以下几种。

- None：不平铺。仅绘制基本图块。
- Tile：平铺。先绘制基本图块，然后再通过重复基本图块来填充剩余的区域，使一个图块的右边缘靠近下一个图块的左边缘，底边缘和顶边缘也是如此。
- FlipX：与 Tile 方式相同，但图块的交替列水平翻转。
- FlipY：与 Tile 方式相同，但图块的交替行垂直翻转。
- FlipXY：FlipX 和 FlipY 的组合。

5. Viewport 属性和 ViewportUnits 属性

从 TileBrush 继承的所有画笔类型都可以使用 Viewport 属性和 ViewportUnits 属性。

TileBrush 默认生成单个图块并拉伸此图块以完全填充输出区域，Viewport 属性决定了基本图块的大小和位置，ViewportUnits 属性决定了 Viewport 是使用绝对坐标还是相对坐标。

如果 Viewport 使用绝对坐标，则将 ViewportUnits 属性设置为 Absolute 即可。

如果 Viewport 使用相对坐标，则显示的图块是相对于输出区域的大小而言的，输出区域的左上角用点（0,0）表示，右下角用（1,1）表示，其他坐标（介于 0 和 1 之间的值）表示该区域内的其他位置。

另外，还可以通过 Viewbox 和 ViewboxUnits 属性来实现。Viewbox 属性决定了基本图块的大小和位置，ViewboxUnits 属性决定了 Viewbox 是使用绝对坐标还是相对坐标。

6. Transform 属性和 RelativeTransform 属性

TileBrush 类提供了两个变换属性：Transform 和 RelativeTransform。使用这些属性可以旋转、缩放、扭曲和平移画笔的内容。

（1）Transform 属性

在动画与多媒体一章中，已经学习了 Transform 的基本用法，本节我们学习如何用 RelativeTransform 对画笔应用变换。

（2）RelativeTransform 属性

向画笔的 RelativeTransform 属性应用变换时，变换会在其输出映射到绘制区域之前进行。处理顺序如下。

（1）确定画笔输出。对 GradientBrush 而言意思是确定渐变区域，对 TileBrush 而言意思是将 Viewbox 映射到 Viewport。

（2）将画笔输出投影到 1×1 的变换矩形上。

（3）如果指定了 RelativeTransform，则对画笔输出进行 RelativeTransform 变换。

（4）将变换后的输出投影到要绘制的区域。

（5）如果指定了 Transform 属性，则对画笔输出进行 Transform 变换。

由于画笔输出是在映射到 1×1 矩形的情况下进行 RelativeTransform，因此变换中心点和偏移量都是相对的。例如，用 RotateTransform 将画笔输出绕其中心点旋转 45°，可将 RotateTransform 的 CenterX 指定为 0.5，将 CenterY 也指定为 0.5。

下面的代码演示了如何使用 RelativeTransform 让矩形绕中心旋转：

```
<Rectangle Width="175" Height="90" Stroke="Black">
  <Rectangle.Fill>
    <ImageBrush ImageSource="/Images/cherries.jpg">
      <ImageBrush.RelativeTransform>
        <RotateTransform CenterX="0.5" CenterY="0.5" Angle="45" />
      </ImageBrush.RelativeTransform>
    </ImageBrush>
  </Rectangle.Fill>
</Rectangle>
```

下面的代码演示了如何使用 Transform 让矩形绕中心旋转，此时必须将 RotateTransform 对象的 CenterX 和 CenterY 设置为绝对坐标。由于画笔要绘制的矩形为 175×90 像素，因此其中心点为（87.5, 45）：

```
<Rectangle Width="175" Height="90" Stroke="Black">
  <Rectangle.Fill>
    <ImageBrush ImageSource="/Images/cherries.jpg">
      <ImageBrush.Transform>
        <RotateTransform CenterX="87.5" CenterY="45" Angle="45" />
      </ImageBrush.Transform>
    </ImageBrush>
  </Rectangle.Fill>
</Rectangle>
```

11.3.3　纯色和渐变画笔

在各种实际应用中，最常见的一个操作就是用纯色填充某个封闭的区域。

WPF 提供了两种类型的渐变画笔：线性渐变画笔（LinearGradientBrush）和径向渐变画笔（RadialGradientBrush）。

这两种画笔都可以用多种颜色渐变填充一个区域，两者的区别在于，LinearGradientBrush 总是沿一条直线定义的渐变色填充区域，当然也可以通过图形变换或设定直线方向的起止点被旋转到任何位置；而 RadialGradientBrush 以一个椭圆为边界，从中心点开始由内向外逐渐填充渐变的颜色。

1. SolidColorBrush 类

SolidColorBrush 类用来创建一个纯色画笔，通过该对象的 Color 属性可设置画笔使用的颜色。例如：

```
SolidColorBrush scb = new SolidColorBrush
{
    Color = Color.FromArgb(0xFF, 0xFF, 0x0, 0x0)
};
button1.Background = scb;
```

2. Brushes 类

System.Windows.Media.Brushes 是一个带有 sealed 修饰符的隐藏类，该类通过一组静态属性提供了多个预定义名称的纯色画笔（SolidColorBrush）。利用它可直接设置控件的前景色、背景色、边框色等。

下面的 XAML 代码用 Background 设置按钮的背景色：

```
<Button Name="btn" Background="AliceBlue" Width="60" Height="30" Content="取消"/>
```

下面的 C#代码用 Brushes 类提供的静态属性实现相同的功能：

```
btn.Background = Brushes.AliceBlue;
```

这条语句也可以用下面的 C#代码实现：

```
SolidColorBrush scb = new SolidColorBrush(Colors.AliceBlue);
btn.Background = scb;
```

3. LinearGradientBrush

LinearGradientBrush 使用沿一条轴彼此混合的多种颜色来绘制指定的区域。利用它填充的图形既可以形成各种光和影的效果，还可以模拟玻璃、镶边、水和其他光滑的表面。线性渐变画笔的渐变停止点位于一条直线上，该直线称为渐变轴。一般用 GradientStop 对象指定渐变的颜色及其在渐变轴上的位置，用画笔的 StartPoint 和 EndPoint 属性更改直线的方向和大小。如果不指定渐变方向，LinearGradientBrush 默认创建对角线渐变。

下面的 XAML 代码使用 4 种颜色创建线性渐变：

```
<StackPanel>
    <!--对角线渐变-->
    <Rectangle Width="200" Height="100">
        <Rectangle.Fill>
            <LinearGradientBrush StartPoint="0,0" EndPoint="1,1">
                <GradientStop Color="Yellow" Offset="0.0" />
                <GradientStop Color="Red" Offset="0.25" />
                <GradientStop Color="Blue" Offset="0.75" />
                <GradientStop Color="LimeGreen" Offset="1.0" />
            </LinearGradientBrush>
        </Rectangle.Fill>
    </Rectangle>
</StackPanel>
```

如果不在 LinearGradientBrush 中指定 MappingMode 属性，则渐变使用默认坐标系。默认坐标系规定控件边界框的左上角为（0,0），右下角为（1,1）。此时 StartPoint 和 EndPoint 都使用相对于边界框左上角的百分比来表示（用 0 到 1 之间的值来表示）。其中 0 表示 0%，1 表示 100%。如果将 MappingMode 属性设置为 Absolute，即采用绝对坐标系，则渐变值将不再与控件的边界框相关，而是由控件的宽度和高度决定。

渐变停止点（GradientStop）的 Color 属性指定渐变轴上 Offset 处的颜色。Offset 属性指定渐变停止点的颜色在渐变轴上的偏移量，这是一个范围从 0 至 1 的 Double 值。渐变停止点的偏移量越接近 0，颜色越接近渐变起点；值越接近 1，颜色越接近渐变终点。

渐变停止点之间每个点的颜色按两个边界渐变停止点指定的颜色组合执行线性内插。

图 11-8 演示了在上段代码的基础上，通过修改画笔的 StartPoint 和 EndPoint 来创建水平和垂直渐变的效果。其中渐变轴用虚线标记，渐变停止点用圆圈标记。

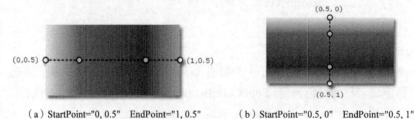

（a）StartPoint="0, 0.5" EndPoint="1, 0.5"　　（b）StartPoint="0.5, 0" EndPoint="0.5, 1"

图 11-8　渐变起始点和终止点的含义

4. RadialGradientBrush

RadialGradientBrush 也叫仿射渐变，这种画笔由"原点"和向其外围辐射到的范围来定义。渐变从原点（GradientOrigin）开始由强到弱逐渐向外围辐射，中心点和半径（Center、RadiusX、RadiusY）用于指定辐射到的椭圆范围，Center 属性指定椭圆的圆心。渐变轴上的渐变停止点用于指定辐射的颜色和偏移量。

下面的 XAML 代码用径向渐变画笔来填充矩形的内部：

```xaml
<StackPanel>
    <Rectangle Width="200" Height="100">
        <Rectangle.Fill>
            <RadialGradientBrush GradientOrigin="0.5,0.5"
                    Center="0.5,0.5 " RadiusX="0.5" RadiusY="0.5">
                <GradientStop Color="Yellow" Offset="0" />
                <GradientStop Color="Red" Offset="0.25" />
                <GradientStop Color="Blue" Offset="0.75" />
                <GradientStop Color="LimeGreen" Offset="1" />
            </RadialGradientBrush>
        </Rectangle.Fill >
    </Rectangle>
</StackPanel>
```

图 11-9 显示了具有不同的 GradientOrigin、Center、RadiusX 和 RadiusY 设置的多个 RadialGradientBrush 的渐变效果。

   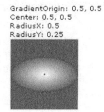

图 11-9　不同参数的径向渐变效果

11.3.4　图像画笔

图像画笔（ImageBrush）是一种"内容"为图像的画笔，一般用它将图像绘制到控件的背景或者轮廓内，或者用图像作为基本图块，然后平铺到某个区域内。

1. 基本用法

ImageBrush 使用 ImageSource 属性指定要绘制的图像，一般用位图（BitmapImage）指定图像源。但由于 BitmapImage 能将各种图像格式转换为位图来处理，所以实际上可以用 ImageBrush 绘制各种格式的图像。例如：

```xaml
<Grid>
    <Grid.Background>
        <ImageBrush ImageSource="images/pic1.jpg" />
    </Grid.Background>
</Grid>
```

默认情况下，ImageBrush 会将图像拉伸（Stretch）以完全充满要绘制的区域，如果绘制的区域和该图像的长宽比不同，为了防止图像变形，可以将 Stretch 属性从默认值 Fill 更改为 None、

Uniform 或 UniformToFill。

2. 示例

将图像绘制到文字内。

【例 11-8】 演示 ImageBrush 的基本用法，运行效果如图 11-10 所示。

图 11-10 【例 11-8】的运行效果

该例子的完整源程序见 E08ImageBrush.xaml 文件，主要代码如下：

```
<Page ......>
  <Page.Resources>
    <ImageBrush x:Key="MyImageBrushKey" ImageSource="/Resources/Images/img1.jpg" />
  </Page.Resources>
  <StackPanel HorizontalAlignment="Center"
        VerticalAlignment="Center" TextBlock.FontSize="16"
        TextBlock.Foreground="Red">
    <StackPanel Orientation="Horizontal">
      <Ellipse Height="80" Width="150" Fill="{StaticResource MyImageBrushKey}" />
      <Ellipse Height="80" Width="150" StrokeThickness="20"
          Stroke="{StaticResource MyImageBrushKey}" />
      <Button Height="80" Width="150" Content="按钮 1" FontSize="20pt"
          Foreground="White" Background="{StaticResource MyImageBrushKey}" />
    </StackPanel>
    <TextBlock FontWeight="Bold" FontSize="48pt" HorizontalAlignment="Center"
        Text="文本 Text" Foreground="{StaticResource MyImageBrushKey}" />
  </StackPanel>
</Page>
```

11.3.5 绘制画笔

前面的例子都是用 Path 控件来绘制 Geometry，用 Image 控件显示图像。本节我们学习如何利用画笔（DrawingBrush）将图形、图像、文本、视频绘制到指定的区域中。

DrawingBrush 使用 Drawing 派生类来绘图。这种画笔可将绘图对象（图形、图像、文本、视频）作为“内容”绘制到某个区域。即首先根据“内容”来构造“图块”，构造后再根据需要决定如何绘制。另外，DrawingBrush 内还可以包含另一个 DrawingBrush，即 Drawing 对象也可能本身就是使用纯色、渐变、图像甚至其他 DrawingBrush 绘制而成的。

由于 DrawingBrush 继承自 TileBrush，所以用绘制画笔将绘图结果绘制到某个 WPF 元素上以后，除了可以对其进行拉伸和平铺以外，还可以对其进行各种变换，包括平移、旋转、缩放、扭曲等。

1．Drawing 及其派生类

Drawing 类在 System.Windows.Media 命名空间内（PresentationCore.dll 文件）。该类是描述二维绘图的抽象基类，不能直接创建该类的实例，但可以使用从该类继承的类。

从 Drawing 类继承的类创建的对象统称为 Drawing 对象。

但是，由于 Drawing 继承树中包含了对动画（Animatable）的支持，所以它仍然不是速度最快的绘制方案。换言之，如果不需要动画功能，要达到最快的绘制效率可以用 Visual 派生类来实现。

2．DrawingBrush 的 Drawing 属性

在 DrawingBrush 的 Drawing 属性中，可使用以下类定义要绘制的内容。

（1）GeometryDrawing

GeometryDrawing 的作用是用几何图形填充一个区域。

（2）ImageDrawing

利用 ImageDrawing 类可以用图像填充一个区域。

所有控件都可以在 DrawingBrush 的 Drawing 属性中用 ImageDrawing 绘制或填充图像。ImageDrawing 类用 ImageSource 属性指定要绘制的图像，用 Rect 属性指定将图像绘制到区域内的哪个局部区域。

下面的代码用 ImageDrawing 在一个矩形的（50, 40）处绘制一个大小为 120 × 120 像素的图像，并将其定义为 XAML 资源来使用：

```
<ImageDrawing x:Key="Res1" Rect="50,40,120,120" ImageSource="/images/img1.jpg"/>
......
<Rectangle Width="160" Height="80">
    <Rectangle.Fill>
        <DrawingBrush Drawing="{StaticResource Res1}" />
    </Rectangle.Fill>
</Rectangle>
```

（3）VideoDrawing

VideoDrawing 全称为 System.Windows.Media.VideoDrawing，用于播放媒体文件，包括音频和视频。如果媒体为视频文件，VideoDrawing 会将其绘制到指定的矩形。

与 MediaElement 相比，由于 VideoDrawing 没有布局、输入和焦点获取等功能，所以 VideoDrawing 比 MediaElement 更具有性能优势，非常适合用于描述背景、剪贴画以及低级别的 Visual 绘图的场合。

3．DrawingImage 的 Drawing 属性

利用 DrawingImage 的 Drawing 属性可将绘制结果转换为一个图像。在 DrawingImage 内，仍然可以利用 GeometryDrawing 绘制图形，利用 ImageDrawing 绘制图像，利用 GlyphRunDrawing 绘制文本。

DrawingImage 类是使用 Visual 对象对背景、剪贴画进行"低级别绘制"的理想选择。

4．DrawingGroup

DrawingGroup 用于将各种绘图结果组合在一起。

如果有多个绘图对象，可以用 DrawingGroup 将其组合在一起。

5．示例

【例 11-9】演示用 Drawing 对象绘制几何图形、图像和视频的基本用法，运行效果如图 11-11

所示。其中，椭圆是几何图形，椭圆内部的左侧是图像、右侧是视频。

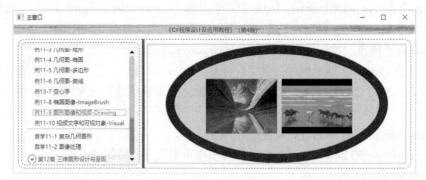

图 11-11 【例 11-9】的运行效果

（1）E09Drawing.xaml

```xml
<Page ......>
    <Image>
        <Image.Source>
            <DrawingImage>
                <DrawingImage.Drawing>
                    <DrawingGroup>
                        <GeometryDrawing Brush="LightBlue">
                            <GeometryDrawing.Pen>
                                <Pen Brush="Blue" Thickness="20" />
                            </GeometryDrawing.Pen>
                            <GeometryDrawing.Geometry>
                        <EllipseGeometry Center="120,120" RadiusX="240" RadiusY="120" />
                            </GeometryDrawing.Geometry>
                        </GeometryDrawing>
                        <ImageDrawing Rect="-40,65,160,120"
                                        ImageSource="/Resources/Images/img2.jpg" />
                        <VideoDrawing x:Name="videoDrawing" Rect="130 65 160 120"/>
                    </DrawingGroup>
                </DrawingImage.Drawing>
            </DrawingImage>
        </Image.Source>
    </Image>
</Page>
```

（2）E09Drawing.xaml.cs

```csharp
using System;
using System.Windows.Controls;
using System.Windows.Media;
using System.Windows.Media.Animation;

namespace ExampleWpfApp.Ch11
{
    public partial class E09Drawing : Page
    {
        public E09Drawing()
        {
            InitializeComponent();
            MediaPlayer player = null;
            MediaClock mClock = null;
```

```
            bool isRepeat = true;
            Loaded += delegate
            {
                var video = @"Resources\ContentVideo\wildlife.wmv";
                var uri = new Uri(video, UriKind.Relative);
                if (isRepeat)  //循环播放
                {
                    MediaTimeline mTimeline = new MediaTimeline(uri)
                    {
                        RepeatBehavior = RepeatBehavior.Forever
                    };
                    mClock = mTimeline.CreateClock();
                    player = new MediaPlayer
                    {
                        Clock = mClock
                    };
                    videoDrawing.Player = player;
                }
                else //仅播放 1 次
                {
                    player = new MediaPlayer();
                    player.Open(uri);
                    videoDrawing.Player = player;
                    player.Play();
                }
            };
            Unloaded += delegate
            {
                if (isRepeat)
                {
                    mClock.Controller.Stop();
                }
                else
                {
                    player.Stop();
                }
            };
        }
    }
}
```

11.3.6 可视化画笔

可视化画笔（VisualBrush）在所有画笔中功能最多、最强大，它有一个 Visual 属性，利用该属性可将几乎所有的 WPF 对象绘制到某个区域内。

1. Visual 及其派生类

Visual 类也在 System.Windows.Media 命名空间内（PresentationCore.dll 文件）。

Visual 类继承的层次结构如下：

```
Object→DispatcherObject→DependencyObject
→Visual
→ContainerVisual→Viewport3DVisual→UIElement
```

从 Visual 类继承的层次结构可以看出，Visual 类的负担最轻，因此用它实现绘制功能时占用的内存最少。

Visual 类提供的功能包括以下几种。

- 输出显示：呈现 Visual 对象的持久的序列化绘图内容。
- 转换：对可视对象执行转换。
- 剪辑：为 Visual 对象提供剪辑区域支持。
- 命中测试：确定指定的坐标点或几何图形是否包含在可视对象的边界内。
- 边界框计算：确定 Visual 对象的边框。

从另一个角度来看，Visual 对象提供的功能类似于 Win32 应用程序模型中的窗口句柄（HWND），它提供的绘制方法类似于 GDI+ 的 Graphics 对象提供的方法。但是，Visual 对象是自动判断用哪种技术实现（GDI+或者 DirectX），这样能充分利用显卡和 GPU 的性能，而不是全部靠软件来模拟，这是 Visual 与 HWND 截然不同的地方。

从体系结构上来看，Visual 对象只负责呈现（Rendering）持久性序列化的绘图内容、对可视对象执行转换、提供剪辑区域支持、进行命中测试，以及确定可视化对象的边框等，但不负责事件处理、布局、样式、数据绑定以及全球化等功能，这些功能实际上是由 UIElement 和 Framework Element 来实现的。

实际上，由于所有 WPF 控件（包括 Shape 控件）都是从 UIElement 派生的，而 UIElement 又是从 Visual 派生的，所以所有 WPF 控件也都是从 Visual 继承而来的，只不过这些控件对某些功能进行了专门的封装而已。

2. VisualBrush 的 Visual 属性

可以将 VisualBrush 的 Visual 属性理解为一个绘制容器，但放在 Visual 内部的所有控件都会自动失去交互能力，而只保留绘制功能。

指定 VisualBrush 的 Visual 内容有两种方法。

- 创建一个新 Visual，并使用它来设置 VisualBrush 的 Visual 属性。
- 使用现有 Visual，这会创建目标 Visual 的重复图像。然后可以使用 VisualBrush 来创建一些特殊的效果，例如，反射（类似于水中的倒影效果）和放大（如放大镜）。

这里需要说明一点，如果为 VisualBrush 定义一个新的 Visual，并且将该 Visual 绘制到某个控件上，此时必须显式指定控件的大小。

3. 示例

【例 11-10】 演示用 Visual 绘制对象的基本用法，运行效果如图 11-12 所示。其中，界面上方演示了如何将视频绘制到文字内，下方演示了如何将自定义的多个对象的组合作为一个可视对象来绘制。

图 11-12　【例 11-10】的运行效果

该例子的完整源程序见 E10Visual.xaml 文件，主要代码如下：

```xml
<Page ......>
    <StackPanel>
        <TextBlock FontSize="120pt" FontWeight="Bold" Text="视频文字" HorizontalAlignment=
"Center">
            <TextBlock.Resources>
                <MediaElement x:Key="mediaKey" Source="Resources/ContentVideo/xbox.wmv"
IsMuted="False" />
            </TextBlock.Resources>
            <TextBlock.Foreground>
                <VisualBrush Viewport="0,0,0.5,0.5" TileMode="Tile" Visual="{Static
Resource mediaKey}" />
            </TextBlock.Foreground>
        </TextBlock>
        <StackPanel Orientation="Horizontal" HorizontalAlignment="Center">
            <StackPanel.Resources>
                <GradientStopCollection x:Key="gsKey">
                    <GradientStop Color="#FFFDF9F9" Offset="0" />
                    <GradientStop Color="#FFF5E650" Offset="1" />
                    <GradientStop Color="#FFF55656" Offset="0.181" />
                    <GradientStop Color="#FF1CC723" Offset="0.429" />
                    <GradientStop Color="#FF2DB7CD" Offset="0.714" />
                </GradientStopCollection>
                <RadialGradientBrush x:Key="RGBrushKey"
                        Center="0.6,0.4"
                        GradientStops="{StaticResource gsKey}" />
                <LinearGradientBrush x:Key="LGBrushKey"
                        EndPoint="1,0" StartPoint="0,0"
                        GradientStops="{StaticResource gsKey}" />
                <StackPanel x:Key="sp1" Background="Transparent">
                    <Ellipse Width="50" Height="25"
                     Fill="{StaticResource RGBrushKey}" Margin="2" />
                    <TextBlock Text="Hello World" FontSize="10pt" Margin="2"
                        Background="{StaticResource LGBrushKey}"/>
                </StackPanel>
                <Style TargetType="Rectangle">
                    <Setter Property="Width" Value="250" />
                    <Setter Property="Height" Value="200" />
                    <Setter Property="Stroke" Value="Black" />
                    <Setter Property="Margin" Value="0,0,5,0" />
                </Style>
            </StackPanel.Resources>
            <Rectangle>
                <Rectangle.Fill>
                    <VisualBrush Visual="{StaticResource sp1}"
                            Viewport="0,0,50,50" ViewportUnits="Absolute" TileMode="Tile"/>
                </Rectangle.Fill>
            </Rectangle>
            <Rectangle>
                <Rectangle.Fill>
                    <VisualBrush Visual="{StaticResource sp1}"/>
                </Rectangle.Fill>
            </Rectangle>
            <Rectangle>
                <Rectangle.Fill>
```

```
        <VisualBrush Visual="{StaticResource sp1}"
            Viewport="0,0,50,50" ViewportUnits="Absolute" TileMode="Tile">
          <VisualBrush.RelativeTransform>
            <RotateTransform Angle="45" CenterX="0.5" CenterY="0.5" />
          </VisualBrush.RelativeTransform>
        </VisualBrush>
      </Rectangle.Fill>
    </Rectangle>
  </StackPanel>
</StackPanel>
</Page>
```

11.4*　复杂几何图形的绘制

利用 Geometry 对象的基本形状和线段以及路径标记语法，可组合成任意形状的复合图形。

使用 GeometryGroup、CombinedGeometry 或者用 C#调用 Geometry 静态的 Combine 方法，都可以创建复合几何图形。但由于 GeometryGroup 不执行合并操作，所以其性能比使用 Combined Geometry 对象或 Combine 方法的性能高。

1.　组合图形（GeometryGroup）

GeometryGroup 类创建它所包含的 Geometry 对象的组合体，但不合并其包含的区域。可以向 GeometryGroup 中添加任意数量的 Geometry 对象，然后再用 Path 将组合后的结果呈现出来。

GeometryGroup 的 FillRule 属性获取或设置如何组合 GeometryGroup 中所包含对象的相交区域。FillRule 属性有以下两种取值。

● EvenOdd：按此规则判断点是否在内部，只绘制位于填充区域内部的部分，这是默认值。判断办法是从该点沿任意方向绘制一条无限长的射线，然后计算该射线与给定形状相交所形成的路径段数。如果该数为奇数，则点在内部；如果为偶数，则点在外部。

● NonZero：按此规则判断点是否在内部，只绘制位于填充区域内部的部分。判断办法是从该点沿任意方向绘制一条无限长的射线，然后检查形状段与射线的交点位置。从零开始计数，每当线段从左向右穿过该射线时加 1，而每当路径段从右向左穿过该射线时减 1。计算交点的数目后，如果结果不为零，则说明该点位于内部，否则位于外部。

2.　合并图形（CombinedGeometry）

CombinedGeometry 对象和该对象的 Combine 方法用布尔操作合并图形，使用它可以合并两个几何图形所定义的区域，合并后没有封闭区域的 Geometry 对象将被丢弃。

这里有一点需要说明，虽然这种方式只能合并两个图形，但由于这两个图形也可以是复合后的几何图形，所以实际上可以用它合并任意多个图形。

GeometryCombineMode 枚举指定如何合并几何图形，枚举值有以下几种。

● Exclude：该方式从第 1 个图形包含的区域中除去第 2 个图形包含的区域。如果给出两个几何图形 A 和 B，则从几何图形 A 的区域中除去几何图形 B 的区域，所产生的区域为 A–B。

● Intersect：该方式用两个区域的"交集"来合并两个区域。新的区域由两个几何图形之间的重叠区域组成。

● Union：这是默认的合并方式。该方式用两个区域的"并集"来组合两个区域。如果给出两个几何图形 A 和 B，则所生成的几何图形为 A+B。

- Xor：该方式把在第 1 个区域中但不在第 2 个区域中的区域与在第 2 个区域中但不在第 1 个区域中的区域进行合并。新的区域由(A–B)＋(B–A)组成。

3. 示例

【自学 11-1】 演示复杂几何图形的基本绘制办法，运行效果如图 11-13 所示。

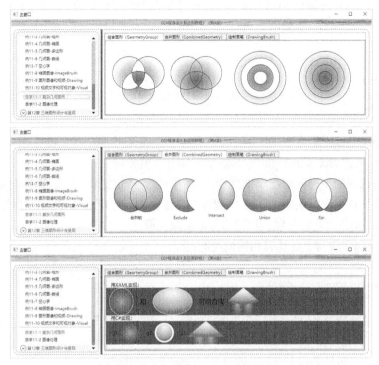

图 11-13　【自学 11-1】的运行效果

该例子的源程序请读者课后自学，这里不再列出。

11.5*　图　像　处　理

本节我们简单介绍图像处理涉及的相关技术和基本方法。

11.5.1　图像处理的基本概念

图像是指按照某种格式编码存储的栅格图，一般用与设备无关的像素保存图像中的每个点的信息（红色通道、蓝色通道、绿色通道以及透明度），图像编码格式不同，每个像素点占用的字节数也不一定相同。

图像处理是指对各种图像格式的文件以及绘图结果进行处理，包括图像的编码、解码、元数据存储和读取、创建、加载、保存、压缩、解压缩、显示、绘制、剪裁、合并、平铺、拉伸、旋转、缩放、蒙版，以及将矢量图形转换为图像等。

1. 图像的显示

除了 Image、ImageBrush、DrawingBrush、VisualBrush 这些常用的对象外，其他托管的图像处理 API 都在 System.Windows.Media.Imaging 命名空间中。

（1）显示图像

显示图像时，用 Image 控件实现即可；将图像拉伸或平铺到窗口、页面或者其他 WPF 元素上时，一般用画笔（ImageBrush、DrawingBrush、VisualBrush）来实现。

用 Image 控件显示图像时，除了用特性语法直接指定 Source 来绘制图像以外，还可以利用属性语法在 Image 的 Source 属性中用 BitmapImage 来绘制图像，这是建议的绘制图像的方式，比特性语法描述的运行效率高。例如以下代码。

XAML：

```xaml
<Image Width="100">
  <Image.Source>
     <BitmapImage DecodePixelWidth="100" UriSource="/images/img1.jpg" />
  </Image.Source>
</Image>
```

注意用 BitmapImage 作为 Image 的 Source 时，必须确保声明的 DecodePixelWidth 与 Image 的 Width 的值相同，DecodePixelHeight 与 Image 的 Height 值相同。

另外，这段代码中没有同时指定宽度和高度，而是只指定二者之一，这样做可以保持原始图像的宽高比不变。如果同时指定 Image 的宽度和高度，而不指定它的 Stretch 属性，由于 Stretch 属性的默认值是 Fill，因此有可能会拉伸图像而引起变形。

下面用 C#代码实现与上述代码相同的功能：

```csharp
int width=100;
Image myImage = new Image();
myInage.Width = width;
// 注意：BitmapImage.UriSource 必须在 BeginInit 和 EndInit 块之间
BitmapImage myBitmapImage = new BitmapImage();
myBitmapImage.BeginInit();
myBitmapImage.UriSource = new Uri("/images/img1.jpg");
myBitmapImage.DecodePixelWidth = width;
myBitmapImage.EndInit();
myImage.Source = myBitmapImage;
```

（2）编辑图像

在 VS 2017 开发环境下，可以直接编辑和创建多种格式的图像文件。将图像文件添加到项目中，然后双击项目下的图像文件，或者在主菜单中选择【文件】→【新建】→【图形】，都会弹出图像编辑器窗口。

VS 2017 内置的图像编辑器提供了很多基本的图像处理功能。限于篇幅，我们不再展开阐述图像编辑器的用法，有兴趣的读者可自己尝试。

2. 图像处理常用类

System.Windows.Media.Imaging 命名空间提供了很多图像处理的类，其中最常用的类是 Bitmap Source 类、BitmapFrame 类和 BitmapImage 类。除此之外，还有从 BitmapSource 继承的其他类。

（1）BitmapSource 类

BitmapSource 类用于对图像进行解码和编码，它是 WPF 图像处理管线的基本构造块。该类表示具有特定大小和分辨率的单个不变的像素集，可以用它表示多帧图像中的单个帧，也可以表示在 BitmapSource 上执行转换的结果。

对于位图解码方案，BitmapSource 基于用户计算机操作系统上已安装的编解码器自动发现并对其编码和解码。

BitmapSource 最大为 2^{32} 个字节（64GB），如果图像的高度为 h 像素，宽度为 w 像素，每通道 32 位，共 4 通道，则 $h \times w$ =64GB/（4B×4B）=4GB，即可加载的图像像素数（$h \times w$）最大可达到 4GB（32MB 宽度×32MB 高度）。换言之，只要内存容量足够大，即使是兆级的超级巨幅图像，利用 BitmapSource 也仍然能轻松对其进行处理。

（2）BitmapFrame 类和 BitmapImage 类

BitmapFrame 类和 BitmapImage 类都是从 BitmapSource 类继承而来的。

BitmapFrame 是 BitmapSource 派生类中比较常用的类之一，该类用于存储图像格式的实际位图数据。利用 BitmapFrame 能将各种格式的图像转换为位图，然后对其进行处理，比如灰度处理、旋转、缩放、裁切等。

BitmapImage 也是从 BitmapSource 类派生的类，它是一个为了加载 XAML 而优化的专用 BitmapSource。BitmapImage 的特点是只加载自动缩放后的结果，而不是先在内存中缓存原始大小的图像然后再对其进行缩放，所以该方式与直接指定 Image 的宽度或高度相比能大大节省内存的容量。另外，可以用 BitmapImage 的属性或者用其他 BitmapSource 对象（如 CroppedBitmap 或 FormatConvertedBitmap）来转换图像，如缩放、旋转、更改图像的像素格式或裁切图像等。

3. 其他常用类

除了 BitmapFrame 类和 BitmapImage 类继承自 BitmapSource 以外，从 BitmapSource 继承的类还有很多，下面列出比较常用的一些其他类。

（1）ColorConvertedBitmap 类：用于更改 BitmapSource 的颜色空间。

（2）FormatConvertedBitmap 类：为 BitmapSource 提供像素格式转换功能。

（3）CroppedBitmap 类：裁剪一个 BitmapSource。

（4）CachedBitmap 类：为 BitmapSource 提供缓存功能。

（5）RenderTargetBitmap 类：将 Visual 对象转换为位图。

（6）WriteableBitmap 类：提供一个可写入并可更新的 BitmapSource。

11.5.2　基本的图像处理技术

本节我们简单介绍一些最基本的图像处理技术。

处理图像时，为了获得更好的性能，应始终将图像解码为所需的大小而不是图像的原始大小。另外，如有可能，应尽量将多个图像组合成多帧图像再加载，而不是分别加载和显示单个图像文件。

1. 编码与解码

编码与解码是图像处理最基本的技术。

（1）图像编解码相关类

WPF 提供了多种格式的图像编码器和解码器，如表 11-6 所示，这些类都是从 BitmapSource 类继承的。

表 11-6　　　　　　　　　　　　WPF 提供的图像编码器和解码器

图 像 格 式	文件扩展名	编 码 器	解 码 器
位图图像（BMP）	.bmp	BmpBitmapEncoder	BmpBitmapDecoder
联合图像专家组图像（JPEG）	.jpg	JpegBitmapEncoder	JpegBitmapDecoder
可移植网络图形图像（PNG）	.png	PngBitmapEncoder	PngBitmapDecoder
标记图像文件格式图像（TIFF）	.tif	TiffBitmapEncoder	TiffBitmapDecoder
图形交换格式图像（GIF）	.gif	GifBitmapEncoder	GifBitmapDecoder
Windows Media 照片图像	.wdp	WmpBitmapEncoder	WmpBitmapDecoder

在这些图像格式中，除了 GIF 和 TIFF 这两种图像可以包含多个帧以外，其他格式的图像仅包含单帧。帧由解码器用作输入数据，并传递到编码器以创建图像文件。

（2）编码

图像编码是指将图像数据转换为特定图像格式的过程。可以用已编码的图像数据创建新的图像文件。

下面的示例演示使用编码器保存一个新创建的位图图像：

```
FileStream stream = new FileStream("new.bmp", FileMode.Create);
BmpBitmapEncoder encoder = new BmpBitmapEncoder();
TextBlock myTextBlock = new TextBlock();
myTextBlock.Text = "Codec Author is: " + encoder.CodecInfo.Author.ToString();
encoder.Frames.Add(BitmapFrame.Create(image));
encoder.Save(stream);
```

（3）解码

图像格式解码是指将某种图像格式转换为可以由系统使用的图像数据。解码后，即可以对其进行显示、处理或编码为其他格式。

默认情况下，WPF 加载图像的原始大小并对其进行解码。为了避免不必要的内存开销，一般将图像解码为指定的大小或者只加载指定大小的图像，这样不仅缩小了应用程序的工作集，而且还提高了执行速度。比如显示缩略图时应该直接创建缩略图大小的图像，而不是让 WPF 将图像解码为其完整大小后再缩小至缩略图的大小。

下面的代码演示了如何使用位图解码器对 BMP 格式的图像进行解码：

```
Uri myUri = new Uri("MyImg.bmp", UriKind.RelativeOrAbsolute);
BmpBitmapDecoder decoder1 = new BmpBitmapDecoder(myUri,
        BitmapCreateOptions.PreservePixelFormat, BitmapCacheOption.Default);
BitmapSource bitmapSource1 = decoder.Frames[0];
Image myImage = new Image();
myImage.Source = bitmapSource1;
myImage.Stretch = Stretch.None;
myImage.Margin = new Thickness(20);
```

2．像素格式转换

FormatConvertedBitmap 类为 BitmapSource 提供像素格式转换的功能。

很多应用都需要对图像的像素逐个进行处理，比如提取图像特征、进行颜色校正处理等。

3．旋转、裁切和缩放图像

利用 TransformedBitmap 类可以旋转图像，利用 Image 类或者 CroppedBitmap 类可以裁切图像，利用 ScaleTransform 类可以缩放图像，并将处理后的结果保存到新的图像文件中。

（1）旋转图像

位图图像仅支持 90° 增量的旋转，即只能选择以下旋转角度之一：0°、90°、180°、270°。如果希望让图像旋转任意角度，应该用画笔变换来实现。

（2）裁切图像

如果只想调整图像的一部分，可以用 Image 或者 CroppedBitmap 的 Clip 属性实现；如果需要编码和保存裁切过的图像，应该用 CroppedBitmap 来实现。

（3）缩放图像

利用 TransformedBitmap 可缩放图像。也可以用画笔缩放来实现。

除了 CroppedBitmap 外，还可以利用 Image 的 Clip 属性裁切图像。

4. 将图像作为缩略图加载

将图像作为缩略图加载时，可利用 BitmapImage 的 DecodePixelWidth 属性设置缩略图的大小，这样可以减少加载图像所需的内存。例如：

```
int width=100;
Image myImage = new Image();
myInage.Width = width;
// 注意：BitmapImage.UriSource 必须在 BeginInit 和 EndInit 块之间
BitmapImage myBitmapImage = new BitmapImage();
myBitmapImage.BeginInit();
myBitmapImage.UriSource = new Uri("/images/img1.jpg");
myBitmapImage.DecodePixelWidth = width;
myBitmapImage.EndInit();
myImage.Source = myBitmapImage;
```

5. 将一种图像格式转换为另一种图像格式

如果希望将一种图像格式转换为另一种图像格式，只需要先从解码器中获取图像信息，然后用编码器设置相应的帧并保存图像信息即可。例如：

```
var imageStreamSource = File.OpenRead("test.bmp");
var decoder = BitmapDecoder.Create(imageStreamSource,
    BitmapCreateOptions.PreservePixelFormat, BitmapCacheOption.Default);
var bitmapFrame = decoder.Frames[0];
var encoder = new JpegBitmapEncoder();
encoder.Frames.Add(bitmapFrame);
encoder.Save(File.Create("test1.jpg"));
```

6. 示例

【自学 11-2】 演示图像处理的基本用法。

该例子通过多个页面演示了基本的图像处理办法，完整代码请参看源程序，这里不再展开介绍。

至此，我们学习了 WPF 应用程序中二维图形处理最基本的技术。除此之外，还有命中测试、捕获和拖放、蒙版以及数字墨迹等技术，限于篇幅，这里不再逐一介绍，对这些技术有兴趣的读者请参考相关资料。

第12章
三维图形设计与呈现

随着用户对应用需求的要求越来越高，三维设计也逐步融入普通的应用开发中。本章我们主要学习如何在 WPF 应用程序中进行三维设计，以及如何将三维模型在页面中呈现出来，并对其进行各种处理。

12.1　WPF 三维设计基本知识

在 WPF 应用程序中，可直接创建三维几何图形模型，也可以用 3dMax 等其他三维建模软件建模，并在 WPF 中将其呈现出来。创建三维模型以后，就可以在应用程序中对 3D 对象进行控制，比如修改三维模型的颜色或贴图，对模型进行各种变换和动画处理等。

WPF 与三维相关的类和结构大部分都在 System.Windows.Media.Media3D 命名空间下。

12.1.1　Viewport3D 控件

System.Windows.Controls 命名空间下的 Viewport3D 控件是在二维平面上呈现三维场景的容器控件。一个窗口或页面中可以包含多个由 Viewport3D 组成的 3D 场景，就像在一个页面中可以有多个 WPF 控件一样。不过，一般情况下，应尽可能在一个三维场景中呈现各种三维模型。

1. WPF 三维坐标系

在 WPF 中，三维坐标系中的每个点由 X、Y、Z 3 个坐标轴来描述，原点（0,0,0）默认在三维坐标系的中心，如果 X 轴正方向朝右，Y 轴的正方向朝上，则 Z 轴的正方向从原点指向屏幕外。

2. Viewport3D 类

在 Viewport3D 类内，可指定一个摄像机以及由一个或多个从 Visual3D 类继承的对象。除此之外，Viewport3D 类还具有其他二维元素所具有的属性，例如，动画、触发器等。

Viewport3D 类继承的层次结构如下：

```
Object→DispatcherObject→DependencyObject
→Visual→UIElement→FrameworkElement→Viewport3D
```

Viewport3D 类的子元素可指定以下属性。

（1）Camera 属性

Camera 属性用于指定该场景使用哪种摄像机。如果不指定，Viewport3D 会在加载时自动创建一个默认的摄像机。不过，一般情况下都需要开发人员明确指定使用哪种摄像机。

下面的代码将透视摄像机（PerspectiveCamera）放在三维坐标（0,0,7）处，如果摄像机的观察点是三维坐标系的原点（0, 0, 0），还需要将 LookDirection 设置为（0, 0, −7）。

```
<Viewport3D.Camera>
    <PerspectiveCamera Position="0,0,7" LookDirection="0,0,-7"/>
</Viewport3D.Camera>
```

每个 Viewport3D 控件内只能使用一个摄像机。

（2）Children 属性

该属性用于获取 Viewport3D 类的所有 Visual3D 构成的集合。

3．ModelVisual3D 对象

ModelVisual3D 类用于在 Viewport3D 类内呈现三维模型。

（1）Content 属性

ModelVisual3D 类的 Content 属性用于获取或设置从 Model3D 类继承的对象。Model3D 是一个抽象类，该类为三维模型提供命中测试、坐标转换和边界框计算等通用的功能，其继承的层次结构如下：

```
Object→DispatcherObject→DependencyObject→Freezable→Animatable→Model3D
```

从 Model3D 继承的类包括 GeometryModel3D（三维几何模型）、Light（灯光）和 Model3DGroup（多个三维模型的组合）。这些类的实例必须在 ModelVisual3D 对象的 Content 属性中声明。例如：

```
<ModelVisual3D>
    <ModelVisual3D.Content>
        <DirectionalLight Color="#FFFFFFFF" Direction="-3,-4,-5" />
    </ModelVisual3D.Content>
</ModelVisual3D>
```

如果有多个 Model3D，可以用 Model3DGroup 将其组合在一起作为一个模型来处理。例如：

```
<ModelVisual3D>
    <ModelVisual3D.Content>
        <Model3DGroup>
            <Model3D>......</Model3D>
            <Model3D>......</Model3D>
        </Model3DGroup>
    </ModelVisual3D.Content>
</ModelVisual3D>
```

（2）Children 属性

ModelVisual3D 的 Children 属性用于获取 ModelVisual3D 的子级的集合。利用该属性可将其子级组合在一起作为一个对象来处理。

在 XAML 中也可以省略该属性声明，例如：

```
<ModelVisual3D>
    <ModelVisual3D>......</ModelVisual3D>
    <ModelVisual3D>......</ModelVisual3D>
</ModelVisual3D>
```

这段代码和下面的代码是等价的：

```
<ModelVisual3D>
    <ModelVisual3D.Children>
        <ModelVisual3D>......</ModelVisual3D>
        <ModelVisual3D>......</ModelVisual3D>
    </ModelVisual3D.Children>
</ModelVisual3D>
```

ModelVisual3D 是从 Visual3D 继承来的。Visual3D 是一个抽象基类，从该类继承的类有 ModelVisual3D、Viewport2DVisual3D 和 UIElement3D。

Visual3D 类继承的层次结构如下：

`Object→DispatcherObject→DependencyObject→Visual3D`

在 ModelVisual3D 对象的子集中，还可以包含一个或多个 ModelVisual3D，即可以将树状结构的 ModelVisual3D 对象组合成一个对象来处理。

对于多个地方使用相同的 Model3D 对象的情况，一般先将其定义为 XAML 资源或者用 C#编写单独的模型类，然后在多处重用它。例如，先用 ModelVisual3D 构建 1 辆汽车模型，然后在场景中放置 10 辆汽车。

（3）Transform 属性

ModelVisual3D 的 Transform 属性用于对该对象进行三维变换（平移、旋转、缩放等）。本章后面我们还要单独介绍。

4. Viewport3D 基本用法

下面先通过例子演示如何创建一个简单的三维场景，当我们对其有一个直观的感性认识后，再逐步深入学习相关的技术。

【例 12-1】 演示 Viewport3D 的基本用法，运行效果如图 12-1 所示。

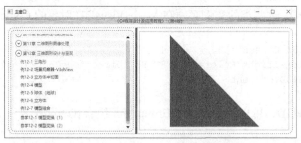

图 12-1 【例 12-1】的运行效果

该例子完整的源程序见 E01.xaml 文件，这里不再列出源代码。

至此，我们创建了一个最简单的三维场景。

12.1.2 摄像机

在 WPF 应用程序中，Camera 类的行为与实际的摄像机（Camera）功能极其相似，在屏幕上绘制 3D 场景相当于用摄像功能去拍摄大自然的场景，需要确定摄像机类的位置、方向、视角、焦距（近平面和远平面）等。

WPF 提供了多种类型的摄像机，其中最常用的有两种：透视摄像机（PerspectiveCamera 类）和正交摄像机（OrthographicCamera 类），这两个类都是从 ProjectionCamera 类继承而来的，而 ProjectionCamera 类又是从 Camera 类继承而来的。换言之，Camera 类和 ProjectionCamera 类为其扩充类提供了基本的功能，PerspectiveCamera 类和 OrthographicCamera 类提供了专用的功能。

1. Camera 类和 ProjectionCamera 类

Camera 类是所有摄像机类的基类，其作用是为三维场景指定观察位置等基本信息。

ProjectionCamera 类的作用是指定不同的投影方式以及其他属性来更改观察者查看三维模型的方式。例如，指定摄像机的位置、方向、视野，以及定义场景中"向上"方向的向量。该类继承的层次结构如下：

`Object→DispatcherObject→DependencyObject→Freezable→Animatable`
`→Camera→ProjectionCamera`

由于摄像机可以位于场景中的任何位置，因此当摄像机位于模型内部或者紧靠模型时，可能无法区分不同的对象。为了能观察场景中的所有模型，可通过 ProjectionCamera 提供的 NearPlaneDistance 属性指定摄像机拍摄的最小距离，用 FarPlaneDistance 属性指定摄像机拍摄的最大距离，不在 NearPlaneDistance 和 FarPlaneDistance 范围内的对象将不再绘制。

2．透视摄像机

透视摄像机（PerspectiveCamera 类）也叫远景摄像机，这种摄像机提供消失点透视功能，是在实际项目中最常用的摄像机类型。该类是从 ProjectionCamera 类继承而来的，继承的层次结构如下：

```
Object→DispatcherObject→DependencyObject→Freezable→Animatable
→Camera→ProjectionCamera→PerspectiveCamera
```

透视摄像机的工作原理与普通摄像机类似，被观察的对象有"远小近大"的效果。例如，让摄像机沿 Z 轴向观察目标移动，当摄像机位置靠近 Z 轴中心时，随着 Z 轴的坐标值越来越小，被观察的对象也会越来越大。

表 12-1 列出了透视摄像机 PerspectiveCamera 类的常用属性及其说明。

表 12-1　　　　　　　　　　　　PerspectiveCamera 类的常用属性及其说明

属　　性	说　　明
Position	获取或设置以世界坐标表示的摄像机位置（Point3D 类型）
LookDirection	获取或设置摄像机在世界坐标中的拍摄方向（Vector3D 类型），即摄像机在三维虚拟空间中对准的点
FieldOfView	获取或设置摄像机的透视视野（以度为单位），默认值为 45。该属性仅适用于远景摄像机，通过它可更改通过摄像机所看到的内容部分，以及文档中的对象因摄像机而显得变形的程度。减小该数值可减少对象因远景拍摄而变形的程度，而增大该数值则会像使用鱼眼镜头一样导致对象大幅变形
UpDirection	获取或设置摄像机向上的方向（Vector3D 类型）
NearPlaneDistance FarPlaneDistance	获取或设置摄像机可拍摄的最近距离和最远距离，超出该范围的对象将从所呈现的视图中消失
Transform	获取或设置应用到摄像机的 3D 变换（Transform3D 类型），包括平移、旋转、缩放、扭曲等

下面的代码演示了如何用 C#创建透视摄像机。

```
PerspectiveCamera myCamera = new PerspectiveCamera()
{
    Position = new Point3D(0,0,2),  //摄像机放在 Z 轴正方向
    LookDirection = new Vector3D(0,0,-1), //从 Z 轴正方向向 Z 轴负方向观察
    FieldOfView = 45,   //视角为 45°
    UpDirection = new Vector3D(0,1,0),
    NearPlaneDistance = 1,
    FarPlaneDistance = 20
};
myViewport3D.Camera = myCamera;
```

3．正交像机

正交像机只是描述了一个侧面平行的取景框，而不是侧面汇集在场景中某一点的取景框，因此被观察的对象没有透视感，观察目标也不会随着距离的变化而变小或变形。换句话说，用这种摄像机观察某个对象时，不论距离远近，该对象都一样大。

在 3D 坐标系中呈现 2D 效果时，一般使用这种摄像机。

OrthographicCamera 类也是从 ProjectionCamera 类继承而来的，继承的层次结构如下：

```
Object→DispatcherObject→DependencyObject→Freezable→Animatable
→Camera→ProjectionCamera→OrthographicCamera
```

12.1.3　三维几何模型

定义摄像机后，就可以用它观察场景中的 3D 模型了。

WPF 用 Geometry 来构造三维模型，称为三维几何模型（GeometryModel3D 类）。在每个三维模型内，可以用三维网格（Mesh）指定构造的三维几何形状。

由于三角形的三个点可构成一个平面，因此在三维空间中用"顶点"来构建多个三角形，再由这些三角形构成三维网格，从而形成各种三维模型的表面。

1. Geometry 属性

Geometry 属性用于获取或设置三维几何图形的形状，该类是从 Geometry3D 继承而来的。在 Geometry 属性内，用 MeshGeometry3D 类来构造三维几何形状。例如：

```
<GeometryModel3D>
    <GeometryModel3D.Geometry>
        <MeshGeometry3D
               Positions="-1 -1 0,  1 -1 0,  -1 1 0"
               TriangleIndices="0 1 2" />
    </GeometryModel3D.Geometry>
</GeometryModel3D>
```

在这段 XAML 代码中，Positions 属性定义了 3 个顶点（序号分别为 0、1、2）。Positions 属性中的顶点序号默认从零开始编号，按声明顺序从左到右依次递增。

TriangleIndices 属性指定构造三角形时顶点的顺序。该属性决定了用一系列顶点构造的三角形是正面显示还是背面显示，按逆时针声明三角形的顶点表示是正面显示，按顺时针声明三角形的顶点表示是背面显示。

2. Material 属性和 BackMaterial 属性

Material 属性表示绘制 3D 模型的正面时使用的材质，BackMaterial 属性表示绘制 3D 模型的背面时使用的材质。例如：

```
<GeometryModel3D.Material>
    <MaterialGroup>
        <DiffuseMaterial Brush="Red"/>
    </MaterialGroup>
</GeometryModel3D.Material>
<GeometryModel3D.BackMaterial>
        <MaterialGroup>
            <DiffuseMaterial Brush="Black"/>
        </MaterialGroup>
</GeometryModel3D.BackMaterial>
```

如果只指定顶点而不指定使用的材质，界面中将看不到任何效果。

Material 属性和 BackMaterial 属性也可以是 Transparent 或 null。如果材质是透明的（Transparent），则无法看到该模型的表面（类似于透明玻璃），但点击测试可以正常运行；如果材质为 null，则既无法看到该模型，而且也无法对其进行点击测试。

12.1.4　光照类型

WPF 三维图形中的光照效果与实际的光照效果相似，其作用是照亮场景中的 3D 模型。如果没有光照，那么将无法看清 3D 模型，其效果就像在黑夜中看不见某种物体一样。准确地说，光照确定了将场景的哪一部分包括在投影中。

下面是 WPF 提供的光类型，这些光类型都是从 Light 类派生而来的。

1. 环境光

环境光（AmbientLight 类）将光投向三维场景中的各个方向，它能使所有 3D 对象都能均匀受光，与被光照的 3D 对象的位置或方向无关。但是要注意，如果只使用环境光，则这些 3D 对象可能会像褪了色的物体一样，看起来很不真实。为了获得最佳的光照效果，一般还需要添加非环境光。

下面的代码演示了如何设置环境光。

XAML：

```
<ModelVisual3D.Content>
    <AmbientLight Color="#333333" />
</ModelVisual3D.Content>
```

C#：

```
AmbientLight ambLight = new AmbientLight(Brushes.DarkBlue.Color);
```

2. 锥形投射光

锥形投射光（SpotLight 类）的投射效果和手电筒的光照效果类似，这种光既有位置又有方向，而且离目标越远光照强度越低。

- InnerConeAngle 属性：内部锥角。表示光最亮的中心部分的角度。
- OuterConeAngle 属性：外部锥角。表示光较暗的外围部分的角度。

如果创建强光，需要将内部锥角和外部锥角设置为同一个值。如果内部锥角值大于外部锥角值，则以外部锥角值为准。

锥形投射光不会影响到位于锥形发光区域以外的三维对象部分。

3. 定向直射光

定向直射光（DirectionalLight 类）沿着特定的方向均匀地投射到 3D 对象，其效果与地球上的阳光照射效果相似，即光的强度衰减可以忽略不计。或者说，这种光没有位置，只有方向。

4. 点光

点光（PointLight 类）从一个点向所有方向投射光，其效果与普通的灯泡照明效果相似。PointLight 公开了多个衰减属性，这些属性确定了光源的亮度如何随距离的增加而减小。

12.1.5　材质

材质（Meterial 抽象类）用于描述 3D 模型表面的特征，包括颜色、纹理和总体外观。

材质也是靠照明来体现的，它和光的不同之处是，光影响的是场景中所有的 3D 模型，而材质影响的是该 3D 模型自身的表面。

在二维图形中，用 Brush 类在屏幕的指定区域绘制颜色、图案、渐变或其他可视化内容。但是，由于三维对象的外观是照明模型，而不是仅仅显示表面的颜色或图案，所以还需要指定使用哪种材质。材质的特性不同，其反射光的方式也会不同。比如有些材质表面粗糙，有些材质表面光滑，有些材质可以吸收光，而有些材质则具有自发光等功能。

WPF 用 Material 抽象类来定义模型使用的材质基本特征，然后通过从该类继承的子类向基类传递 SolidColorBrush、TileBrush、VisualBrush 等来构造所使用的材质。

1. 漫反射材质

漫反射材质（DiffuseMaterial 类）用于确定三维对象在环境光照射下材质的颜色，其效果和墙面的喷漆相似。该类常用的属性如下。

- AmbientColor 属性：获取或设置一种颜色，该颜色表示材质在 AmbientLight 指定的某种颜色的光照射下材质本身的反射颜色。
- Color 属性：获取或设置应用到材质的颜色。
- Brush 属性：获取或设置应用到材质的画笔。

如果材质比较复杂，一般将其定义为可以重用的 XAML 资源。例如：

```xaml
<GeometryModel3D.Material>
  <DiffuseMaterial>
    <DiffuseMaterial.Brush>
      <DrawingBrush Viewport="0,0,0.1,0.1" TileMode="Tile">
        <DrawingBrush.Drawing>
          <DrawingGroup>
            <DrawingGroup.Children>
              <GeometryDrawing Geometry="M0,0.1 L0.1,0 1,0.9, 0.9,1z"
                Brush="Gray" />
              <GeometryDrawing Geometry="M0.9,0 L1,0.1 0.1,1 0,0.9z"
                Brush="Gray" />
              <GeometryDrawing Geometry="M0.25,0.25 L0.5,0.125 0.75,0.25 0.5,0.5z"
                Brush="#FFFF00" />
              <GeometryDrawing Geometry="M0.25,0.75 L0.5,0.875 0.75,0.75 0.5,0.5z"
                Brush="Black" />
              <GeometryDrawing Geometry="M0.25,0.75 L0.125,0.5 0.25,0.25 0.5,0.5z"
                Brush="#FF0000" />
              <GeometryDrawing Geometry="M0.75,0.25 L0.875,0.5 0.75,0.75 0.5,0.5z"
                Brush="MediumBlue" />
            </DrawingGroup.Children>
          </DrawingGroup>
        </DrawingBrush.Drawing>
      </DrawingBrush>
    </DiffuseMaterial.Brush>
  </DiffuseMaterial>
</GeometryModel3D.Material>
```

2. 高光反射材质

高光反射材质（SpecularMaterial 类）通过使对象自身产生对强光的反射，从而产生表面坚硬、发亮等效果。这种材质对光照反射的颜色由材质的颜色属性来决定。

- Color 属性：获取或设置应用到材质的颜色。
- Brush 属性：获取或设置应用到材质的画笔。
- SpecularPower 属性：获取或设置材质反射光照的角度值，值越大，反射光的强度和锐度也越大。

下面的代码演示了如何将材质定义为 XAML 资源：

```xaml
<MaterialGroup x:Key="LeavesMaterial1">
  <DiffuseMaterial>
    <DiffuseMaterial.Brush>
      <ImageBrush Stretch="UniformToFill" ImageSource="/images/img1.jpg"
          TileMode="None" ViewportUnits="Absolute" Viewport="0 0 1 1"
          AlignmentX="Left" AlignmentY="Top" Opacity="1.0" />
    </DiffuseMaterial.Brush>
  </DiffuseMaterial>
  <SpecularMaterial SpecularPower="85.3333">
    <SpecularMaterial.Brush>
```

```
      <SolidColorBrush Color="#FFFFFF" Opacity="1.0"/>
    </SpecularMaterial.Brush>
  </SpecularMaterial>
</MaterialGroup>
```

3. 自发光材质

自发光材质（EmissiveMaterial 类）使模型表面所发出的光的颜色与画笔（Brush 类及其扩充类）设置的颜色相同，其效果就像材质正在发出与 Brush 的颜色相同的光一样，但它只对该模型本身起作用，即这种效果不会影响别的模型。

* Color 属性：获取或设置材质的颜色。
* Brush 属性：获取或设置材质的画笔。

下面的代码在 DiffuseMaterial 上面增加一层 EmissiveMaterial。

XAML：

```
<GeometryModel3D.Material>
  <MaterialGroup>
    <DiffuseMaterial>
      <DiffuseMaterial.Brush>
        <LinearGradientBrush StartPoint="0,0.5" EndPoint="1,0.5">
          <LinearGradientBrush.GradientStops>
            <GradientStop Color="Yellow" Offset="0" />
            <GradientStop Color="Red" Offset="0.25" />
            <GradientStop Color="Blue" Offset="0.75" />
            <GradientStop Color="LimeGreen" Offset="1" />
          </LinearGradientBrush.GradientStops>
        </LinearGradientBrush>
      </DiffuseMaterial.Brush>
    </DiffuseMaterial>
    <EmissiveMaterial>
      <EmissiveMaterial.Brush>
        <SolidColorBrush x:Name="mySolidColorBrush" Color="Blue" />
      </EmissiveMaterial.Brush>
    </EmissiveMaterial>
  </MaterialGroup>
</GeometryModel3D.Material>
```

C#：

```
LinearGradientBrush myHorizontalGradient = new LinearGradientBrush();
myHorizontalGradient.StartPoint = new Point(0, 0.5);
myHorizontalGradient.EndPoint = new Point(1, 0.5);
myHorizontalGradient.GradientStops.Add(new GradientStop(Colors.Yellow, 0.0));
myHorizontalGradient.GradientStops.Add(new GradientStop(Colors.Red, 0.25));
myHorizontalGradient.GradientStops.Add(new GradientStop(Colors.Blue, 0.75));
myHorizontalGradient.GradientStops.Add(new GradientStop(Colors.LimeGreen, 1.0));
DiffuseMaterial myDiffuseMaterial = new DiffuseMaterial(myHorizontalGradient);
MaterialGroup myMaterialGroup = new MaterialGroup();
myMaterialGroup.Children.Add(myDiffuseMaterial);
Color c = new Color();
c.ScA = 1;
c.ScB = 255;
c.ScR = 0;
c.ScG = 0;
EmissiveMaterial myEmissiveMaterial = new EmissiveMaterial(new SolidColorBrush(c));
myMaterialGroup.Children.Add(myEmissiveMaterial);
myGeometryModel.Material = myMaterialGroup;
```

在一个模型中，可以同时指定不同类型的材质，此时模型表面的外观将是这些材质综合的效果。

12.2 在窗口或页面中呈现三维场景

当我们了解了 3D 场景是由摄像机、模型、灯光和材质等这些对象组成的以后，接下来就要重点学习如何设计和呈现三维模型了。

本节我们先学习如何创建一个自定义的 3D 场景观察器，然后再了解如何用 XAML 来构造三维模型。这些内容是进一步深入学习三维设计的基础。

12.2.1 利用摄像机变换制作 3D 场景观察器

为了观察摄像机的各种属性，以及观察场景中三维模型的各个表面，我们首先需要做一个自定义的 3D 场景观察器，通过控制摄像机属性实现旋转、缩放等处理；另外，还需要创建一些预定义的 3D 模型，以方便在程序中重复使用它。

所有这些功能我们都将其放在了 Wpfz 项目中，以方便读者自学。

1. 制作自定义的 V3dView 控件

在 Wpfz 项目中自定义的 3D 场景观察器保存在 V3dView.cs 文件中，这是一个可在其中包含 Viewport3D 的容器控件。限于篇幅，我们不准备介绍这些代码的实现细节，而是仅仅通过例子介绍如何使用这个自定义控件。等读者明白了如何使用后，再看其具体实现以及在此基础上继续添加更多的三维模型也就很容易了。

2. V3dView 的基本用法

在 Wpfz 项目中自定义的 V3dView 控件默认显示鼠标操作帮助信息，但不显示摄像机信息。通过设置 V3dView 对象的 ShowHelp 属性（true 或 false，默认为 true）和 ShowCamera 属性（true 或 false，默认为 false）可更改这两个属性。

XAML 基本用法如下：

```
<z:V3dView ShowHelp="True" ShowCameraInfo="True">
    <Viewport3D>
        ...
    </Viewport3D>
</z:V3dView>
```

通过 XAML 声明 V3dView 对象以后，就可以按照提示利用鼠标对三维场景进行缩放和旋转，以此来观察模型的各个表面。

12.2.2 动态显示摄像机的属性

本节我们学习如何利用 V3dView 缩放和旋转 3D 场景，并演示如何动态显示透视摄像机各种属性的变化情况。

【例 12-2】 演示自定义的 3D 场景观察器的基本用法。该例子经过旋转缩放后某时刻的运行效果如图 12-2 所示。

按照界面下方的提示，滚动鼠标滚轮观察缩放效果，按住鼠标右键沿不同的方向移动观察旋转效果，双击鼠标右键观察复位效果（复位到 PerspectiveCamera 定义的初始状态）。

该例子的源程序在 E02.xaml 文件中，此处不再列出源代码。

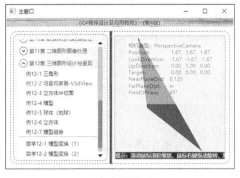
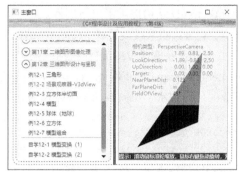

（a）正面　　　　　　　　　　　　　　（b）背面

图 12-2　【例 12-2】的运行效果

12.2.3　三维网格几何

在前面的例子中，我们已经了解了最简单的三角形面的构造形式，本节我们进一步学习如何构造由多个三角形构成的三维网格几何图形。

WPF 提供的三维网格几何（MeshGeometry3D 类）用于指定构造三维几何图形的顶点集合，每个顶点都用一个 Point3D 结构来定义。除了顶点位置（Positions 属性）之外，可能还需要指定构造三角形网格的法线（Normals 属性）、纹理坐标（TextureCoordinates 属性）以及三角形顶点索引（TriangleIndices 属性）等信息。

在 MeshGeometry3D 中，仅 Positions 属性是必须指定的，其他属性都是可选的。

1. 定义顶点（Positions）

三维空间中的表面是由一系列的三角形来构造的，而三角形是由三维空间中的"点"来构造的。构造三角形表面的这些"点"称为"顶点"。

（1）Point3D 结构

WPF 用 Point3D 结构来描述三维空间中的一个顶点。该结构提供了对顶点进行运算的基本方法。

（2）Positions 属性

MeshGeometry3D 的 Positions 属性用于获取或设置该 3D 模型的使用的顶点集合。定义了顶点后，就可以用 TriangleIndices 属性声明如何用这些顶点来构造三角形。

2. 定义顶点法线（Normals）

我们知道，既有方向又有大小的量叫作向量（Vector）。向量在数学上用一条有向线段来表示，有向线段的长度表示向量的大小，箭头所指的方向表示向量的方向。长度等于 1 个单位的向量叫作单位向量。

WPF 用 Vector 结构表示二维向量，用 Vector3D 结构表示三维向量。

从几何的角度来看，两个向量 *a*、*b* 相加构成平行四边形的对角线（*c* = *a* + *b*），*a* 和 *b* 相减构成三角形的第 3 条边（*c* = *a*–*b*），体现在几何图形的实际含义上，就是对图形进行偏移计算，如图 12-3 所示。

（1）Vector3D 结构

System.Windows.Media.Media3D 命名空间下的 Vector3D 结构表示 WPF 三维空间中的三

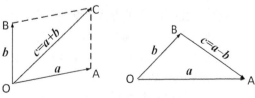

图 12-3　二维向量的加减运算

维向量。Vector3D 结构提供了以下属性。

- x，y，z：获取或设置此 Vector3D 结构的 X 分量、Y 分量、Z 分量。
- Length：获取此 Vector3D 结构的长度。
- LengthSquared：获取此 Vector3D 结构长度的平方值。

下面的代码演示了如何对两个三维向量进行减法运算：

```
Vector3D vector1 = new Vector3D(20, 30, 40);
Vector3D vector2 = new Vector3D(45, 70, 80);
Vector3D vectorResult1 = vector1 - vector2;    //结果为(-25, -40, -40)
```

Vector3D 结构提供了很多执行各种三维向量运算的方法。

（2）Normals 属性

法线（Normal），也叫法向量，指垂直于面的向量。在三维空间中，用法线可描述物体表面的反光效果。

WPF 用 Vector3D 结构来表示法线。法线是相对于模型的正面而言的，顶点的环绕顺序确定了给定的面是正面还是背面。如果未指定法线，则法线的生成方式取决于开发人员是否为网格指定了三角形索引。如果指定了三角形索引，则用相邻面来生成法线；如果未指定三角形索引，则仅为三角形生成一个法线，此时可能导致网格外形呈小平面形状。

3. 指定三角形索引（TriangleIndices）

在三维空间中，将三角形形状依次相连构成的平面或曲面称为三维网格（Mesh）。

（1）三角形环绕顺序

构建三角形时有两种环绕方式：逆时针顺序环绕、顺时针顺序环绕。

WPF 默认采用逆时针顺序环绕。也就是说，当从模型的正面观察时，应以逆时针顺序定义三角形的顶点。

（2）背面消隐

背面消隐是指剔除按顺时针构成的三角形面或是剔除按逆时针构成的三角形面，即将其剔除掉而不再绘制它。

WPF 默认剔除顺时针方向顶点构成的"背面"，即仅绘制按逆时针方向排列的顶点构成的三角形面。例如，对于图 12-4 来说，只显示按 2、3、4 顺序构成的三角形面，而不会显示按 1、2、3 顺序构成的面。

背面消隐有什么用呢？我们知道，当观察一个不透明的物体时，物体背面的部分是看不见的。系统在绘制模型的表面时，在正面是逆时针的三角形，当旋转到背面时，仍然从正面来看这个三角形，它就变成了顺时针的，因此也就不需要再绘制，即可以被消隐掉。这样一来，就可以节省大量内存，也提高了程序执行的效率。

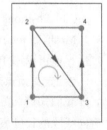

图 12-4　三角形面

（3）TriangleIndices 属性

TriangleIndices 属性用于获取或设置用顶点构造的每个三角形环绕的顺序。如果不指定三角形顶点索引，则以非索引的方式绘制三角形，即每 3 个顶点构成一个三角形。

三角形索引按照 Positions 属性定义的顺序从零开始编号。假如顶点 1、2、3、4 的坐标分别为（–1，–1，0）、（–1，1，0）、（1，–1，0）、（1，1，0），如果希望将两个三角形都显示出来，有以下两种构造三角形索引的方式。

方式 1（指定 6 个点）：

```
<MeshGeometry3D Positions="-1,-1,0  1,-1,0  -1,1,0  -1,1,0   1,-1,0  1,1,0"
                TriangleIndices="0,1,2  3,4,5" />
```

方式 2（指定 4 个点）：

```
<MeshGeometry3D Positions="-1,-1,0  -1,1,0  1,-1,0  1,1,0"
                TriangleIndices="0,2,1  2,3,1" />
```

方式 2 没有定义重复的顶点，而是靠指定三角形索引来重复使用这些顶点，这种技术成为索引缓冲技术。当使用大量的顶点来构造 3D 几何图形时，利用该技术可节省很多内存占用量。

如果将 Positions 定义的顺序改为"1, -1, 0　-1, -1, 0　-1, 1, 0"，则顶点（1, -1, 0）的序号是 0，顶点（-1, -1, 0）的序号是 1，顶点（-1, 1, 0）的序号是 2。因此在 TriangleIndices 中正面显示时构造的三角形应该是以下之一："0, 2, 1" "2, 1, 0"或者"1, 0, 2"；构造 3D 背面时，TriangleIndices 应该是以下之一："0, 2, 1" "2, 1, 0"或"1, 0, 2"。

这里需要说明一点，用 XAML 声明顶点时，既可以用逗号分隔，也可以用一个或多个空格分隔，两者的作用完全相同，都是为了让人容易区分，使之看起来清晰易理解。

4. 指定纹理坐标（TextureCoordinates）

纹理（Texture）是指三维表面的贴图，贴图的范围由纹理坐标（TextureCoordinates）来指定。

在 WPF 中，用 Brush 来描述纹理。由于 Brush 包含线性渐变画笔、径向渐变画笔、图像画笔、绘制画笔以及可视画笔，所以利用它可在三维模型的表面绘制出各种丰富的颜色和贴图效果。

纹理坐标描述按照 100%大小将二维图像"贴"到三维表面时顶点在贴图表面的位置（百分比）。因为纹理是二维的，所以将它贴在三维表面时，需要对每个三维顶点指定贴图时的纹理坐标。有多少个顶点，就需要指定多少个纹理坐标。

如果不指定纹理坐标，WPF 默认会将整个 3D 模型挤压成一个面，然后对其应用纹理贴图。

纹理坐标和渐变画笔类似，使用相对坐标值指定贴图区域，区域的左上角是（0, 0），右下角是（1, 1），区域中其他坐标的取值都是 0 到 1 之间的数。

假如用两个三角形来构造由 4 个顶点构成的面，左上（0, 0）、左下（0, 1）、右上（1, 0）、右下（1, 1）的顶点序号分别为 1、2、3、4，将纹理正方向朝上贴在 1、2、3、4 构成的矩形面上，此时顶点 1 的纹理坐标应该是（0, 0），顶点 4 的纹理坐标应该是（1, 1），顶点 3 的纹理坐标应该是（1, 0），而中心点处的纹理坐标则是（0.5, 0.5）。

如果指定的贴图区域是非矩形区域，则区域外的部分将被自动剪切掉。

下面的代码演示了如何定义纹理坐标：

```
<GeometryModel3D>
  <GeometryModel3D.Geometry>
      <MeshGeometry3D
          Positions="-1,-1,0  1,-1,0  -1,1,0  1,1,0"
          Normals="0,0,1  0,0,1  0,0,1  0,0,1"
          TextureCoordinates="0,1  1,1  0,0  1,0"
          TriangleIndices="0,1,2  1,3,2" />
  </GeometryModel3D.Geometry>
  <GeometryModel3D.Material>
      <DiffuseMaterial>
          <DiffuseMaterial.Brush>
              <SolidColorBrush Color="Cyan" Opacity="0.3"/>
          </DiffuseMaterial.Brush>
      </DiffuseMaterial>
  </GeometryModel3D.Material>
</GeometryModel3D>
```

5. 在 Viewport3D 中定义和呈现三维几何模型

下面我们通过例子演示如何在 Viewport3D 中定义和呈现三维几何模型。

【例 12-3】 演示三维几何模型的基本呈现方法，运行效果如图 12-5 所示。

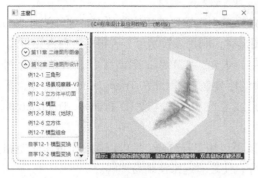

（a）正面　　　　　　　　　　　　　　　　　（b）背面

图 12-5　【例 12-3】的运行效果

该例子完整的源程序见 E03.xaml 文件，此处不再列出源代码。

可见，用 XAML 直接构造和呈现三维几何模型虽然直观，但实现的代码较多，而且比较难理解，因此一般用建模工具来创建模型。

另外，为了简化实现代码，还需要对模型进一步封装。但是，这些基本的构建方法是对模型进一步封装的基础，只有理解了顶点、法线、三角形索引以及纹理坐标的概念及其基本用法，才能明白如何封装它。

12.3　三维建模和自定义三维模型类

有两种三维建模的方式，一种是利用各种 3D 建模工具来建模，另一种是直接编写 C#代码实现动态建模。

用 3D 建模工具建模时，也有两种办法，一种是利用 VS 2017 自带的模型编辑器直接创建三维模型，另一种是利用其他专业建模工具创建三维模型。

12.3.1　利用模型编辑器创建和编辑三维模型

VS 2017 自带了一个 3D 模型编辑器，利用它可直接创建和编辑三维模型。

在第 1 章介绍 VS 2017 的安装时，我们曾经介绍了如何安装此选项，这里不再重复。

利用 3D 模型编辑器，可直接创建和编辑的三维模型只有 FBX 格式，但编辑后可以将其另存为 OBJ 格式或者 DAE 格式的三维模型文件。

本节我们简要介绍模型编辑器的基本用法。

1. 创建 FBX 文件

在 VS 2017 开发环境下，选择主菜单的【文件】→【新建】→【文件】命令，在弹出的界面中选择左侧的 "图形" 选项，然后选择 "3D 场景（.fbx）"，如图 12-6 所示。

单击【打开】按钮，即可看到如图 12-7 所示的界面。

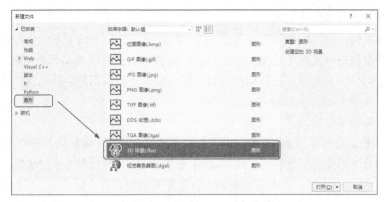

图 12-6　创建 fbx 文件

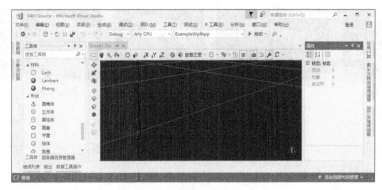

图 12-7　模型编辑器界面

新建或打开 FBX 文件后，可看到【工具箱】中包含了一些基本的 3D 模型形状，包括圆锥体、立方体、圆柱体、圆盘、平面、球体和茶壶。选择某个基本模型，将其拖放到编辑器中即可在场景中添加该模型。

在【属性】窗口中，包含了场景中对象的相关属性。

模型编辑器包括上方工具栏和左侧工具栏。上方工具栏用于对摄像机、3D 场景等进行操作，同时还包含了一些高级功能。

左侧工具栏的上侧 3 个图标用于对场景中的 3D 模型进行操作（旋转、缩放、转换）。下侧 4 个图标用于选择操作的目标（对象、面、边、点）。编辑模型时，可以同时按住<Alt>键、<Ctrl>键或者空格键进行辅助操作。例如，按住<Alt>键用鼠标左键可旋转目标，按住<Ctrl>键用鼠标滚轮可缩放目标，按住空格键用鼠标左键可平移目标。

默认情况下，模型编辑器使用右手坐标系（3D 坐标系分为左手坐标系和右手坐标系）。在设计界面右下角的"轴指示器"上，红色表示 X 轴，绿色表示 Y 轴，蓝色表示 Z 轴，这些规定与 WPF 编辑模式下的规定和显示形式是一致的。

2. 打开和编辑 FBX 文件

如果 FBX 文件保存在项目中的某个文件夹下，在【解决方案资源管理器】中，双击该文件可直接打开该文件并进入模型编辑模式。

3. 细分面和延伸面

下面通过操作步骤演示如何通过细分面和延伸面编辑模型的形状。

（1）从【工具箱】向模型编辑器中拖放一个立方体。

（2）利用细分面分割模型表面。

细分面是指将模型的平面细分为 n 等分（按一次细分一次）。细分以后，就可以对分割后的某一个或多个部分单独进行操作（拉伸、旋转、缩放）。例如，选择模型编辑器左侧工具栏的【更改为面选择模式】图标，再选择立方体顶部表面，然后单击模型编辑器左侧工具栏的【细分面】图标，将顶部表面一分为四，如图 12-8（a）所示。

（3）利用延伸面加长模型。

延伸面是指增加某个面或面的一部分的长度。选择某个表面（选择的部分变为黄色），或者选择表面中的某部分（即细分后的部分，按住<Ctrl>键可多选），然后单击模型编辑器左侧工具栏的【延伸面】图标，按一次增加一次长度。例如，单击左侧表面，再多次单击【延伸面】图标，即可得到如图 12-8（b）所示的模型。按照相同的办法，可得到图 12-8（c）到图 12-8（e）的效果。

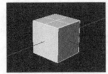

（a）四等分面　　　（b）延伸面1　　　（c）延伸面2　　　（d）延伸面3　　　（e）延伸面4

图 12-8　细分面和延伸面

也可以用编辑器左上角的【通过在画布上绘制来选择矩形区域】图标，一次性选择细分后的某个区域，然后再对其进行延伸。

4．三角化

通过对模型的边、面或者顶点进行三角化处理，可将模型进行各种变形处理。

先选中某个模型（模型编辑器场景中可放置多个模型），然后选择模型编辑器上方工具栏中的【高级】→【工具】→【三角化】，再选择左侧工具栏的【更改为边选择模式】、【更改为面选择模式】或【更改为点选择模式】，然后选择模型中不同的边、面或者点，单击【转换】图标（或旋转、缩放图标），即可通过拖动鼠标左键将其拉伸为各种形状，如图 12-9 所示。

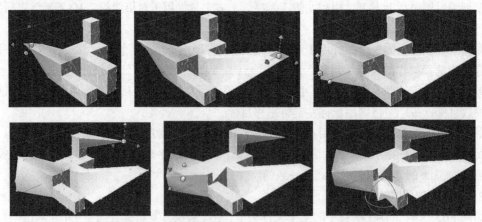

图 12-9　利用三角化对模型进行变换、缩放和旋转处理

按住<Ctrl>键可同时选择面的多个分块。

5．反转多边形绕组

通过反转多边形绕组，可得到另外一些特殊的变形效果。

选择模型编辑器上方工具栏中的【高级】→【工具】→【反转多边形绕组】，再进行与三角化类似的操作，可得到图 12-10 所示的形状。

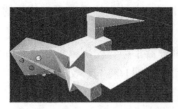

图 12-10　利用反转多边形绕组对模型进行变换、缩放和旋转处理

6. 平面着色

平面着色用于将对象显示为某种颜色或纹理。通过【属性】窗口可更改材质的颜色，或者选择图像文件作为纹理，如图 12-11 所示。

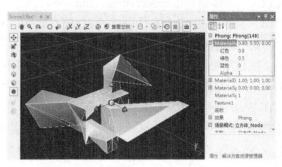

图 12-11　对对象进行着色处理

7. 其他

除了这些基本功能外，3D 模型编辑器还有其他各种功能，这里不再逐一介绍，对此有兴趣的读者可自行尝试。

12.3.2　创建自定义三维模型类

通过内置在 VS 2017 中的 FBX 模型编辑器创建模型后，即可利用 Blend for VS 2017 将其转换为 XAML 表示形式，然后再利用它创建自定义的 3D 模型库。通过这种方式，可大大简化直接用 XAML 定义模型的复杂度。

基本实现思路如下。

（1）先利用 FBX 模型编辑器创建 3D 模型，然后将其另存为 OBJ 文件，再用 Blend for VS 2017 将 OBJ 格式的三维模型拖放到页面中，此时它就会自动生成对应的 XAML 代码。

（2）在 VS 2017 中，从自动生成的 XAML 代码中抽取出 MeshGeometry3D 对象，将其保存到自定义的 XAML 资源字典中。

（3）通过 C#代码读取这些资源，即可在场景中分别控制这些对象的摄像机、材质、灯光、变换和动画等属性，从而实现对三维模型的封装处理。

1. 通过 OBJ 格式将 FBX 模型转换为 XAML 代码

下面以创建的 model1.fbx 模型为例，说明如何将 FBX 格式的模型转换为 XAML 表示形式。这种办法也适用于转换其他专业建模工具创建的模型。

（1）利用 VS 2017 内置的 FBX 模型编辑器创建 model1.fbx。

（2）将该模型保存到 Wpfz 项目的 Controls3d\Models\model1 文件夹下。如果项目下看不到该文件，可单击【解决方案资源管理器】上方的【显示所有文件】图标将其显示出来。

（3）在模型编辑器中，单击其上方的 model1.fbx 文件，然后选择主菜单的【文件】→【另存为】命令，将 model1.fbx 另存为 model1.obj。

（4）退出模型编辑器，在【解决方案资源管理器】中，使用鼠标右击 model1.obj，选择【包括到项目中】命令，将该文件包含到 Wpfz 项目中，同时将与该文件相关的其他文件也全部保存到与该文件相同的文件夹下。

（5）在 Controls3d\Models\model1 文件夹下，添加一个名为 model1Page.xaml 的页，保存后退出 VS 2017。

（6）使用鼠标右击 V4B1Source.sln 文件，选择 Blend for Visual Studio 2017，打开该项目后，再打开 model1Page.xaml，将 model1.obj 拖放到该页面中。

经过以上这些步骤，在 model1Page.xaml 中即自动生成了 Viewport3D 对象，并在该对象中包含了将 OBJ 文件转换为 XAML 代码后的 3D 模型数据。

2. 抽取三维网格几何到 Wpfz 模型库中

为了多次重复使用三维模型，我们需要编写一些自定义的 3D 模型类。此时需要从转换后生成的 XAML 中将三维网格几何单独抽取出来添加到资源字典中。

（1）在 Wpfz 项目的 Controls3d\Models 文件夹下，添加一个 MeshModel1.xaml 的资源字典，从 model1Page.xaml 中找到 MeshGeometry3D 对象，将其复制到 MeshModel1.xaml 资源字典中。

（2）在 Models 文件夹下，添加一个名为 Model1.cs 的文件，将代码改为下面的内容：

```
public class Model1 : ModelsBase
{
    protected override MeshGeometry3D CreateMeshGeometry3D()
    {
        return this.MeshGeometryBulider("MeshModel1.xaml");
    }
}
```

经过这些步骤以后，就可以在 WPF 应用程序中多次使用 Model1 模型了。

3. 显示模型

按照前面介绍的办法，我们已经在 Wpfz 项目中抽取出了一些预定义的基本模型，这些模型都保存在 Wpfz 项目的 Controls3d\Models 文件夹下。

下面演示如何在 WPF 应用程序中使用这些模型。

【**例 12-4**】 演示在 WPF 应用程序中调用 Model1 模型的基本用法。运行效果如图 12-12 所示。

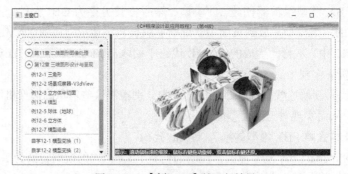

图 12-12 【例 12-4】的运行效果

该例子完整的源程序在 E04.xaml 文件中，此处不再列出源代码。

12.3.3　利用三维模型库简化场景构建

有了基本模型库，我们就可以利用它构造各种三维场景了。进一步封装后的模型都可以保存在 Models 文件夹下。

下面演示如何在 WPF 应用程序中使用这些模型。

1．球体

用 XAML 实现的球体模型在 Wpfz 项目的 Controls3d\Models\Sphere.cs 文件中。

【例 12-5】 演示在 WPF 应用程序中调用球体模型的基本用法，运行效果如图 12-13 所示。

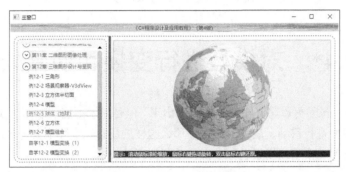

图 12-13　【例 12-5】的运行效果

该例子完整的源程序请参见 E05.xaml 文件，这里不再列出源代码。

2．立方体

用 XAML 实现的立方体模型在 Wpfz 项目的 Controls3d\Models\Box.cs 文件中。

【例 12-6】 演示在 WPF 应用程序中调用立方体模型的基本用法，运行效果如图 12-14 所示。

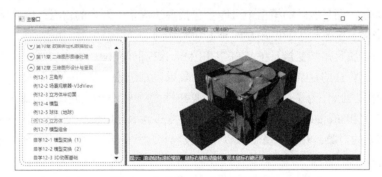

图 12-14　【例 12-6】的运行效果

该例子完整的源程序在 E06.xaml 文件中，这里不再列出源代码。

3．其他基本模型

除了球体和立方体之外，在 Wpfz 项目的 Controls3d\Models 文件夹下还包括其他的一些模型，当然这些模型仅仅是示例。当我们熟悉了三维模型的设计思路后，就可以创建任意数量的模型，从而构造一个可动态呈现的、内容丰富的三维模型库。

下面通过例子说明这些模型的基本用法。

【例 12-7】 演示在 WPF 应用程序中各种基本模型的用法，运行效果如图 12-15 所示。

该例子完整的源程序见 E07.xaml 文件，这里不再列出源代码。

图 12-15　【例 12-7】的运行效果

12.4*　对模型进行变换和动画处理

创建模型以后，虽然可以将其在场景中呈现出来，但是如果不能动态更改模型的位置、大小，以及对场景中的模型进行移动、旋转等处理，那么这样的场景在实际项目中是没有多大用处的，所以我们还需要学习对模型或场景进行变换和动画处理的技术。

12.4.1*　三维变换处理基础

在 WPF 中，每个模型都对应一个 Transform 属性。利用该属性，即可实现对模型进行移动、缩放、旋转或调整大小等处理。

这里需要注意一点，当对模型进行三维变换时，实际上是将一个模型看作一个整体来处理的，即对模型中的所有顶点都做相应的变换，而不是只对其中的一部分顶点进行操作。这是因为模型中的顶点相互关联，而且实际的模型中可能会包括多达成千上万个的顶点，因此试图只改变其中的一部分顶点来动态修改模型的办法显然是不切实际的。

三维变换的本质是矩阵变换，在 WPF 中用 MatrixTransform3D 类来实现。矩阵运算虽然算法简单，但是由于其算法的复杂性，变换后是什么效果很难想象，这也是很多人对三维技术"望而却步"的主要原因。因此，为了简化三维变换的复杂性，WPF 又分别提供了 TranslateTransform3D、ScaleTransform3D 和 RotateTransform3D 类，这些类都继承自抽象基类 Transform3D 类。利用从 Transform3D 继承的对象，开发人员就可以用比较容易理解的方式对三维模型进行变换处理。

1.　平移变换

平移变换（TranslateTransform3D）提供了沿着 OffsetX、OffsetY 和 OffsetZ 属性所指定的偏移向量来移动 Model3D 中的所有点的办法。例如，立方体的一个顶点位于（2, 2, 2），则偏移向量（0, 1.6, 1）会将该顶点移到（2, 3.6, 3）。

2.　缩放变换

缩放变换（ScaleTransform3D）沿着指定的缩放向量，相对于中心点来更改模型的缩放比例。X 轴、Y 轴和 Z 轴分别通过 ScaleX、ScaleY 和 ScaleZ 实现缩放。通过这种方式，既可以同时缩放，也可以分别缩放。例如，只要有一个正方形的模型，就可以通过缩放将其变为长方形。

默认情况下，ScaleTransform3D 会围绕模型的原点（0, 0, 0）拉伸或收缩。但是，如果要变换的模型不是在原点绘制的，由于平移和缩放处理是靠矩阵相乘来实现的，因此得到的结果可能不是我们想要的结果，比如，我们想让它绕自身旋转，但实际上它却可能绕三维坐标系的中心旋转。

因此，除了 ScaleX、ScaleY 和 ScaleZ 属性以外，还需要为模型指定缩放原点，即通过 Scale Transform3D 的 CenterX、CenterY 和 CenterZ 属性来设置。

3．旋转变换

旋转变换（RotateTransform3D）中，旋转三维模型比旋转二维图形显然要复杂得多。在三维空间中，我们可能希望它围绕坐标系的中心旋转、围绕自身旋转或者围绕另一个模型旋转等。但是，即使是围绕自身旋转，由于可以朝任意方向旋转（可以理解为绕一条直线旋转，而这条直线可在三维空间中任意放置），因此实现时还需要确定"这条直线是怎么放置的"。

为了简化旋转实现的复杂性，WPF 提供了一个 Rotation3D 基类，然后用继承自该基类的扩充类实现不同的旋转变换。

（1）AxisAngleRotation3D

在从 Rotation3D 继承的类中，最常用的是 AxisAngleRotation3D 类，该类可以指定旋转轴和旋转角度，如果再加上旋转的中心点，就可以实现任意位置任意方向的旋转了。

旋转中心点可通过 RotateTransform3D 的 CenterX、CenterY 和 CenterZ 属性来指定。

这里再强调一遍，三维变换实际是矩阵相乘变换，而矩阵相乘不符合交换率，因此先缩放后旋转和先旋转后缩放得到的效果是不一样的。

如果希望模型绕自身旋转，还需要将模型的实际中心指定为旋转中心。由于三维几何形状通常是围绕原点建模的，因此，必须按照下面的顺序操作才可以得到预期的效果：先调整模型大小（缩放该模型），然后设置模型方向（旋转该模型），最后再将模型移到所需的位置（平移该模型）。

（2）四元数

指定了旋转轴和旋转角度的旋转变换非常适用于静态变换和某些动画处理的情况（例如，始终绕某个不变的轨迹重复旋转）。但是，考虑这样一种情况：先围绕 X 轴将立方体模型旋转 60°，然后再围绕 Z 轴将其旋转 45°，虽然可将其描述为两个离散的仿射变换或者描述为一个矩阵变换，可按照这种方式旋转时，将很难平滑地进行动画处理。这是因为模型经过的中间位置是不确定的。为了解决这个问题，WPF 又提供了一个四元数（Point4D），利用它可在旋转的起始位置和结束位置之间计算内插值。

四元数表示三维空间中的一个轴以及围绕该轴的旋转角度。例如，四元数可以表示（1, 1, 2）轴以及 50° 的旋转角度。四元数在旋转方面的价值在于可以在旋转过程中执行合成和内插运算。

应用于一个几何形状的两个四元数的合成是指"先围绕 axis2 将几何形状旋转 rotation2 度，然后再围绕 axis1 将其旋转 rotation1 度"。通过使用合成运算，可以将应用于几何形状的两个旋转合成在一起，从而获得一个代表合成结果的四元数。由于四元数内插可以计算出从一个轴和方向到另一个轴和方向的平滑而又合理的路径，因此可以从原始位置到合成的四元数之间进行内插，从而实现从一个位置到另一个位置的平滑过渡，使对该变换进行的动画处理看起来自然流畅。

如果项目对三维动画的流畅性要求较高，可通过 QuaternionRotation3D 的 Rotation 属性来指定旋转目标（Quaternion）。

4．同时应用多种变换（Transform3DGroup）

生成三维场景时，可通过多种变换（Transform3Dgroup）的 Children 属性，向模型同时应用多个变换，即将多个变换组合在一起。需要提醒注意的是，将变换添加到 Children 集合中的顺序至关重要，集合中的变换是按照从第 1 个到最后一个的顺序依次应用变换的。

5．三维变换基本用法举例

下面通过例子说明变换模型的基本用法。

【自学 12-1】 演示对模型进行变换处理的基本用法，运行效果如图 12-16 所示。

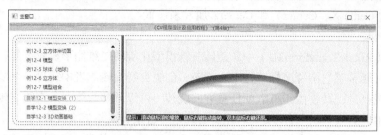

图 12-16 【自学 12-1】的运行效果

该例子的源程序见 Z01.xaml 文件。

12.4.2* 将三维变换封装到模型库中

从前面的例子中我们可以看到，即使是最简单的三维变换，用 XAML 实现时仍需要编写很多代码，非常繁琐，因此还需要对其进行封装。

封装后的代码在 Wpfz 项目的 Controls3d\ModelsBase.cs 文件中，具体代码请读者课后自学。这里只介绍用 C#进一步封装后，如何以非常简单的方式对模型进行三维变换处理。

【自学 12-2】 演示利用模型库对模型进行变换处理的基本用法，运行效果如图 12-17 所示。

图 12-17 【自学 12-2】的运行效果

该例子完整的源程序见 Z02.xaml 文件。

12.4.3* 对模型进行动画处理

前面我们已经学习了动画的用法，这些动画技术仍适用于对三维模型进行处理。

可以将 Model3DGroup 作为一个整体向其应用一种动画，并向其中的一部分对象应用另一组动画。同时，还可以通过对场景的照明属性进行动画处理来实现各种可视化的照明变换效果。

由于三维场景中的所有对象都是 Viewport3D 的 Children，因此应用到场景中的任何动画也都可以看作是对 Viewport3D 的属性进行处理。但也正是因为这一点，可能会导致 XAML 表示的语法极为冗长，因此设计时一定要注意动画的属性路径不要搞错，否则可能看不到希望的动画效果。

下面的代码演示了如何利用 WPF 提供的 Vector3DAnimation 对模型的旋转变换进行动画处理：

```
RotateTransform3D myRotateTransform = new RotateTransform3D(
    new AxisAngleRotation3D(new Vector3D(0, 1, 0), 1));
Vector3DAnimation myVectorAnimation = new Vector3DAnimation(new Vector3D(-1, -1, -1),
    new Duration(TimeSpan.FromMilliseconds(5000)));
myVectorAnimation.RepeatBehavior = RepeatBehavior.Forever;
```

由于摄像机也是模型，因此也可以对摄像机的各种属性进行变换和动画处理。但是，尽管我们确实可以通过改变摄像机的位置或平面距离来改变场景的外观（实际上是变换整个场景的投影），可对于观察者来说，以这种方法实现的许多效果不如将变换应用于场景中模型的地点或位置更有"视觉意义"。因此，本章介绍的模型库中的 V3dView 仅仅是为了观察模型。换句话说，要真正实现模型的各种变换，还需要在此基础上做更加深入的工作。

下面我们通过例子演示如何让三维模型旋转起来。

【自学 12-3】　演示三维动画处理的基本用法，运行效果如图 12-18 所示。单击【自转】单选按钮，椭球将自动绕自身旋转（和地球的自转相似）；单击【绕中心点旋转】，椭球将围绕中间的小立柱不停地一圈又一圈地旋转，就像地球绕太阳不停地旋转一样。

图 12-18　【自学 12-3】的运行效果

该例子完整的源程序见 Z03.xaml 及其代码隐藏类。

到这里为止，本书已经基本涵盖了 WPF 的大部分基础知识。实际上，WPF 涉及的技术非常多，但其他的各种高级功能都是以这些知识为基础的。相信读者掌握了这些基本知识后，一定能很快开发出令人耳目一新的应用程序。

附录 A
习题和上机练习

为了让学生能充分利用上机时间，达到在"练"中"学"的目的，附录 A 提供了与本书各章配套的习题和上机练习。各高校可根据课程学时安排情况，要求学生全部或者部分完成相关的题目。

要求学生在自己的项目中独立完成本附录的所有习题和上机练习，不需要写纸质的实验报告。具体要求本书第 1 章已经做了说明，此处不再重复。

A.1　第 1 章习题和上机练习

本章习题和上机练习的目标是熟悉项目的创建和管理，了解主界面和菜单的基本设计思路。同时，熟悉如何分别在控制台应用程序和 WPF 应用程序中实现题目要求的功能。

A.1.1　创建解决方案和项目

模仿本附录的参考源程序，按照教师统一规定的解决方案和项目命名约定，创建自己的项目和解决方案。在 WPF 应用程序项目中，将要实现的本章习题和上机练习的题目添加到主菜单中。本附录参考源程序的主界面运行效果如图 A-1 所示。

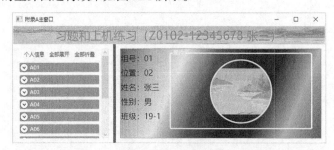

图 A-1　所有习题和上机练习的主界面

A.1.2　简答题（WPF）

在 WPF 应用程序项目中编程回答下面的问题：什么是命名空间？命名空间和类库的关系是什么？

A.1.3　简答题（WPF）

在 WPF 应用程序项目中编写代码回答下面的问题：简要回答并举例说明 using 关键字有哪些主要用途。

A.1.4 编程题（Console）

在控制台应用程序项目中编写代码，输出自己的年级、班级、学号、姓名，并通过 WPF 应用程序运行它。

A.2 第 2 章习题和上机练习

本章习题和上机练习的目标是熟悉 WPF 应用程序和控制台应用程序的基本设计方法，以及 WPF 常用控件的基本用法。

A.2.1 格式化输出（Console）

先人工分析并分别写出下列语句的执行结果，然后在控制台应用程序中验证输出结果是否正确，并通过 WPF 应用程序主菜单调用该功能，显示控制台应用程序的运行结果。

（1）Console.WriteLine("{0}--{0:p}good",12.34F);

Console.WriteLine("{0}--{0:####}good",0);

Console.WriteLine("{0}--{0:00000}good",456);

（2）var n = 456;

var s1 = string.Format("{0}--{0:00000}good", n);

var s2 = $"n--{n:00000}good";

Console.WriteLine("{0}\t{1}", s1, s2);

A.2.2 字符显示（WPF）

编写一个 WPF 应用程序，用不同的颜色分别显示笑脸、哭脸和无表情的图形字符，程序运行效果如图 A-2 所示。

图 A-2 A.2.2 的运行效果

A.2.3 密码输入和显示（WPF）

编写一个运行效果图 A-3 所示的 WPF 应用程序，当用户在密码框中输入一个密码字符时，在文本框中要立即将输入的密码字符显示出来。

图 A-3 A.2.3 的运行效果

A.3 第 3 章习题和上机练习

本章习题和上机练习的目标是熟悉 C#基本数据类型、字符串处理、数组统计、数据类型转换以及 C#流程控制语句的基本用法。

A.3.1 字符串处理（Console）

参考图 A-4（a）所示的运行界面，编写控制台应用程序，要求接收一个长度大于 3 的字符串，并完成下列功能。

（1）输出字符串的长度。

（2）输出字符串中第 1 个出现字母 a 的位置。

（3）字符串序号从零开始编号，在字符串的第 3 个字符的前面插入子串 hello，输出新字符串。

（4）将字符串 hello 替换为 me，输出新字符串。

（5）以字符 m 为分隔符，将字符串分离，并输出分离后的字符串。

A.3.2 字母判断（Console）

参考图 A-4（b）所示的运行界面，编写控制台应用程序，要求用户输入 5 个大写字母，如果输入的信息不满足要求，提示帮助信息并要求重新输入。

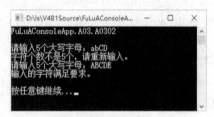

（a） A.3.1 的运行效果　　　　　　　（b） A.3.2 的运行效果

图 A-4　A.3.1 和 A.3.2 的运行效果

A.3.3 类型转换（Console）

参考图 A-5（a）所示的运行界面，编写控制台应用程序实现下列功能。

（1）接收一个整数 n。

（2）如果 n 为正数，输出 1～n 的全部整数。

（3）如果 n 为负值，用 break 或者 return 退出程序，否则继续接收下一个整数。

A.3.4 数组排序和计算（Console）

参考图 A-5（b）所示的运行界面，编写控制台应用程序实现下列功能。

从键盘接收一行用空格分隔的 5 个整数值，将这 5 个数保存到一个具有 5 个元素的一维数组中，分别输出正序和逆序排序的结果，并输出数组中元素的平均值和最大值，平均值保留小数点后 1 位。

要求当输入非法数值时，提示重新输入；当直接按<Enter>键时结束循环，退出程序。

（a） A.3.3 的运行效果　　　　（b） A.3.4 的运行效果

图 A-5　A.3.3 和 A.3.4 的运行效果

A.3.5　循环语句（Console）

参考图 A-6（a）所示的运行界面，编写控制台应用程序，输出 1～5 的平方值，要求如下。

（1）用 for 语句实现。

（2）用 while 语句实现。

（3）用 do-while 语句实现。

A.3.6　综合练习 1——字符提取和整数整除（Console）

参考图 A-6（b）所示的运行界面，用控制台应用程序实现下列功能：从键盘接收一个大于 100 的整数，然后分别输出该整数每一位的值，并输出这些位相加的结果。要求分别用字符提取法和整数整除法实现。字符提取法是指先将整数转换为字符串，然后依次取字符串中的每个字符，再将每个字符转换为整数求和。整数整除法是指利用取整和求余数的办法求每一位的值，再求这些位的和。

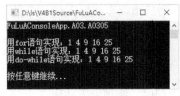 

（a） A.3.5 的运行效果　　　　（b） A.3.6 的运行效果

图 A-6　A.3.5 和 A.3.6 的运行效果

A.3.7　综合练习 2——求完数（Console）

参考图 A-7（a）所示的运行界面，编写控制台应用程序，求 1000 之内的所有"完数"。所谓"完数"是指一个数恰好等于它的所有因子之和。例如 6 是完数，因为 6=1+2+3。

A.3.8　综合练习 3——简单计算器（WPF）

参考图 A-7（b）所示的运行界面，在 WPF 项目中编程实现一个简单计算器，具体要求如下。

（1）能计算两个数的加、减、乘、除、取模。

（2）选择不同的运算类型时，下方两个数之间的运算符自动与所选运算类型相对应。

（3）单击【计算】按钮时，如果输入的两个数非法，结果显示一个问号。

（a）　A.3.7 的运行效果　　　　　　（b）　A.3.8 的运行效果

图 A-7　A.3.7 和 A.3.8 的运行效果

A.4　第 4 章习题和上机练习

本章习题和上机练习的目标是熟悉类、属性、方法和事件的基本用法。

A.4.1　类和对象（Console）

参考图 A-8（a）所示的运行界面，编写控制台应用程序完成下列功能。

（1）创建一个类 A，用无参数的构造函数输出该类的类名。

（2）在 A 类中增加一个重载的构造函数，带有一个 string 类型的参数，在此构造函数中将传递的字符串打印出来。

（3）创建一个名为 A0401 的类，在该类的构造函数中创建 A 的一个对象，不传递参数；然后创建 A 的另一个对象，传递字符串 "This is a string."；最后声明类型为 A 的一个具有 5 个元素的数组，但不要实际创建分配到数组里的对象。

A.4.2　属性和方法（WPF）

参考图 A-8（b）所示的运行界面，编写 WPF 应用程序，实现以下功能。

（1）声明一个名为 CourseTime 的枚举类型，枚举值有：秋季、春季。

（2）定义一个 CourseInfo 类，该类包含 4 个属性：CourseName（课程名）、CourseTime（开设学期）、BookName（书名）、Price（定价）4 个属性，其中 CourseTime 为 enum 型。

（3）在 CourseInfo 类中包含一个静态变量 Counter，每创建一个 Course 实例，该变量值都会自动加 1。

（4）分别为 CourseInfo 类提供无参数的构造函数和带参数的构造函数，在构造函数中分别设置 4 个属性的值。

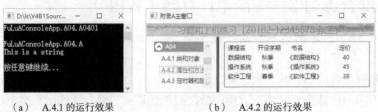

（a）　A.4.1 的运行效果　　　　　　（b）　A.4.2 的运行效果

图 A-8　A.4.1 和 A.4.2 的运行效果

（5）在 CourseInfo 类中提供一个 Print 方法，显示该实例的 4 个属性值。

（6）在 WPF 页的 Loaded 事件中分别创建不带参数的 CourseInfo 实例和带参数的 CourseInfo 实例，测试类中提供的功能，并将结果在 ListBox 中显示出来。

A.4.3　定时器和随机数（WPF）

编写 WPF 应用程序实现以下功能：定义一个 RandomHelp 类，该类提供一个静态的 GetIntRandomNumber 方法、一个静态的 GetDoubleRandomNumber 方法。

在页面中让用户指定随机数范围，当用户单击【开始】按钮时，启动定时器，在定时器事件中调用 RandomHelp 类中的静态方法生成随机数，并在页面中显示出来。当用户单击【停止】按钮时，停止定时器，然后用比原字体大一倍的字体显示最后生成的随机数。

程序运行效果如图 A-9 所示。

图 A-9　定时器和随机数

A.5　第 5 章习题和上机练习

本章习题和上机练习的目标是熟悉类继承和泛型列表的基本用法。

A.5.1　类继承——构造函数（WPF）

编写 WPF 应用程序完成下列功能，并回答提出的问题。

（1）创建一个类 A，在构造函数中输出"A"，并在 A 中声明一个 string 类型的名为 Result 属性，扩充类可通过该属性写入值。

（2）创建一个类 B，让其继承自 A，并在 B 的构造函数中向 Result 属性输出"B"。

（3）创建一个类 C，让其继承自 B，并在 C 的构造函数中向 Result 属性输出"C"。

（4）在测试页中声明一个类型为 B 的变量 b，并将 b 初始化为类 C 的实例。

要求先写出运行测试页后应该输出的结果，然后再通过程序验证输出结果是否正确。

A.5.2　类继承——虚拟和重写（WPF）

编写 WPF 应用程序完成下列功能。

（1）创建一个类 D，然后在 D 中声明一个 string 类型的名为 Result 的属性，扩充类可通过该属性写入值，并编写一个可以被重写的带 int 型参数的方法 MyMethod，在该方法中将传递给该方法的整型值加 10 后的结果添加到 Result 属性中。

（2）创建一个类 E，使其继承自类 D，然后在该类中重写 D 中的 MyMethod 方法，将 D 中接收的整型值加 50，并将结果添加到 Result 属性中。

（3）在页中分别创建类 D 和类 E 的对象，分别调用其 MyMethod 方法。

要求先写出运行测试页后应该输出的结果，然后再通过程序验证输出结果是否正确。

A.5.3　泛型列表（WPF）

编写 WPF 应用程序完成下列功能。

声明一个 SortedList<int, string>的排序列表，其中，int 为键，string 为值。在测试页的构造函数中，先向这个排序列表中添加 5 个元素，然后按"键"的逆序方式显示列表中每一项的值（string 类型的值），程序运行效果如图 A-10 所示。

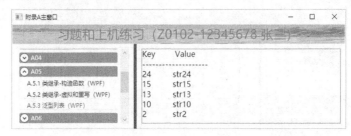

图 A-10　A.5.3 的运行效果

A.6　第 6 章习题和上机练习

本章习题和上机练习的目标是熟悉目录文件管理以及文本文件读写的基本用法。

A.6.1　判断目录是否存在（WPF）

编写 WPF 应用程序，用 System.IO.Directory 类提供的静态方法判断指定的目录是否存在，如果不存在，则创建该目录。

A.6.2　文本文件读写（WPF）

编写 WPF 应用程序，实现图 A-11 所示的功能。

图 A-11　A.6.2 的运行效果

（1）文件选择：可直接在文本框中输入文件路径，也可以通过【浏览】按钮选择某一文件，选定文件后，文件路径显示在下方的文本框中。

（2）文件操作：单击【读取文件】按钮，可将文本文件内容读取到文本框中进行编辑。单击【写入文件】按钮，可将文本框中的文本保存到文件中，同时清空文本框中的内容。

A.7　第 7 章习题和上机练习

本章习题和上机练习的目标是熟悉 LINQ to Entities 的基本用法和数据库应用设计的基本方法。

A.7.1　简答题（WPF）

简要回答实体框架提供哪些数据库开发模式，各有什么特点？

A.7.2　数据库设计练习（WPF）

编写 WPF 应用程序实现下列功能。

（1）在项目中添加一个名为 A07Db 的 SQL Server LocalDB 数据库，并按照表 A-1 所示的内容创建表结构和数据。

表 A-1　　　　　　　　　　学生住宿情况表（MyTable1）

学　　号	姓　　名	性　　别	专　　业	宿　舍　号
19001001	张三雨	男	软件工程	1-202
19001002	李四平	男	网络工程	1-203

（2）在项目中添加实体数据模型 A07DbModel。

（3）程序运行后，自动显示学生入住信息一览表，如图 A-12 所示。

图 A-12　A.7.2 的运行效果

A.8　第 8 章习题和上机练习

本章习题和上机练习的目标是熟悉常用控件的基本用法。

A.8.1　用户登录练习（WPF）

编写一个 WPF 应用程序实现用户登录功能，运行效果如图 A-13 所示。

（1）设计一个登录界面，让用户输入用户名、密码，并选择登录的用户类型。用户类型有两种：管理员（正确密码为"123"）和一般用户（正确密码为"abc"）。

（2）当用户单击登录界面中的【确定】按钮时，判断登录密码是否正确，并弹出对话框显示相应信息。

（3）当用户在登录界面中单击【取消】按钮时，直接结束程序。

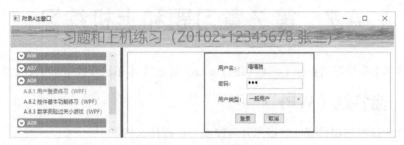

图 A-13　A.8.1 的运行效果

A.8.2　控件基本功能练习（WPF）

编写 WPF 应用程序，设计一个图 A-14 所示的字体大小和颜色测试器，通过按钮控制标签（Label）中文本的字体大小和前景色。

（1）单击【确定】按钮，可将界面上方 TextBox 中的文字添加到中间的 Label 中。

（2）Label 中的字体大小可按"小（12px）、中（16px）、大（20px）"3 种状态级别依次切换，初始状态下字体级别为"小"，且【缩小字体】按钮不可用。

（3）每单击一次【增大字体】按钮，可使字体增大一个级别，当字体增大到状态"大"时，【增大字体】按钮不可用。

（4）每单击一次【缩小字体】按钮，可使字体缩小一个级别，当字体缩小到状态"小"时，【缩小字体】按钮不可用。

（5）单击【改变字体颜色】按钮，可使中间 Label 中的字体前景色随机改变。

图 A-14　A.8.2 的运行效果

A.8.3　数学测验过关小游戏（WPF）

编写一个 WPF 应用程序，设计一个有时间限制（25s）的数学测验小游戏，程序运行效果如图 A-15 所示。要求玩家必须在规定的时间内回答 4 道随机出现的加、减、乘、除计算题。如果玩家在规定的时间内全部回答正确，弹出对话框显示"恭喜，过关成功。"，否则弹出对话框显示"过关失败，请继续努力！"。

图 A-15　数学测验过关小游戏

A.9　第 9 章习题和上机练习

本章习题和上机练习的目标是熟悉样式与动画的基本用法。

A.9.1　简易计算器样式设计（WPF）

编写一个 WPF 应用程序，实现图 A-16 所示的简易计算器。要求当单击每个数字按键时，动画显示按键的效果。

图 A-16　简易计算器

A.9.2　垂直柱状图动画练习（WPF）

编写一个 WPF 应用程序，在 TextBox 中输入仅由大写字母 A～G 组成的任意个数的字符串（字母可重复出现），然后用垂直柱状图从 A 到 G 依次动态显示每个大写字母出现的次数，动画效果是从 A 到 G 每个柱状图依次在 2s 内从低到高逐渐增大。

程序运行效果如图 A-17 所示。

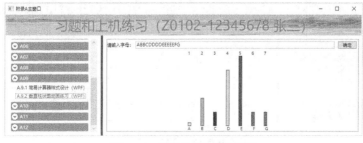

图 A-17　垂直柱状图动画显示

A.10　第 10 章习题和上机练习

本章习题和上机练习的目标是熟悉数据绑定和数据验证的基本方法。

A.10.1　数据绑定——调色板设计（WPF）

编写 WPF 应用程序实现一个调色板，运行效果如图 A-18 所示。

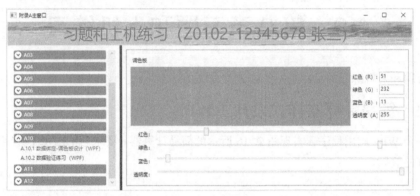

图 A-18　调色板

（1）调色板区域的背景色由 Color.FromArgb 方法获得，该方法的参数既可以从右侧的文本框获取，也可以从下方的滑块获取。

（2）当修改文本框的值时，滑块也自动跟着变化。另外，要求 4 个文本框的取值必须都在 0～255，若用户输入错误，则弹出对话框提示。

（3）当拖动滑块改变大小时，文本框中的值也自动跟着变化。

A.10.2　数据验证练习（WPF）

编写 WPF 应用程序，设计图 A-19 所示的界面。

（1）单击【产生 20 个随机数】按钮显示 20 个 0～500 的随机数（含 0 和 500），并利用数据绑定显示这 20 个数的最小值、平均值和最大值。

（2）最小值作为红色分量、平均值作为绿色分量、最大值作为蓝色分量，要求对颜色的取值范围（0～255）进行验证，当分量值超过规定的范围时，用红色框将其标注出来。

图 A-19　数据验证

A.11 第 11 章习题和上机练习

本章习题和上机练习的目标是熟悉图形图像处理基本概念以及图形绘制的基本方法。

A.11.1 图形按钮设计（WPF）

编写 WPF 应用程序实现一个图形按钮组，运行效果如图 A-20 所示。

图 A-20 图形按钮设计

A.11.2 三角形和矩形显示练习（WPF）

编写一个 WPF 应用程序，实现下列功能。

（1）定义一个抽象类 MyShape，类中包含一个抽象方法 Area。

（2）定义一个 MyTriangle 类（三角形类），让其继承自 MyShape 类。

- MyTriangle 类中包括的数据成员有 4 个：边长 1、边长 2，两条边的夹角、用来判断是否为等边三角形的值。

- 在 MyTriangle 类中实现父类 MyShape 的 Area 方法（计算并输出三角形的面积）。

（3）定义一个 MyRectangle 类（矩形类），让其继承自 MyShape 类。

- MyRectangle 类中包含两个数据成员：长和宽。

- 在 MyRectangle 类中实现两个方法：一是父类的抽象方法 Area，用于计算并输出矩形的面积；二是 Perimeter 方法，用于计算矩形的周长。

（4）设计图 A-21 所示的界面，实现以下功能。

- 显示三角形，输出三角形的面积，并判断三角形是否为等边三角形。

- 显示矩形，输出矩形的面积和周长，并判断该矩形是否为正方形。

图 A-21 三角形和矩形显示练习

A.12　第12章习题和上机练习

本章的目标是了解三维设计的基本概念，为高级应用开发打基础。由于本章内容属于高级技术，所以不再安排上机练习，仅包含了两个简答题。

A.12.1　简答题（WPF）

简要回答在WPF应用程序中，常用的摄像机类型有哪些？

A.12.2　简答题（WPF）

简要回答WPF提供的光照类型有哪些？

附录 B
综合设计

综合设计的完成情况和质量是衡量学生学习效果的重要依据，也是体现学生创新能力与团队合作能力的重要依据。

B.1　综合设计要求

综合设计是对本书知识的综合应用，该设计过程贯穿整个课程环节。学期结束前，各小组运行演示本组设计的成果，并介绍本组实现的特色。

B.1.1　分组要求

要求所有学生都必须分配到各个小组中。

每组自选一个题目，共同合作完成同一个综合设计内容。

各组组长负责整个系统的任务分配、模块划分、设计进度以及小组间的组织协调。

学期结束前，各小组运行演示本组设计的成果，并介绍本组实现的特色。

B.1.2　选题要求

各组组长带领本组成员共同实现一个业务管理服务系统，题目自定。以下是选题参考，但并不局限于这些选题，各小组也可以自选其他题目。

（1）交通监视服务系统、市区监控服务系统……

（2）棉花交易服务系统、粮食交易服务系统……

（3）生活用品服务系统、房间装饰服务系统、服装设计服务系统……

（4）游览区导游服务系统、旅游景点服务系统……

（5）体育用品展销系统、大型家电展销系统……

（6）小区规划服务系统、城镇规划服务系统、校园规划服务系统……

（7）手机费用查询服务、银行卡查询服务、网购服务……

（8）学生宿舍管理系统、学生考勤管理系统、学生评价管理系统、课堂点名服务系统、上机考试服务系统、本科毕业设计管理系统……

（9）其他自选系统。

B.1.3 基本功能要求

1．开发环境要求

编程语言：C#。

开发工具：VS 2017。

数据库：SQL Server 2016 Express LocalDB。

开发用的操作系统：Window 7 或 Windows 10。

2．模块基本功能要求

要求系统至少要实现以下功能。

（1）系统登录。用户登录后方可进入主界面。

（2）主界面。在主界面中，至少要显示操作用户的信息，比如用户名、照片等。另外，还要显示各模块名，用户单击对应模块名，可直接进入模块。

（3）业务数据的添加、删除、修改、查询。

（4）业务统计与汇总功能。

（5）辅助功能。要求至少实现用户注册、操作员自己的密码更改、其他人员的密码重置功能。

（6）操作帮助。要求提供系统功能介绍及模块操作步骤等帮助信息。

3．数据存储要求

要求数据库采用 VS 2017 自带的 SQL Server 2016 Express LocalDB，用 ADO.NET 实体数据模型实现数据访问操作。

B.1.4 创新功能要求

小组完成规定的功能后，如果时间允许，还可以进一步扩展系统功能，例如，对于银行管理系统，除了基本的存取款数据的"增、删、改、查"以外，还可以扩展教育助学贷款服务、企业贷款服务、个人贷款服务、银行挂失服务、学生短期借款服务等。

具体要求如下。

（1）必须在文档中明确说明哪些是创新功能。

（2）创新功能必须在代码中完全实现，而不是仅有一个名称或者仅有部分实现。

B.1.5 进度控制要求

以下是各小组进度控制的时间节点要求。

1．需求分析

第 7 章结束时确定选题，组长随第 7 章习题和上机练习一起提交本组选题题目。

教师在课堂上留出一定的时间，要求组长组织本组成员共同讨论，进行需求分析、确定选题，考虑本组准备实现的基本功能、特色功能及设计界面，用 Word 文档记录讨论结果。

2．任务分工

第 8 章结束时确定成员分工，组长随第 8 章习题和上机练习一起提交本组分工情况。

教师在课堂上留出一定的时间，要求组长组织本组讨论，确定本组准备实现的模块功能和特色功能、登录界面和模块界面样式。

统一强调解决方案名和项目名的命名方式，注意不要用汉字作为项目名。

课后各组成员开始按分工实现相应的功能。

3. 数据库结构设计

第 9 章结束时确定数据库结构。

教师在课堂上留出一定的时间,要求组长组织本组成员共同讨论数据库中保存哪些数据,确定数据库表及其结构(用 Word 文档描述)。

表结构描述要求:字段名、字段类型、可否为空、是否主键、中文含义、示例。

4. 模块功能设计

教师在课堂上留出一定的时间,要求组长组织本组成员检查各模块设计进度情况。

5. 代码实现

第 10 章结束时完成。

6. 功能合并与小组联调

第 11 章结束时完成。

B.2 成果演示与提交

综合设计封皮至少要包括课程名称、年级班级、指导教师姓名、组长学号姓名以及本组其他人员的学号姓名。

综合设计说明书内容包括系统功能说明、小组人员分工、数据库结构说明、系统运行截图、用户操作使用说明等。

各组成果演示时间:课程结束前的最后一周。要求各小组演示时同时提供以下成果。

1. 电子版成果

每组提交一套电子版简易设计说明书和一套完整的源代码。

2. 纸质版文档

每组提交一份纸质的说明书打印版。封皮包括课程名称、年级班级、指导教师姓名、小组负责人学号姓名以及本组其他人员的学号姓名。内容包括系统功能说明、小组人员分工、系统设计流程、数据库结构、操作步骤和页面运行截图。

B.3 综合设计参考示例

为了使综合设计更容易些,本附录的源程序给出了一个对实际业务进行抽取和简化的综合设计例子“银行业务管理信息系统”,并给出了参考源程序。该系统可提供存款取款、汇总查询、职员管理、其他功能、利率设置、系统帮助等功能。

登录界面和系统主界面运行效果如图 B-1 所示。

这里必须强调一点,作为参考,不能直接拿来用。换言之,要求各小组实现的综合设计题目不能与参考示例的题目完全相同。这是因为当自选题目与参考例子完全相同时,就可以直接复制源代码而不是自己去编写代码实现,这样就达不到综合设计的目的了,既无法体现团队合作的意义,也无法体现个人的能力和团队的创新成果。

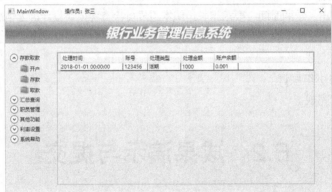

图 B-1　登录界面和系统主界面运行效果